"Jo kävi ilo ilolle,
riemu riemulle remahti,
tuntui soitto soitannalle,
laulu laululle tehosi;
helähteli hau'in hammas,
kalan pursto purkaeli,
ulvosi upehen jouhet,
jouhet ratsun raikkahuivat.
 Soitti vanha Väinämöinen,
ei ollut sitä metsässä,
jalan neljän juoksevata,
koivin koikkelehtivata,
ku ei tullut kuulemahan,
iloa imehtimähän."

 "Siinä vanha Väinämöinen
soitti päivän, soitti toisen,
ei ollut sitä urosta
eikä miestä urheata,
ollut ei miestä eikä naista
eikä kassan kantajata,
kellen ei itkuksi käynyt,
kenen syäntä ei sulannut;
itki nuoret, itki vanhat,
itki miehet naimattomat,
itki nainehet urohot,
itki pojat puol'ikäiset,
sekä pojat että neiet,
jotta pienet piikasetki,
kun oli ääni kummanlainen,
ukon soitanto suloinen."

KAIUTTIMIEN VIRTAOHJAUS

Olennaisten särö- ja häiriövaikutusten eliminointi fysikaalisesti oikealla käyttötavalla

Esa Meriläinen, DI

1. suomenkielinen laitos
2011

Kotisivu: www.virtaohjaus.info

ISBN: 1463503253
EAN-13: 9781463503253

Valmistettu USA:ssa tarvepainatuspalvelun kautta

Ilmestynyt aiemmin englanniksi nimellä
Current-Driving of Loudspeakers

Esipuhe

Kirjan lisänimi saattaa aluksi kuulostaa liikoja lupaavalta tai ylipuhuvalta, mitä se ei kuitenkaan lainkaan ole, sillä kuten erityisesti luvussa 4 ilmenee, kyse on todellakin äänentoistoteknologian perusteellisesta erehdyksestä.

Meitä on näet petetty - ei niinkään tahallisesti mutta tuottamuksellisesti tai tietämättömyydestä kylläkin - tarjoamalla käyttöömme yksinomaan fysiikan tosiasioista piittaamattomia audiopäätelaitteita ja luomalla käytännön tueksi vielä kummallisia myyttejä, jotka eivät kestä perusteellista tarkastelua. Onnettominta nykykäytännössä on, että kaiuttimen monin tavoin epämääräisten sähkömotoristen voimien sallitaan vapaasti sekoittua toistettavaan signaaliin.

Avaamasi kirja on tulos monien vuosien tutkimuksesta ja työstä ja tiettävästi ensimmäinen kaiuttimien virtaohjaukseen paneutuva teos maailmassa. Liikkeelle on lähdetty puhtaalta pöydältä, eikä lukijalta vaadita välttämättä alan aikaisempaa tuntemusta. Käytetty symboliikka on mahdollisimman yksinkertaista, eikä mallia ole otettu alan yleisestä, vaikeasti hahmotettavasta symboliikasta.

Kirja on tarkoitettu silmien avaajaksi ja oppaaksi uudenlaiseen tekniikkaan sekä uusien innovaatioiden ja inspiraation lähteeksi ja yleisten harhakuvien raivaajaksi kaikille, jotka ovat jossain tekemisissä äänentoistotekniikan tai musiikin kanssa. Sisältö ja esitystapa soveltuvat sekä akateemiselle yhteisölle että alan harrastajille ja kaikille kiinnostuneille, mutta ennen kaikkea laiteteollisuudelle esitetyt periaatteet ja ideat tarjoavat valtavasti uusia mahdollisuuksia.

Markkinoille tulon ongelmana voi kuitenkin olla historian painolasti eli entisten tuotteiden perusteleminen sekä se, että virtaohjauskaiutin ei sovellu käytettäväksi tavanomaisen jännitevahvistimen kanssa eikä tavanomainen kaiutin sovellu hyvin virtaohjattavaksi. Tällainen ristiinkäyttö olisi jollain tavoin estettävä, ja tiennäyttäjiksi soveltuisivat kenties parhaiten uudet toimijat, jotka pystyvät valmistamaan sekä vahvistimia että kaiuttimia.

Esitetyt suunnittelu- ja rakennusohjeet antavat kaikille rakenteluhenkisille mahdollisuuden päästä kokemaan käytännössä virtaperiaatteen tuoma dramaattinen äänenlaadun parannus astumatta niihin sudenkuoppiin, joihin puutteellinen tietämys helposti johtaa ja tarvitsematta jäädä odottelemaan teollisten valmistajien heräämistä. Samalla myös yleinen analogiaelektroniikan harrastaminen ja osaaminen voi saada uutta sisältöä.

Varsinaisen virtaohjausinformaation lisäksi esitetään myös uusia ideoita ja menetelmiä mm. suodatinsuunnitteluun, tietokonemallitukseen ja mittauksiin. Kaiuttimen toimintayhtälöt ja mallitus selitetään ymmärrettävällä tavalla, ja lineaaristen järjestelmien perusteet opetetaan niitä taitamattomille.

Vallitsevia epäkohtia tuodaan esiin paikoin melko pontevastikin. Käsitellyt asiat ovat kuitenkin yleismaailmallisia, eikä kenelläkään ole syytä reagoida niihin henkilökohtaisesti, vaikka omien virhekäsitysten myöntäminen saattaakin joskus tuottaa epämukavuutta.

Mitä tulee virtaohjauksella saavutettavaan äänenlaatuun, sitä lienee turha kuvailla kovin paljon sanallisesti, koska kaikki adjektiivit ovat jo kuluneet käytössä tavanomaisten hifi-laitteiden arvioinneissa kautta aikojen. Kokemuksestani voin kuitenkin sanoa, että vaikka olen saanut kuunnella mm. messuilla sekä kalliita että erittäin kalliita jänniteohjausjärjestelmiä, en ole koskaan ollut tyytyväinen kuulemaani varsinkaan millään sähködynaamisilla kaiuttimilla. Käyttämäni virtaohjauslaitteisto on sen sijaan kuin eri maailmasta, ja olen vihdoin saanut olla täysin tyytyväinen. Ero on niin ratkaiseva, että kuuntelen mieluummin virtaohjausjärjestelmää vaikka monona kuin jänniteohjausjärjestelmää stereona, eikä paluuta entiseen ole.

Jos olet myös sitä mieltä, että kaiutintoimintojen suunnittelun pitäisi noudattaa sähködynamiikan ja muiden asianosaisten tieteenhaarojen tunnettuja lakeja mieluummin kuin jotain vanhaa tottumusta tai luotuja mielikuvia, älä jää toimettomaksi. Voit myös harkita arvioinnin jättämistä käyttämäsi kirjakaupan sivulle tai muualle.

E. M.

Sisällys

1
JOITAKIN VASTAAVUUKSIA

1.1 Tasasähkön aika

Kysymys siitä, pitäisikö kaiuttimia ajaa jännite- vai virtasignaalilla on melko hyvin verrannollista reilu vuosisata sitten käytyyn kiistaan siitä, pitäisikö sähköntuotanto- ja jakelujärjestelmien toimia tasavirralla vai vaihtovirralla.

Thomas A. Edison oli avannut New Yorkissa maailman ensimmäisen yleisen sähkölaitoksen, joka tuotti 110 voltin tasajännitettä parin neliökilometrin alueelle Manhattanilla. Toinen sähkötekniikan uranuurtaja, kroatialaissyntyinen Nikola Tesla sen sijaan uskoi voimakkaasti kehittämänsä kolmivaiheisen vaihtovirtajärjestelmän paremmuuteen. George Westinghouse perusti 1886 sähköyhtiön hyödyntämään Teslan keksintöjä ja patentteja sekä kilpaillakseen Edisonin kanssa.

Edison ei ollut lainkaan mielissään nähdessään kilpailevan järjestelmän uhkaavan hänen hallitsevaa asemaansa sähkövoiman tuotannossa. Kiista johti Edisonin ja Teslan välien rikkoontumiseen ja julkiseen taisteluun siitä, kumpi järjestelmä tulisi vallitsevaksi. Edison turvautui jopa temppukampanjaan yrittäessään mustamaalata AC-sähköä, joka oli hänen mielestään vaarallista.

AC:n tekninen ylivertaisuus tuli kuitenkin pian ilmeiseksi yleisölle, ja Niagaran putouksille 1895 rakennettu voimala merkitsi läpimurtoa AC-teknologialle, vaikkakin DC-järjestelmiä käytettiin kaupungeissa vielä joitakin vuosikymmeniä.

Tämä tarina opettaa, kuinka jopa huippulahjakkaat henkilöt voivat omien inhimillisten rajoitustensa sokaisemana pyrkiä puolustamaan teknisiä ratkaisuja, jotka ovat tehottomia ja kaikkea muuta kuin optimaalisia tarkoituksensa täyttämiseen. Kuinka olisi käynyt ilman Nikola Teslan tuomia innovaatioita? Olisiko joku toinen täyttänyt hänen paikkansa ja kääntänyt epäedullisen kehityssuunnan? Vai olisiko niin, että vielä tänä päivänäkin pistorasioistamme tulisi tasasähköä, ja jännitteen muuttaminen toiseksi kävisi päinsä vain hakkuritekniikalla?

Järki siis voitti sähkövoimatekniikassa, ja näin on yhä mahdollista käydä myös äänentoistotekniikassa, sillä virtaohjaukseen siirtyminen ei vaadi alan teollisuudelta edes uusia investointeja, ainoastaan hiukan uudistusmielisyyttä.

1.2 Modulaatiomenetelmät

Kaiuttimen ohjaustapojen välinen ero on laadultaan ja merkitykseltään verrattavissa myös radioaaltojen moduloinnissa käytettyjen menetelmien eroon.

Amplitudimodulaatiossa (AM), joka on ollut käytössä 20-luvulta lähtien, kantoaallon amplitudia ohjataan lähetettävän signaalin tahdissa. Valitettavasti vaan monet häiriötekijät matkan varrella pyrkivät myös moduloimaan samaa amplitudia, jolloin vastaanotetun lähetyksen äänenlaatu on melko huonosti hallittavissa.

Edwin H. Armstrongin v. 1928 kehittämässä taajuusmodulaatiossa (FM) sen sijaan lähetettävää signaalia käytetään ohjaamaan kantoaallon taajuutta, johon ilmastolliset ja tekniset häiriöt vaikuttavat paljon vähemmän kuin amplitudiin. Viesti saadaan näin laadukkaampana perille, sillä välitysketjussa ei käytetä sellaisia suureita tai suureiden välisiä muunnoksia, joihin liittyy hallitsemattomia tekijöitä.

Vastaavasti ohjaamalla kaiutinelementtiä suoraan virtasignaalilla voidaan välttää jännitteen ja virran väliseen suhteeseen liittyvät häiriömekanismit. Kokemuksen jälkeen ei ole kovinkaan liioiteltua väittää, että virtaohjatun ja jänniteohjatun kaiuttimen välinen ero äänenlaadussa on samaa luokkaa kuin AM- ja FM-lähetysten välillä normaaleissa vastaanotto-olosuhteissa vallitseva laatuero (jättäen huomioon ottamatta FM-lähetysten stereofonisuus sekä nykyinen hyvin valitettava käytäntö kompressoida lähetykset luonnottomaksi mörinäksi).

1.3 Poikkeutuskäämit

Eräs konkreettinen esimerkki virtaohjauksen tuomasta parannuksesta löytyy TV-tekniikasta.

Entisaikaan oli kuvaputken pystypoikkeutuskäämejä tapana ohjata jännitteellä samaan tapaan kuin kaiuttimia syötetään vielä nykyisinkin. Tästä oli seurauksena se, että käämin lämmetessä ja sen resistanssin kasvaessa poikkeutusvirran amplitudi muuttui aiheuttaen kuvakoon vaihtelua. Jopa termistoreita jouduttiin käyttämään yritettäessä kompensoida näitä lämpötilavaikutuksia.

Myöhemmin näitä käämejä opittiin ohjaamaan suoraan virralla, jolloin kuormaimpedanssin muutokset eivät enää päässeet vaikuttamaan poikkeutuskentän voimakkuuteen, ja kuva pysyi vakaampana.

Lämpökompressio on tuttu ilmiö myös kaiutintekniikassa. Jänniteohjatuissa kaiuttimissa puhekelan lämpenemisen aiheuttamat äänitason ja taajuusvasteen muutokset ovat merkittävä ongelma etenkin suuritehoisissa järjestelmissä. Pelkästään tässä luulisi jo olevan riittävästi aihetta kokeilla virtaohjauksen tuomia mahdollisuuksia, mutta jostain syystä vaadittava ajattelutavan muutos ei ole vielä lainkaan tavoittanut audioalan suunnittelijoita.

2
TOISEN ASTEEN JÄRJESTELMÄT

Ennen kuin voimme ryhtyä toden teolla tarkastelemaan sähködynaamisen kaiutinelementin käyttäytymistä eri tilanteissa, tarvitsemme tiettyä teoriapohjaa ja näkemystä 2. kertaluvun lineaarisista järjestelmistä. Suljetussa kotelossa oleva elementti voidaan näet alarajataajuutensa ympäristössä mallittaa melko tarkasti 2. asteen siirtofunktioilla. Tämä pätee yhtä lailla sekä kaiuttimen sähköiseen ja mekaaniseen että myös akustiseen käyttäytymiseen. Bassovasteen oikaisuun käytettävät korjauspiirit on siten luonnollista toteuttaa myöskin vastaavalla tavalla. Toisen kertaluvun järjestelmät muodostavat käytännössä perustan, jota voidaan tarvittaessa käyttää myös korkea-asteisempien suodattimien toteutuksessa.

Esitettävien yhtälöiden täydellinen ymmärtäminen ei ole edellytys itse asiasisällön omaksumiselle, joten kenenkään ei tarvitse luopua virtaohjaukseen perehtymisestä siksi, että käytetty matematiikka tuntuu vieraalta. Niille lukijoille, joille siirtofunktiot eivät ole tuttuja, mutta joita kiinnostaa päästä sisälle näiden käytännöllisten esitystapojen käyttöön, tarjotaan helppotajuista johdatusta aiheeseen liitteessä B. Pohjatietona tarvitaan tällöin lähinnä derivointi- ja integrointioperaatioiden periaatteellinen ymmärtäminen. Liitteisiin perehtyminen on muutoinkin hyvin suositeltavaa, sillä tarvittavat peruskäsitteet ja niihin liittyvä taustatieto on esitetty siellä.

Ensimmäisen asteen eli yhden navan suodatinfunktioiden käyttäytymiseen liittyvää tietoa on riittävästi saatavissa muista lähteistä, joten näitä järjestelmiä ei ole tässä erikseen käsitelty.

2.1 Ominaistaajuus ja Q-arvo

Toisen asteen järjestelmää kuvaava siirtofunktio (ns. biquad-siirtofunktio) voidaan kirjoittaa reaalikertoimisten polynomien osamääränä yleisesti:

$$H(s) = \frac{a_2 s^2 + a_1 s + a_0}{s^2 + b_1 s + b_0} \qquad (2.1)$$

Järjestelmä on stabiili silloin, kun b_1 ja b_0 ovat positiivisia. Osoittajan kertoimet a_2, a_1 ja a_0 sen sijaan voivat olla myös negatiivisia, ja usein ne ovat yhtä lukuunottamatta nollia. Nimittäjän asteluku ja napojen määrä on siis aina 2, mutta osoittaja on asteluvultaan joko 0, 1 tai 2.

Osoittajan ollessa vakio (astelukua 0) kyseessä on alipäästösuodatin, jonka taajuusvaste saadaan merkitsemällä $s = j\omega$:

$$H(\omega) = \frac{a_0}{(j\omega)^2 + b_1 j\omega + b_0} \qquad (2.2)$$

Taajuuden ω ollessa pieni $H(\omega) \approx a_0/b_0$, ja täten vahvistus on taajuudesta riippumaton vakio. Suurilla taajuuksilla taas $H(\omega) \approx a_0/(j\omega)^2$ $= -a_0/\omega^2$, joten vahvistus on kääntäen verrannollinen taajuuden neliöön. Nämä kaksi vahvistusasymptoottia leikkaavat toisensa, kun $|a_0/b_0| = |-a_0/\omega^2|$ eli kun $\omega = \sqrt{b_0}$. Kyseisellä taajuudella nimittäjän termit $(j\omega)^2$ ja b_0 kumoavat toisensa aiheuttaen resonanssin, jonka voimakkuus määräytyy kertoimesta b_1.

Vahvistus tällä ominaistaajuudella (merk. ω_0) on näin ollen

$$|H(\omega_0)| = \frac{|a_0|}{b_1\sqrt{b_0}} \qquad (2.3)$$

joka on b_1:n arvosta riippuen suurempi tai pienempi kuin em. asymptoottien mukainen arvo $|a_0|/b_0$. Näiden kahden vahvistuksen suhdetta nimitetään Q-arvoksi, eli siis:

$$Q = \frac{|a_0|}{b_1\sqrt{b_0}} \bigg/ \frac{|a_0|}{b_0} = \frac{\sqrt{b_0}}{b_1} \qquad (2.4)$$

Alipäästötapauksessa Q-arvo ilmaisee siten vahvistuksen ominaistaajuudella verrattuna taajuuteen 0.

Käsite Q tarkoittaa ns. hyvyyslukua (quality factor), jolla on alkujaan kuvattu virityspiireissä käytettyjen kelojen ideaalisuutta eli niiden induktiivisen impedanssin (reaktanssin) ja resistanssin suhdetta $\omega L/R$. Keloista puhuttaessa Q-arvon pitäisi siis olla mahdollisimman suuri. Hyvyysluvun käsitettä käytetään kuitenkin myös yleisemmässä merkityksessä ilmaisemaan resonanssin voimakkuutta tai terävyyttä, jolloin suuri Q-arvo ei välttämättä merkitse mitään "hyvyyttä", vaan tavoite on aina tapauskohtainen.

Toisen asteen alipäästöfunktio voidaan nyt lausua ominaistaajuuden ω_0 ja Q-arvon avulla seuraavasti:

$$H(s) = \frac{a_0}{s^2 + \dfrac{\omega_0}{Q}s + \omega_0^2}$$ (2.5)

Taajuusvasteen muoto määräytyy näin ollen täysin kahden parametrin, ω_0 ja Q, perusteella a_0:n vaikuttaessa vain amplitudiskaalaukseen. (2.5) edustaa yleistä ja käytännönläheistä tapaa kuvata 2. asteen siirtofunktioita. Kirjallisuudessa käytetään joissakin yhteyksissä Q-arvon asemesta myös nk. vaimennuskerrointa ζ, joka on kääntäen verrannollinen Q-arvoon siten että $\zeta = 1/(2Q)$. ω_0:n sijaan käytetään joskus tämän käänteisarvoa, jota kutsutaan aikavakioksi.

Kuvassa 2.1 on esitetty 2. asteen alipäästöjärjestelmän taajuusvaste (Bode-diagrammi) Q-arvon vaihdellessa. Kuva on skaalattu yleiskäyttöiseksi valitsemalla $\omega_0 = 1$ ja $a_0 = \omega_0^2$. Tällöin vahvistus lähestyy pienillä taajuuksilla arvoa 1 (0 dB), ja taajuudella $\omega = 1$ vahvistus saa arvon Q (dB-asteikolla $20 \cdot \log_{10} Q$). Taajuuden kasvaessa edelleen vahvistuskäyrät lähestyvät katkoviivalla merkittyä asymptoottia, jonka jyrkkyys on -40 dB dekadilla (2. asteen jyrkkyys).

Q-arvon ollessa suurempi kuin $1/\sqrt{2}$ ($\approx 0{,}707$) vahvistuskäyrässä ilmenee huippu, joka ulottuu pienten taajuuksien vahvistusta korkeammalle. Tämä huippu ei ole täsmälleen kohdassa ω_0, vaan hieman pienemmällä taajuudella, joka on

$$\omega_{peak} = \omega_0 \sqrt{1 - \frac{1}{2Q^2}} \quad , \quad Q > \frac{1}{\sqrt{2}}$$ (2.6)

Suurilla Q-arvoilla huipusta tulee terävä, ja tällöin ω_{peak} ja ω_0 ovat käytännöllisesti katsoen yhtäsuuria.

Q-arvon ollessa $1/\sqrt{2}$ saavutetaan tilanne, jossa vahvistus pienillä taajuuksilla on mahdollisimman tasainen eikä huippua enää muodostu. Kyseessä on tällöin Butterworth-tyypin alipäästösuodatin, jonka raja-

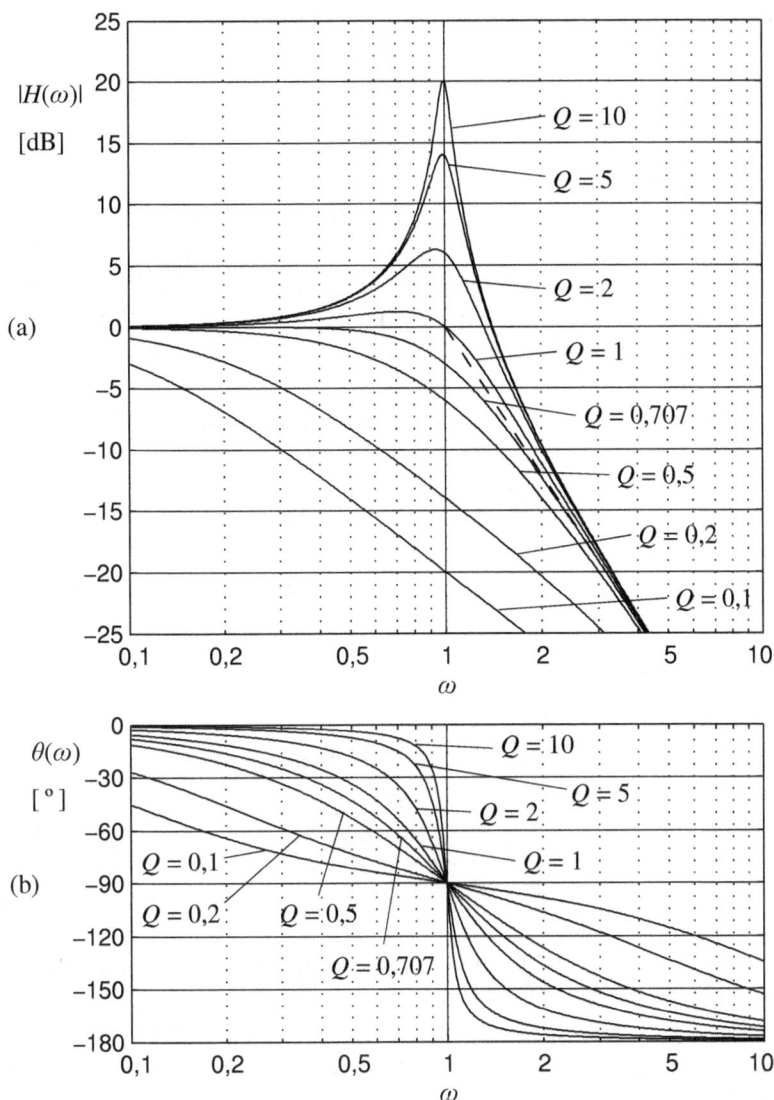

Kuva 2.1. a) Toisen asteen alipäästöjärjestelmän amplitudivaste eri Q-arvoilla. Taajuusakseli on normalisoitu siten että $\omega_0 = 1$. $|H(\omega)|$-akseli on normalisoitu asettamalla lausekkeessa (2.5) $a_0 = \omega_0^2$. Asymptootti, jota $|H(\omega)|$ lähestyy suurilla taajuuksilla, on piirretty katkoviivalla. b) a-kuvan amplitudikäyrästöä vastaava vaihesiirtokäyrästö.

taajuus (3 dB:n vaimennus) on kohdassa ω_0. Butterworth-taajuusvasteet ovat monessa yhteydessä suosittuja juuri tasaisuutensa takia.

Q:n pienetessä riittävästi käyrä suoristuu ω_0:n ympäristössä 1. asteen jyrkkyyteen saavuttaen 2. asteen jyrkkyyden vasta em. asymptootin läheisyydessä. Varsinaista resonanssia ei tällöin voida enää erottaa.

Vaihesiirto $\theta(\omega)$ lähtee pienillä taajuuksilla nollasta, saavuttaa ominaistaajuuden kohdalla arvon $-90°$, ja päätyy Q-arvosta riippumatta suurilla taajuuksilla -180 asteeseen. $|H(\omega)|$:n saavuttaessa asymptootin mukaisen 2. asteen jyrkkyyden ulostulo on siten kääntynyt vastakkaisvaiheiseksi sisäänmenoon nähden (olettaen että $a_0 > 0$). Vaiheen muutosjyrkkyys ominaistaajuuden läheisyydessä on verrannollinen Q-arvoon. Käyrät ovat symmetrisiä siten, että $\theta(\omega)$ poikkeaa nollasta saman verran kuin $\theta(1/\omega)$ poikkeaa -180 asteesta.

Siirtofunktio (2.5) voidaan kirjoittaa tekijämuodossa:

$$H(s) = \frac{a_0}{(s - p_1)(s - p_2)} \qquad (2.7)$$

missä p_1 ja p_2 ovat järjestelmän navat. Avaamalla sulut saadaan:

$$H(s) = \frac{a_0}{s^2 - (p_1 + p_2)s + p_1 p_2} \qquad (2.8)$$

Vertaamalla tätä lausekkeeseen (2.5) voidaan päätellä, että $p_1 p_2 = \omega_0^2$, joten:

$$\omega_0 = \sqrt{p_1 p_2} \qquad (2.9)$$

Navat p_1 ja p_2 voivat olla käytännössä joko negatiivisia reaalilukuja tai reaaliosaltaan negatiivinen liittolukupari. Liittolukujen ollessa kyseessä saadaan yhtälöstä (2.9) $\omega_0 = |p_1| = |p_2|$, jolloin navat sijaitsevat ominaistaajuuden määräämällä etäisyydellä origosta.

Napojen asema saadaan selville merkitsemällä funktion (2.5) nimittäjä nollaksi. Soveltamalla yleistä toisen asteen yhtälön ratkaisukaavaa saadaan tulokseksi:

$$p_1, p_2 = \omega_0 \left(-\frac{1}{2Q} \pm \sqrt{\frac{1}{4Q^2} - 1} \right) \qquad (2.10)$$

Navat ovat reaalisia silloin, kun juurrettava on ei-negatiivinen eli kun $Q \leq 1/2$. Q:n ollessa suurempi kuin 1/2 navat sijaitsevat kompleksitasossa ω_0-säteisen ympyrän kehällä kohdissa

$$p_1, p_2 = \omega_0 \left(-\frac{1}{2Q} \pm j\sqrt{1-\frac{1}{4Q^2}} \right), \quad Q > \frac{1}{2} \quad (2.11)$$

Tätä tapausta esittää kuva 2.2a. Q:n kasvaessa navat siirtyvät lähemmäksi imaginaariakselia. Tapauksessa $Q = 1/2$ (kuva 2.2b) navat ovat yhtäsuuria, mikä vastaa tilannetta, jossa kaksi identtisesti toimivaa 1. asteen järjestelmää on liitetty sarjaan. Q:n ollessa pienempi kuin $1/2$ (kuva 2.2c) navoilla on eri taajuudet, mikä ilmenee amplitudivasteessa kahtena erillisenä taitekohtana, kun navat ovat riittävän kaukana toisistaan. Pelkästään reaalisia napoja ja nollia sisältävä siirtofunktio voidaan aina ositella 1. asteen siirtofunktioiden tuloksi, mutta kompleksisten juurten kanssa näin ei voida tehdä.

2.2 Vastetyypit

Edellä tarkasteltiin alipäästöjärjestelmää, jolle on tunnusomaista, että siirtofunktion (2.1) osoittajan kertoimista vain a_0 on nollasta poikkeava. Kaikilla muilla vastetyypeillä myös osoittaja on taajuusriippuva, ja napojen ohella toimintaan vaikuttavat myös nollat.

Mikäli lausekkeessa (2.1) on $a_2 = a_0 = 0$, kyseessä on kaistanpäästöjärjestelmä, jonka voidaan ajatella syntyvän siten, että edellä kuvatun alipäästöjärjestelmän kanssa sarjaan liitetään ideaalinen derivaattori, jonka siirtofunktio on s (jollain vakiolla kerrottuna). Kaistanpääs-

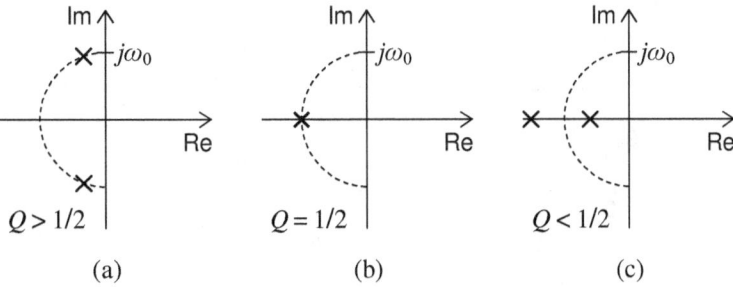

(a)   (b)   (c)

Kuva 2.2. Toisen asteen alipäästöjärjestelmän napakaavio kolmella eri Q-arvolla. Kuvassa a $Q > 1/2$, jolloin navat ovat kompleksisia liittolukuja etäisyyden ω_0 päässä origosta. Kuvassa b $Q = 1/2$, jolloin navat ovat päällekkäin pisteessä $-\omega_0$. Kuvassa c $Q < 1/2$, jolloin navat sijaitsevat negatiivisella reaaliakselilla kohdan $-\omega_0$ molemmin puolin.

tösiirtofunktio voidaan nyt esittää yhtälön (2.5) tapaan:

$$H(s) = \frac{a_1 s}{s^2 + \dfrac{\omega_0}{Q} s + \omega_0^2}$$

(2.12)

Vasteen muoto määräytyy edelleen nimittäjän ominaistaajuuden ja Q-arvon perusteella, mutta derivointioperaatio ($j\omega$:lla kertominen) kasvattaa $|H(\omega)|$:n jyrkkyyttä kaikilla taajuuksilla 20 dB dekadilla. Kuvassa 2.3a on esitetty kuvasta 2.1 tutun alipäästöjärjestelmän (A) sekä ominaistaajuudeltaan ja Q-arvoltaan tätä vastaavan kaistanpäästöjärjestelmän (B) amplitudivasteet. Jälkimmäinen on skaalattu siten,

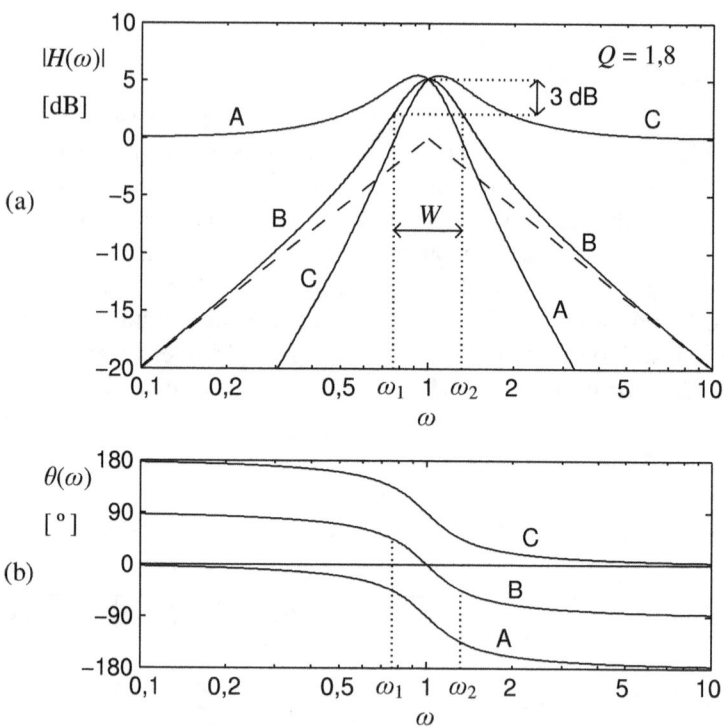

Kuva 2.3. a) Toisen asteen alipäästö- (A), kaistanpäästö- (B) ja ylipäästöjärjestelmän (C) amplitudivasteet ω_0:n ja Q-arvon ollessa kaikilla sama. Käyrät on skaalattu siten, että $\omega_0 = 1$ ja $|H(\omega_0)| = Q$. Kaistanpäästövasteeseen on merkitty 3 dB:n rajataajuudet ω_1 ja ω_2 sekä kaistanleveys W. b) a-kuvan amplitudikäyriä vastaavat vaihesiirtokäyrät. Rajataajuuksilla ω_1 ja ω_2 kaistanpäästöjärjestelmän vaihe (B) saa arvon ±45º.

että funktiossa (2.12) $a_1 = 1$, jolloin vahvistus taajuudella 1 (= ω_0) saa arvon Q kuten alipäästöesimerkissä. Kaistanpäästötapauksessa amplitudihuippu saavutetaan täsmälleen taajuudella ω_0. Pienillä ja suurilla taajuuksilla vahvistus lähestyy katkoviivoin merkittyjä asymptootteja, jotka ovat jyrkkyydeltään 1. astetta. Huippuarvo on aina Q-kertainen asymptoottien leikkauspisteeseen verrattuna.

Vastaavat vaihevasteet on esitetty kuvassa 2.3b. Käyrät ovat muodoltaan identtiset, mutta derivointioperaation johdosta kaistanpäästöfunktion vaihe (B) on kaikilla taajuuksilla 90° vastaavaa alipäästövaihetta (A) edellä saaden taajuudella ω_0 arvon 0.

Kaistanpäästöjärjestelmän keskeinen ominaisuus on kaistanleveys, jolla yleensä tarkoitetaan sen taajuusalueen leveyttä, jonka sisällä vahvistus säilyy vähintään $1/\sqrt{2}$ -kertaisena huippuarvoon verrattuna. Kyseessä on tällöin ns. puolen tehon eli 3 dB:n kaistanleveys (tarkemmin ottaen −3,01 dB).

Yhtälöstä (2.12) saadaan amplitudivasteeksi

$$|H(\omega)| = \frac{|a_1|\omega}{\sqrt{(\omega_0^2 - \omega^2)^2 + (\omega_0\omega/Q)^2}} \qquad (2.13)$$

3 dB:n rajataajuudet (merk. ω_1 ja ω_2) voidaan ratkaista parhaiten antamalla a_1:lle arvo ω_0/Q, jolloin $|H(\omega_0)| = 1$, ja hakemalla sitten taajuudet, joilla $|H(\omega)|^2 = 1/2$. Voidaan nähdä, että tämä ehto toteutuu silloin, kun $(\omega_0^2 - \omega^2)^2 = (\omega_0\omega/Q)^2$. Tällöin lisäksi taajuusvastefunktion nimittäjän reaali- ja imaginaariosa tulevat itseisarvoltaan yhtäsuuriksi, mikä vastaa 45 asteen vaihesiirtoa verrattuna keskitaajuuteen ω_0.

Ratkaisemalla ko. yhtälö saadaan rajataajuuksiksi (vain positiiviset ratkaisut huomioiden)

$$\omega_1, \omega_2 = \omega_0 \left(\sqrt{\frac{1}{4Q^2} + 1} \pm \frac{1}{2Q} \right) \qquad (2.14)$$

Tästä saadaan helposti yhteys: $\omega_1\omega_2 = \omega_0^2$, joten ω_0 on rajataajuuksien logaritminen keskiarvo, kuten kuvaajan symmetrisyyden perusteella oli nähtävissä. Kaistanleveydeksi tulee nyt

$$W = \omega_2 - \omega_1 = \frac{\omega_0}{Q} \qquad (2.15)$$

3 dB:n kaistanleveys ja Q ovat siis kääntäen verrannollisia toisiinsa. Tulosta (2.15) voidaan käyttää mm. Q-arvon määrityksessä.

Kuvaajat C kuvassa 2.3 esittävät 2. asteen ylipäästöjärjestelmän vasteita ω_0:n ja Q:n pysyessä edelleen samoina kuin edellä. Ylipäästöjärjestelmän voidaan ajatella syntyvän siten, että kaistanpäästöjärjestelmän kanssa sarjaan liitetään ideaalinen derivaattori, joka kasvattaa amplitudivasteen jyrkkyyttä kaikilla taajuuksilla 20 dB dekadilla. Vastaavasti ylipäästöjärjestelmästä päästään takaisin kaistanpäästöjärjestelmään ja tästä edelleen alipäästöjärjestelmään ideaalisen integraattorin kautta.

Siirtofunktion nimittäjä säilyy ylipäästötapauksessakin ennallaan, mutta osoittajaksi tulee 2. asteen termi. Ylipäästösiirtofunktio on siten yleisesti

$$H(s) = \frac{a_2 s^2}{s^2 + \dfrac{\omega_0}{Q} + \omega_0^2}$$ (2.16)

Antamalla a_2:lle arvo 1 saadaan vahvistukseksi suurilla taajuuksilla 0 dB $((j\omega)^2/(j\omega)^2)$, kuten kuvassa 2.3a. Alipäästövaste A ja ylipäästövaste C ovat tällöin toistensa peilikuvia suoran $\omega = \omega_0$ suhteen. Tämän symmetrian ansiosta voidaan esim. kuvan 2.1a ominaiskäyriä käyttää myös ylipäästöjärjestelmän arviointiin vaihtamalla ω:n tilalle $1/\omega$.

Ylipäästöjärjestelmän vaihe on 90° edellä vastaavaa kaistanpäästövaihetta (kuva 2.3b), joka puolestaan oli 90° alipäästövaiheen edellä. Alueella, jolla amplitudivaste on vakio, vaihevaste lähestyy nollaa, kuten minimivaiheisen järjestelmän luonteeseen kuuluu.

Edellä esitetyn perusteella voidaan nähdä:

Toisen kertaluvun alipäästö- ylipäästö- ja kaistanpäästöjärjestelmän taajuusvasteen muoto määräytyy täysin kahden parametrin, ω_0 ja Q, perusteella.

Sama pätee myös aikatason vasteisiin, sillä aikakäyttäytyminen on aina suorassa yhteydessä taajuuskäyttäytymiseen.

Yleisellä biquad-siirtofunktiolla (2.1) voidaan kuvata monenlaisia muitakin vastetyyppejä antamalla järjestelmän nollien sijaita muuallakin kuin origossa. Nollien avulla amplitudivasteeseen voidaan luoda ylöspäin kääntyviä taitekohtia vastaavasti kuin navat synnyttävät alaspäin kääntyviä taitekohtia. Siirtofunktion osoittajaan tulee tällöin yhden sijaan kaksi tai kaikki kolme termiä. Stabiilisuus ei aseta rajoituksia nollien suhteen, joten osoittajapolynomin kertoimet voivat olla keskenään erimerkkisiäkin.

Käytännössä kyseeseen tulevissa järjestelmissä osoittajan 2. asteen termi ja vakiotermi ovat yleensä samanmerkkisiä, mikä merkitsee, että nollat sijaitsevat samalla puolella imaginaariakselia. Tällöin osoittaja

on ilmaistavissa ominaistaajuuden ja Q-arvon avulla aivan vastaavalla
tavalla kuin nimittäjä, ja siirtofunktioksi voidaan kirjoittaa:

$$H(s) = K\frac{s^2 + \frac{\omega_{0Z}}{Q_Z}s + \omega_{0Z}^2}{s^2 + \frac{\omega_{0P}}{Q_P}s + \omega_{0P}^2} \tag{2.17}$$

missä alaindeksi Z viittaa nolliin (osoittajaan) ja alaindeksi P napoihin
(nimittäjään) K:n ollessa vahvistusvakio. Q_P:n on oltava aina positiivi-
nen, mutta Q_Z voi olla myös negatiivinen, jolloin kyseessä on ei-mini-
mivaiheinen järjestelmä.
   Muuttelemalla osoittajan ja nimittäjän parametreja sekä näiden
suhteita funktiossa (2.17) saadaan aikaan erityyppisiä taajuusvasteita,
joista tärkeimpiä on esitetty taulukossa 1 yhdessä aiemmin käsiteltyjen
perustyyppien kanssa. Taulukkoon on merkitty myös napojen ja nol-
lien sijainti kussakin tapauksessa sekä ehdot, joilla ao. vaste toteutuu.
   Tarpeitamme ajatellen mielenkiintoisin yhtälöllä (2.17) kuvatuista
esimerkeistä on "alakorostus", jota voidaan käyttää kaiutinelementin
perusresonanssin oikaisuun ja bassovasteen muotoiluun.

2.3 Resonanssipiirit

Resonanssin käsite liittyy läheisesti 2. kertaluvun järjestelmiin, sil-
lä näiden siirtofunktiossa sekä osoittaja että nimittäjä voivat tuottaa re-
sonanssi-ilmiön 2. asteen termin ja vakiotermin kumotessa toisensa
tietyllä taajuudella. Mekaanisia resonansseja on siten mahdollista mal-
littaa sähköisillä vastinpiireillä, sillä molemmat perustuvat samanlai-
seen matemaattiseen kuvaukseen. Sähköisiä resonanssipiirejä voidaan
käyttää mm. kaiuttimen impedanssin ja koteloinnin vaikutusten mallit-
tamiseen sekä fyysisesti osana jakosuodattimia.
   Kelan, kondensaattorin ja vastuksen muodostaman passiivisen re-
sonanssipiirin impedanssi on ilmaistavissa 2. asteen siirtofunktioita
vastaavilla impedanssifunktioilla. Nämä funktiot poikkeavat kuitenkin
yleisistä siirtofunktioista mm. siinä, että vaihekulma ei voi olla itseis-
arvoltaan yli 90°, eli impedanssin reaaliosa (resistanssi) ei voi tulla ne-
gatiiviseksi. (Aktiivisilla kytkennöillä on mahdollista tuottaa myös ne-
gatiivisia resistansseja, mutta näidenkin käytössä on rajoituksena, että
impedanssin reaaliosa ei voi koskaan vaihtaa merkkiään.) Vastaavasti
impedanssin itseisarvon taajuusriippuvuus resonanssialueen ulkopuo-

2 - *Toisen asteen järjestelmät*

Taulukko 1.   Toisen kertaluvun suodatintyyppejä

Toiminta	Bode-kuvaaja	Siirtofunktio	Ehdot	Napakaavio
Alipäästö	$\|H\|$ $(Q>1)$ ω	$\dfrac{K}{s^2+\dfrac{\omega_0}{Q}s+\omega_0^2}$	–	
Kaistan- päästö	$\|H\|$ $(Q>1)$ ω	$K\dfrac{s}{s^2+\dfrac{\omega_0}{Q}s+\omega_0^2}$	–	
Ylipäästö	$\|H\|$ $(Q>1)$ ω	$K\dfrac{s^2}{s^2+\dfrac{\omega_0}{Q}s+\omega_0^2}$	–	
Tasa- päästö	$\|H\|$ ω	$K\dfrac{s^2+\dfrac{\omega_{0Z}}{Q_Z}s+\omega_{0Z}^2}{s^2+\dfrac{\omega_{0P}}{Q_P}s+\omega_{0P}^2}$	$\omega_{0P}=\omega_{0Z}$ $Q_Z=-Q_P$	
Kaistan- esto	$\|H\|$ ω	$-\,,,\,-$	$\omega_{0P}=\omega_{0Z}$ $\|Q_Z\|\to\infty$	
Kaistan- korostus	$\|H\|$ ω	$-\,,,\,-$	$\omega_{0P}=\omega_{0Z}$ $Q_P>\|Q_Z\|$	
Ala- korostus	$\|H\|$ $(Q_P>1)$ $(Q_Z>1)$ ω	$-\,,,\,-$	$\omega_{0P}<\omega_{0Z}$	
Ylä- korostus	$\|H\|$ $(Q_Z>1)$ $(Q_P>1)$ ω	$-\,,,\,-$	$\omega_{0P}>\omega_{0Z}$	

lella voi olla enintään 1. astetta.

Passiivisten resonanssipiirien periaatekytkennät on esitetty kuvassa 2.4. a-kuvan symmetristä rinnakkaisresonanssipiiriä on käsitelty myös liitteessä B, jossa jännitteen ja kokonaisvirran väliseksi siirtofunktioksi on johdettu lauseke (b25). Piirin a impedanssi on täten

$$Z(\omega) = \frac{(1/C)j\omega}{(j\omega)^2 + (1/RC)j\omega + 1/LC} \qquad (2.18)$$

Kyseessä on kaistanpäästötyyppinen funktio, josta voidaan tuttuun tapaan erottaa ominaistaajuus (resonanssitaajuus):

$$\omega_0 = 1/\sqrt{LC}$$

Toisin sanoen

$$f_0 = \frac{1}{2\pi\sqrt{LC}} \qquad (2.19)$$

Samaan tulokseen päästään myös suoraan merkitsemällä kelan ja kondensaattorin impedanssien itseisarvot yhtäsuuriksi.

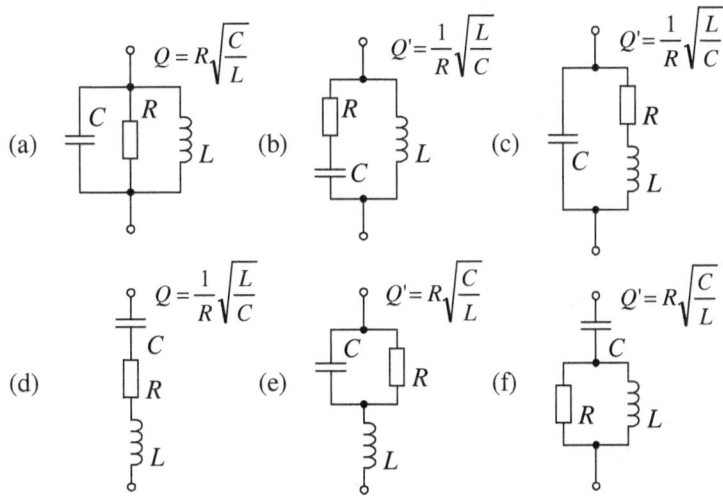

Kuva 2.4. Passiivisia resonanssipiirejä. a) Symmetrinen rinnakkaisresonaattori. b) - c) Epäsymmetrisiä rinnakkaisresonaattoreita. d) Symmetrinen sarjaresonaattori. e) - f) Epäsymmetrisiä sarjaresonaattoreita. Kuviin b, c, e ja f on merkitty laskennallinen hyvyysluku Q', jota voidaan käyttää resonanssin ollessa riittävän terävä.

Piirin a Q-arvoksi saadaan yhtälön (2.4) perusteella

$$Q = R\sqrt{\frac{C}{L}} \qquad (2.20)$$

Q-arvo on siis suoraan verrannollinen resistanssiin R, joka on samalla impedanssin maksimiarvo $Z(\omega_0)$, kuten yhtälöstä (2.18) on nähtävissä. Impedanssin (2.18) itseisarvon periaatteellinen käyttäytyminen on esitetty kuvassa 2.5 (ehyt viiva). Pienillä taajuuksilla $|Z|$ muodostuu lähes yksinomaan kelan impedanssista ja suurilla taajuuksilla vastaavasti kondensaattorin impedanssista. Taajuudella f_0 kelan ja kondensaattorin virrat ovat yhtäsuuret mutta vastakkaisvaiheiset, jolloin ne kumoavat toisensa, ja jäljelle jää pelkästään resistanssin vaikutus.

Siirtämällä vastus sarjaan kondensaattorin tai kelan kanssa saadaan aikaan epäsymmetrisiä rinnakkaisresonaattoreita (kuvat 2.4b-c), joiden impedanssi on muodoltaan muuten a-tapauksen kaltainen, mutta lähestyy suurilla tai pienillä taajuuksilla arvoa R. Resonanssitaajuuden lauseke (2.19) pätee myös näille piireille, mutta impedanssihuippu ei ole täsmälleen kohdassa f_0. Epäsymmetrisyyden vuoksi normaalia Q-arvon määritelmää voidaan soveltaa näihin vain likimääräisesti ja vain silloin, kun resonanssi on selvästi olemassa (R riittävän pieni).

Kuvan 2.4d sarjaresonanssipiirin impedanssi on elementtien impedanssien summa, joten tässä tapauksessa

$$Z(\omega) = j\omega L + R + \frac{1}{j\omega C}$$

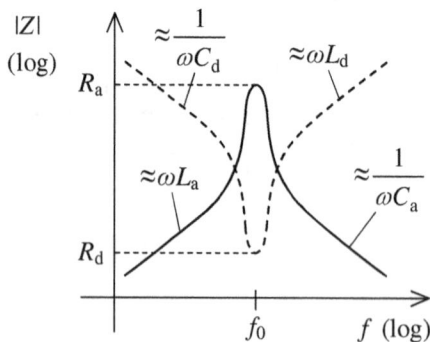

Kuva 2.5. Kuvan 2.4a rinnakkaisresonanssipiirin impedanssin itseisarvo taajuuden funktiona (ehyt viiva), ja sama kuvan 2.4d sarjaresonanssipiirille (katkoviiva). Rinnankytkennän elementtiarvoille on käytetty alaindeksiä 'a' ja sarjakytkennän arvoille alaindeksiä 'd'. Molemmat akselit ovat logaritmisia.

$$= \frac{(j\omega)^2 + (R/L)j\omega + 1/LC}{(1/L)j\omega} \qquad (2.21)$$

(Impedanssifunktioissa osoittajan ja nimittäjän astelukujen erotus voi olla joko 1, 0 tai −1.) Osoittaja on nyt muodossa, josta voidaan nähdä resonanssitaajuuden olevan edelleen kaavan (2.19) mukainen. Nollien Q-arvoksi saadaan lausekkeen (2.20) käänteisarvo, joka on merkitty kuvan 2.4d yhteyteen.

Sarjakytkennän impedanssi (2.21) on muodoltaan käänteinen rinnankytkennän impedanssiin (2.18) verrattuna, joten resonanssitaajuudelle syntyy minimikohta kuvan 2.5 mukaisesti (katkoviiva). Pienillä taajuuksilla hallitsee nyt kondensaattorin impedanssi ja suurilla taajuuksilla vastaavasti kelan. Taajuudella f_0 nämä impedanssit kumoavat jälleen toisensa, ja jäljelle jää pelkkä resistanssi.

Kuvissa 2.4e-f on esitetty epäsymmetrisiä sarjaresonaattoreita, joiden impedanssi muistuttaa muuten tapausta d, mutta lähestyy pienillä tai suurilla taajuuksilla arvoa R. f_0:aan ja Q-arvoon pätevät samat huomautukset kuin tapauksissa b ja c, mutta piireissä e ja f resonanssi terävöityy R:n kasvaessa.

Kuvassa 2.6a on esitetty rinnankytkennän impedanssin (2.18) rata kompleksitasossa taajuuden funktiona (Nyquist-diagrammi). Rata on

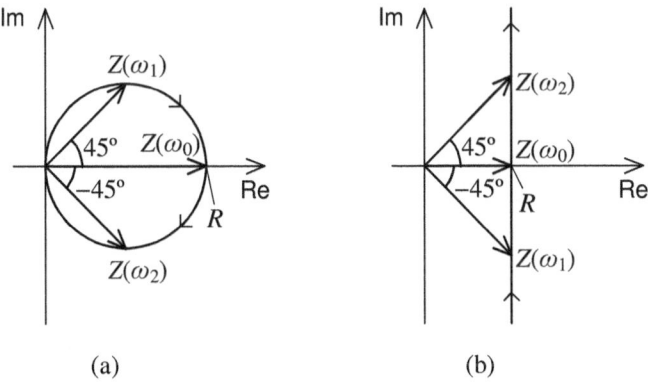

(a)   (b)

Kuva 2.6. a) Kuvan 2.4a resonanssipiirin impedanssin Nyquist-diagrammi. 3 dB:n rajataajuuksia vastaavat pisteet $Z(\omega_1)$ ja $Z(\omega_2)$ sijaitsevat ympyräradan ylimmässä ja alimmassa kohdassa. b) Kuvan 2.4d resonanssipiirin impedanssin Nyquist-diagrammi. 3 dB:n rajataajuudet ω_1 ja ω_2 on määritelty vastaavasti kuin kuvan a kaistanpäästöfunktiolle.

ympyrän muotoinen, kuten liitekappaleessa B4 on selitetty. Kuvaan on merkitty resonanssi-impedanssi $Z(\omega_0)$, joka on reaalinen, sekä 3 dB:n rajataajuuksia (2.14) vastaavat impedanssit $Z(\omega_1)$ ja $Z(\omega_2)$ ($\omega_2 > \omega_1$), jotka ovat ±45 asteen kulmassa reaaliakseliin nähden ja itseisarvoltaan $Z(\omega_0)/\sqrt{2}$. Jos kytkennästä poistettaisiin kela tai kondensaattori, impedanssin rata olisi puoliympyrän muotoinen.

　　Kuva 2.6b esittää sarjakytkennän impedanssin (2.21) Nyquist-diagrammia. Rata on pystysuora viiva, jota kuljetaan ylöspäin ω:n kasvaessa. Kaistanleveyteen liittyvät yhtälöt (2.14) ja (2.15) ovat sovellettavissa myös tähän tapaukseen, mutta nyt $Z(\omega_1)$ ja $Z(\omega_2)$ ovat itseisarvoltaan $\sqrt{2} \cdot Z(\omega_0)$. Jos kela tai kondensaattori oikosuljettaisiin, impedanssin rata olisi pisteestä R lähtevä puolisuora.

3
SÄHKÖDYNAAMISEN ELEMENTIN TOIMINTA

Ylivoimaisesti yleisin keino sähköisen signaalin ääneksi muuttamiseen on edelleen ns. sähködynaaminen periaate, jossa värähtelevän kalvon liike saadaan aikaan virran ja magneettikentän välisellä vuorovaikutuksella. Ottaen huomioon tällaisten kaiutinelementtien valtava määrä kaikkialla maailmassa ja niiden merkitys jokapäiväisessä elämässämme äänen tuottajina ja muokkaajina, on paikallaan luoda hieman tavallista syvällisempi katsaus näiden perustarvikkeiden toiminnan fysiikkaan. Näin saadaan pohjaa elementissä vaikuttavien häiriömekanismien ymmärtämiselle sekä hälvennetään eräitä virheellisiä käsityksiä, joita näkee usein esitettävän.

Tässä käsitellään liikkuvakelaisia elementtejä, joiden kalvo on rakenteeltaan jäykkä. Sähködynaamista toimintaperiaatetta käytetään myös harvinaisemmissa ja lähinnä korkeille äänille tarkoitetuissa nauha- ja tasokalvoelementeissä, mutta näiden ominaisuudet poikkeavat melkoisesti edellä mainituista.

3.1 Magneettiset voimavaikutukset

Kuvassa 3.1 on esitetty kaiutinelementeissä nykyisin yleisesti käytettyjä magneettirakenteita. Itse magneetti (merk. harmaalla) on yleensä ferriittimateriaalia ja renkaan muotoinen. Tähän on liimattu kiinni teräksiset napakappaleet, jotka ohjaavat magneettivuon kulkemaan mahdollisimman tehokkaasti ilmaraon kautta. Laadukkaissa elementeissä käytetään keskinapana usein poikkileikkaukseltaan T:n muotoista kappaletta (kuva b), jolla saavutetaan symmetrisempi vuon jakautuminen kuin a-kuvan tapauksessa.

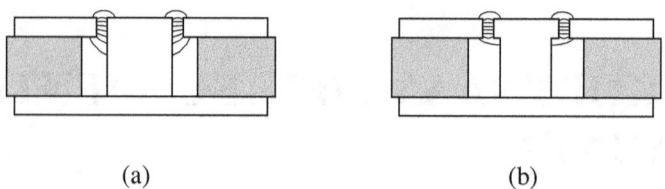

(a)   (b)

Kuva 3.1. Poikkileikkauksia yleisistä magneettirakenteista. a) Tyypillinen napakappaleiden muoto halvoissa ferriittimagneettielementeissä. Magneettivuo ilmaraossa muodostuu epäsymmetriseksi. b) Parempi ratkaisu, jossa käytetään T:n muotoista napakappaletta.

Käyttämällä ferriittiä tehokkaampia ja samalla kalliimpia materiaaleja voidaan itse magneetti tehdä pienemmäksi, jolloin se voidaan sijoittaa rakenteen keskelle. Hajakenttä on näin vähäisempi, eikä vuon tarvitse kulkea magneetissa olevan reiän kautta, mitä se ei luonnostaan mielellään tee. Itse toimintaan liittyvät mekanismit ovat kuitenkin samat rakenteen yksityiskohdista riippumatta.

Ilmaraossa liikkuvaan puhekelaan vaikuttava ajovoima F saadaan tunnetusta perusyhtälöstä:

$$F = B\,l\,i \qquad (3.1)$$

B on johdinta vastaan kohtisuorasti vaikuttavan magneettivuon tiheys (Tesloina), l on magneettikentässä olevan johtimen pituus, ja i on johtimen virta. B on tässä se vuontiheys, joka vallitsee johtimen ollessa virraton. Virta aiheuttaa aina oman magneettikenttänsä, joka voi reagoida lähistöllä olevan raudan kanssa, mutta ilmiö ei liity kaavaan (3.1). Vakiot B ja l esiintyvät yleensä aina yhdessä, ja niiden tuloa nimitetään voimakertoimeksi (force factor), jonka yksiköksi saadaan N/A tai Tm.

Yhtälöä (3.1) tarkasteltaessa pitäisi huomion kiinnittyä puhekelan ohjauksen kannalta hyvin tärkeään seikkaan: nimittäin johtimen päiden välinen jännite ei esiinny tässä yhtälössä lainkaan. Tähän liittyykin ensimmäinen suuri ihmetyksen aiheemme:

Puhekelaa liikuttava ajovoima määräytyy kelassa kulkevan virran perusteella. Sen sijaan kelan jännite ei suoranaisesti edes vaikuta voiman syntyyn. Jo tästä syystä on huonosti perusteltua ja suorastaan ällistyttävää, että kaikkialla pidetään itsestäänselvyytenä sitä, että vahvistimen on syötettävä kaiuttimen napoja jännitesignaalilla välittämättä lainkaan

virrasta.

Mikäli elementin impedanssi olisi pelkkä puhdas vakiona pysyvä resistanssi, tällöin, mutta vain tällöin, olisi samantekevää, syötetäänkö elementtiä jännitteellä vai virralla, sillä nämä kaksi olisivat joka hetki suoraan verrannollisia toisiinsa. Mikäli impedanssi olisi edes lineaarinen ja häiriötön, tällöinkin jänniteohjaus puolustaisi vielä paikkaansa, sillä erot näiden kahden ohjaustavan välillä olisivat lähinnä taajuusvasteen muotoiluun liittyviä. Todellisuudessa kuitenkin elementin impedanssi on, kuten jäljempänä osoitetaan, kaikkea muuta kuin häiriötön ja lineaarinen, joten ainoastaan suoraan virtaan vaikuttamalla voidaan taata se, että puhekelaa liikuttava voima vastaa mahdollisimman tarkasti ohjaussignaalia.

Ilman erityistä tietämystä impedanssin käyttäytymisestäkin pitäisi yhtälön (3.1) ja nykyisen audiovahvistinteknologian välisen ristiriidan soittaa jotain hälytyskelloa jokaisen sähkötekniikasta kiinnostuneen älyllisesti rehellisen yksilön sisäosissa. Tai ainakin tämän epäkohdan pitäisi saada asianosaiset kyselemään vakavasti niiden vaikuttimien perään, joiden nojalla nykyinen fysiikan perusteet syrjään jättävä käytäntö on saanut oikeutuksensa.

Ohjelmalähteistä, kuten esim. CD-soittimista, saatava analogiasignaali on aina jännitesignaali, eikä tässä ole mitään huomauttamista. Signaalin käsittely vahvistimen esiasteissa on myös käytännöllisintä suorittaa jännitemuodossa, sillä virtasignaalien käyttö ei tässä yhteydessä toisi mitään etua. Siispä:

Puhekelan liikkeelle saamiseksi *jossakin* signaalitiellä on tapahduttava muunnos jännitesignaalista virtasignaaliksi. Nykyinen käytäntö on yksinomaan se, että tämä tärkeä muunnos jätetään kokonaan kaiutinelementin hoidettavaksi. Elementissä muunnos tapahtuu kuitenkin aina *hallitsemattomasti* erilaisten sähkömotoristen voimien ollessa vahvasti mukana impedanssin muodostumisessa. Sen sijaan vahvistimessa suoritettuna tämä muunnos voidaan toteuttaa *hallitusti* elementin saadessa epäsuoran sijaan suoran ohjauksen.

Riippumatta siitä, missä lienevätkään pohjimmaiset syyt nykyisen luonnottoman perinteen jatkumiselle, sille, joka on kuunnellut jossain vaikkapa 10 000 euron tavanomaista hifi-laitteistoa ja verrannut tätä suhteessa pienen murto-osan maksavaan, mutta virtaohjausta käyttävään tee-se-itse-laitteistoon, ero jälkimmäisen hyväksi on niin yksiselitteinen, että se universaali yksituumaisuus, jolla virtaohjaustekniikka on pidetty poissa kuluttajien ulottuvilta, ei voi olla merkitsemättä jatkuvaa hämmästyksen lähdettä.

Edellä kuvatun voiman lisäksi puhekelaan kohdistuu myös ei-toivottu magneettinen voimavaikutus, joka johtuu siitä, että puhekelan virran synnyttämä kenttä vetää puoleensa magneettipiirin sisältämää rautaa. Ilmiötä voidaan kutsua vaikka solenoidivoimaksi.

Kuvassa 3.2 on havainnollistettu magneettivuon kulkua kaiuttimen "moottorirakenteessa". a-kuvaan on piirretty pelkästään kestomagneetin aiheuttama vuo. b-kuvassa on esitetty puolestaan virrallisen puhekelan synnyttämä vuo ilman magneetin vaikutusta. Osa tästä vuosta kiertää koko magneettipiirin läpi aiheuttaen virran mukana muuttuvan komponentin piirin kokonaisvuohon. Vuoviivoilla on aina pyrkimys kulkea suorinta reittiä ja mahdollisimman tehokkaasti, joten tässä tapauksessa kelan yläpuolelta kiertävä vuo pyrkii painamaan kelaa magneettirakenteen sisään.

Näin solenoidivoima pyrkii siis aina virran suunnasta riippumatta vetämään puhekelaa taaksepäin. Puhekelan vuo joutuu kuitenkin kulkemaan suuren osan matkastaan ilmassa, joten käytännössä solenoidi-

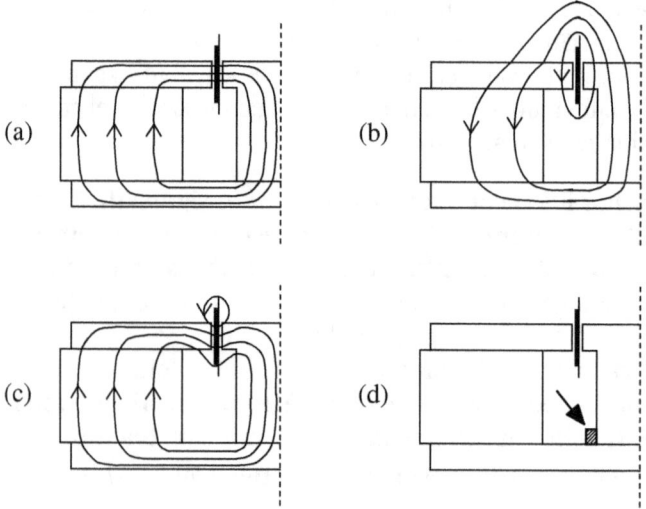

Kuva 3.2. a) Vuoviivojen kulku magneettipiirissä puhekelan ollessa virraton. b) Puhekelan virran aiheuttama magneettivuo ilman kestomagneetin kenttää. Puhekelan vuo pyrkii tässä tapauksessa vähentämään magneettipiirin kiertävää vuota. c) Kestomagneetin ja puhekelan yhteisvaikutuksena syntyvä magneettivuo. d) Oikosulkurenkaalla varustettu magneettipiiri. Renkaan aiheuttama muuntajakuormitus pienentää induktanssin vaikutuksia.

voima jää onneksi paljon pienemmäksi kuin varsinainen ajovoima. Solenoidivoima on silti merkittävä parillisten harmonisten särökomponenttien aiheuttaja. Kuva 3.2c esittää magneetin ja puhekelan yhdessä aikaansaamaa vuota. Vuoviivat ovat kelan kohdalla alaspäin pingottuneita, joten ajovoima vaikuttaa tässä tapauksessa ylöspäin. Pohjan kautta kiertää nyt hivenen heikompi vuo kuin tapauksessa a.

Virtaohjauksen käyttö ei vaikuta itse solenoidivoiman suuruuteen, mutta vuomodulaation ja siihen liittyvän induktanssin haittavaikutusten eliminoinnissa ohjaustavalla on hyvin oleellinen merkitys.

Solenoidivoimaa voidaan kuitenkin merkittävästi vähentää käyttämällä magneettipiirissä jotain sähköä hyvin johtavaa materiaalia. Jotkut valmistajat käyttävät kuvassa 3.2d esitettyä oikosulkurengasta keskinavan ympärillä. Rengas vastaa toiminnaltaan muuntajan oikosuljettua toisiokäämiä. Kun muuntajan toisiota kuormitetaan jollakin impedanssilla, tämä impedanssi näkyy ensiöpuolella periaatteessa muuntosuhteen neliöllä kerrottuna. Tässä tapauksessa ensiökäämin (eli puhekelan) induktanssin rinnalle syntyy siis resistiivinen kuorma, joka oikosulkee osan induktanssin virrasta. Näin puhekelan tuottama vuo sekä siihen liittyvä solenoidivoima vähenevät, vaikkakaan induktanssi sinänsä ei pienene. Sama etu saadaan myös käyttämällä sähköä hyvin johtavaa magneettimateriaalia (kuten neodyymi), jonka pyörrevirrat aiheuttavat vastaavan kuormituksen.

Riippumatta muista rakenneratkaisuista kannattaa ilmaraon läpäisevä magneettivuo yleensä pyrkiä saamaan suureksi, sillä näin ei ainoastaan paranneta herkkyyttä ja hyötysuhdetta, vaan myös vähennetään solenoidivoiman suhteellista merkitystä.

3.2 Liikeyhtälöt virtaohjauksella

On helppoa ajatella, että ideaalitapauksessa kaiuttimen kalvon liikepoikkeaman pitäisi seurata tarkasti syötettävää signaalia. Näin ei todellisuudessa kuitenkaan ole, eikä pidäkään olla, sillä syntyvän akustisen paineen hetkellinen arvo ei johdu kalvon paikasta. Seuraavassa tarkastellaankin, kuinka kalvon liike käytännössä määräytyy olettaen kalvo jäykäksi ja järjestelmän toiminta lineaariseksi.

Kuvassa 3.3a on esitetty poikkileikkaus tyypillisestä kartioelementistä suljetussa kotelossa. Elementin liikkuva osa muodostuu kartiosta, sitä liikuttavasta puhekelasta runkoineen sekä pölysuojakupista. Kartion ripustukset voidaan myös osittain laskea kuuluvaksi liikkuvaan

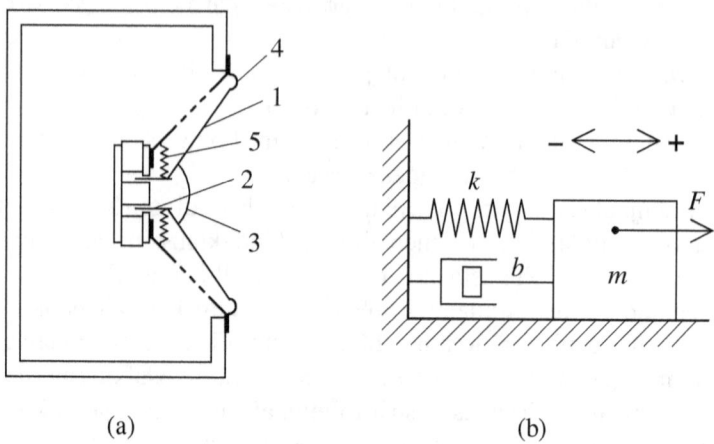

(a)   (b)

Kuva 3.3. a) Kartioelementti suljetussa kotelossa. Kalvo (1), sekä siihen lii-
mattu puhekelan runko (2) ja pölykuppi (3) pääsevät liikkumaan ulomman ri-
pustuksen (4) ja sisemmän ripustuksen (5) varassa. Ulompi ripustus on hifi-
kaiuttimissa yleensä kumia ja sisempi poimutettua ja jäykistettyä tekstiiliä. Pö-
lykupin ja magneettinavan väliin puristuva ilma johdetaan aina jotakin reittiä
ulos. b) Kuvan a kaiutinta vastaava mekaaninen malli. Massakappaleen ole-
tetaan liikkuvan radallaan kitkattomasti. Massan hitauden lisäksi järjestelmän
toimintaan vaikuttavat jousivakio k ja hidastinvakio b.

massaan, johon käytännössä summautuu lisäksi myös hieman ympä-
röivää ilmaa.

Ripustusten tehtävänä on sallia akselin suuntainen liike ja estää sa-
malla sivusuuntainen liike, ja ne muodostavat jousen, joka pyrkii pala-
uttamaan kalvon lepoasentoonsa. Suljetussa kotelossa olevan elemen-
tin kalvoa kuormittaa matalilla taajuuksilla myös kotelon ilman muo-
dostama jousi. Valmistajat ilmoittavat elementeilleen yleensä ns. *ekvi-
valenttitilavuuden*, jolla kotelon aiheuttama jousivoima on yhtä suuri
kuin kartion ripustusten jousivoima.

Massan ja jousien lisäksi kalvon liikkuvuuteen vaikuttaa myös kol-
mas tekijä, ns. mekaaninen resistanssi, joka pyrkii jarruttamaan liiket-
tä. Tämä vaikutus syntyy siitä, että ripustuksissa tapahtuvat muodon-
muutokset vaativat energiaa, mikä ilmenee kalvon nopeuteen verran-
nollisena vastavoimana. Jonkin verran jarrutusta aiheutuu myös ilma-
virtauksista elementin sisärakenteissa sekä kotelon sisällä käytettäväs-
tä vaimennusaineesta.

Tältä pohjalta elementille voidaan laatia kuvan 3.3b mukainen me-
kaaninen malli. Puhekelan tuottama voima F kohdistuu liukuvaan kap-

paleeseen, jolla on massa *m* ja joka on kiinnitetty jouseen ja hidasti-
meen. Jousivakioon *k* on summattu kaikkien jousten vaikutukset. Me-
kaanista resistanssia kuvaa hidastinvakio *b*. (Käytämme tässä nimitys-
tä "hidastin" kuvaamaan elintä, joka pyrkii nimenomaan hidastamaan
mekaanista liikettä, koska sana "vaimennin" voidaan ymmärtää myös
pelkästään yleiseksi värähtelyn heikentäjäksi. Vrt. englannin kielessä
käytetään erikseen sanoja "damp" ja "attenuate".)

Voima *F* jakautuu näin ollen kolmeen osatekijään, jotka ovat:

- massaa kiihdyttävä voima *ma*, missä *a* on kiihtyvyys

- jousta venyttävä voima *kx*, missä *x* on poikkeama lepoasennosta

- hidastinta liikkeessä pitävä voima *bv*, missä *v* on nopeus

Kaikkien liikettä kuvaavien suureiden positiivinen suunta on sovit-
tu samaksi (kuvassa 3.3b oikealle). Voidaan siis kirjoittaa:

$$F = ma + bv + kx \qquad (3.2)$$

Koska nopeus on matkan aikaderivaatta ja kiihtyvyys puolestaan no-
peuden aikaderivaatta, saadaan edelleen, huomioiden (3.1):

$$m\frac{d^2x}{dt} + b\frac{dx}{dt} + kx = Bli \qquad (3.3)$$

mikä kertoo differentiaaliyhtälönä liikepoikkeaman *x* ja ohjausvirran *i*
välisen riippuvuuden.

Yhtälöä (3.3) vastaava siirtofunktio voidaan nyt kirjoittaa suoraan
liitekappaleissa B4 ja B5 selitettyjen periaatteiden mukaisesti:

$$\frac{X}{I} = \frac{Bl}{ms^2 + bs + k}$$

$$= \frac{Bl/m}{s^2 + \dfrac{b}{m}s + \dfrac{k}{m}} \qquad (3.4)$$

missä *X* ja *I* tulkitaan osoittimiksi. Tulos on 2. asteen alipäästöfunktio,
jonka käyttäytymistä käsiteltiin kappaleessa 2.1. Vapaassa tilassa tai
suljetussa kotelossa oleva elementti (jatkossa V/S-elementti) muodos-

taa siten 2. asteen järjestelmän, jota luonnehtii tietty ominaistaajuus (resonanssitaajuus) ja tietty Q-arvo.
Vertaamalla lausekkeita (3.4) ja (2.5) nähdään, että

$$\omega_0 = \sqrt{\frac{k}{m}} \qquad (3.5)$$

Resonanssitaajuus määräytyy siis liikkuvan massan ja jousivakion perusteella.
Elementin normaali toiminta-alue sijaitsee resonanssitaajuuden yläpuolella. Haluttaessa mahdollisimman alas ulottuvaa toistoa on ω_0 siis pyrittävä saamaan pieneksi. Tähän päästään vain tekemällä massa suureksi ja ripustukset löysiksi. Massan kasvattamisella on kuitenkin aina se varjopuoli, että kokonaisherkkyys huononee, kuten siirtofunktiosta (3.4) voidaan todeta.
Elementinvalmistajien julkaisemissa parametrilistoissa liikkuvalle massalle käytetään yleensä merkintää M$_{ms}$. Jousivakion sijaan ilmoitetaan tämän käänteisarvo C$_{ms}$.
Lausekkeita (3.4) ja (2.5) vertaamalla nähdään edelleen, että b/m $= \omega_0/Q$, mistä seuraa:

$$Q = \frac{\sqrt{km}}{b} \qquad (3.6)$$

Järjestelmän Q-arvo virtaohjauksella on siis kääntäen verrannollinen hidastinvakioon (eli mekaaniseen resistanssiin) ja riippuu pelkästään mekaanisista parametreista. (3.6) antaa ns. *mekaanisen Q-arvon*, jolle käytetään luetteloissa yleisesti merkintää Q$_{ms}$. Siispä:

Suljetussa kotelossa virtaohjauksella toimivan elementin kokonais-Q-arvo muodostuu yksinomaan mekaanisesta Q-arvosta, jota vapaasti olevassa elementissä vastaa parametri Q$_{ms}$. Sen sijaan jänniteohjattuun elementtiin liittyvät parametrit Q$_{es}$ (ns. sähköinen Q-arvo) ja Q$_{ts}$ (kokonais-Q-arvo) ovat virtaohjauksella tarpeettomia.

Toisen asteen alipäästöfunktiota, kuten (3.4), vastaava taajuusvastekäyrästö on esitetty aiemmin kuvassa 2.1. Resonanssikohtaa selvästi pienemmillä taajuuksilla kalvon liikepoikkeama on siten lähes riippumaton taajuudesta ja likimain samanvaiheinen virran kanssa. Tällä alueella jousen tuottama vastavoima on hallitseva.
Resonanssikohtaa selvästi suuremmilla taajuuksilla eli kaiuttimen normaalilla toimintakaistalla sen sijaan liikepoikkeama pienenee kään-

täen verrannollisena taajuuden neliöön hallitsevan vastavoiman aiheutuessa massan hitaudesta. On kenties hieman yllättävää, että tällä alueella kalvon poikkeama on likimain vastakkaisessa vaiheessa virtaan nähden. Toisin sanoen elementin plusnapaan syötettävän virran ollessa positiivisessa huippuarvossaan kalvo on samalla hetkellä taaimmaisessa asennossaan.

Resonanssitaajuudella jousen ja massan aiheuttamat vastavoimat kumoavat toisensa, ja jäljelle jää vain hidastin, jolla on ratkaiseva vaikutus Q-arvoon.

Edellä on puhuttu lähinnä kartioelementeistä, mutta esitetyt yhtälöt pätevät sellaisenaan myös kalottityyppisille diskanttielementeille. Nämä poikkeavat rakenteeltaan kuvassa 3.3a esitetystä lähinnä siten, että kartio ja ulompi ripustus on poistettu, ja kalvona toimii puhekelan rungon levyinen kupu. Diskanttielementit ovat myös aina takaa suljettuja, jotta bassoelementin tuottamat paineenvaihtelut eivät sekoittaisi toimintaa.

Kuvan 3.3b esittämä mekanismi on yleinen muuallakin kuin kaiuttimissa, sillä vastaava malli pätee vaikkapa auton pyörän ripustukseen. Pyörä rumpuineen muodostaa massan, joka pääsee liikkumaan jousen ja iskunvaimentimen varassa. Hidastinta vastaavan iskunvaimentimen tehtävänä on tässä pienentää Q-arvo järkevälle tasolle, jotta järjestelmä ei joudu resonanssiin kuoppaisella tiellä.

3.3 Liike-SMV:n vaikutus

Kaiutinelementeille ilmoitetaan yleensä jokin nimellisimpedanssi (yleensä 4, 6 tai 8 Ω), joka antaa käytännössä vain eräänlaisen keskimääräisarvon todellisesta impedanssista kyseeseen tulevalla taajuusalueella. Tasavirtaresistanssia mitattaessa saadaan tavallisesti tulos, joka on n. 75% nimellisarvosta. Toisaalta taajuusalueen ylä- ja alapäässä impedanssi voi olla moninkertainen nimelliseen verrattuna. Syynä tähän vaihteluun ovat puhekelaan indusoituvat sähkömotoriset voimat (smv), joita on kahta tyyppiä: kelan liikkeestä syntyvä liike-smv sekä kelan induktanssin aiheuttama induktiivinen smv.

Sähkömotoriset "voimat" ovat luonteeltaan jännitteitä, vaikka niitä nimitetäänkin voimiksi. Ne voidaan kuvata piirin sisäisinä jännitelähteinä, joiden vaikutuksia voidaan tutkia ulkoisesti mittaamalla. Liike-smv:tä käytetään hyväksi esim. sähködynaamisessa mikrofonissa.

Sähkömotoriset voimat näkyvät aina sarjassa johtimen resistanssin kanssa, joten elementille voidaan käyttää kuvan 3.4 mukaista sijais-

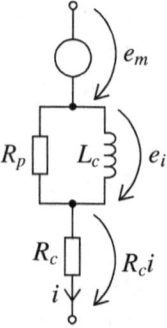

Kuva 3.4. Kaiutinelementin sähköinen sijais-
kytkentä. Napajännite jakautuu käytännössä ai-
na kolmeen komponenttiin, jotka ovat: resistiivi-
nen jännitehäviö $R_c i$, induktiivinen smv e_i sekä
liike-smv e_m. Sähkömotoristen voimien vaiku-
tuksesta elementin impedanssi on itseisarvol-
taan aina suurempi kuin pelkkä DC-resistanssi.

kytkentää. Kelan tasavirtaresistanssia on merkitty R_c:llä, ja induktans-
sia L_c:llä. Induktiivista smv:tä kuvaa jännite e_i. R_p edustaa sitä kuormi-
tusta, jonka magneettipiirissä syntyvät pyörrevirta- ja hystereesihäviöt
aiheuttavat ko. induktanssille. R_p ei ole vakio, vaan kasvaa taajuuden
mukana. Jännitelähde e_m kuvaa liike-smv:tä, joka voidaan aina laskea
kaavasta:

$$e_m = B\,l\,v \qquad (3.7)$$

Piiriin indusoituva liike-smv on siis suoraan verrannollinen puhekelan
nopeuteen v. B on tässäkin se vuontiheys, jonka johdin näkee olles-
saan virraton. Kaikki virran aiheuttamasta vuosta peräisin oleva smv
on mukana e_i:ssä.

Sähkömotorisilla voimilla on tapana pyrkiä vastustamaan sitä teki-
jää, joka ne alkujaan aiheutti. Niinpä sekä e_m että e_i ovat napaisuudel-
taan sellaisia, että ne pyrkivät heikentämään puhekelan virtaa kasvat-
taen samalla kokonaisimpedanssia.

Hyvin tavallisen uskomuksen mukaan elementin liike-smv (tai ns.
vastajännite) pitäisi jotenkin vaimentaa tai eliminoida sillä, että vah-
vistimen ulostuloimpedanssi (tai -resistanssi) pidetään pienenä niin,
että vahvistin toimii ideaalisena jännitelähteenä. Totuus on kuitenkin,
että liike-smv:tä ei voida mitenkään vaimentaa olemattomiin, sillä laki
(3.7) ei voi koskaan lakata pitämästä paikkaansa, eikä smv:n suhteel-
lista osuutta elementin jännitteessä voida vähentää, käytettiinpä mil-
laista ulostuloimpedanssia tahansa. Samaan näennäistieteelliseen toi-
veajatteluun, johon jänniteohjauksen valta-asema itse asiassa paljolti
perustuu, kuuluu myös kuvitelma, että mahdollisimman pieni ulostu-
loimpedanssi suhteessa elementin impedanssiin "kontrolloi" kaiutinta
ja ikään kuin estää siten jotain ylimääräisiä värähtelyjä.

Yhtälön (3.7) mukaan e_m on aina olemassa silloin, kun puhekela on liikkeessä, olipa tämän liikkeen aiheuttaja mikä tahansa. Kaiuttimessa liike syntyy yhtälön (3.1) mukaisesta ajovoimasta, joka taas on suoraan verrannollinen virtaan. Osoitinyhtälönä voidaan siten kirjoittaa: $E_m = Z_m\,I$, missä Z_m on liike-smv:n aiheuttama sähköinen impedanssi (liikeimpedanssi). Vastajännitteen esiintyminen ei siis riipu mitenkään esim. siitä, onko jokin signaali alkamassa tai päättymässä, tai siitä, onko kalvo palaamassa kohti lepoasentoa, tai siitä, kumpaan suuntaan teho hetkellisesti virtaa vahvistimen ja kaiuttimen välillä.

Kuvan 3.4 malli muodostaa siis kolmesta osasta koostuvan lineaarisen impedanssin, jonka sisäisten jännitekomponenttien suhteelliset suuruudet riippuvat taajuuden ohella vain elementin omista parametreista sekä koteloinnista, mutta eivät ulkoisista piireistä.

Vahvistin näkee kaiutinelementin aina vain tiettynä impedanssikuormana, joka pitää sisällään myös liikeimpedanssin. Liike-smv on siten aina mukana yhtenä jännitekomponenttina vahvistimen annon ja elementin muodostamassa suljetussa virtapiirissä. Tämä ns. vastajännite ei siis mitenkään menetä merkitystään vahvistimen ulostuloimpedanssin ollessa pieni, vaan vaikuttaa väistämättä keskeisenä tekijänä elementin jännitteessä kuvan 3.4 mukaisesti niin kauan kuin puhekela yhtään liikkuu.

Edelleen, järjestelmän ollessa lineaarinen *kaikki* liike-smv:n vaikutukset sisältyvät elementin liikeimpedanssiin Z_m, eikä liike-smv:llä ole sen ohella mitään omaa erillistä vaikutusta kaiuttimen transienttiominaisuuksiin, joita usein pyritään "kontrolloimaan" ulostuloimpedanssia minimoimalla. Lineaarisen järjestelmän transienttitoisto-ominaisuudet määräytyvät täydellisesti taajuusvasteominaisuuksien perusteella Fourier-muunnoksen kautta, kuten liitekappaleessa C4 on esitetty. Jos siis jonkin parametrin (kuten esim. ulostuloimpedanssin) muuttamisella ei ole näkyvää vaikutusta taajuusvasteeseen, ei transienttitoistokaan voi tällöin muuttua.

Vahvistimen ulostuloimpedanssi vaikuttaa tietenkin siihen, miten jännite jakautuu tämän impedanssin ja kaiuttimen kesken, mutta tällä tavoin tapahtuva signaalin suodattuminen ei vaikuta jännitekomponenttien suhteisiin itse elementissä. Ulostuloimpedanssi näkyy käytännössä aina sarjassa elementin kanssa, joten lopputuloksen kannalta on sama, muutetaanko ulostulon vai puhekelan resistanssia. Käytännössä jo pelkät lämpötilan muutokset puhekelassa vaikuttavat paljon enemmän kuin tavallinen 0,1 Ω:n luokkaa oleva ulostuloresistanssi.

Saadaksemme tarkemman kuvan liikeimpedanssin käyttäytymisestä käytämme hyväksi siirtofunktiota (3.4) sekä pyörivien osoittimien derivoimissääntöä (b7) liitteessä B. Koska nopeus on aina matkan derivaatta, voidaan osoittimia käyttäen kirjoittaa: $V = j\omega X = sX$. Ottaen huomioon vielä (3.7) saadaan V/S-elementin liikeimpedanssiksi

$$Z_m = \frac{E_m}{I} = \frac{BlV}{I} = Bls\frac{X}{I}$$

$$= \frac{(Bl)^2}{m} \cdot \frac{s}{s^2 + \frac{b}{m}s + \frac{k}{m}} \tag{3.8}$$

Z_m on siten muodoltaan 2. asteen kaistanpäästöfunktio, jonka ω_0 ja Q ovat samat kuin mekaanisella järjestelmällä. Nähdään myös, että nopeuden ja virran välinen siirtofunktio V/I on sama kuin (3.8) jaettuna voimakertoimella Bl.

Toisen asteen kaistanpäästöjärjestelmän taajuusvasteen muoto on esitetty aiemmin kuvassa 2.3, jossa näkyy myös vastaava alipäästövaste. Jos siis kalvon liikepoikkeama käyttäytyy vakiolla virranvoimakkuudella kuten kuvaaja A, tällöin nopeus, liike-smv ja liikeimpedanssi käyttäytyvät kuvaajan B tavoin.

(3.8) on muodoltaan sama kuin rinnakkaisresonanssipiirin impedanssi (2.18). V/S-elementin liikeimpedanssi voidaan siten mallittaa käytännössä kelan, kondensaattorin ja vastuksen rinnankytkentänä sovittamalla L, C ja R vastaamaan mitattua impedanssihuippua.

Liikeimpedanssin (3.8) Nyquist-diagrammi on näin ollen kuvassa 2.6a esitetty ympyrä. Matalilla taajuuksilla Z_m lähestyy puhdasta induktanssia, korkeilla taajuuksilla puhdasta kapasitanssia, ja resonanssitaajuudella Z_m on puhtaasti resistiivinen. Itseisarvoksi $|Z_m|$ saadaan yhtälöstä (3.8):

$$|Z_m| = \frac{(Bl)^2}{m} \cdot \frac{\omega}{\sqrt{\left(\frac{k}{m} - \omega^2\right)^2 + \left(\frac{b\omega}{m}\right)^2}} \tag{3.9}$$

Otamme esimerkiksi tyypillisen pienehkön koteloimattoman bassokeskiääni-elementin, jolla $Bl = 6$ Tm, $m = 0{,}008$ kg, $k = 1000$ N/m ja $b = 1{,}5$ Ns/m. Resonanssitaajuudeksi tulee näillä arvoilla 56 Hz ja me-

kaaniseksi Q-arvoksi 1,9. Liikeimpedanssin itseisarvoa kuvaava käyrä
on esitetty kuvassa 3.5, johon on merkitty myös tyypillinen puhekelan
resistanssin suuruus (6 Ω).

Resonanssitaajuuden ympäristössä $|Z_m|$ on moninkertainen DC-re-
sistanssiin R_c nähden ja tulee yhtäsuureksi vasta 140 Hz:n kohdalla.
Tätä suuremmilla taajuuksilla $|Z_m|$ on likimain kääntäen verrannolli-
nen taajuuteen niin, että vielä 2 kHz:n kohdalla $|Z_m|$ on suuruudeltaan
6% R_c:stä. Näin ollen:

**Kuva 3.5 osoittaa virheelliseksi sellaisen käsityksen, että ele-
mentin liike-smv vaikuttaisi ainoastaan resonanssikohdan
ympäristössä ja olisi suuremmilla taajuuksilla mitättömän
pientä. Vaikka liikeimpedanssin suuruus kaukana resonans-
sikohdasta onkin pienempi kuin DC-resistanssi, on liikeim-
pedanssi silti vielä merkitykseltään hyvin oleellinen läpi ko-
ko keskiäänialueen.**

Elementin kokonaisimpedanssia mittaamalla tämä piirre ei tule hel-
posti ilmi johtuen eri osatekijöiden välisistä vaihe-eroista.

Kuvattu esimerkkielementti ei lisäksi edusta tässä suhteessa lain-
kaan pahinta tapausta. Yhtälön (3.9) mukaan $|Z_m|$ on verrannollinen
voimakertoimen Bl neliöön. Käytettäessä suurempaa voimakerrointa,
kuten on tapana pyrittäessä suureen herkkyyteen, liikeimpedanssi voi

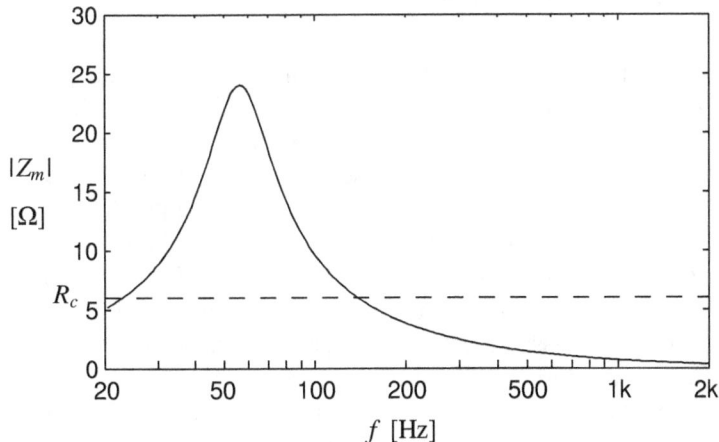

Kuva 3.5. Liikeimpedanssin suuruus taajuuden funktiona tavallisella n. 5 tuu-
man hifi-elementillä. 6 Ω:n tasolle piirretty katkoviiva kuvaa vertailun vuoksi
tyypillistä puhekelan resistanssia. Liikeimpedanssi ei ole mitätön edes toimin-
takaistan yläpäässä.

olla reilusti suurempi kuin kuvassa 3.5. Esim. 3 dB:n kasvu voimaker-
toimessa aiheuttaa jo $|Z_m|$:n kaksinkertaistumisen.

Asennettaessa elementti suljettuun koteloon jousivakio k kasvaa ai-
heuttaen ω_0:n ja Q:n kasvamisen yhtälöiden (3.5) ja (3.6) mukaisesti.
Myös liikeimpedanssin huippu siirtyy tällöin suuremmalle taajuudelle,
mikä edelleen lisää $|Z_m|$:n osuutta varsinkin alakeskiäänialueella. Bas-
sorefleksikotelossa puolestaan liikeimpedanssilla on kaksi huippukoh-
taa, joista ylempi on yleensä 100 Hz:n paikkeilla.

Diskanttielementeissä liike-smv:n vaikutus on myös vahva, vaikka
asiaan ei yleensä kiinnitetä huomiota. Resonanssitaajuus on tavallises-
ti 1 kHz:n luokkaa, ja voimakerroin on tyypillisesti n. 3 Tm liikkuvan
massan ollessa n. 0,3 g.

Kaukana resonanssitaajuuden yläpuolella liikeimpedanssi on miltei
riippumaton k:sta ja b:stä. (3.8) yksinkertaistuu tällöin muotoon:

$$Z_m \approx \frac{(Bl)^2}{j\omega m} \ , \qquad \omega \gg \omega_0 \qquad\qquad (3.10)$$

Käyttämällä em. arvoja saadaan diskanttielementin liikeimpedanssin
suuruudeksi esim. 4 kHz:n taajuudella vielä 1,2 Ω. Arvo on suuruus-
luokaltaan kaikkea muuta kuin sellainen, joka voitaisiin noin vaan jät-
tää huomiotta silloin, kun äänenlaatu merkitsee jotakin.

3.4 Induktiivinen SMV

Kaiken puhekelaan indusoituvan smv:n voidaan ajatella johtuvan
Faradayn induktiolaista, jonka mukaan kuhunkin kelan silmukkaan
syntyvä smv on yhtä kuin silmukan läpäisevän magneettivuon muuttu-
misnopeus. Liike-smv:n ja induktiivisen smv:n erona onkin oikeastaan
vain se, mistä syystä silmukan vuo muuttuu. Liike-smv:n kyseessä ol-
lessa tämä vuon vaihtelu syntyy siitä, että silmukan liikkuessa suurem-
pi tai pienempi osa kestomagneetin vuosta kulkee silmukan läpi. (ks.
kuva 3.2a). Induktiivisen smv:n tapauksessa puolestaan silmukan vuo
vaihtelee kelan virrassa tapahtuvan vaihtelun seurauksena (kuva 3.2b).
Niin kauan kuin toiminta on lineaarista, nämä kaksi mekanismia vai-
kuttavat toisistaan riippumatta kerrostamis- eli superpositioperiaatteen
mukaisesti.

Raudassa syntyvien häviömekanismien vuoksi induktiivista smv:tä
(e_i kuvassa 3.4) ei voida helposti kuvata yhtälöillä. Elementinvalmis-
tajat ilmoittavat yleensä puhekelan induktanssille jonkin arvon, mutta

tämän perusteella ei voida päätellä paljonkaan induktiivisen smv:n ja tästä aiheutuvan impedanssin käyttäytymisestä. Syynä ovat pyörrevirtahäviöt, joiden suhteellinen osuus elementin kokonaistehohäviöistä kasvaa voimakkaasti taajuuden noustessa. Raudan magnetoitumiseen liittyvä hystereesi-ilmiö vaikuttaa myös osaltaan induktanssin (L_c kuvassa 3.4) rinnalla näkyvään resistiiviseen kuormitukseen, sillä hystereesin voittamiseksikin joudutaan tekemään työtä. Molemmat häviötekijät näkyvät kappaleessa 3.1 kuvatun muuntajavaikutuksen kautta.

Induktanssi riippuu kelan rakenteesta seuraavasti:

$$L_c = \frac{N^2}{R_m} \qquad (3.11)$$

missä N on kierrosmäärä ja R_m on vuon näkemä reluktanssi eli magneettiresistanssi, joka vastustaa vuon kulkua vastaavasti kuin sähköinen resistanssi vastustaa virran kulkua. (3.11) pätee kaikenlaisille keloille, mutta sen merkitys tässä yhteydessä on lähinnä periaatteellinen. Induktanssi riippuu kierrosmäärän neliöstä sekä siitä, kuinka helposti puhekelan vuo pääse kulkemaan. Suurin osa reluktanssista syntyy kelan sisäpuolella, jossa vuo kulkee suhteellisen ahtaasti. Induktanssi on siten periaatteessa suoraan verrannollinen kelan poikkipinta-alaan.

Kuvassa 3.6 on esitetty mittaustuloksia induktiivisen impedanssin suuruudesta eräässä 6,5 tuuman bassoelementissä ja eräässä 1 tuuman diskanttielementissä. Jotta liikeimpedanssi ei sotkisi mittausta, puhekelat liimattiin epoksiliimalla kiinni magneettinapoihin. Tulokset on saatu tavanomaista impedanssin mittausmenetelmää soveltaen mittaamalla elementin jännitteen ja puhekelan resistanssin suuruisen vastuksen jännitteen erotusta molempien virran ollessa sama. Jäljelle jää näin pelkkä induktiivinen jännite e_i, joka synnyttää impedanssin Z_i.

Puhtaasti induktiivinen impedanssi kasvaa taajuuteen suoraan verrannollisesti ($Z = j\omega L$), mutta puhekelan induktiivinen käyttäytyminen jää kauas tästä. Z_i:n suuntakulma ei täten myöskään saavuta 90 astetta, vaan jää korkeilla taajuuksilla 50 asteen paikkeille.

Kuvasta 3.6 ilmenee, että mitatulla bassoelementillä $|Z_i|$ ylittää puhekelan resistanssin 3,05 Ω jo hieman 1 kHz:n yläpuolella. Matalille taajuuksille mentäessäkään induktanssin vaikutus ei tule mitättömäksi, kuten usein luullaan, vaan tässä tapauksessa esim. 100 Hz:n kohdalla $|Z_i|$ on vielä 15% R_c:stä. Myös diskanttielementillä $|Z_i|$ on huomattavan suuri läpi koko toistoalueen ollen vielä 2 kHz:llä 19% R_c:stä. On siis todettava:

Induktanssin vaikutus ei ole merkityksetöntä missään ele-

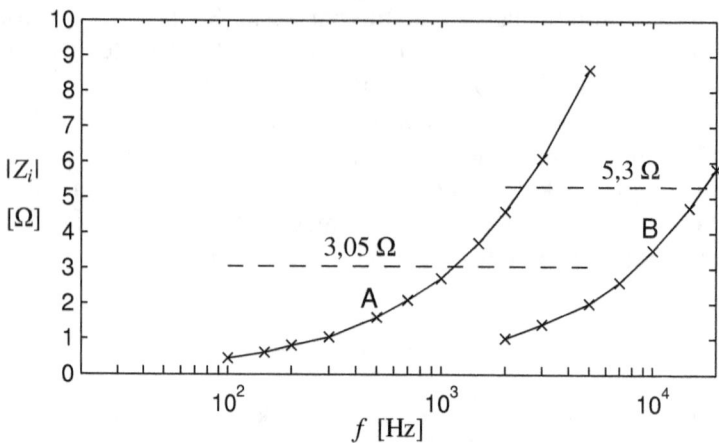

Kuva 3.6. Induktiivisen impedanssin itseisarvon taajuusriippuvuus eräällä bassoelementillä (A) ja eräällä diskanttielementillä (B). Mittauksessa käytetyt elementit olivat Vifa P17WJ-00-04 sekä Peerless 811815. Kuvaan on merkitty katkoviivoilla myös vastaavat puhekelojen resistanssit. Molemmat tapaukset osoittavat induktiivisen impedanssin olevan merkittävä tekijä vielä elementin taajuusalueen alapäässäkin.

mentin normaalilla toistoalueella, vaan induktiivinen impedanssi Z_i muodostaa kaikilla taajuuksilla oleellisen komponentin elementin kokonaisimpedanssiin.

Puhekelan halkaisija oli mitatussa bassoelementissä vain 32 mm. Kookkaammissa elementeissä puhekela ja sen induktanssi voivat olla paljon suurempia. Esim. tyypillisellä 12 tuuman elementillä $|Z_i|$:n ja R_c:n leikkauskohta tulee 400 Hz:n paikkeille, jolloin induktanssilla alkaa olla vaikutusta jo bassoviritykseenkin. Sillä, onko elementti 4- vai 8-ohminen, ei ole tässä mielessä suurta merkitystä, koska induktanssin ja resistanssin suhde ei käytännössä paljonkaan riipu nimellisimpedanssista.

3.5 Kokonaisimpedanssi

Puhekelan kokonaisimpedanssi on siis aina resistanssin, liikeimpedanssin ja induktiivisen impedanssin summa. Bassoelementeissä hallitsee matalilla taajuuksilla liikeimpedanssi, toistoalueen keskivaiheilla resistanssi ja toistoalueen yläpäässä induktanssi. Diskanttielementtien toistama taajuusalue on yleensä kapeampi (n. 1 dekadi), mistä johtuen liikeimpedanssi ja induktanssi eivät pääse yhtä dominoivaan asemaan kuin tyypillisen 2-tiejärjestelmän basso-keskiääni-elementissä. Silti diskanttielementeissäkin liikeimpedanssi nousee resonanssitaajuutta lähestyttäessä samaan suuruusluokkaan resistanssin kanssa, ja kuuloalueen ylärajoilla induktiivinen impedanssi saavuttaa vastaavan aseman.

Impedanssin osatekijät ovat suuntakulmaltaan erilaisia, joten kokonaiskuvan saamiseksi niitä on tarkasteltava kompleksitasossa.

Kuva 3.7 esittää Nyquist-diagrammin avulla V/S-elementin impe-

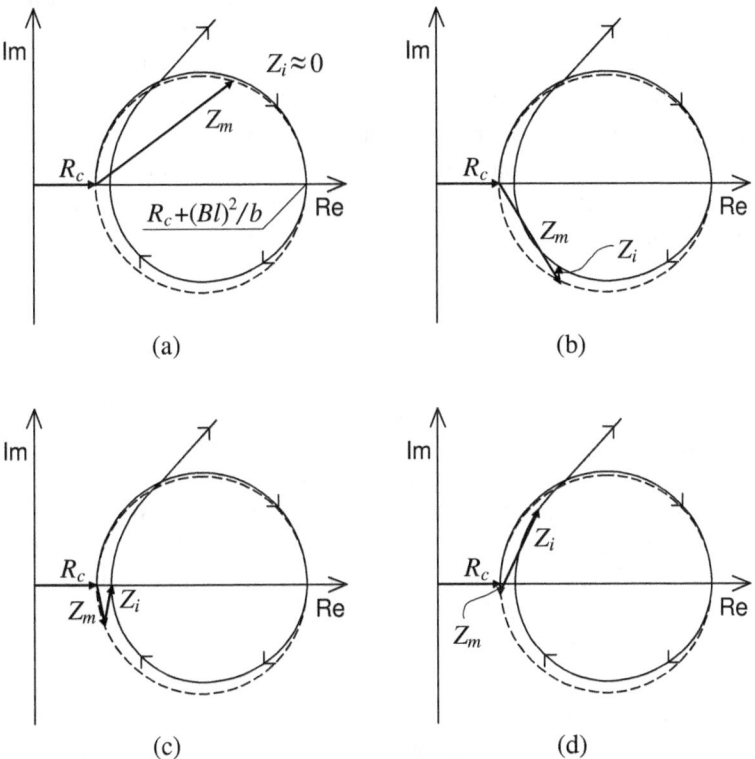

(a)　　　　(b)

(c)　　　　(d)

Kuva 3.7. Vapaasti tai suljetussa kotelossa olevan elementin impedanssin käyttäytyminen. Matalilla taajuuksilla kokonaisimpedanssin rata noudattaa ympyrän kaarta, mutta poikkeaa taajuuden kasvaessa yhä enemmän induktiiviseen suuntaan. Ympyrän (kuvattu katkoviivalla) halkaisija on $(Bl)^2/b$, missä b on hidastinvakio. Kuvat näyttävät impedanssin koostumusta resonanssitaajuuden alapuolella (a), vähän matkaa resonanssitaajuuden yläpuolella (b), kokonaisimpedanssin minimikohdassa (c) sekä toistoalueen yläpäässä (d).

danssin muodostumista eri taajuuksilla. Liikeimpedanssin Z_m ja resistanssin R_c summa noudattaa aikaisemman perusteella katkoviivalla merkittyä ympyrärataa, jonka halkaisija vastaa liikeimpedanssin suuruutta resonanssitaajuudella. Tämä arvo saadaan yhtälöstä (3.8) termien s^2 ja k/m kumotessa toisensa, jolloin jäljelle jää: $Z_m(\omega_0) = (Bl)^2/b$. Resonanssitaajuudella saavutettava kokonaisimpedanssin huippuarvo on siten (olettaen induktanssin vaikutus mitättömäksi)

$$Z(\omega_0) = R_c + \frac{(Bl)^2}{b} \qquad (3.12)$$

Taajuuden kasvaessa induktiivinen impedanssi Z_i alkaa poikkeuttaa kokonaisimpedanssin rataa yhä enemmän positiivisen imaginaariakselin ja lopulta myös positiivisen reaaliakselin suuntaan.

Kuva 3.7a esittää tilannetta resonanssitaajuuden alapuolella, missä kokonaisimpedanssi on induktiivinen Z_i:n ollessa liian pieni piirrettäväksi. Kuva b esittää tilannetta hieman resonanssitaajuuden yläpuolella, missä kokonaisimpedanssi on kapasitiivinen ja Z_i:n osuus alkaa tulla näkyväksi. Kuvassa c kokonaisimpedanssi on resistiivinen ja vain hieman R_c:tä suurempi Z_m:n ja Z_i:n ollessa lähes vastakkaisia toisiinsa nähden. Kuvan d tapauksessa taajuus on niin korkea, että Z_i tekee kokonaisimpedanssin jälleen vahvasti induktiiviseksi Z_m:n ollessa hyvin pieni. Z_i:n myötä kokonaisimpedanssi jatkaa kasvuaan ja säilyy induktiivisena hyvin suurille taajuuksille saakka.

Edellä selostettu pätee periaatteiltaan myös diskanttielementeille, mutta varsinkin takakammiolla varustetuissa rakenteissa liike-smv:n käyttäytyminen resonanssialueella voi olla epäsäännöllisempää, ja varsinaisen impedanssihuipun ohella voi esiintyä muitakin korostumia. Puhekelan jäähdytykseen usein käytetty ferroneste puolestaan kasvattaa yleensä voimakkaasti hidastinvakiota b, jolloin impedanssiympyrä jää kuvassa 3.7 esitettyä huomattavasti pienemmäksi. Ferroneste madaltaa siis impedanssihuippua ja pienentää Q-arvoa.

V/S-elementin impedanssin itseisarvon periaatteellinen käyttäytyminen on esitetty kuvassa 3.8a katkoviivan kuvatessa jälleen puhekelan resistanssia. $|Z|$ vastaa muodoltaan kuvan 3.7 mallia. Kuvaa 3.7c vastaavassa minimikohdassa (f_c) $|Z|$ on yleensä vielä 10-20% R_c:tä suurempi.

Pelkkää kokonaisimpedanssia katsomalla voi helposti saada mielikuvan, että liike-smv:n vaikutus päättyisi kohdan f_c vaiheille. Vastaavasti induktanssin vaikutus näyttäisi rajoittuvan taajuuden f_c yläpuolelle. Todellisuus ilmenee kuitenkin kuvasta 3.7c, joka osoittaa, kuinka ko. taajuudella Z_m ja Z_i peittävät suureksi osaksi toisensa ollen kui-

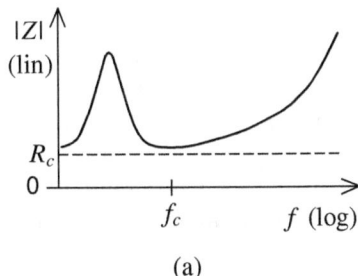

(a)

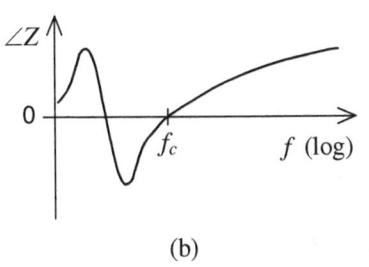

(b)

Kuva 3.8. a) Elementin impedanssin itseisarvon tyypillinen taajuuskäyttäytyminen. $|Z|$ on kaikilla taajuuksilla suurempi kuin puhekelan resistanssi R_c. b) Kuvan a itseisarvokäyrää vastaava suuntakulmakäyrä. $\angle Z$ vaihtaa merkkiään resonanssitaajuudella sekä kohdassa f_c, jossa $|Z|$ on likimain minimissään.

tenkin suuruudeltaan huomattavia. On jopa todennäköistä, että monissa herkkyydeltään suurissa elementeissä, joita tavallisesti käytetään mm. orkesteri- ja PA-kaiuttimissa*, $|Z_m|$:n ja $|Z_i|$:n summa ylittää puhekelan resistanssin *kaikilla* toistoalueen taajuuksilla.

Kuva 3.8b esittää kuvan 3.8a itseisarvoa vastaavan suuntakulman ($\angle Z$) käyttäytymistä. Kulmalla on positiivinen (induktiivinen) huippu resonanssitaajuuden alapuolella ja yläpuolella vastaava negatiivinen (kapasitiivinen) huippu, kuten kuvasta 3.7 voidaan päätellä. Huippujen korkeus riippuu ympyrän halkaisijan ja R_c:n suhteesta.

Vahvistimen toiminnan kannalta on eduksi, että kuormaimpedanssi ei tule kovin reaktiiviseksi millään taajuudella eli että kulma $\angle Z$ säilyy itseisarvoltaan riittävän pienenä. Käytännössä tämä tarkoittaa, että mekaaninen Q-arvo on pidettävä kurissa, mikäli V/S-elementin halutaan olevan vahvistimelle helppo ajettava. Kohtuullinen Q-arvo helpottaa myös korjainpiirien toteutusta virtaohjausta varten.

---

* Käsite PA tulee sanoista "public address" (julkinen puhe) ja on alkujaan tarkoittanut kuulutusjärjestelmää. Nykyisin PA:lla ymmärretään kuitenkin myös esiintyjien käyttämiä äänenvahvistuslaitteistoja.

3.6 Liikeyhtälöt jänniteohjauksella

Kappaleessa 3.2 johdettiin V/S-elementin liikepoikkeaman ja virran välinen siirtofunktio olettaen taajuus niin pieneksi, että kalvon liike voidaan tulkita mäntämäiseksi. Yhtälön (3.8) perusteella tunnemme myös liikeimpedanssin ja sitä kautta kokonaisimpedanssin käyttäytymisen pienimmillä taajuuksilla (jättäen induktanssi huomiotta kuten yleensä on tapana). Yhdistämällä nämä tiedot saamme selville kalvon liikkeen jännitelähdesyötöllä.

Kokonaisimpedanssi on siis em. perusteilla

$$Z = R_c + \frac{(Bl)^2}{m} \cdot \frac{s}{s^2 + \frac{b}{m}s + \frac{k}{m}}$$

josta saadaan parin muokkausvaiheen jälkeen:

$$Z = R_c \frac{s^2 + \left[\dfrac{b + (Bl)^2/R_c}{m}\right]s + \dfrac{k}{m}}{s^2 + \dfrac{b}{m}s + \dfrac{k}{m}} \tag{3.13}$$

Tämä vastaa muodoltaan taulukon 1 (kpl 2.2) kaistankorostusfunktiota ja lähestyy pienillä ja suurilla taajuuksilla arvoa R_c, kuten pitääkin.

Jänniteohjausta käytettäessä elementin saama virta suodattuu yleistetyn Ohmin lain mukaisesti impedanssin Z määräämällä tavalla. Liikepoikkeaman ja ohjausjännitteen väliseksi siirtofunktioksi X/U saadaan nyt yhtälöitä (3.4) ja (3.13) käyttäen:

$$\frac{X}{U} = \frac{X}{IZ} = \frac{Bl/m}{s^2 + \dfrac{b}{m}s + \dfrac{k}{m}} \cdot \frac{1}{R_c} \cdot \frac{s^2 + \dfrac{b}{m}s + \dfrac{k}{m}}{s^2 + \left[\dfrac{b + (Bl)^2/R_c}{m}\right]s + \dfrac{k}{m}}$$

$$= \frac{Bl}{mR_c} \cdot \frac{1}{s^2 + \left[\dfrac{b + (Bl)^2/R_c}{m}\right]s + \dfrac{k}{m}} \tag{3.14}$$

joka on 2. asteen alipäästöfunktio kuten myös (3.4).

Vertaamalla tulosta (3.14) standardimuotoon (2.5) havaitaan, että ominaistaajuudeksi tulee sama kuin virtaohjauksen tapauksessakin eli lauseke (3.5). Q-arvo sen sijaan muuttuu täysin. Kaavaa (2.4) käyttäen saadaan nyt:

$$Q = \frac{\sqrt{k/m}}{\left(b+(Bl)^2/R_c\right)/m}$$

$$= \frac{\sqrt{km}}{b+(Bl)^2/R_c} \tag{3.15}$$

V/S-elementin Q jänniteohjauksella (ns. kokonais-Q-arvo) riippuu siis mekaanisten parametrien lisäksi myös voimakertoimesta sekä resistanssista.

Virtaohjatun elementin Q-arvoon (3.6) verrattuna (3.15) antaa aina pienemmän arvon johtuen mekaanisen hidastinvakion b rinnalla vaikuttavasta termistä $(Bl)^2/R_c$, joka edustaa sähköistä hidastinvakiota tai ns. sähköistä vaimennusta. $(Bl)^2/R_c$ on yleensä suurempi kuin b, joten sähköisen hidastuksen vaikutus järjestelmän Q-arvoon on ratkaiseva.

Virtaohjauksen toimivuuteen kohdistetut epäilyt perustuvat useimmiten juuri tämän sähköisen hidastuksen puuttumiseen ja sen myötä tavallisesti ylisuureksi jäävään Q-arvoon.

Sähköinen vaimennus on kuitenkin hyvin heppoinen peruste niin suurelle ja ratkaisevalle linjavalinnalle, mitä kaiuttimen ohjausperiaate merkitsee, sillä bassoresonanssi vaikuttaa vain pienellä osalla audiotaajuusaluetta, ja tähän saakka ei ole edes kunnolla vaivauduttu etsimään niitä aktiiviseen ja passiiviseen muokkaukseen sekä elementti- ja koteloteniikkaan perustuvia ratkaisuja, joilla järjestelmän perusresonanssia voidaan järkevästi säätää turvautumatta liikeimpedanssin aiheuttamaan virran suodatukseen.

Kaavaa (3.15) voidaan soveltaa myös silloin, kun vahvistin ei toimi ideaalisena jännitelähteenä, vaan sisältää ulostuloresistanssin R_o. Tällöin R_c:n paikalle on sijoitettava R_c+R_o, sillä kaikki sarjassa näkyvä resistanssi on vaikutukseltaan samanarvoista. R_o:n tullessa hyvin suureksi päädytään lopulta yhtälöön (3.6), sillä ideaalinen virtaohjaus vastaa ääretöntä ulostuloresistanssia.

Asettamalla b nollaksi lausekkeessa (3.15) jää jäljelle ns. sähköinen Q-arvo (merk. Q_e), joka vastaa siis tilannetta, jossa ei esiinny mitään mekaanista hidastinvoimaa. Q_e voidaan lausua mekaanisen Q-arvon (merk. Q_m) avulla seuraavasti:

$$Q_e = \frac{\sqrt{km}R_c}{(Bl)^2} = \frac{\sqrt{km}}{b} \cdot \frac{R_c b}{(Bl)^2} = Q_m \frac{R_c}{Z(\omega_0) - R_c} \qquad (3.16)$$

missä on käytetty hyväksi yhteyttä (3.12).

Q_m saadaan käytännössä selville määrittämällä liikeimpedanssin Q-arvo (menetelmä selitetty kappaleessa 13.1). Tämän jälkeen Q_e saadaan yhtälöstä (3.16) ilman lisämittauksia. Kun Q_m sekä Q_e tunnetaan, kokonais-Q-arvo voidaan laskea yhtälön (3.15) perusteella kaavasta:

$$\frac{1}{Q} = \frac{1}{Q_m} + \frac{1}{Q_e} \qquad (3.17)$$

Toisin sanottuna

$$Q = \frac{Q_m Q_e}{Q_m + Q_e} \qquad (3.18)$$

3.7 Äänen synty

Olemme tähän saakka käsitelleet kalvon liikettä ja siihen liittyviä tekijöitä, mutta tavoitteena on tietenkin ymmärtää ja tuntea elementin säteilemän akustisen paineen eli äänen käyttäytyminen. Ääniaaltojen syntyä ja etenemistä käsittelevissä teksteissä on yleensä tapana esittää aihe akustisen impedanssin, säteilyimpedanssin ja muiden varsin abstraktien käsitteiden avulla ja lähinnä sellaisille, jotka jo ennestään ovat lähes asiantuntijoita. Tällainen teoreettinen lähestymistapa ei ole kuitenkaan erityisen valaiseva eikä edes välttämätön pyrittäessä kuvaamaan kaiuttimen tuottamaa painesignaalia, sillä asiaa voidaan tarkastella myös minimivaiheisten lineaaristen järjestelmien pohjalta.

Seuraavassa oletetaan, että liikkuvan ilmamassan aiheuttama kuormitus elementin kalvoon voidaan jättää huomiotta, mikä pätee varsin hyvin, ellei kyse ole torvikaiuttimista.

Yleisesti tiedetään, että ns. äärettömään suuntauslevyyn* asennetun ideaalisen värähtelijän liikepoikkeaman on nelinkertaistuttava taajuuden puolittuessa, jotta äänenpaine kohtisuoraan edessäpäin säilyisi vakiona. Tasaisen taajuustoiston aikaansaamiseksi liikepoikkeaman on

---

* (engl. infinite baffle) Tarkoittaa tasaista jäykkää levyä, jonka reunat ovat joka suunnassa niin kaukana, että niillä ei ole enää vaikutusta levyn pinnassa olevan värähtelijän tuottamaan ääneen. Käsitettä käytetään joskus virheellisesti tarkoittamaan suljettua koteloa, joka on kuitenkin aivan eri asia.

siten oltava periaatteessa kääntäen verrannollinen taajuuden neliöön, mikä vastaa juuri tilannetta kaiutinelementissä toimittaessa liikkuvan massan hallitsemalla taajuusalueella eli resonanssialueen yläpuolella. Tiedetään myös, että ko. taajuusalueella painesignaali on lähtiessään samanvaiheinen ohjausvirran kanssa olettaen, että positiiviseksi sovittu virta pyrkii työntämään kalvoa eteenpäin. Liikepoikkeaman ollessa sen sijaan vastakkaisvaiheinen virtaan nähden (kuten kappaleessa 3.2 todettiin) paineen on puolestaan oltava vastakkaisvaiheinen liikepoikkeamaan nähden.

Ylläolevan perusteella on ilmeistä, että paineen ja liikepoikkeaman välinen siirtofunktio vastaa em. äärettömän levyn tapauksessa kaksinkertaista derivaattoria, joten paineen on syntyessään seurattava poikkeaman toista aikaderivaattaa eli kiihtyvyyttä. Mainitun suuntauslevyn ei tarvitse olla tasomainen, vaan riittää, että kalvon näkemä avaruuskulma ei riipu etäisyydestä kyseeseen tulevilla aallonpituuksilla. Voidaan siis lausua:

Kaiutinkalvon eteensä säteilemä paine on pääsääntöisesti suoraan verrannollinen kalvon kiihtyvyyteen, ei siis liikepoikkeamaan tai nopeuteen, kuten monissa tulkinnoissa annetaan ymmärtää. Siniaallolla tästä seuraa mm. että lähtevä paine saavuttaa maksiminsa kalvon ollessa taaimmaisessa asennossaan, koska kiihtyvyys on tällöin positiivisessa huippuarvossaan.

Paineen ja liikepoikkeaman vastakkaisvaiheisuus voi aluksi tuntua omituiselta, ellei oteta huomioon, että ilmahiukkasilla on myös tietty massa, joka pyrkii säilyttämään liiketilansa. Yksinkertaistettuna asia voidaan nähdä seuraavasti: Kalvon ollessa liikkeellä taaksepäin lähellä olevat hiukkaset saavuttavat saman nopeuden ja seuraavat mukana. Kalvon poikkeaman lähestyessä negatiivista lakipistettään liike hidastuu ja kääntyy lopulta vastakkaiseen suuntaan. Ilmahiukkaset pyrkivät kuitenkin jatkamaan matkaansa ja kerääntyvät näin kalvoa vasten synnyttäen ylipaineen. Vastaavasti kalvon ollessa matkalla eteenpäin ja kääntyessä sitten takaisin ilmamassa ei pysy mukana, vaan leviää synnyttäen alipaineen. (Äänilähteen läheisyydessä paine saavuttaa huippunsa yleensä eri aikaan kuin hiukkasnopeus, vaikka kaukana lähteestä etenevässä aallossa nämä kaksi ovat aina samanvaiheisia.)

Pelkkä äärettömästä levystä tai vastaavasta ulkoneva liikkumaton kalvo ei saa aikaan painetta avoimessa tilassa. Tasaisella nopeudella liikkuessaan ko. kalvo ei myöskään vielä aiheuta painetta avoimeen tilaan, vaikka synnyttääkin ilmavirtausta. Vasta kiihtyvässä liikkeessä oleva kalvo tai pinta kykenee tihentämään tai harventamaan lähellään olevia ilmahiukkasia ja tuottamaan painetta.

Puhtaan derivaattorin siirtofunktio on pelkkä s, kuten yhtälön (3.8) yhteydessäkin tuli esille. Kiihtyvyyden osoitin (A) saadaan siis kertomalla liikepoikkeaman osoitin (X) tekijällä s^2 (tai kertomalla nopeuden osoitin s:llä). V/S-elementin kalvon kiihtyvyyden ja ohjausvirran väliseksi riippuvuudeksi tulee näin ollen yhtälön (3.4) pohjalta:

$$\frac{A}{I} = \frac{Bl}{m} \cdot \frac{s^2}{s^2 + \dfrac{b}{m}s + \dfrac{k}{m}} \tag{3.19}$$

Kiihtyvyys noudattaa siis 2. asteen ylipäästöfunktiota, jolla on sama resonanssitaajuus ja Q kuin liikepoikkeamalla ja nopeudella. Kiihtyvyyden ja jännitteen välinen siirtofunktio saadaan samalla tavalla yhtälöstä (3.14).

Toisen kertaluvun perusvasteiden käyttäytyminen on esitetty kuvassa 2.3. Aiemmin todettiin jo, että käyrän A vastatessa liikepoikkeamaa käyrä B vastaa nopeutta. Käyrä C vastaa tällöin kiihtyvyyttä, joka em. edellytyksin kuvaa myös äänenpainetta. Suljetulla kotelotyypillä saatava amplitudivaste putoaa siten resonanssitaajuuden alapuolella 2. asteen jyrkkyydellä eli 12 dB oktaavilla.

Kuvasta 2.3b ilmenee, että kiihtyvyyden ja paineen vaihe (käyrä C) on ohjaussignaalia edellä sitä enemmän, mitä pienemmille taajuuksille mennään. Q-arvo vaikuttaa myös asiaan kuvan 2.1b mukaisesti. Resonanssitaajuudella tämä vaihe-ennakko on 90°, mikä voi tuottaa ikäviä yllätyksiä diskantti- ja keskiäänielementtien kanssa, ellei ilmiötä ole osattu huomioida jakosuodatinsuunnittelussa. Erityisesti bassoelementeissä tämä väistämätön vaihesiirto aiheuttaa sen, että matalat taajuudet toistuvat vaiheeltaan etuajassa korkeampiin taajuuksiin nähden. Yksittäisen elementin toiminnassa amplitudi ja vaihe ovat aina sidoksissa toisiinsa ns. minimivaiheisuuden periaatteen mukaisesti.

Kuvassa 3.9 on havainnollistettu V/S-elementin vaihesuhteita osoitinkaavioiden avulla. Kiihtyvyys, nopeus ja liikepoikkeama säilyvät aina samassa kulmassa toisiinsa nähden, mutta kiertyvät suhteessa virtaan. Kuva a esittää tilannetta kaukana resonanssitaajuuden alapuolella, jossa liikepoikkeama ja virta tulevat lähes samanvaiheisiksi kiihtyvyyden ollessa puoli jaksoa näiden edellä. Resonanssissa (kuva b) nopeus saavuttaa maksimiarvonsa ja tulee virran kanssa samanvaiheiseksi. Kaukana resonanssitaajuuden yläpuolella (kuva c) puolestaan kiihtyvyys on käytännöllisesti katsoen samansuuntainen virran kanssa lii-

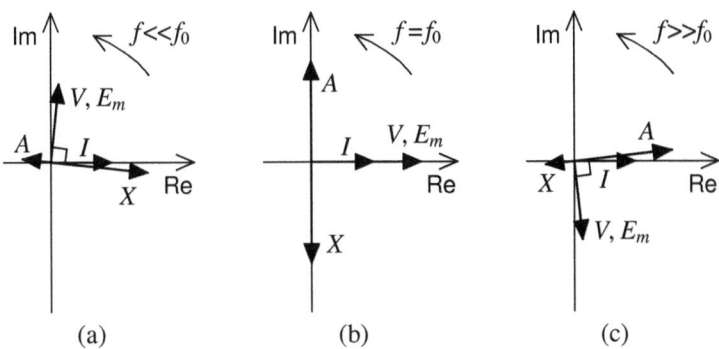

Kuva 3.9. Kaiutinelementin osoitinkaavio kolmella eri taajuudella (f_0 =resonanssitaajuus) virran I toimiessa referenssinä. Osoittimien pyöriessä vastapäivään niiden reaaliosat kuvaavat hetkellisarvoja. Kiihtyvyys (A) ja nopeus (V) sekä vastaavasti nopeus ja poikkeama (X) ovat määritelmiensä perusteella aina 90 asteen päässä toisistaan. Osoittimien pituuksilla ei tässä yhteydessä ole merkitystä muuten kuin kuvien välisessä vertailussa.

kepoikkeaman jäädessä hyvin pieneksi. Liike-smv E_m seuraa aina nopeusosoitinta.

Taajuustarkastelun lisäksi on informatiivista luoda katsaus myös elementin aikakäyttäytymiseen, sillä kalvon todellinen liike transienttien toistossa ei juurikaan vastaa yleisiä mielikuvia.

Otamme esimerkkinä kuvan 3.10a mukaisen kahdesta symmetrisestä suorakaidepulssista koostuvan koesignaalin kuvaamaan puhekelaan syötettävää virtaa. (Jätämme huomiotta, että mikään signaalilähde ei käytännössä pysty tuottamaan epäjatkuvuuskohtia.) Elementin oletetaan toimivan kaikilla taajuuksilla ideaalisesti niin, että kalvon kiihtyvyys seuraa täysin tätä signaalia. Kalvon nopeus, joka saadaan kiihtyvyyden integraalifunktiona, vaihtelee tällöin kuvan b kolmiomuodon mukaisesti pysyen koko ajan ei-negatiivisena (olettaen, että kalvo oli alun perin levossa). Liikepoikkeama, joka saadaan puolestaan nopeuden integraalina, käyttäytyy täten kuvan c mukaisesti. Positiivisen sisäänmenopulssin aikana poikkeama kasvaa ylöspäin kaartuvaa parabelikäyrää pitkin, ja negatiivisen pulssin aikana kasvu jatkuu edelleen, mutta nyt alaspäin kaartuvan parabelin mukaisesti.

Tässä ideaalisessa tapauksessa kalvo jää siis signaalin jälkeen pysyvästi poikkeutettuun asentoon (ehyt viiva), koska elementin toistamalla taajuusalueella ei ole alarajaa. Käytännön elementeissä on kuitenkin pakko olla jousi, joka saa aikaan kalvon palaamisen lepoasen-

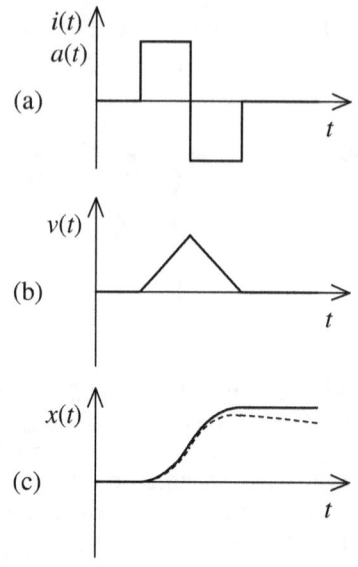

Kuva 3.10. Esimerkki ideaalisesti toimivan elementin aikakäyttäytymisestä. a) Koesignaali, joka vastaa kalvon kiihtyvyyttä. b) Kuvan a kiihtyvyyttä vastaava nopeus. c) Edellisiä vastaava liikepoikkeama (ehyt viiva) sekä käytännön elementillä mahdollinen liikepoikkeama (katkoviiva).

toa kohti (katkoviiva) rajoittaen näin alarajataajuutta. Liikepoikkeaman käyttäytyminen on hieman yllättävääkin, sillä kuvan c käyrää katsomalla ei heti tule mieleen, että tuloksena on a-kuvan mukainen äänisignaali.

Transienttiominaisuuksista puhuttaessa kannetaan usein huolta siitä, kuinka kalvo käyttäytyy signaalin päättyessä äkillisesti ja kuinka ns. jälkivärähtelyt saadaan kuriin. Äänen tuottamiseen yleensä (esim. soittimissa) tarvitaan kuitenkin aina jokin värähtelevä pinta tai vastaava, jolla on joka hetki tietty poikkeama, nopeus ja kiihtyvyys. Äänen äkillinen lakkaaminen vaatisi käytännössä, että nämä sekä myös kiihtyvyyden derivaatta, tämän derivaatta jne. pitäisi jotenkin saada nolliksi samalla hetkellä. Tämä on mahdoton tapahtuma, mikä ilmenee myös kuvasta 3.10 siinä, että kalvon palauttaminen paikalleen vaatii uutta nopeutta ja uutta kiihtyvyyttä. Mikään käytännön äänilähteestä peräisin oleva signaali ei siten koskaan pääty äkillisesti, vaan aina eksponentiaalisen vaimentumisen kautta, sillä vain eksponenttifunktiolla kaikki sen derivaatat vaimentuvat samaan tahtiin.

Yleisen ja varsinkin mainostajien levittämän ajattelun mukaan kalvon massan olisi oltava mahdollisimman pieni, jota se kykenisi "seuraamaan" nopeita signaalimuutoksia ja toistamaan siten tarkasti ns. iskuääniä. Kuvan 3.10c perusteella on kuitenkin syytä kysyä: Mihin tässä tarvitaan pientä massaa? Millä tavalla massan pienuus auttaa edes silloin, kun halutaan toistaa kuvan 3.10a epärealistista suorakulmasignaalia? Vastaus on yksinkertainen:

Elementin liikkuvien osien massan suuruudella ei suoranaisesti ole mitään tekemistä sen kanssa, kuinka tarkasti elementti pystyy toistamaan erilaisia transienttikohtia. Massa vaikuttaa välittömästi vain kokonaisherkkyyteen sekä resonanssiominaisuuksiin, ja liiasta keveydestä on jopa haittaa korkean resonanssitaajuuden vuoksi.

Kalvomateriaalin keveydestä saattaisi olla äänenlaadullista hyötyä siinä, että suurilla kiihtyvyyksillä kalvoa rasittavat jännitysvoimat pysyisivät pienempinä, mikä vähentäisi muodonmuutoksia. Toisaalta sallimalla suurehko massa kalvon jäykkyyttä voidaan parantaa tuntuvasti, joten tämäkään näkökohta massan pienuuden puolesta ei kanna kovin pitkälle.

3.8 Suuntaavuus ja torvivaikutus

Taajuuden kasvaessa ja aallonpituuden lyhentyessä koteloidun elementin äänikenttä kapenee vähitellen ympärisäteilevästä vain etupuolen käsittäväksi keskittyen lopulta yhä enemmän akselin suuntaan. Ilmiö johtuu kahdesta tekijästä: kotelon etulevyn ja mahdollisten muiden suuntauspintojen rajaavasta vaikutuksesta sekä korkeilla taajuuksilla myös siitä, että kalvon leveys tulee aallonpituuteen nähden merkittäväksi. Edellinen vaikuttaa oleellisesti myös kohtisuoraan edessä havaittavaan äänenpaineeseen, kun taas jälkimmäinen ilmenee vain sivusuuntiin lähtevän säteilyn heikkenemisenä.

Kaiuttimen ohjausperiaatteella ei ole merkitystä suuntaavuusominaisuuksiin, mutta virtaohjaukseen pyrittäessä elementti-kotelo-yhdistelmän taajuustoistoon joudutaan kiinnittämään enemmän huomiota, sillä epätasaisuuksien kompensointiin ei voida käyttää samoja menetelmiä, joihin on totuttu tavanomaisissa passiivikaiuttimissa.

Värähtelevän pinnan näkemä avaruuskulma vaikuttaa suoraan siihen, kuinka suuren äänenpaineen elementti ko. sektoriin tuottaa. Mitä pienemmän avaruuskulman kalvo näkee kullakin aallonpituudella, sitä laajempaa liikettä kalvon vaikutuspiirissä olevien ilmahiukkasten on tehtävä vastatakseen kalvon aiheuttamaan tilavuusvaihteluun. Saatava äänenpaine on siten periaatteessa kääntäen verrannollinen siihen avaruuskulmaan, josta kalvo pystyy kokoamaan ilmahiukkasia tietyn jakson kuluessa, ja aallonpituuden kasvaessa tämän sektorin määräytymiseen vaikuttavat yhä kaukaisemmat pinnat.

Kuva 3.11 havainnollistaa koteloidun elementin muuttumista ympärisäteilevästä puoliavaruuteen säteileväksi olettaen, että lähettyvillä ei ole muita ääntä ohjaavia pintoja. Ilmiötä voidaan nimittää *suuntausportaaksi* (baffle step), sillä kaiuttimen taajuusvasteessa näkyy askelmainen 6 dB:n nousu avaruuskulman puolittuessa arvosta 4π arvoon 2π. Suuntausportaan rajataajuudeksi on luonnollista määritellä kohta, jossa vaste on muuttunut 3 dB. Nyrkkisääntönä voidaan pitää, että tätä taajuutta vastaava aallonpituus (λ_{3dB}) on noin 6-kertainen verrattuna etulevyn reunan etäisyyteen kalvon keskipisteestä (kuva a). Esim. 15 cm:n etäisyys antaa aallonpituudeksi n. 90 cm, mikä vastaa rajataajuuden arvoa 380 Hz.

Itse suuntausporras on muodoltaan periaatteessa hyvin säännönmukainen (ehyt viiva kuvassa 3.11b), ja sen sähköiseen kompensointiin riittää 1. asteen suodatin. Muutos tapahtuu lähes täysin yhden dekadin laajuisella taajuusalueella. Todellinen käyttäytyminen laatikkomaisella kotelolla muistuttaa kuitenkin enemmän katkoviivalla merkittyä, sillä kotelon särmistä kuuntelupisteeseen suuntautuvat diffraktioheijastukset aiheuttavat korostumia ja vaimentumia summautuessaan suoraan tulevan säteilyn kanssa.

Pisteviiva kuvaa kaikki suunnat huomioon ottavaa kokonaisvastetta, joka on verrannollinen myös akustiseen kokonaistehoon ja jota sen

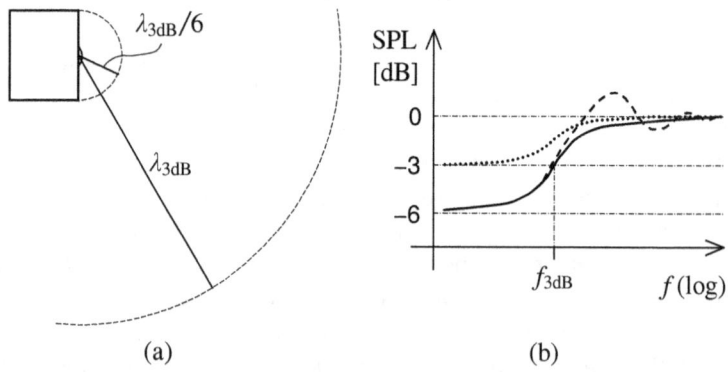

(a)   (b)

Kuva 3.11. a) Kotelon aiheuttaman suuntausportaan rajataajuutta vastaava aallonpituus suhteutettuna etulevyn leveyteen. b) Suuntausportaan periaatteellinen käyttäytyminen. Ehyt viiva: pelkän suuntausportaan vaikutus edestä mitattuun äänenpaineeseen (SPL = sound pressure level). Katkoviiva: totuudenmukaisempi vaste, jossa näkyy reunaheijastusten aiheuttamaa vaihtelua. Pisteviiva: kaikkiin suuntiin lähtevä kokonaisvaste (tehovaste).

vuoksi nimitetään myös *tehovasteeksi*. Suuntausporras näkyy tehovasteessa vain 3 dB:n suuruisena, sillä takapuoliskoon suuntautuva säteily kompensoi osittain etupuoliskon säteilyyn matalilla taajuuksilla syntyvää vajetta.

Edessä havaittavan paineen pudotessa siis puoleen taakse syntyy ikään kuin toinen voimakkuudeltaan vastaava äänikenttä, mikä kaksinkertaistaa kokonaissäteilytehon ja kasvattaa siten tehovastetta 3 dB verrattuna siihen, että takasäteilyä ei huomioida. (3 dB:n lisäys merkitsee aina tehon 2-kertaistumista ja voimakkuuden $\sqrt{2}$ -kertaistumista.) Tehovasteessa ei esiinny reunadiffraktiosta johtuvaa aaltoilua, koska heijastumat eivät lisää tai vähennä säteilyn kokonaistehoa millään taajuudella.

Tehovasteen kasvu avaruuskulman pienentyessä merkitsee samalla myös tehohyötysuhteen kasvua, sillä sisäänmenoteho ei tässä yhteydessä muutu. Ilmiötä käytetään hyväksi torvikuormitteisissa kaiuttimissa, joiden hyötysuhteet ovat kymmenien prosenttien luokkaa, kun tyypillinen arvo puoliavaruuteen säteilevässä hifi-elementissä jää alle 1 prosentin. Säteilytehokkuuden kasvu lisää myös elementin kalvoon kohdistuvaa rasitusta, mikä voi tuottaa jopa säröä, ellei elementti ole torvikuormitukseen soveltuva.

Korkeilla taajuuksilla saatava säteilykenttä kapenee myös elementin oman suuntaavuuden vuoksi, sillä kalvon eri osista peräisin oleva säteily saapuu keskiakselilta sivussa olevaan pisteeseen eri vaiheessa, jolloin ääni vaimentuu sitä enemmän, mitä suurempi on taajuus ja mitä kauemmaksi keskiakselin suunnasta mennään.

Kuva 3.12a esittää pelkistettynä tyypillistä kartioelementin taajuusvastetta keskitaajuuksilta ylöspäin kolmessa eri suunnassa ääretöntä suuntauslevyä vastaavissa olosuhteissa ja virtaohjausta käytettäessä. Sivusuuntiin lähtevän äänenpaineen jyrkkä lasku rajoittaa myös osaltaan elementin käyttökelpoista taajuuskaistaa. 60 asteen suunnassa mitattavia käyriä voidaan käyttää myös tehovasteen summittaiseen arviointiin, sillä tämä suunta edustaa käytännössä parhaiten koko puoliavaruutta.

Suurilla taajuuksilla kartio ei toimi yhtenäisenä, vaan hajaantuu eri tavalla värähteleviin alueisiin, sillä äänen nopeus itse kalvomateriaalissa ei yleensä ole riittävä pitämään koko kartiota samassa vaiheessa. Samalla tapahtuu myös eräänlaista kalvon irtikytkeytymistä niin, että vain kartion keskiosa värähtelee puhekelan mukana muun osan jäädessä passiiviseksi suuntaimeksi. Tämä tehollisen pinta-alan kutistuminen kompensoituu suureksi osaksi liikkuvan massan pienenemisellä, mutta taajuuden edelleen kasvaessa äänenpaine romahtaa lopulta myös akselin suunnassa.

Kartion toimiminen torvena suurilla taajuuksilla aiheuttaa taajuus-

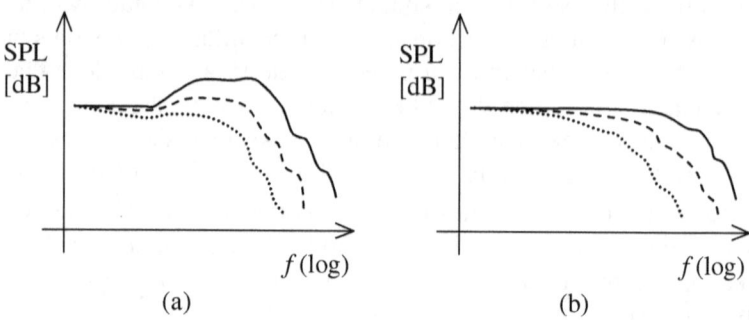

(a)   (b)

Kuva 3.12. Suuntaavuuden vaikutus kartioelementin toistoon korkeilla taajuuksilla. a) Taajuusvasteen periaatteellinen käyttäytyminen vakiovirralla kohtisuoraan edessä (ehyt viiva), 30 asteen kulmassa (katkoviiva) ja 60 asteen kulmassa (pisteviiva). Kartion aiheuttaman torvivaikutuksen vuoksi toistoalueen yläpään taajuudet pyrkivät korostumaan. b) a-kuvaa vastaava käyrästö ilman torvivaikutusta.

vasteeseen helposti laaja-alaisen korostuman kuvan 3.12a mukaisesti. Jänniteohjauksella ilmiö ei näy yhtä selvästi puhekelan induktanssin suodattavan vaikutuksen takia. Tämä ylätaajuuksien korostuma rajoittaa monien nykyisten pelkästään jänniteohjaukseen suunniteltujen elementtien soveltuvuutta virtakäyttöön. Ilman torvivaikutusta vaste säilyisi virtaohjauksella periaatteessa tasaisena lopulliseen vaimentumiseen saakka (kuva 3.12b).

Kalvon materiaalilla ja koolla on merkittävä vaikutus siihen, kuinka voimakkaaksi kyseinen ylä-äänien korostus muodostuu. Polypropyleeni, jolla on hyvä sisäinen vaimennus, näyttäisi käyttäytyvän tässä suhteessa paremmin kuin monet muut aineet. Metallikartioissa (alumiini, magnesium) äänen nopeus on niin suuri, että torvivaikutusta ei juuri pääse syntymään, mutta diskanttialueella ilmenevän voimakkaan resonoinnin takia nämä eivät ole kovin käyttökelpoisia ainakaan passiivisiin virtaohjaussovellutuksiin.

Pienillä kartioilla herkkyyden nousu on yleensä muutaman desibelin luokkaa ja kompensoituu ainakin osittain suuntaavuuden lisääntymisellä. Kookkailla elementeillä nousu on kuitenkin usein jopa 10 dB, mikä vaatii sopivaa kompensointia tai riittävän pientä jakotaajuutta.

3.9 Tehon kulutus

Kaiuttimen ominaisuuksia kuvaavista suureista monille tulee ensimmäisenä mieleen teho. Pakettistereoiden markkinoinnissa käytetäänkin vaikutuksen tekemiseksi toinen toistaan ihmeellisempiä tehomerkintöjä, mutta todellisuuden kannalta yleensä sekä elementeille että valmiille kaiuttimille ilmoitettavat tehorajat ovat kaikkein merkityksettömimpiä parametreja ja täysin riippuvaisia määrittelytavasta.

Tehonkeston mittauksissa käytetään yleensä jonkin tietyn taajuusjakauman ja tietyn huippukertoimen omaavaa kohinasignaalia olettaen lisäksi, että kuormana on nimellisimpedanssin suuruinen resistanssi. Määritetyt teholukemat antavat kenties jonkin viitteen siitä, minkä tehoista vahvistinta tietyn tyyppisellä ohjelmamateriaalilla voi suositella, mutta sen sijaan ne eivät kerro mitään siitä, kuinka voimakasta ääntä kaiutin pystyy säröytymättä tuottamaan, eivätkä usein edes puhekelan sietämää maksimitehoa.

Varsin hämäävää on myös se, että elementeille ilmoitettava teho ei perustu siihen, mitä elementti itse pystyy kuluttamaan, vaan koko sen kaiutinjärjestelmän kulutukseen, jonka osana elementin oletetaan toimivan määrätynlaisen jakosuodattimen kautta. Täten myös diskanttielementeille voidaan esittää 100 watin luokkaa olevia nimellistehoja, eikä kukaan valmistaja rohkene poiketa joukosta ja ilmoittaa vaikka lisäksi todellisempaa tehonkestoa, sillä lukemaa ei pidettäisi kovin houkuttelevana.

Kaikki otettu sähköteho muuttuu lämmöksi kaiuttimen eri osissa lukuun ottamatta akustisen säteilytehon osuutta, joka sekin muuttuu lopulta lämmöksi huonepintoihin absorboituessaan. Kaiutinelementissä häviävä teho jakautuu kolmeen komponenttiin, jotka virtaohjauksesta puhuttaessa voidaan esittää helposti seuraavasti:

- Puhekelan resistanssissa häviävä teho $R_c i^2$, missä i on virran tehollisarvo (RMS). Tämä komponentti lämmittää pelkästään puhekelaa, josta lämpö ajan myötä siirtyy myös magneettipiiriin.

- Pyörrevirtojen ja hystereesin kuluttama teho $\mathrm{Re}(Z_i)i^2$, joka on siis verrannollinen induktiivisen impedanssin reaaliosaan. Tämä teho ilmenee magneettipiirin lämpenemisenä ja vaikuttaa eniten suurilla taajuuksilla.

- Mekaanisten häviöiden kuluttama teho $\mathrm{Re}(Z_m)i^2$, joka on suurimmillaan resonanssitaajuudella, jossa liikeimpedanssin reaaliosa saavuttaa maksiminsa. Lämpövaikutus kohdistuu lähinnä elementin ripustuksiin sekä paikkoihin, joissa esiintyy virtausvastusta.

Kokonaissiniaaltoteho on vastaavasti $\text{Re}(Z)i^2$, missä Z on kokonaisimpedanssi.

Kaikki elementin kuluttama teho ei siis lämmitä puhekelaa, vaikkakin ensin mainittu komponentti on hallitseva suurimmalla osalla toistokaistaa. Kuvan 3.7 avulla voidaan päätellä, että mekaaniseen työhön kuluva tehokomponentti hallitsee kokonaistehoa resonanssialueella. Magneettipiirin häviöteho puolestaan ei välttämättä nouse hallitsevaksi elementin normaalilla toiminta-alueella, mutta lämmittäessään napakappaleita voi kuitenkin lisätä puhekelan ylikuumenemisvaaraa.

Käytännössä varsinkin bassotaajuuksilla äänen säröytymisraja tulee vastaan paljon ennemmin kuin puhekelan sietoraja, sillä maksimiliikepoikkeamaa vastaavat tehot ovat resonanssialueella ja sen alapuolella yllättävän pieniä. Kuva 3.13 näyttää realistisen esimerkin tästä. Käyrät on laadittu yhtälöitä (3.4) ja (3.8) hyväksi käyttäen tyypilliselle 8 tuuman bassoelementille, joka on asennettu 40 litran koteloon ja jonka lineaarinen liikevara on ±5 mm. Nimellisteho tällaiselle elementille on useimmiten n. 100 W, mutta liikevaran rajoittama tehonkulutus jää

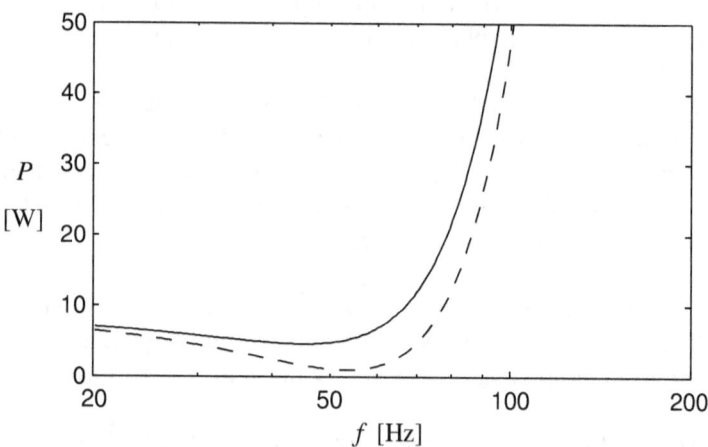

Kuva 3.13. Tyypilliset parametriarvot omaavan 8-tuumaisen bassoelementin tehonkulutus taajuuden funktiona suljetussa 40 litran kotelossa liikepoikkeaman pysyessä maksimissaan (5 mm yhteen suuntaan). Ehyt viiva kuvaa kokonaistehoa ja katkoviiva puhekelan kuluttamaa tehoa. Käytetyt parametrit: Bl = 9 N/A, m = 0,025 kg, k = 3000 N/m (ekvivalenttitilavuus 80 l, C_{ms} = 0,001 m/N), b = 3 Ns/m ja R_c = 6 Ω.

tässä resonanssitaajuuden (55 Hz) lähistöllä ja alapuolella alle 10 wattiin lähtien vasta suuremmilla taajuuksilla jyrkkään nousuun (ehyt viiva). Mielenkiintoista on myös, että puhekelaa lämmittävä teho (katkoviiva) on pienimmillään vain 1 W.

Lisäksi on huomattava, että nämä tehot pätevät siniaallolle, jonka huippuarvon ja tehollisarvon suhde eli huippukerroin on $\sqrt{2}$. Käytännön äänisignaaleissa huippukerroin on huomattavasti suurempi, mikä edelleen pienentää keskimääräistä tehontarvetta bassoalueella. Tehonkesto on siis varsin hyödytön ominaisuus ainakin pelkille alabassoille tarkoitetuissa kaiuttimissa (subwooferit), joita usein markkinoidaan kilowattiluokan teholuvuilla.

Eräs mielenkiintoinen tehonkulutukseen liittyvä ilmiö on kaiuttimen hyötysuhteen parantuminen matalilla taajuuksilla elementtien lukumäärän kasvaessa.

Kun elementin lähelle lisätään toinen samanlainen, jota syötetään vielä samalla signaalilla, kokonaisottoteho ilman muuta kaksinkertaistuu (lukuun ottamatta mitättömän vähäisiä muutoksia liikeimpedanssissa). Myös akustinen säteilyteho kaksinkertaistuu, jos aallonpituus on niin pieni, että elementtien lähettämien aaltojen vaihe-ero on kaikki suunnat huomioon ottaen satunnainen, eli aallot eivät korreloi keskenään, paitsi joissakin suunnissa kuten etuakselilla.

Jos aallonpituus sitä vastoin on niin suuri, että elementtien lähettämät aallot ovat keskenään samanvaiheisia suunnasta riippumatta, paine on joka suunnassa kaksinkertainen yhden elementin säteilyyn verrattuna, mikä merkitsee akustisen tehon nelinkertaistumista. Hyötysuhde siis kaksinkertaistuu pienillä taajuuksilla toisen elementin läsnäolon vaikutuksesta.

Tämän johdosta on tietysti syytä kysyä: jos kaiuttimen hyötysuhde tietyillä taajuuksilla näyttää olevan suoraan verrannollinen elementtien lukumäärään, eikö elementtejä lisäämällä päästä lopulta yli yhden olevaan hyötysuhteeseen? Taajuushan voidaan aina valita niin pieneksi, että aallonpituusehto täyttyy.

Selitys löytyy siitä, että lukumäärän kasvaessa kunkin elementin kalvoon kohdistuva ilmakuormitus kasvaa myös lisäten elementin tehollista liikemassaa ja pienentäen näin kalvon liikettä, kunnes lopulta lukumäärää edelleen kaksinkertaistettaessa akustinen teho nelinkertaistumisen sijaan ainoastaan kaksinkertaistuu hyötysuhteen jäädessä näin ennalleen.

Usean elementin käyttö on silti tehon kulutukseltaan yleensä edullisempi ratkaisu kuin yhden elementin koon kasvattaminen.

3.10 Mikrofoni-SMV

Sähködynaamista periaatetta käyttävien muunninelementtien toiminta on aina reversiibeliä, eli sama rakenne, joka toimii kaiuttimena, toimii myös mikrofonina ja päinvastoin. Tämä kaiuttimien mikrofoniominaisuus (ja vastaavasti mikrofonien kaiutinominaisuus) on siis joka hetki toiminnassa, halusimmepa sitä tai emme. Ulkoisen painevaihtelun synnyttämä kalvon liike aiheuttaa näet aina oman smv-komponenttinsa, joka summautuu kaiutintoiminnosta peräisin olevan liikesmv:n kanssa.

Kuvan 3.3b mekaanista mallia voidaan käyttää myös elementin toimiessa mikrofonina. Erona on vain se, että voima F ei synny virran vaikutuksesta, vaan kalvoon kohdistuvasta akustisesta paineesta.

Tarkastelemme suljetussa kotelossa olevaa elementtiä, jota ei kuormiteta sähköisesti ja joka on kooltaan pieni verrattuna aallonpituuteen. Voiman (3.1) sijaan kalvoon kohdistuu nyt voima $F = -Sp$, missä S on kalvon tehollinen pinta-ala ja p kalvon edessä vaikuttava paine. (Positiivinen paine aiheuttaa voiman taakse päin.) Yhtälössä (3.3) oleva vakio Bl korvautuu nyt vakiolla $-S$ ja virta i paineella p. Liikepoikkeaman ja akustisen paineen väliseksi siirtofunktioksi saadaan näin yhtälöä (3.4) vastaavasti

$$\frac{X}{P} = - \frac{S/m}{s^2 + \frac{b}{m}s + \frac{k}{m}} \qquad (3.20)$$

Samalla menettelyllä, jota käytettiin yhtälön (3.8) yhteydessä, voidaan nyt johtaa ko. mikrofonin smv:n (merk. E_p) ja paineen välinen riippuvuus:

$$\frac{E_p}{P} = - \frac{SBl}{m} \cdot \frac{s}{s^2 + \frac{b}{m}s + \frac{k}{m}} \qquad (3.21)$$

Takaa suljetun mikrofonielementin taajuusvaste noudattaa periaatteessa siis vastaavaa 2. asteen kaistanpäästöfunktiota kuin elementin liikeimpedanssi.

Kuinka sitten dynaamisilla painemikrofoneilla voidaan ylipäätään saavuttaa tasaista taajuusvastetta? Kovin hyvään tulokseen ei helposti päästäkään, mutta tekemällä Q-arvo hyvin pieneksi (alle 0,2) ja valitsemalla resonanssitaajuus sopivasti saadaan taajuusalue silti varsin käyttökelpoiseksi. Vastetta muokataan tavallisesti myös ylimääräisillä onteloilla.

Dynaamisten mikrofonien toisen pääluokan muodostavat ns. painegradienttimikrofonit, jotka reagoivat itse asiassa paineen sijasta hiukkasnopeuteen ja vastaavat periaatteeltaan koteloimatonta tai avoimeen koteloon asennettua kaiutinelementtiä. Tällaisessa rakenteessa kalvon etu- ja takapinnan välille syntyy akustinen kumoutuminen, joka kaiutinkäytössä aiheuttaa tunnetusti edestä mitatun taajuusvasteen heikkenemisen 1. asteen jyrkkyydellä tietystä rajataajuudesta alaspäin. Mikrofonikäytössä vastaava ilmiö on kuitenkin eduksi, koska sen aikaansaama derivaattoritoiminta kääntää em. kaistanpäästövasteen ylipäästöksi, joka vastaa usein paremmin tarkoitusta.

Myös siirtofunktiota (3.21) voidaan huomattavasti yksinkertaistaa, mikäli rajoitutaan selvästi resonanssikohtaa suuremmille taajuuksille. Kaavaa (3.10) vastaavalla tavalla voidaan näet kirjoittaa:

$$\frac{E_p}{P} \approx - \frac{SBl}{j\omega m} \ , \qquad \omega \gg \omega_0 \tag{3.22}$$

Koteloidun kaiutinelementin tuottama mikrofoni-smv on siten massan hallitsemalla taajuusalueella periaatteessa kääntäen verrannollinen taajuuteen. Aallonpituuden pienentyessä lähelle kaiuttimen mittoja (3.22) ei kuitenkaan kerro enää koko totuutta.

4
JÄNNITEOHJAUKSEN SEURAUKSET

Kuunnellessamme puhetta tai musiikkia tavanomaisen, vaikka laadukkaankin, kaiutinjärjestelmän kautta huomaamme varsin selvästi, että ääni on peräisin kaiuttimista. Jokin sähköinen leima tai ominaispiirre äänessä paljastaa aina, että kyse on elektronisesti toistetusta jäljitelmästä, eikä aidosta elävästä esityksestä. Tämä yleinen karkeuden vaikutelma, jota voisi nimittää vaikka synteettiseksi kuorrutukseksi, ei poistu kalleimmillakaan laitteilla ja tekee vahinkoa varsinkin akustiselle musiikille, sillä soittimet eivät soi siten kuin luonnossa, ja esim. kuoroäänet puuroutuvat ja säröytyvät helposti. Hifi-harrastajien keskuudessakin puhutaan usein jopa kuunteluväsymyksestä, joka liittyy äänenlaadun puutteisiin mutta jolle ei useinkaan voida löytää mitattavissa olevaa selitystä.

Mikä on syynä, että nykyisellä kommunikaatioteknologian aikakaudellakin luonnonmukaisempi äänentoisto on jäänyt saavuttamatta? Ratkaisuja on yritetty hakea lähinnä äänikanavien lukumäärää lisäämällä ja tilainformaation välittämiseen pyrkivillä digitaalisilla prosessoreilla, mutta itse kaiutinelementin toiminnan tarkkuuteen oleellisesti vaikuttavat tekijät, sähkömotoriset voimat, ovat jääneet vaille riittävää huomiota, vaikka jotain virtaohjauskokeiluihin liittyvää keskustelua onkin viime vuosikymmeninä käyty.

Kuten edellisessä luvussa kävi ilmi, sähkömotoriset voimat muodostavat merkittävän osan elementin kokonaisjännitteestä kaikilla taajuuksilla. Seuraavassa tarkastellaan, millaista tuhoa nämä loisjännitteet ja eräät vastaavat tekijät aiheuttavat silloin, kun niiden annetaan vapaasti sekoittua syötettyyn signaaliin. Nostakaamme siis kissa pöydälle.

4.1 Sähkömotoristen voimien kierrätys

Kuten on jo käynyt selväksi, sähködynaaminen elementti ei itse tie-
dä, onko se tarkoitettu muuntamaan sähköistä signaalia mekaaniseksi
liikkeeksi vai päinvastoin, joten se hoitaa molempia virkoja koko ajan.
Pieni-impedanssisen lähteen tai kuorman yhteydessä nämä kaksi toi-
mintaa eivät kuitenkaan pysy toisistaan erillään, vaan sekoittuvat ta-
valla, joka ei ole kummankaan tavoitteen kannalta hyväksyttävää. Ot-
taen huomioon, kuinka heikkolaatuista kaiuttimen tuottama mikrofoni-
signaali yleensä on, on todella valitettavaa, miten välinpitämättömästi
sen vaikutuksiin on suhtauduttu ja miten vähän siitä yleisesti tiede-
tään.

Puhekelaan indusoituva liike-smv, jota tarkasteltiin kappaleissa 3.3
sekä 3.10, seuraa joka hetki puhekelan liikenopeutta periaatteessa yh-
tälön (3.7) mukaisesti.

Kuva 4.1 näyttää, kuinka tämä smv (*e*) vaikuttaa vahvistimen an-
non ja kaiutinelementin muodostamassa virtapiirissä. Kuva a esittää ti-
lannetta jänniteohjauksella, jolloin elementin synnyttämä smv näkyy
sarjassa vahvistimen antojännitteen kanssa vaikuttaen näin oleellisesti
puhekelan virran muodostumiseen. Ohjaussignaalia kuvaavan virta-
komponentin u_o/R_c lisäksi piirissä kulkee myös ylimääräinen virta-
komponentti e/R_c, jota voidaan monessa suhteessa pitää häiriötekijä-
nä. Koska *e* on käytännössä lähes samaa suuruusluokkaa u_o:n kanssa,
virta e/R_c on myös hyvin keskeisessä asemassa puhekelaa ohjaavan
ajovoiman synnyssä.

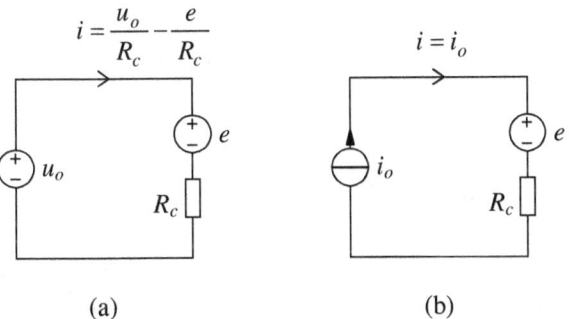

$$i = \frac{u_o}{R_c} - \frac{e}{R_c} \qquad i = i_o$$

(a)   (b)

Kuva 4.1. Kaiutinelementin virran muodostuminen syöttävän lähteen ollessa
jännitelähde (a) ja virtalähde (b). Jänniteohjauksella virtaan vaikuttaa syöttö-
jännitteen u_o lisäksi elementin sähkömotorinen voima *e*. Virtaohjauksella sen
sijaan piirissä kulkee juuri se virta (i_o), joka siihen syötetään.

Kuva 4.1b esittää vastaavasti virtalähteellä ohjattua elementtiä. Puhekelaan syntyvä smv ei nyt pääse millään tavalla vaikuttamaan piirissä kulkevaan virtaan, joka määräytyy täysin syöttävästä lähteestä. Virran ollessa pakotettu smv ilmenee vain ylimääräisenä jännitekomponenttina elementin navoissa, mutta ei haittaa puhekelan ohjausta.

Jänniteohjauksessa siis syötetty jännite aiheuttaa ikään kuin ensin tietyn virran, joka saa puhekelan ja kalvon liikkeelle. Tämä liike puolestaan indusoi smv:n, joka aiheuttaa piiriin oman virtakomponenttinsa, jota rajoittaa vain puhekelan resistanssi (R_c). Tämä virta puolestaan liikuttaa taas puhekelaa, johon syntyy nyt uusi smv, josta seuraa uusi virta jne. Paremmin sanottuna siis:

Jänniteohjauksella toimivassa kaiutinpiirissä vaikuttaa takaisinkytkentäilmiö, jossa puhekelan liikkeestä peräisin oleva smv summautuu suoraan elementtiä syöttävän jännitteen kanssa niin, että lopputuloksena oleva virta on sekoitus alkuperäistä signaalia ja kaiuttimen omien mekaanisten, sähköisten ja akustisten ominaisuuksien korruptoimaa takaisinkytkennässä kiertävää loissignaalia.

Vastaava takaisinkytkentämekanismi toimii myös induktiivisen smv:n yhteydessä.

Kuvitelkaamme mikä tahansa epäideaalisuus tai häiriötekijä, joka iskee elementin toimintaan synnyttäen smv:n. Kuvan 4.1a tapauksessa tämä smv aiheuttaa aina vastaavan häiriövirran, koska jännitelähde u_o vastaa muiden lähteiden kannalta katsoen oikosulkua. Saman häiriösmv:n ilmestyessä kuvan b piiriin tulos on kokonaan toinen, sillä virtalähde i_o vastaa smv:n kannalta avointa piiriä eliminoiden näin ei-toivottujen virtojen generoitumisen ja pitäen puhekelan ohjauksen immuunina ei vain omille loisjännitteille vaan myös muille jäljempänä kerrotuille haittatekijöille.

4.2 Mikrofonitakaisinkytkentä

Kaiutinkartio tuottaa ääntä samojen periaatteiden mukaisesti sekä eteen että taakse päin. Kotelon sisällä äänenpaine on kuitenkin basso- ja alakeskialueella moninkertaisesti suurempi kuin ulkopuolella, koska sisäpaine ei pääse leviämään ympäristöön ja koska elementtiä lähellä olevat sisäpinnat vaikuttavat torvikuormituksen tavoin kasvattaen takasäteilyn tehoa. Laadultaan takasäteily ei voi kuitenkaan koskaan olla etusäteilyn veroista johtuen rungon tukkivasta vaikutuksesta ja kartion sisäripustuksen hallitsemattomasta käyttäytymisestä. Kotelon sisällä ääntä sotkevat tavallisesti myös voimakas kaiunta sekä mahdolliset seisovat aallot ja muut koteloperäiset värittymät.

Valta-aseman nykyisin saaneissa bassorefleksikoteloissa ei voida käyttää niin paljoa vaimennusainetta, että se ratkaisevasti pienentäisi alakeskiäänien voimakkuutta sisäpuolella. Suljetuissa koteloissa ei ole myöskään ollut tapana käyttää suurta määrää vaimennusainetta, koska sen on pelätty verottavan kotelon tilavuutta. Markettien pakettistereokaiuttimissa on jopa yleistä, että vaimennusainetta ei ole lainkaan tai sitä on vain nimeksi. Niinpä on väistämätöntä, että kaikissa nykyisissä kaiutintoteutuksissa osa koteloäänistä tunkeutuu kartion läpi yhdistyen näin kaiuttimen etusäteilyyn (kuva 4.2a).

Tätä läpikuulumista rajoittaa vain kartioon liittyvä massa, sillä ns. sähköisellä vaimennuksella (kpl 3.6) ei ole merkitystä oltaessa kaukana resonanssitaajuudesta. Nykyinen pyrkimys pieneen liikkuvaan massaan on siis pahentanut koteloäänten vuotamista, joskin kevytrakenteisissa halpakaiuttimissa itse seinämien resonointi voi olla vielä suurempi haitta.

Osuessaan kartioon ja sen ripustuksiin koteloäänet synnyttävät voimia, jotka elementti oman mikrofonitoimintonsa mukaisella tavalla muuntaa jännitteeksi. Nämä voimat eivät varsinkaan kookkaissa elementeissä kohdistu edes tasaisesti koko kalvolle, vaan voivat aallonpi-

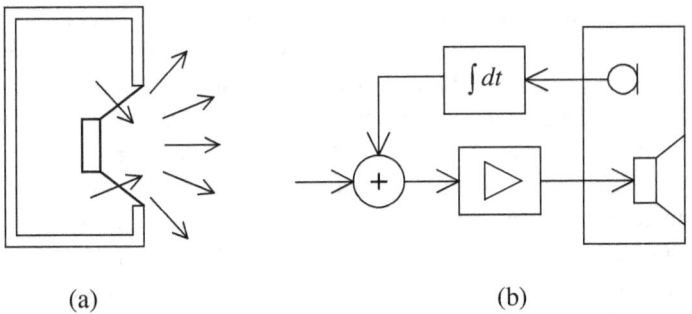

(a)   (b)

Kuva 4.2.   a) Heijastuneen takasäteilyn kulkeutuminen kartion läpi ja summautuminen etusäteilyn kanssa.   b) Takaisinkytkentäjärjestelmä, joka vastaa toiminnallisesti jänniteohjatun kaiuttimen käyttäytymistä kotelon sisäisten painevaihteluiden vaikuttaessa kartion liikkeeseen. Moitteettomasti toimivaa kaiutinelementtiä syöttävää vahvistinta ohjataan signaalilla, johon on sekoitettu kotelon sisään sijoitetusta huonolaatuisesta mikrofonista peräisin olevaa signaalia. Integraattori mikrofonin jäljessä kuvaa vain kaiuttimen mikrofonina generoiman smv:n taajuusriippuvuutta.

tuudesta riippuen painaa eri puolia eri tavalla aiheuttaen täten myös keinuvia liikkeitä. Ottaen huomioon lisäksi edellä esitetyt koteloäänen yleiset laatuominaisuudet tuntuisi järkeenkäyvältä huolehtia paitsi hyvästä vaimennuksesta, myös siitä, että jäljelle jäävät vuotoäänet eivät pääse muokkaamaan varsinaista toistettavaa signaalia.

Virtaohjauksen käyttö sinänsä ei poista itse koteloäänten läpikuulumista, mutta estää niiden puhekelaan tuottaman epämääräisen smv:n ratsastamisen hyötysignaalin päällä.

Jänniteohjausta käytettäessä tämä smv vaikuttaa keskiäänialueella vastaavasti kuin kuvassa 4.2b esitetty takaisinkytkentäjärjestely, jossa kotelon sisään asennetusta huonolaatuisesta painemikrofonista saatava ulostulo summataan itse ohjelmasignaaliin tietyn suodattimen kautta, joka noudattaa kaiuttimen mikrofonitoiminnon siirtofunktiota ja joka vastaa keskiäänillä integraattoria.

Kuinka moni vakavamielinen hifi-kuuntelija, musiikin parissa työskentelevä tai edes maallikkokuluttaja hyväksyisi kuvan 4.2b mukaisen kytkennän oikeasti rakennettavaksi käyttämäänsä laitteistoon? Tuskinpa monikaan ilahtuisi tällaisesta tehosteesta, jos sitä tarjottaisiin erillisenä lisävarusteena. Mutta vaikuttaessaan sisäänrakennettuna elementin omassa virtapiirissä vastaava ilmiö on kuitenkin toiminnassa kaikkialla maailmassa osana kuin itsestään selvää standardikäytäntöä.

Kotelomelun synnyttämää smv:tä voidaan mitata käyttämällä koteloa, johon on asennettu kaksi samanlaista elementtiä, joista toista ohjataan siniaallolla toisen toimiessa mikrofonina. Mikäli voidaan olettaa, että molemmat elementit näkevät kotelossa kiertävän paineen samansuuruisena, molempiin indusoituu myös yhtä suuri koteloperäinen smv. Tämä toteutuu kohtuullisen hyvin varsinkin, jos elementit on sijoitettu levyynsä symmetrisesti, koska tällöin ne ovat myös seisoviin aaltoihin nähden tasavertaisessa asemassa. Mittauksen tarkkuutta heikentää tosin hieman se, että koteloäänet pääsevät vuotamaan kahdesta aukosta tarkoituksen ollessa kuitenkin tutkia yksittäisen elementin itselleen aiheuttamaa koteloääni-smv:tä. Joka tapauksessa mittaus antaa hyvän arvion ilmiön suuruusluokasta ja kertoo tarkasti ainakin sen, kuinka kaksi samaan kammioon sijoitettua elementtiä häiritsevät toisiaan toimiessaan jänniteohjauksella.

Kuva 4.3 esittää tuloksia eräästä tällaisesta mittauksesta. Kokeessa käytettiin 11 litran vetoista kotiteatterin keskikaiuttimen koteloa, johon asennettiin tiiviisti kaksi hifi-käyttöön tarkoitettua 5 tuuman bas-

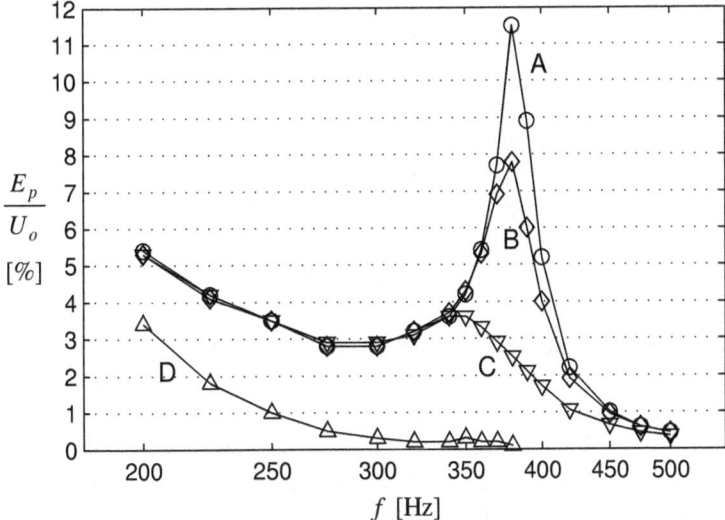

Kuva 4.3. Kotelomelun aiheuttaman smv:n suuruus suhteessa elementin kokonaisjännitteeseen eräällä 5 tuuman bassoelementillä (Vifa M13SG-09-08) 11 litran kotelossa neljää erilaista vaimennusta käyttäen. A: ilman vaimennusainetta; B: kotelon takaseinämä peitetty ohuella polyesterivanukerroksella; C: kotelo puoliksi täytetty polyesterivanulla; D: kotelo pakattu täyteen puuvillakangasta. Piikki 380 Hz:n kohdalla aiheutuu ensimmäisestä seisovasta aallosta aallonpituuden puolikkaan tullessa kotelon pisimmän sisäsivun mittaiseksi.

soelementtiä. Mittauksessa rajoituttiin keskiäänialueelle (≥ 200 Hz), koska bassoilla kotelon paine on käytännöllisesti katsoen paikasta riippumaton ja kuuluu osana kaiuttimen suunniteltuun toimintaan. Käyrät kuvaavat koteloperäisen smv:n (E_p) prosentuaalista osuutta aktiivisen elementin napajännitteestä (U_o) eri tavoin vaimennetuissa koteloissa. Kyseinen prosenttiosuus ilmaisee samalla myös sen, kuinka voimakkaasti koteloäänet moduloivat puhekelan virtaa jänniteohjauksella eli kuinka suuri on kuvan 4.2b summaimeen tuleva takaisinkytkentäsignaali.

Ilman vaimennusainetta mitattu smv (käyrä A) vaihtelee alueella 200-350 Hz 3-5%:n tuntumassa, mutta nousee seisovan aallon kohdalla jopa yli 11%:iin. Taajuuden kasvaessa smv pienenee johtuen sekä itse kotelomelun heikkenemisestä että elementin mikrofonitoiminnan integraattoriominaisuudesta (yhtälö (3.22)) ollen kuitenkin 500 Hz:n taajuudella vielä puolen prosentin luokkaa. Yhden sisäseinämän peittävä ohut vaimennusaine ei auta asiaa juuri lainkaan (käyrä B), vaikka seisovan aallon voimakkuus hieman laantuukin.

Käyrät A ja B edustavat tyypillistä kotelovaimennusta jokamies-luokan ministereoissa ja kotiteattereissa sekä myös PA-kaiuttimissa. Peruskaiunnan lisäksi myös kotelon pisimmän sivunpituuden määrää-mä seisova aalto osallistuu voimakkaasti smv-takaisinkytkentään ja lä-pikuuluvien häiriöiden tuottamiseen.

Kotelon ollessa puolillaan polyesterivanua (käyrä C) seisova aalto vaimentuu jo melko hyvin, mutta tavalliset heijastumat eivät vähene alataajuuksilla lainkaan ja ylätaajuuksillakin vain hieman. Käyrän C edustama täyttöaste on tavallinen laadukkaina pidetyissä bassoreflek-sikaiuttimissa, mutta riittämätön lievittämään oleellisesti sisään synty-vää painetta.

Kotelo on mahdollista vaimentaa myös niin, että paine keskiäänillä pienenee ratkaisevasti. Käyrä D on mitattu kotelon ollessa pakattuna täyteen tavallista lakanakangasta niin, että vain elementtien takana on hieman tyhjää. Paineen aiheuttama smv on selkeästi vaimentunut jo 200 Hz:n kohdalla kutistuen 300 Hz:n tienoilla jo lähes mitättömäksi. (Mittaukseen vaikuttaa hieman myös ulkokautta tuleva paine.) Näin tehokasta vaimennusta ei tiettävästi käytetä missään, mutta koe osoit-taa kuitenkin, että läpikuulumisongelmastakaan ei ole pakko kärsiä.

Kuvan 4.3 tuloksia tulkittaessa on vielä otettava lukuun, että ele-mentit olivat melko kaukana toisistaan verrattuna käytetyn kotelon sy-vyyteen ja korkeuteen. Mitattu smv voi siten varsinkin ylätaajuuksilla aliarvioida hieman sitä, kuinka aktiivinen elementti itse kokee asian.

Saatuja tuloksia sekä elementin tietoja hyväksi käyttäen voidaan arvioida myös läpikuuluvan takasäteilyn suhteellista voimakkuutta.

Tarkastelemme esimerkkinä tilannetta 300 Hz:n taajuudella, jossa kyseisen elementin impedanssin itseisarvo on n. 7 Ω. Liikeimpedans-sin suuruudeksi saadaan puolestaan kaavaa (3.10) sekä annettuja para-metreja ($Bl = 5,2$ Tm ja $m = 0,0065$ kg) käyttäen 2,2 Ω. Edelleen, liike-smv:n (pois lukien mikrofoniosuus) suhde kokonaisjännitteeseen on sama kuin liikeimpedanssin suhde kokonaisimpedanssiin, sillä virta on molemmille sama. Aktiivisen elementin liike-smv on siis tässä tapauk-sessa suuruudeltaan $(2,2/7)U_o = 0,31U_o$. Toisaalta esim. C-käyrältä luettu koteloperäinen smv on $0,029U_o$, joten kotelopaineen aiheuttama kartion liike on n. 0,09-kertainen ohjattuun liikkeeseen verrattuna.

Kartion läpi tuleva koteloääni on siten 300 Hz:llä vain 21 dB hei-kompi kuin itse kuunneltava ääni. Tällaisen sivuäänen pitäisi jo huo-lestuttaa ketä tahansa laatutietoista kuuntelijaa. Apu on kuitenkin hel-posti saatavissa, sillä käyrää D vastaavalla kotelovaimennuksella ko. voimakkuuksien suhteeksi tulee 0,003/0,31 eli 40 dB, joka on jo pal-jon siedettävämpi tasoero.

Läpikuulumiseen vaikuttaa lisäksi oleellisesti myös kartion tehollinen pinta-ala. Vaikuttavan paineen pysyessä muuttumattomana pintaalaltaan suuri kalvo liikkuu näet saman verran kuin pieni olettaen massan ja pinta-alan suhde vakioksi. Läpi tulevan äänen voimakkuus on siis periaatteessa suoraan verrannollinen kartion kokoon. Kokeessa käytetyn elementin tehollinen pinta-ala oli vain 80 cm^2. Mikäli pinta-ala olisi samoissa olosuhteissa vaikkapa 130 cm^2, joka on tyypillinen arvo 6,5 tuuman elementeillä, em. 21 dB:n tasoero kutistuisi vaivaiseen 17 dB:iin ja seisovan aallon kohdalla vielä huonommaksi. Kotelotilavuuden kasvattaminen heikentää käytännössä kyllä sisäpainetta, mutta ei kuitenkaan ratkaise ongelmaa, vaan lähinnä siirtää sitä pienemmille taajuuksille.

On siis selvää, ettei virtaohjausperiaatekaan voi päästä täysin oikeuksiinsa, ellei myös kotelovaimennusta aleta ajatella uusista lähtökohdista.

Kuvan 4.3 esittämät takaisinkytkentäprosentit ovat sinänsä jo niskakarvoja nostattavia. Käytettyjen elementtien herkkyys keskiäänialueella on kuitenkin valmistajan käyrästöjen mukaan vain 87-88 dB (1W, 1m) vastaten tyypillistä tasoa pienissä hifi-elementeissä.

Herkkyyden kasvaessa myös mikrofonitakaisinkytkentä voimistuu olennaisesti, koska ohjaussignaalin pysyessä ennallaan sekä äänenpaine että mikrofoniherkkyys nousevat. 1 desibelin lisäys herkkyyteen tuo siten 2 desibelin lisäyksen mikrofonitakaisinkytkentään (olettaen että $E_p/U_o \ll 1$). Mikäli siis em. testikotelossa käytettäisiin herkkyydeltään esim. 91 dB:n elementtejä, mikä on vielä tavallinen arvo monissa vastaavan kokoluokan sovelluksissa, kuvan 4.3 esittämät prosenttiosuudet kaksinkertaistuisivat, minkä pitäisi jo antaa pohtimisen aihetta rutinoituneimmallekin suunnittelijalle.

Eikä tässä vielä kaikki, sillä PA-käyttöön tarkoitetuissa kartioelementeissä jopa 100 dB:n luokkaa olevat herkkyydet ovat tavallisia. Ei siis ihme, että PA-järjestelmien kykyä uskolliseen äänentoistoon pidetään yleisestikin puutteellisena, ja laulajan ääni onkin usein vain haamukuva siitä mitä luonnossa. Syitä on tietysti monia, mutta pariakymmentä prosenttia lähestyvä kotelomelutakaisinkytkentä on tuskin niistä vähäisin.

Edellä kuvatut ilmiöt ovat läsnä myös diskanttielementtien toiminnassa. Kyseeseen tulevat taajuudet vaan ovat n. 20-kertaisia aiempaan tarkasteluun nähden.

Kalottityyppisissä diskanttielementeissä kalvon takatila on tavallisesti laajennettu napakappaleeseen tehdyllä ontelolla, joka on yleensä vaimennettu paremmin kuin bassokotelot. Takaa tulevat moninaiset heijastumat tuottavat kuitenkin kalvoon osuessaan smv-häiriöitä samoin kuin kartioelementeissä. Takaisinkytkennän suuruutta on tosin vaikeaa päästä mittaamaan, mutta ei liene mitään syytä, miksi se olisi oleellisesti vähäisempää kuin bassoelementeillä. Sen sijaan liikkuva massa pinta-alaa kohden on diskanttielementeissä yleensä pienempi, joten alttius läpikuulumiseen ja sen mukanaan tuomiin jälkivärähtelyihin on jopa suurempaa kuin bassokoteloissa.

Pienissä ja halvoissa diskanttielementeissä kalvon takana on usein vain tasainen metallipinta. Tilan ollessa hyvin pieni varsinaisia heijastuksia pääsee syntymään vain korkeimmilla taajuuksilla, mutta samalla muut paineen aiheuttamat ongelmat ja resonanssitaajuus kasvavat.

4.3 Ulkoinen mikrofoniyhteys

Mikrofonivaikutukset eivät rajoitu pelkästään kotelopaineen synnyttämään loissignaaliin, vaikkakin tämä muodostaa pääosan akustisesti kytkeytyvistä häiriöistä. Lähekkäin sijaitsevat elementit aiheuttavat nimittäin toisilleen sähkömotorisia voimia myös ulkoisen paineen välityksellä. Kytkeytyminen on voimakkainta vierekkäin olevien kartioelementtien kesken, mutta ilmiö on havaittavissa myös toisen osapuolen ollessa pieni kalotti.

Asiaa tutkittiin kahdella omassa suljetussa kotelossaan olevalla 8 tuuman elementillä, jotka olivat herkkyydeltään n. 90 dB (1W, 1m). Kotelot olivat rinnakkain lähes kiinni toisissaan, jolloin elementtien keskiakselien väliseksi etäisyydeksi tuli 26 cm etäisyyden lattiaan ollessa n. 60 cm. Vastaanottavaan elementtiin indusoituva smv mitattiin 200 Hz:iin saakka virran avulla napojen ollessa oikosulussa, mikä vastaa tilannetta jänniteohjatussa kaiuttimessa, jossa ns. sähköinen vaimennus hillitsee kalvon liikettä resonanssialueella. Yli 200 Hz:n taajuuksilla, missä kuormitus ei enää vaikuta lopputulokseen, käytettiin normaalia jännitemittausta.

Tulos on esitetty kuvassa 4.4. Vastaanottavaan elementtiin syntyvän smv:n suuruus suhteessa lähettävän elementin napajännitteeseen yltää 100 Hz:llä lähes 2 prosenttiin ja pienenee epätasaisesti taajuuden kasvaessa jääden 1 kHz:n kohdalla vielä 0,2%:n tasolle. Lisäksi elementit eivät olleet mittauksessa niin lähekkäin kuin käytännössä mahdollista. Mikäli ne asennettaisiin lähes kiinni toisiinsa, kuvan esittämät smv-prosentit olisi vielä kerrottava 1,2:lla. (Paine on yleensä kääntäen verrannollinen lähteen etäisyyteen.)

Mittaus ilmaisee suoraan kyseisen smv-komponentin suhteellisen

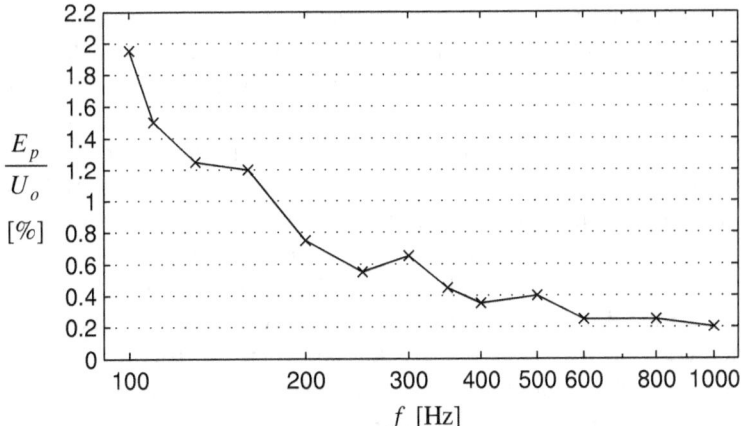

Kuva 4.4. Esimerkki kahden lähekkäisen elementin välisestä ulkokautta kytkeytyvästä mikrofonivaikutuksesta. Käyrä kuvaa indusoituvan mikrofoni-smv:n (E_p) suhdetta elementin napajännitteeseen (U_o) jänniteohjauksella. Mittaus on tehty tavallisilla halkaisijaltaan 20 cm:n elementeillä, joiden keskukset olivat 26 cm:n päässä toisistaan.

voimakkuuden rinnankytketyissä elementeissä jänniteohjauksella. Puhekelan virta muokkautuu tietenkin samassa suhteessa aiheuttaen näin akustisen takaisinkytkeytymisen elementistä toiseen. Koska tutkittava häiriö välittyy ulkokautta, vaimennusaineilla tai sisärakenteilla ei ole siihen vaikutusta.

Sarjaan kytkeminen ei myöskään paranna asiaa, sillä vaikka smv:n näkemä impedanssi noin kaksinkertaistuu, sarjassa vaikuttavat smv:t pitävät häiriövirran suunnilleen samana. Erona on lähinnä se, että sarjakytkennässä kumpikin smv vaikuttaa kummankin elementin toimintaan.

Sen sijaan virtaohjauksella näitä häiriövirtoja ei joko synny tai ne kumoutuvat. Virtaohjatussa sarjakytkennässä smv-ilmiöt näkyvät vain jännitevaihteluna kuten yksittäiselläkin elementillä. Rinnankytkennässä elementit muodostavat kylläkin silmukan, jossa smv-peräiset virrat pääsevät kiertämään, mutta koska nämä virrat kulkevat eri elementeissä vastakkaiseen suuntaan, kuultavat häiriövaikutukset jäävät vähäisiksi. On myös huomattava, että virtaohjatussa rinnankytkennässä elementtien smv:t vaikuttavat toisiaan vastaan, joten monissa tapauksissa em. silmukkavirtakin jää pieneksi.

Elementin herkkyys on ratkaiseva tekijä myös ulkoisen mikrofoniyhteyden voimakkuudessa samoin kuin kotelomelun takaisinkytkeytymisessä. Nostamalla herkkyys em. 90 dB:stä vaikkapa vain 96:een kuvan 4.4 esittämä smv-suhde tulisi periaatteessa nelinkertaiseksi, vaikkakaan käytännössä tämä suhde ei ylitä akustis-mekaanista kytkeytymissuhdetta. PA-kaiuttimissa ko. loissignaali yltää siten matalilla taajuuksilla ainakin 5%:n luokkaan.

Sivusuunnasta kartioon kohdistuva paineaalto ei välttämättä aiheuta tasaista voimaa koko pinnalle, vaan aallonpituudesta ja myös kalvon muodosta riippuen eri alueet voivat värähdellä eri vaiheessa ja eri voimakkuudella. Puhekelaan välittyvä liike ei siten ole pelkästään akselin suuntaista, vaan muunkinlaisia värähtelyjä voi esiintyä samaan tapaan kuin takasäteilyn yhteydessä. Lisäväriä tuovat mukaan myös elementtien välimatkasta johtuva käytännössä millisekunnin luokkaa oleva viive sekä etulevyn reunavaikutukset. Vaikka siniaallolla muodostuva smv onkin vielä joten kuten sinimuotoista, tällaiselta mikrofonilta ei voida odottaa kovin kehuttavia transienttiominaisuuksia.

Ulkoisen painevaihtelun aiheuttama passiivinen liike kaiutinkalvossa ei sinänsä vielä ole haitallista. Joissakin huonepinnoissakin voi tuntua värähtelyä matalia ääniä soitettaessa, ja tämäkin on aivan asiaan kuuluvaa. Haitallista on sen sijaan se, että joidenkin osien värähtely kytkeytyy signaalipolulla taakse päin luoden näin hyvin monimutkaisia lähikaikuefektejä.

Vierekkäisten elementtien tavoin myös sisäkkäin sijoitetut elementit ovat alttiina toistensa tuottamille painevaihteluille. Ns. koaksiaalielementeissä, joissa diskanttia toistava yksikkö on rakennettu bassoelementin kelarungon sisään, yksiköiden kesken syntyy helposti merkittävää akustista kytkeytymistä.

Tällä on merkitystä ainakin jakotaajuuden ympäristössä, jossa lähettävän yksikön signaali ei ole vielä vaimentunut paljoa ja jossa vastaanottava yksikkö kykenee vielä tehokkaaseen toistoon. Koska jänniteohjausta käytettäessä elementin näkemä impedanssi on monissa jakosuodatinkytkennöissä kaikilla taajuuksilla varsin pieni, edellytykset smv-peräisten virtojen syntymiselle ovat tässäkin hyvät.

Kuva 4.5 esittää diskanttiyksiköstä bassoyksikköön päin tapahtuvan mikrofonikytkeytymisen voimakkuutta eräässä lasikuitukartioisessa koaksiaalielementissä. Kytkeytymistä tapahtuu myös toiseen suuntaan, mutta lähinnä vain diskanttiyksikön resonanssitaajuuden ympäristössä. Bassoyksikköön syntyvä smv on yli 1% diskanttiyksikön jännitteestä varsin laajalla taajuusalueella. (Mittaus on rajattu 7 kHz:iin, jonne bassoyksikön toisto suunnilleen yltää.) 1,7 kHz:n alapuolella smv-suhde alkaa laskea, mikä johtuu diskanttiyksikön normaalista taajuusvastekäyttäytymisestä.

Suhde ei kuitenkaan pienene taajuuden kasvaessa, kuten edellisessä

4 - Jänniteohjauksen seuraukset	65

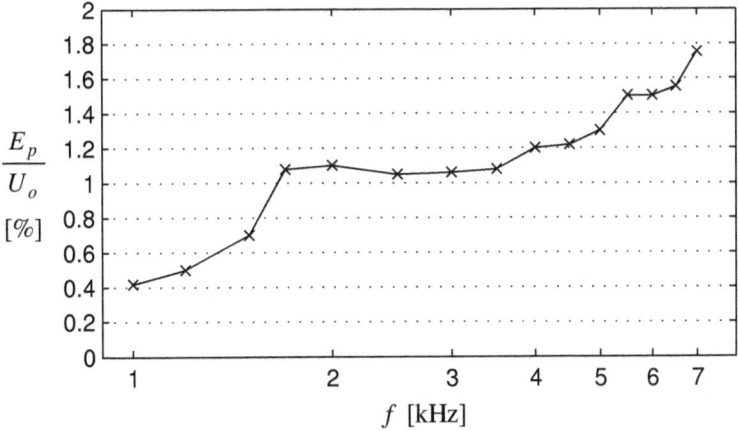

Kuva 4.5. Bassoyksikköön indusoituvan mikrofoni-smv:n suuruus suhteessa diskanttiyksikön jännitteeseen eräässä kotikäyttöön tarkoitetussa koaksiaalielementissä (Seas G17RE COAX/TVF). Mittaus kattaa taajuusalueen, jota molemmat yksiköt kykenevät toistamaan.

esimerkissä, vaan kääntyy jopa nousuun. Asiaan vaikuttaa ainakin kartioiden käyttäytymiseen liittyvä irtikytkeytyminen, joka aiheuttaa kaiutintoiminnassa korkeilla taajuuksilla ilmenevän värähtelyn keskittymisen kartion tyviosaan. Aallonpituuden ollessa kartion säteen suuruusluokkaa eri alueisiin kohdistuvat voimat eivät siten pääse kumoamaan toisiaan, kuten tapahtuisi täysin jäykässä kartiossa. Mittauksessa voi olla mukana myös puhekelojen keskinäisinduktanssista peräisin olevaa kytkeytymistä.

Kokeessa havaittiin lisäksi, että syntyvä mikrofonijännite riippuu vahvasti kartion poikkeama-asennosta. Työntämällä kartiota muutama millimetri eteen päin kuvassa 4.5 esitetyt smv-prosentit tulivat jopa kaksinkertaisiksi, ja vastaavasti taakse päin painamalla arvot putosivat noin puoleen. Jänniteohjattu koaksiaalielementti ei siis vain kehitä turhia varjosignaaleja puolelta toiselle, vaan nämä oheistuotteet lisäksi vielä moduloituvat voimakkaasti ja epälineaarisesti bassoäänien aiheuttaman kartioliikkeen tahdissa.

Kokonaisuutena voidaan siten todeta:

Kaiutinjärjestelmissä, joissa on käytetty useita lähekkäisiä kartioelementtejä, sekä hifi-käytössä melko yleisissä koaksiaalielementeissä syntyy ulkoisen mikrofonikytkeytymisen seurauksena huomattavia sähkömotorisia voimia, jotka jänniteohjausta käytettäessä tuottavat puhekeloihin kuultavaa

tasoa olevia häiriövirtoja. Pienehköillä elementtiherkkyyk-sillä nämä virrat ovat vaikutustaajuuksillaan karkeasti ar-vioiden vain 40 dB heikompia ja PA-sovellutuksissa enää 30 dB heikompia kuin varsinainen signaali. Sen sijaan virtaoh-jauksella nämä haitat ovat vältettävissä, koska elementtien kokonaisvirta voidaan tällöin pitää tarkkana riippumatta minkäänlaisista mikrofonivaikutuksista.

4.4 Mekaanisten häiriöiden takaisinkytkentä

Kappaleessa 3.3 johdimme kauniin lausekkeen V/S-elementin lii-keimpedanssille ja samalla nopeuden ja virran väliselle suhteelle (yh-tälö (3.8)) pitäen perustana kuvan 3.3b ideaalista mallia. Mikäli liike-smv:n käyttäytyminen olisi todella kaikilla taajuuksilla näin hallittua ja lineaarista, jänniteohjattu elementti pystyisi suorittamaan siltä vaa-dittavan jännite/virta-muunnoksen tältä osin moitteettomasti, ja erot virtaohjaukseen nähden olisivat huomattavasti vähäisempiä. Mikrofo-nivaikutusten ohella on kuitenkin olemassa koko joukko muitakin me-kanismeja, jotka poikkeuttavat puhekelaan muodostuvaa liike-smv:tä tästä säännönmukaisuudesta.

Ainakin seuraavat epäideaalisuudet pystyvät tuottamaan puheke-laan ylimääräisiä mekaanisia värähtelyjä riippumatta signaalitasosta:

- Kartion reunuksesta tapahtuvat heijastukset. Huolimatta materiaa-lien ominaisuuksien yhteensovittamisesta osa kartiossa etenevästä poikittaisesta aaltoliikkeestä palautuu takaisin kohti keskustaa. Tie-tyllä taajuudella reunus voi värähdellä jopa vastakkaisvaiheisesti kartioon nähden aiheuttaen notkahduksen taajuusvasteeseen.

- Kalottikalvossa etenevän aaltoliikkeen palautuminen takaisin ke-larungon liitokseen

- Kartion sisäripustuksen irrallinen massa ja heijastevaikutukset

- Kartion tai vastaavasti kalotin aaltoilun ja irtikytkeytymisen tuo-ma tehollisen massan modifioituminen

- Kartioon tietyillä taajuuksilla syntyvät kelloilmiöt (bell modes), missä kalvo jakautuu eri vaiheissa värähteleviin sektoreihin. Nämä muodonmuutokset tekevät kartiosta hetkittäin korkeamman aiheuttaen näin vaihtelua puhekelan sijaintiin.

- Ilmavirtaukset rei'itetyn kelarungon sekä magneettipiirin ilmaraon läpi

- Ferronesteen liikehdintä puhekelan ympärillä

- Puhekelan liimausten ja kelarungon joustaminen. Taajuusalueen yläpäässä liikepoikkeamat ovat niin pieniä, että vähäinenkin periksi antaminen liimakerroksissa voi tuottaa vasteen muutoksia ja jopa hystereesiä.

- Akustisen säteilyn vaatima ilmakuormitus, joka voi varsinkin takasäteilyn osalta sisältää hallitsemattomia piirteitä.

Kartion ripustusten tuottamat heijasteet ja resonanssit (kuva 4.6a) ovat tietenkin ohjaustavasta riippumatta jo itsessään haitallisia, sillä ne sekoittavat elementin vaihekäyttäytymistä ja aikaansaavat rosoisuutta myös amplitudivasteeseen. Tässä on yksi syy, jonka vuoksi jakotaajuus kannattaisi pitää alhaisena. Diskanttielementeissä vastaava ilmiö on se, että kalotin juuresta lähtevä aalto etenee huipun kautta takaisin juureen (kuva 4.6b), josta mahdollisesti tapahtuu vielä heijastumista.

Jänniteohjatuissa elementeissä haittavaikutukset eivät kuitenkaan rajoitu tähän, vaan vahinko pannaan vielä kiertämään puhekelan liikesmv:n aiheuttaman takaisinkytkennän kautta. Näin nämä moninaiset mekaaniset jälkikaiuntahäiriöt sulautuvat osaksi puhekelan virtaa ja siten osaksi uutta äänisignaalia. Ottaen huomioon kaikki edellä luetellut tekijät jänniteohjatun elementin virta sisältää aina kirjavan joukon asiaankuulumattomia mekaanista alkuperää olevia komponentteja, jotka

(a)   (b)

Kuva 4.6.   a) Ripustusten aiheuttamat mekaaniset heijastukset tuovat puhekelaan viivästyneitä värähtelyjä.   b) Kalottikalvossa etenevä mekaaninen aaltoilu päätyy lopulta takaisin puhekelaan vastaavin seurauksin.

korruptoivat äänenlaatua myös niillä taajuuksilla, jonne mikrofonivaikutukset eivät ulotu.

Kalvomateriaalien sisäiset häviöt aiheuttavat yleensä sen, että aallonpituuden tullessa riittävän pieneksi kalvossa etenevä aalto ehtii vaimentua merkittävästi ennen reunaan saapumistaan. Vastaavat heijastukset menettävät tällöin tietenkin merkityksensä. Puhekelaa kuormittavan massan väheneminen aiheuttaa samalla kuitenkin sen, että liikeimpedanssi ei pienene kääntäen verrannollisena taajuuteen, kuten kaavan (3.10) mukaan muuten tapahtuisi, vaan jää huomattavasti ylemmälle tasolle. Näin ollen myös erilaisten häiriövoimien kyky saada aikaan liikettä puhekelassa voimistuu samassa suhteessa.

Jokainen, joka on ollut tekemisissä paineilman kanssa, tietää, että virtausta ei tapahdu ilman ääntä. Pölykupin alle syntyvä paine johdetaan usein kelarungossa olevien reikien kautta sisäripustuksen alle jäävään tilaan, josta virtaus jatkuu huokoisen ripustustekstiilin läpi ulos. Hyvin yleistä on myös se, että tälle paineelle ei ole mitään järjestettyä purkautumistietä, jolloin ainoa reitti kulkee puhekelan ja napakappaleiden välistä. Näiden virtausten tuottamat puhallusäänet eivät välttämättä kantaudu kuulijalle suoraan, sillä välissä on kaiuttimen kalvo. Irtikytkeytyneessä puhekelassa ne saavat kuitenkin helposti aikaan värähtelyjä, jotka taas välittyvät sähköisesti eteen päin.

Valtaosassa nykyisin valmistettavia diskanttielementtejä ilmarako on täytetty magnetoituvalla nesteellä, jonka tarkoituksena on jäähdyttää puhekelaa ja toimia hidastimena resonanssitaajuuden ympäristössä. On kuitenkin vaikeaa kuvitella, kuinka tällainen neste voisi pysyä täysin paikallaan tai liikkua lineaarisesti puhekelan mukana kaikissa tilanteissa. Läikkyminen on nesteille tunnusomaista, ja koska puhekelan peittävä täyte ei voi olla massaltaan mitätön, tuloksena on väistämättä jonkinlaista kohinaa.

Käytön laajuudesta päätellen ferronesteen edut on kuitenkin katsottu haittoja suuremmiksi, mikä ei jänniteohjauksella tietysti ole ihmekään, sillä syntyvät häiriöäänet jäävät smv-takaisinkytkennällä voimistettunakin helposti muiden kierrätystuotteiden varjoon. Siirryttäessä virtaohjaukseen ferronesteiden mielekkyys olisi kuitenkin arvioitava uudelleen, sillä suora ohjaustapa voi tuoda esiin paljon sellaista, jonka erottaminen on aikaisemmin ollut mahdotonta. Valitettavasti vaan elementtivalmistajat eivät aina edes ilmoita suoraan, missä tyypeissä nestettä on käytetty ja missä ei.

Ympäröivän ilman kalvoon kohdistama kuormitus ilmenee ennen kaikkea ylimääräisenä massana, joka vaihtuu toistoalueen yläpäässä mekaaniseksi resistanssiksi. Kartion takapuolella ilma joutuu liikkumaan kuitenkin verraten ahtaasti kohdaten teräväsärmäisiä esteitä ja osittain läpinäkyvän sisäripustuksen. Matalilla taajuuksilla myös vaimennusaineen ominaisuudet vaikuttavat kartion akustiseen toimintaan. Näissä oloissa syntyy helposti voimakkaita diffraktioita ja epälineaarista painekäyttäytymistä, ja jänniteohjauksella tällaistenkin ilmiöiden jäljet integroituvat osaksi elementin saamaa virtaa.

Puhekelaan kohdistuu siis aina useita merkittäviä mekaanisesti tai pneumaattisesti välittyviä häiriövoimia, joiden takia liike-smv:n käyttäytyminen ei ole lainkaan niin yksinkertaista ja hallittua, että tätä jännitekomponenttia olisi mielekästä pitää suodattimena signaalisuureiden välisessä muunnoksessa, kuten nykyisin tehdään. Kaiutinelementti kaikkine epäideaalisuuksineen on aina heikko lenkki äänentoistoketjussa, eikä virtaohjauskaan muuta tätä tosiasiaa. Nykyinen käyttötapa aiheuttaa kuitenkin sen, että ketjussa toimiikin *kaksi* heikkoa lenkkiä, sillä elementin liikkuvien osien suorituskykyä rajoittavat ongelmat ovat kuvautuneet myös kaiuttimen vastuulle jätettyyn jännite/virta-muunnokseen.

Tavoitteena on pidetty vain sitä, että vahvistin pystyy syöttämään "riittävästi" virtaa eri tilanteissa, ja on viis veisattu siitä, mistä tuo virta itse asiassa koostuu.

Liike-smv:n käyttäytymistä on mahdollista mitata käyttämällä kahta samanlaista elementtiä, joista toisen puhekela on liimattu liikkumattomaksi. Molempien elementtien läpi johdetaan oman sarjavastuksen kautta yhtä suuri sinimuotoinen virta. Liike-smv, joka on siis mukana toisessa elementissä mutta puuttuu toisesta, saadaan tällöin yksinkertaisesti selville mittaamalla syntyvien jännitteiden erotus. Elementtien induktansseissa ja resistansseissa esiintyvät erot tosin rajoittavat tuloksen absoluuttista tarkkuutta, mutta vaihtelut taajuuden funktiona tulevat kuitenkin selvästi esille.

Kuvassa 4.7 on esitetty näin määritetty liikeimpedanssin itseisarvo keskiäänialueella samalla 4 Ω:n bassoelementillä, jota käytettiin edellä induktiivisen impedanssin mittauksessa (kuva 3.6). Katkoviiva esittää vertailun vuoksi ideaalista yhtälön (3.10) mukaista riippuvuutta skaalattuna siten, että sovitus on mahdollisimman hyvä.

Mitattu $|Z_m|$ poikkeaa merkittävästi taajuuteen kääntäen verrannollisesta riippuvuudesta, ja 1,1 kHz:n kohdalle syntyy korostuma, jolle ei löydy vastinetta elementin taajuusvasteesta. On vaikeaa sanoa, mitkä edellä kuvatuista ilmiöistä saavat aikaan tämän resonoinnin, mutta joka tapauksessa tulos kielii siitä, kuinka epävarmalla pohjalla liikesmv:n muodostuminen yleensä on. Taajuuden kasvaessa edelleen $|Z_m|$

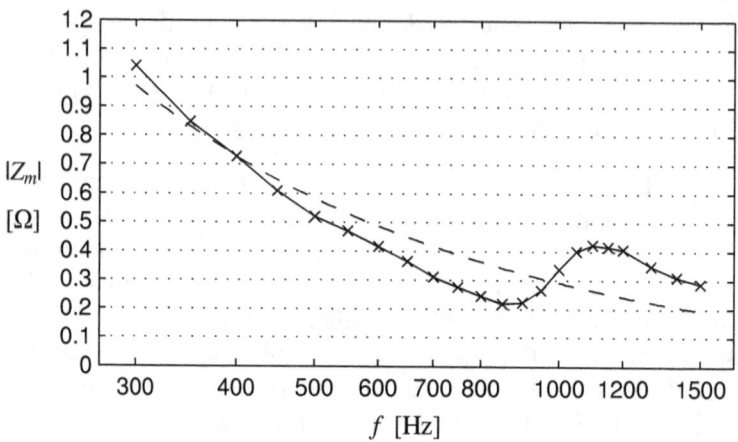

Kuva 4.7. Ehyt viiva: liikeimpedanssin itseisarvon taajuusriippuvuus eräässä koteloimattomassa 4 Ω:n basso-keskiääni-elementissä (Vifa P17WJ-00-04). Katkoviiva: taajuuteen kääntäen verrannollinen riippuvuus.

jää teoreettista arvoaan suuremmaksi, kuten on odotettavissa.

Huipun kohdalla $|Z_m|$ yltää 0,42 Ω:iin, joka on yli 10% nimellisimpedanssin arvosta ja n. 14% DC-resistanssin arvosta. 300 Hz:n taajuudella vastaavat lukemat ovat 26% ja 34%. On vielä huomattava, että liikeimpedanssin suhteellinen osuus kasvaa tekijän $(Bl)^2/m$ kasvaessa (yhtälö (3.10)).

Tällainen loisjännite näyttää kuitenkin tulleen hyväksytyksi, vaikka esim. vahvistinsäröistä puhuttaessa muutaman prosentin kymmenyksen lukemia pidetään usein jo anteeksiantamattomina.

Monien kartioelementtien kokonaisimpedanssikäyrässä on nähtävissä keskiäänien tai aladiskanttien alueella yksi tai useampi kapea-alainen kohouma. Nämä piikit tai kyttyrät johtuvat juuri siitä, että puhekela voi elää jossain määrin omaa elämäänsä, vaikka liikkuvien osien massa kokonaisuutena ottaen käyttäytyisikin melko hallitusti.

Kokeessa käytettyä elementtiä ei ollut mitenkään valikoitu, eikä sen impedanssissa vielä juurikaan näy epätasaisuuksia. Kuvan 4.7 mukainen smv-vaihtelu on siis vielä lievää verrattuna moniin muihin laadukkaisiinkin elementteihin.

4.5 Vaihemodulaatio

Edellä olemme tarkastelleet piensignaali-ilmiöitä, joiden esiintymi-
nen ei ole kiinni äänen voimakkuudesta. Suurilla signaalitasoilla mu-
kaan tulee myös kovasta kiihtyvyydestä johtuvia muodonmuutoksia
sekä voimakertoimen vaihtelua, jonka aiheuttamaan lieveilmiöön tu-
tustumme seuraavassa.

Kartion liikkeen tullessa riittävän laajaksi tehokkaassa magneetti-
kentässä olevien puhekelan kierrosten määrä alkaa vähetä ja ilmaraon
ulkopuolelle jäävien kierrosten määrä vastaavasti kasvaa. Elementeis-
sä, joissa puhekela on selvästi ilmarakoa korkeampi tai matalampi, tä-
mä voimakertoimen heikkeneminen alkaa varsinaisesti vasta tietyn ra-
japoikkeaman jälkeen (parametri X_{max}), mutta hajakentän vuoksi (ku-
va 3.1) käytännössä jo ennemmin. Sen sijaan tapauksissa, joissa puhe-
kela on herkkyyden maksimoimiseksi tehty juuri ilmaraon korkuisek-
si, tasaisen voimakertoimen alue jää miltei olemattomaksi.

Tämä liikepoikkeaman funktiona tapahtuva Bl-vaihtelu aiheuttaa
tunnetusti harmonista säröä ja siihen läheisesti liittyvää keskinäismo-
dulaatiosäröä. Vähemmän tunnettua on kuitenkin, että saatavaan ajo-
voimaan (yhtälö (3.1)) muodostuu jänniteohjauksella suoran Bl-vir-
heen lisäksi myös liike-smv:n vääristymisestä peräisin olevaa säröä.

Otamme tarkasteltavaksi jänniteohjatun bassoelementin, johon syö-
tetään kahta eri taajuutta, jotka on valittu siten, että matalampi saa ai-
kaan suuren liikepoikkeaman ja korkeampi on edelliseen nähden mo-
ninkertainen. Jättäen amplitudiin liittyvät säröt huomiotta katsomme,
mitä tapahtuu jälkimmäisen signaalin vaiheelle.

Oletamme ylemmän taajuuden olevan lähellä elementin impedans-
sin minimikohtaa, jossa impedanssin koostumus voi olla alkujaan ku-
van 4.8a mukainen (vrt. kuva 3.7). Liikeimpedanssi ja induktiivinen
impedanssi ovat itseisarvoltaan lähes tasaväkisiä tehden kokonaisim-
pedanssista resistiivisen. Ko. taajuudella elementin virta on siten alun
perin samanvaiheinen ohjausjännitteen kanssa.

Voimakertoimen pienentyessä matalataajuisen signaalin vaikutuk-
sesta impedanssi kuitenkin muuttuu, sillä Z_m on verrannollinen Bl:n
neliöön, ja liikepoikkeaman saavuttaessa huippunsa tilanne tulee ku-
van 4.8b mukaiseksi. Osoittimen Z_m lyhentymisen vuoksi kokonaisim-
pedanssin suuntakulma on kasvanut, mikä heijastuu suoraan elementin
saaman virran vaiheeseen ko. taajuusalueella.

**Suurten liikepoikkeamien tuoma Bl-vaihtelu aiheuttaa aina
liike-smv:hen ja sitä kautta kokonaisimpedanssiin vääristy-**

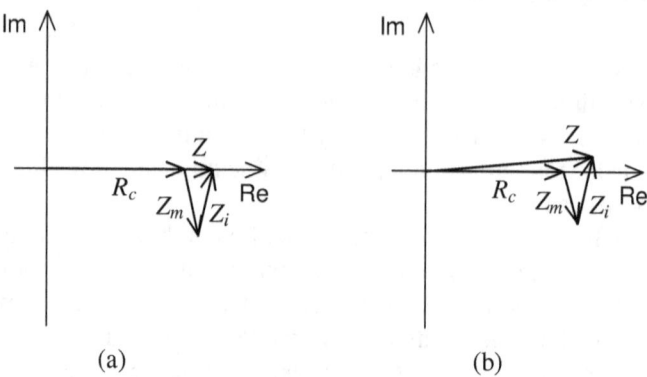

(a)   (b)

Kuva 4.8.   a) Bassoelementin impedanssikaavio esimerkiksi otetulla taajuudella kalvon ollessa keskiasennossaan. Kokonaisimpedanssi Z on reaaliakselin suuntainen.   b) Vastaava kaavio kalvon ollessa kaukana keskiasennosta. Liikeimpedanssin pienenemisen vuoksi Z on kääntynyt lievästi induktiiviseksi (Z_i oletettu vakioksi).

mää, joka ilmenee keskitaajuuksien alueella lähinnä impedanssin suuntakulman moduloitumisena liikepoikkeaman tahdissa. Jänniteohjauksella tämä modulaatio siirtyy suoraan toistettavaan signaaliin saaden aikaan vaihekohinaa eli jitteriä ja lisäten näin merkittävästi epälineaarisuutta voimakkaiden bassoäänien yhteydessä. Sen sijaan virtaohjauksella tämä impedanssihäiriö välittyy vain elementin napajännitteeseen, jossa siitä ei ole haittaa, ja epälineaarisuudet rajoittuvat näin itse *Bl*-vaihtelusta suoraan johtuvaan säröön.

Kuva 4.9 havainnollistaa vaihemodulaation vaikutusta jänniteohjatussa elementissä siniaalloilla, joiden taajuuksien suhde on 1:10 (esim. 50 Hz ja 500 Hz). Poikkeamahuippujen kohdalla tutkittava virta jää jälkeen ideaalisesta sinimuodosta ja saavuttaa sen jälleen puhekelan ohittaessa lepoasentonsa. Jaksojen 1, 3 ja 5 aikana aallon taajuus on likimain normaali. Sen sijaan jaksolla 2 impedanssin kääntyessä taajuus jää hieman pienemmäksi, ja jaksolla 4 taajuus on vastaavasti normaalia suurempi. Tuloksena on siis nopeaa taajuusvärinää, mikä merkitsee puhtaiden spektrikomponenttien hajoamista jonkin levyiselle kaistalle.

500 Hz:n taajuudella $|Z_m|$ on tyypillisesti n. 20% $|Z|$:sta. Voimakertoimen aleneman ollessa vaikkapa 10% $|Z_m|$ pienenee alkuperäisestä 0,81-kertaiseksi, mikä saa em. impedanssisuhteella aikaan yli 2 asteen

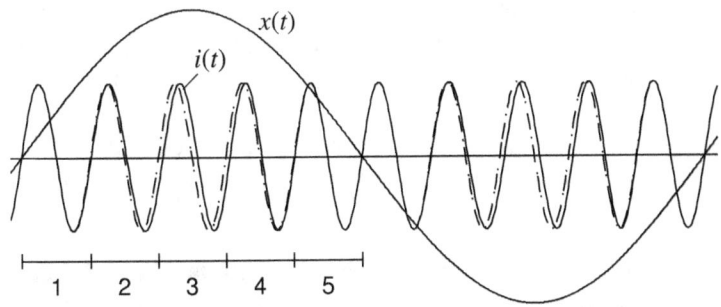

Kuva 4.9. Suuren sinimäisen liikepoikkeaman ($x(t)$) aikaansaama vaihemodulaatio taajuudeltaan 10-kertaisen signaalin tuottamassa virrassa ($i(t)$) jänniteohjausta käytettäessä. Katkoviiva kuvaa puhdasta sinisignaalia. Selvyyden vuoksi vaihesiirtymää on hieman liioiteltu.

lisäyksen |Z|:n kulmaan. Olettaen, että tämä muutos tapahtuu suunnilleen yhden jakson aikana, kuten kuvassa 4.9, suhteelliseksi taajuuspoikkeamaksi tällä jaksolla tulee n. $2°/360°$ eli ainakin 0,5%.

Edellä kuvatun kanssa vastaavanlaista taajuusvärinää syntyy myös Doppler-ilmiön johdosta bassosignaalien aiheuttaman suurehkon liikenopeuden muloidessa korkeampien äänien taajuutta. Esim. ±3 mm:n liikepoikkeamalla ja 50 Hz:n taajuudella kalvon maksiminopeus on n. 1 m/s, joka on vajaa 0,3% äänen nopeudesta. Tämä haitta on kyllä tiedostettu, ja sitä pyritään minimoimaankin, mutta miksi näin ei ole käynyt impedanssiperäiselle taajuusvääristymälle?

4.6 Induktanssimodulaatio

Edellisissä kappaleissa esitetyille takaisinkytkentäilmiöille on yhteistä, että ne toimivat puhekelan ylimääräisen tai hallitsemattoman liikehdinnän synnyttämän smv:n välityksellä. Seuraavassa tulemme kuitenkin huomaamaan, että induktiivisen smv:n tuottamat säröt ja kohinat eivät ole merkitykseltään sen vähäpätöisempiä. Induktanssi-smv:n ja liikeperäisen smv:n tuhovaikutukset itse asiassa täydentävät toisiaan, sillä edellisen osuus suurenee aina taajuuden kasvaessa, kun taas jälkimmäisessä trendi on käänteinen.

Puhekelan liikkuessa napakappaleiden suhteen sen näkemä magneettiresistanssi muuttuu johtuen ennen kaikkea siitä, että virran synnyttämien vuoviivojen ilmassa kulkema matka on riippuvainen puhekelan asemasta (ks. kuva 3.2b). Mitä syvemmällä kela on magneettirakenteen sisällä, sitä pienempi on reluktanssi ja sitä suurempi on induktanssi yhtälön (3.11) mukaisesti. Induktanssin herkkyydessä esiintyy kuitenkin suurta vaihtelua riippuen magneettipiirin ominaisuuksista ja muotoilusta.

Induktiivisen impedanssin epävakaus näkyy tietenkin suoraan kokonaisimpedanssissa johtaen jälleen jänniteohjauksen kannalta onnettomiin seurauksiin:

Matalien taajuuskomponenttien aiheuttama liikepoikkeama tuottaa puhekelan induktanssin kautta korkeammille taajuuksille huomattavaa impedanssin itseisarvon vaihtelua, joka kuvautuu jänniteohjauksella suoraan elementin virtaan. Tuloksena on tällöin keskiäänien ja diskanttien amplitudin moduloituminen kokonaisliikepoikkeaman määräämässä tahdissa. Tämä on jokseenkin yhtä merkittävä keskinäismodulaatiosärön aiheuttaja kuin _Bl_-vaihtelu ja kuitenkin täysin eliminoitavissa virtaohjaukseen siirtymällä.

Induktanssivaihtelu aiheuttaa amplitudimodulaation lisäksi myös vaihemodulaatiota vastaavasti kuin liikeimpedanssin vaihtelu kuvassa 4.8. Tämä vaikutus on tuntuvin alakeskiäänien alueella, jossa induktiivinen impedanssi on likimain kohtisuorassa kokonaisimpedanssiin nähden ja lisää näin oman osuutensa jänniteohjatun elementin jitteriin.

Kuvassa 4.10 on esitetty mittaustuloksia impedanssin käyttäytymisestä liikepoikkeaman funktiona eräillä pienehköillä basso-keskiäänielementeillä 2 kHz:n taajuudella. Kalvon poikkeutus tehtiin mekaanisesti, ja siirtymä kontrolloitiin mittatikun ja -asteikon avulla. (Taajuuden ollessa riittävä kosketuksen aiheuttama liikeimpedanssihäiriö voidaan jättää huomiotta.) Mitatut elementit eivät ole tutkittavan ominaisuuden suhteen mitenkään poikkeuksellisia vaan jokseenkin tyypillisiä.

Lineaarisen liikevaran puitteissa tapahtuva impedanssivaihtelu yltää kaikissa näytteissä ±10%:n suuruusluokkaan käyrän C kohotessa jopa 14%:iin. Merkillepantavaa on myös, että muutos voi olla jyrkempi negatiivisilla poikkeamilla eli kartion ollessa takana päin. Taajuuden kasvattaminen 2 kHz:stä ei kuitenkaan lisää muutosherkkyyttä siten kuin induktanssin ja resistanssin suhteen perusteella voisi odottaa.

Signaalin amplitudin moduloituessa syntyy aina uusia ylimääräisiä taajuuskomponentteja eli säröä, jonka suuruus riippuu suoraan modu-

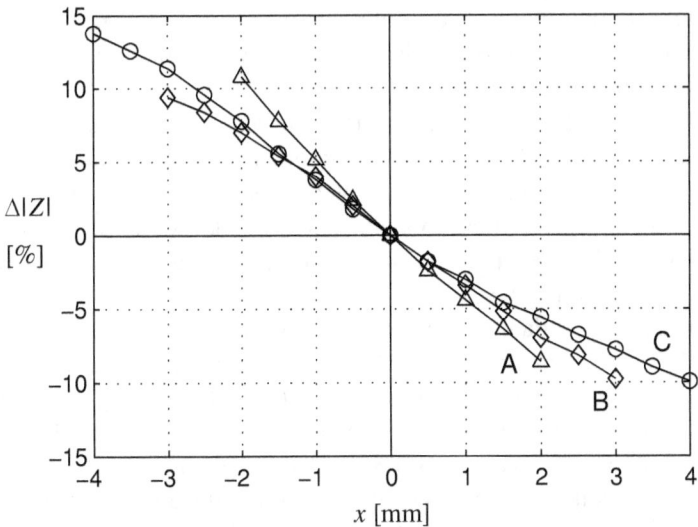

Kuva 4.10. Impedanssin itseisarvon suhteellinen muutos liikepoikkeaman funktiona 2 kHz:n taajuudella kolmella erilaisella hifi-bassoelementillä. A: Vifa M13SG-09-08; B: Seas P14RC4Y/DC (1 kelalla); C: Peerless 833429. Mittaus on ulotettu kullakin elementillä ilmoitettuun Xmax-rajaan saakka.

laation voimakkuudesta. (Seikka, josta erilaisten kompressointi- ja tasonmuokkauslaitteiden käyttäjät sekä valmistajat tuntuvat olevan tietämättömiä tai piittaamattomia.)

Tarkastelemme hieman, mitä tapahtuu sinimuotoiselle signaalivirralle (i_s), jonka amplitudi on A ja kulmataajuus ω_s. Häiriötön virta olkoon siis

$$i_s(t) = A\sin(\omega_s t) \tag{4.1}$$

Oletamme nyt amplitudin vaihtelevan alkuperäisarvonsa molemmin puolin sinimuotoisesti taajuudella ω_m ($\omega_m \ll \omega_s$). Amplitudimoduloidulle virralle voidaan tällöin kirjoittaa:

$$i_{sm}(t) = A[1 + m\sin(\omega_m t)]\sin(\omega_s t) \tag{4.2}$$

missä m on ykköstä pienempi modulaatioindeksi. Käyttämällä hyväksi trigonometristä yhteyttä (c5) liitteestä C sekä sääntöä $\cos(-\alpha) = \cos(\alpha)$ voidaan (4.2) esittää yksittäisten taajuuskomponenttien avulla:

$$i_{sm}(t) = A\sin(\omega_s t) + \frac{mA}{2}\left[\cos((\omega_s - \omega_m)t) - \cos((\omega_s + \omega_m)t)\right] \tag{4.3}$$

Moduloitunut signaalivirta sisältää siis alkuperäisen siniaallon lisäksi kaksi särökomponenttia, joiden taajuudet ovat $\omega_s - \omega_m$ ja $\omega_s + \omega_m$. Koska nämä sivutaajuudet eivät ole toistettavan taajuuden kerrannaisia, särö on luonteeltaan epäharmonista. Kuva 4.11 esittää induktanssiperäiseen keskinäismodulaatiosäröön liittyvää amplitudispektriä. Signaalitaajuuden ω_s molemmin puolin näkyy kaksi yhtä suurta modulaatiotuotetta, joiden amplitudi on $mA/2$. Moduloivan signaalin ollessa yksittäisen taajuuden sijaan levittäytynyt jollekin kaistalle koko tämä kaista kuvautuu vastaavalla tavalla symmetrisesti ω_s:n ympärille.

Induktanssimodulaation aiheuttama särö nousee bassotaajuuksia sisältävällä ohjelmamateriaalilla helposti suurinumeroiseksi. Impedanssivaihtelun ollessa esim. ±10%, joka näyttäisi olevan tyypillistä liikepoikkeaman saavuttaessa nimellisarvonsa, m on vastaavasti 0,1, jolloin särökomponenttien suuruudeksi tulee $A/20$ eli 5% toistettavasta aallosta. Kun kaksi 5%:n särökomponenttia lasketaan normaaliin tapaan neliöllisesti yhteen, saadaan kokonaissäröksi täydet 7%.

Toisin kuin *Bl*-pohjainen modulaatio, induktanssimodulaatio tulee merkittäväksi jo verraten pienillä liikepoikkeamilla, sillä impedanssin vaihtelu on melko lineaarista ja tapahtuu molempiin suuntiin. Siten kalvon liikkeen tullessa silmin nähtäväksi ko. särö on jänniteohjatulla elementillä tyypillisesti jo häiritsevää tasoa. Induktanssimodulaatio on yleisestikin tunnettu epäkohta, mutta nykyinen audiolaiteteollisuus ei ole löytänyt asiaan edullista ratkaisua.

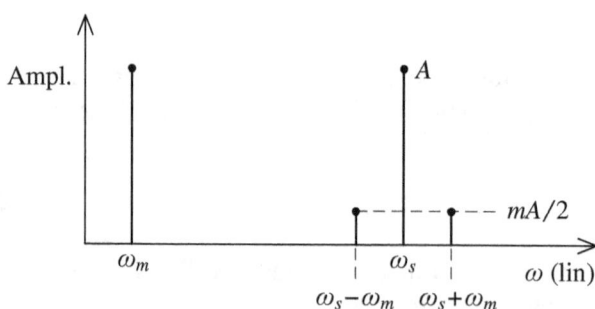

Kuva 4.11. Amplitudimodulaatiota yhtälön (4.3) pohjalta havainnollistava viivaspektri. Taajuudet $\omega_s - \omega_m$ ja $\omega_s + \omega_m$ edustavat keskinäismodulaatio- eli IM-säröä.

4.7 Induktanssin epälineaarisuus

Kaiuttimien magneettipiirit valmistetaan yleensä teräsmateriaaleista, joiden magneettinen kyllästymistaso on riittävän korkealla. Vaikka käytettävät teräslaadut ovat suhteellisen pehmeitä, vuon muuttumisen vaatima alkeismagneettien kääntyminen aiheuttaa aina jonkin verran sisäistä kitkaa, jonka vuoksi vuo ei muutu suoraan magnetoivan virran mukana, vaan laahaa tästä hieman jäljessä saaden aikaan hystereesiksi kutsutun epälineaarisuusilmiön. Vaikka napakappaleet olisi magnetoitu kestomagneetilla kyllästystilaan saakka (mitä ei yleensä kuitenkaan tehdä), tämä ei estä vuon vaihteluita, sillä puhekelan aiheuttama vuokomponentti on varsinkin ilmaraon läheisyydessä likimain kohtisuorassa kestovuohon nähden.

Käämin induktiivinen smv seuraa aina vuon todellista muuttumisnopeutta, johon vaikuttaa magnetoivan virran ja pyörrevirtojen lisäksi hystereesin aiheuttama jättämä. Tämä jatkuvasti vaihteleva viive on siis aina mukana puhekelan induktiivisen smv:n ja virran keskinäisessä suhteessa, joka puolestaan hallitsee laajalla taajuusalueella elementin kokonaisjännitteen ja virran välistä riippuvuutta.

Kuinka hyväksyttävänä pidettäisiin yleisesti sitä, että sarjassa (jänniteohjatun) elementin kanssa tai muualla signaalipolulla käytettäisiin pelkän rautatapin ympärille käämittyä suodatinkelaa? Käytäntö voisi herättää aiheellista kritiikkiä, ja ferromagneettisten aineiden ominaisuudet muistuisivat helposti mieleen. Kuitenkin, vastaavanlaisen kelan vaikuttaessa elementissä itsessään ongelmaa ei nähdä, vaan kaikki magneettiset epälineaarisuudet pääsevät astumaan esiin kuin Troijan hevosesta.

Joissakin laatuelementeissä on ilmaraon reunamille tai keskinavan ympärille kiinnitetty kuparisia oikosulkurenkaita tasoittamaan impedanssia ja vähentämään säröä. Pienentäessään vuon vaihtelua tällaiset renkaat hillitsevät jossain määrin myös hystereesivaikutuksia, mutta tämä on kuitenkin turhan epätäydellinen ja kallis ratkaisu ongelmaan, joka poistuu oikean ohjaustavan myötä. Haittaa näistä toisiovirtajohtimista tuskin kuitenkaan on virtaohjauksellakaan.

Hystereesin kavaluus piilee siinä, että vaikutukset eivät välttämättä tule ilmi harmonisen särön mittauksessa. Syynä on se, että taajuuden kasvaessa hystereesisilmukan (vuontiheys magnetointivirran funktiona) päät pyöristyvät, ja silmukka lähenee muodoltaan ellipsiä, mikä merkitsee, että siniaalto kuvautuukin onnekkaasti lähes siniaalloksi, vaikka välittäjänä toimii epämääräinen viivemekanismi. Lineaarista käyttäytyminen ei kuitenkaan ole, ja vaikutus monimutkaisempiin signaaleihin voi olla jänniteohjauksella huomattavan vahingollinen. Puhekelan magneettipiirin epäideaalisuus tulee konkreettisesti esille mittaamalla impedanssia usealla eri signaalitasolla. Induktanssin havaitaan tällöin kasvavan selvästi mittausvirran mukana. Ilmiö ei selity tavanomaisella permeabiliteetin pienentymisellä, koska muutossuunnan pitäisi tällöin olla vastakkainen. Sen sijaan syynä voi olla jonkinlainen puhekelan vuon keskinäisvaikutus kestomagneetin vuon kanssa, joka on suhteessa paljon voimakkaampi.

Kuvassa 4.12 on mittaustuloksia impedanssin käyttäytymisestä virran funktiona 2 kHz:n taajuudella kuvasta 4.10 tutuilla elementeillä. Havainnollisuuden vuoksi mittausdata on suhteutettu 3 mA:n virralla saatuun referenssiarvoon.

Yhdessä näytteessä kolmesta impedanssi kasvaa peräti yli 10% ja kahdessa näytteessä reilut 5% virran tullessa 3 mA:sta satakertaiseksi. Muutos ei ole lineaarista eikä logaritmista vaan jokseenkin epäsäännöllistä. Mitä ilmeisimmin kasvu jatkuu vielä suuremmillakin virroilla, mutta asian mittaamista hankaloittaa puhekelan resistanssin lämpötilariippuvuus.

Taajuudeksi valittu 2 kHz kuuluu useimmiten tutkittujen element-

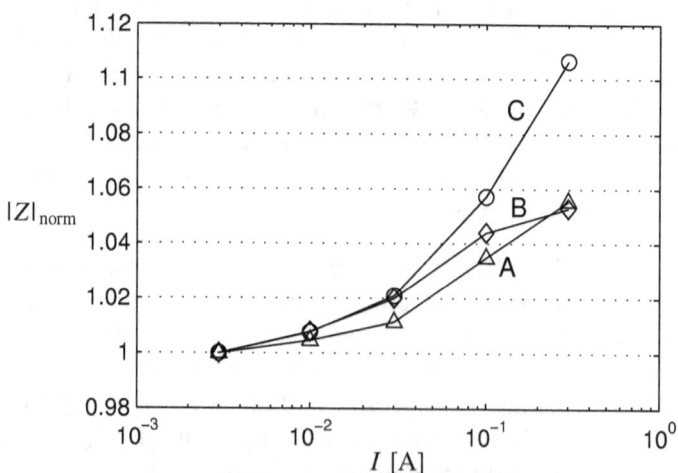

Kuva 4.12. Mitattuja impedanssin itseisarvon virtariippuvuuksia 2 kHz:n taajuudella. Elementit (A, B, C) ovat samat kuin kuvassa 4.10. Impedanssit on normalisoitu suhteessa pienimpään arvoon. Mittaus on suoritettu vertaamalla elementin yli olevaa jännitettä sarjaan kytketyn vastuksen jännitteeseen. Puhekelan lämpeneminen ei ole päässyt vaikuttamaan tuloksiin.

tien hoitamalle kaistalle. Taajuuden kasvaessa tässä käytetystä myös impedanssivaihtelu kasvaa vielä hieman. Induktanssin virtariippuvuus on havaittavissa myös diskanttielementeissä, vaikkakin huomattavasti lievempänä.

Millaisen säväyksen 10 prosentin luokkaa oleva epälineaarisuusilmiö tekee jänniteohjatun kaiuttimen äänenlaatuun? Induktanssin hallitsemalla taajuusalueella ja suurehkoilla voimakkuuksilla vaikutusta voinee luonnehtia katastrofaaliseksi, mutta kulttuurimme on niin tottunut tietynlaiseen sähköiseen soundiin, ettei tämänkään särömekanismin tuoma lisä ole johtanut tosiasioiden tunnustamiseen ja käytäntöjen uudelleenarviointiin.

Kuvan 4.12 tuloksia ei pidä tulkita vain siten, että seurauksena olisi pelkkä dynamiikan supistuminen impedanssimuutosta vastaavalla desibelimäärällä. Minkään järjestelmän vahvistuskerroin ei nimittäin voi muuttua ilman, että samalla syntyy muutosnopeuteen verrannollinen määrä epäharmonisia särötuotteita. Tässä tapauksessa impedanssimuutokset tapahtunevat toistettaviin taajuuksiin nähden melko nopeasti ja hystereesivaikutusten säestämänä, joten mahdollisuudet transienttiaaltojen epälineaariselle vääristymiselle ovat hyvät.

Raudan magneettinen karkeus ilmenee aina jossain määrin myös harmonisena särönä elementin jännitteen ja virran välisessä suhteessa, vaikkakaan tämän särön määritys ei vielä anna kuvaa haittojen todellisesta vakavuudesta. Pienillä taajuuksilla saatavaan tulokseen vaikuttaa myös liikeimpedanssin epälineaarisuus.

Kuva 4.13 esittää melko tyypillistä jännitteen ja virran välistä säröä

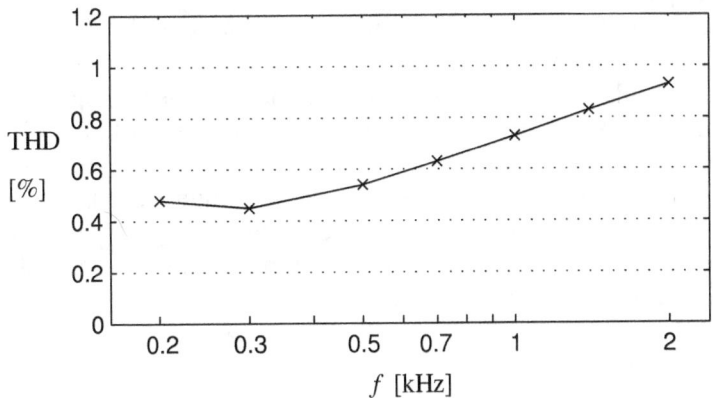

Kuva 4.13. Jännite-virta-muunnoksen harmoninen kokonaissärö (THD) mitattuna esimerkiksi otetusta elementistä Seas P14RC4Y/DC (1 kelalla). Jännite oli 2,83 V, joka vastaa 1 W:n tehoa 8 Ω:n nimelliskuormaan.

mitattuna 5 tuuman basso-keskiääni-elementistä 1 watin tehotasolla. Mittauksessa on käytetty sisäänmenona virtaa ja ulostulona jännitettä, mutta särön pitäisi olla sama myös toiseen suuntaan.

Yläkeskiäänillä harmoninen särö lähentelee prosentin rajaa, ja pysyy alakeskiäänilläkin vielä puolen prosentin tuntumassa. Tällainen määrä harmonista säröä kaiuttimesta siis poistuu virtaohjaukseen siirryttäessä. (Äänestä mitattava särö ei välttämättä kuitenkaan alene samalla mitalla, sillä eri tekijöistä peräisin olevat säröprosentit eivät ole suoraan summautuvia.) Jänniteohjatun elementin koko harmoninen särö on ko. teholla ja taajuusalueella yleensä prosentin tai parin luokkaa, joten jännite-virta-muunnoksen osuus tässä luvussa on merkittävä.

Mills ja Hawksford [1] ovat tehneet mielenkiintoista särövertailua jännite- ja virtaohjauksen kesken Celestion SL600-kaiuttimen alaääni-elementillä. Huippuarvoltaan 1 A:n suuruisella virralla tehdyissä mittauksissa virtaohjaus johti tutkituilla taajuuksilla oleellisesti pienempään säröön. 100 Hz:n taajuudella 2. harmoninen kerrannainen aleni 9 dB ja 3. ja 4. kerrannainen kumpikin 3 dB. 3 kHz:llä puolestaan harmoninen kokonaissärö putosi peräti 26 dB. Diskanttielementtien oli myös havaittu hyötyvän virtaohjaukseen siirtymisestä 3-7 dB:n verran.

Vuon muuttuminen tapahtuu raudassa alkeismagneettien muodostamien mikroskooppisten rypäleiden tai alueiden kääntäessä magneettista suuntautumistaan. Nämä suunnanmuutokset eivät kuitenkaan tapahdu tasaisesti magnetoivan kentänvoimakkuuden (virran) mukana vaan askelmaisesti hypähdellen, mikä aiheuttaa vuontiheyteen nopeita pieniä sykäyksiä. Näin syntyvää häiriösignaalia nimitetään löytäjänsä mukaan Barkhausenin kohinaksi, ja sillä on merkitystä mm. nauhureiden äänipäissä.

Enin osa Barkhausenin kohinan tehosta sijaitsee ultraäänitaajuuksilla, mutta ilmiöllä voi olla jotain merkitystä myös kaiuttimien erottelukykyyn puhekelaan indusoituvan ohjelmasignaalista riippuvan häiriö-smv:n vuoksi. Tavallisessa käytössä tätä kohinaa tuskin voi havaita, sillä se jää suuruusluokaltaan reilusti muiden haittatekijöiden varjoon. Vaativassa hifi-kuuntelussa tilanne voi kuitenkin olla toinen, ja vain virtaohjauksella voidaan varmistua siitä, että CD-levyjen tallennustarkkuudesta (SACD-formaatista puhumattakaan) voidaan oikeasti käyttää hyväksi viimeinenkin bitti.

4.8 Resistanssivaihtelut

Puhekelojen lankametallina käytetään lähes poikkeuksetta kuparia tai alumiinia, joiden kummankin resistanssi kasvaa lämpötilan mukana 0,4% astetta kohti. Puhekelan sallittu lämpenemä voi taas olla kelarungon ja liimausten kestokyvystä riippuen jopa parisataa astetta. On siten varsin realistista arvioida, että toimittaessa turvallisen tehoalueen yläpäässä resistanssi voi tulla jopa puolitoistakertaiseksi, mihin riittää 125 asteen lämpötilan nousu. Se, kuinka tämä resistanssin kasvu vaikuttaa äänitasoon ja taajuustasapainoon, riippuu täysin ohjaustavasta.

Toistokaistan ääripäitä lukuun ottamatta elementin impedanssin itseisarvo on vain hieman suurempi kuin puhekelan resistanssi. 50%:n lisäys resistanssiin merkitsee siten karkeasti 40%:n lisäystä impedanssiin, mikä aiheuttaa jänniteohjatussa elementissä n. 3 dB:n aleneman puhekelan virtaan ja äänenvoimakkuuteen.

Seurauksena on näin vahvistuksen jatkuva vaihteleminen signaalitason määräämässä tahdissa ao. lämpenemisaikavakioiden mukaisella viiveellä. Suurilla bassoelementeillä tämä aikavakio voi olla joitakin kymmeniä sekunteja, mutta diskanteilla vain sekuntien luokkaa. (Aikavakio merkitsee 1. asteen mallia sovellettaessa ajanjaksoa, jonka kuluessa askelvaste on saavuttanut 63% lopullisesta arvostaan.) Mikäli oikean ja vasemman puolen ohjaustasot poikkeavat ajoittain toisistaan, tuloksena on lisäksi myös kanavatasapainon heilahtelua.

Sen sijaan elementin virran ollessa pakotettu seuraamaan ohjausta resistanssin kasvu näkyy ainoastaan vastaavana jännitteen nousuna, eikä herkkyysvaihteluita pääse syntymään. Tämän pitäisi merkitä jotain niille, jotka haluavat säilyttää musiikin dynamiikkavaihtelut alkuperäisessä asussaan.

Monitiejärjestelmissä eri kaistoja toistavat elementit eivät välttämättä lämpene samalla määrällä eivätkä varsinkaan samalla nopeudella, joten jänniteohjattuun kaiuttimeen syntyy helposti myös taajuusvasteen vaihtelua. Laaja-alaiset parin desibelin luokkaa olevat taajuustasapainon muutokset ovat jo kuultavissa ja voivat verottaa lisää toiston uskottavuutta.

Resistanssin kasvu vaikuttaa jänniteohjauksella suoraan myös bassoelementin Q-arvoon. Yhtälön (3.16) mukaan sähköinen Q-arvo (Q_e) on suoraan verrannollinen resistanssiin R_c. Edelleen, koska yleensä $Q_m \gg Q_e$, kokonais-Q-arvo kasvaa kaavan (3.18) nojalla lähes samassa suhteessa kuin Q_e ja R_c. Jos R_c kasvaa vaikkapa 50%, kuten edellä todettiin, kokonais-Q-arvon nousu on tällöin tyypillisesti yli 40%, jolla on jo huomattava vaikutus bassoviritykseen. Esim. suljetuilla koteloilla Q on usein asetettu arvoon 0,7, mutta lämpötilan noustua arvo voikin olla yli 1, mikä aiheuttaa kumisevuutta bassotoistoon ja kasvattaa elementin rikkoutumisriskiä.

Puhtaalla virtaohjauksella Q-arvo sen sijaan riippuu vain mekaanisista parametreista, joihin puhekelan lämpötila ei vaikuta. Passiivista bassomuokkausta käytettäessäkin vasteen vaihtelu jää vielä huomattavasti vähäisemmäksi kuin jänniteohjauksella.

Jänniteohjaus saa aikaan kanavien epätasapainoa myös, vaikka mitään lämpenemistä ei tapahtuisikaan. Resistanssilla kuten myös induktanssilla on jokin valmistustarkkuus, joka aiheuttaa herkkyyshajontaa eri yksilöiden välille. Mikäli impedanssin tarkkuus on esim. ±5%, tästä aiheutuva herkkyysero kahden elementin kesken voi olla pahimmillaan 0,8 dB. Virtaohjaus parantaa siis myös kaiuttimien yhteensopivuutta eliminoimalla joitakin epävarmuustekijöitä. Herkkyyserojahan voi periaatteessa tietenkin kumota vahvistimen tasapainosäätimellä, mutta monitiekaiuttimilla asia ei ole näin yksinkertaista.

Ainoa jänniteohjauksen puolesta puhuva argumentti tässä yhteydessä voisi olla se, että resistanssin kasvaessa teho pyrkii hieman pienenemään, kun taas virtaohjauksella teho pyrkii vastaavasti hieman nousemaan. Kaiuttimien perustehtävää ajatellen on kuitenkin tarkoituksenmukaisempaa pyrkiä pitämään voimakkuussuhteet vakaina ja todenmukaisina kuin rajoittaa tehonkulutusta äänenlaadun kustannuksella. Virtaperiaate antaa lisäksi mahdollisuuden käyttää yliohjaussuojaukseen elegantteja menetelmiä, joita ei voida soveltaa jänniteohjatussa järjestelmässä.

4.9 Oheiskomponenttien epälineaarisuudet

Jänniteohjauksen heikkoudet eivät rajoitu vain elementissä itsessään tapahtuviin lieveilmiöihin, vaan usein myös muut piirielimet pääsevät mukaan syöttämään mahdollisia epälineaarisuuksiaan kuormavirtaan. Vaikutusmekanismi on samankaltainen kuin puhekelan sähkömotoristen voimien yhteydessäkin. Sarjassa vaikuttavien jännitehäviöiden sekä myös rinnalla kulkevien sivuvirtojen sisältämät särötekijät tulevat tavanomaisessa järjestelmässä väistämättä osaksi elementin lopullista virtaa.

Kuva 4.14 esittää 1. asteen suodatusta käyttävää kaksitiekaiutinta, jossa induktanssi L ehkäisee korkeiden taajuuksien pääsyn bassoelementille ja kapasitanssi C vastaavasti matalien taajuuksien pääsyn diskanttielementille Z:n kuvatessa kaapelointi-impedanssia. Syötettäessä

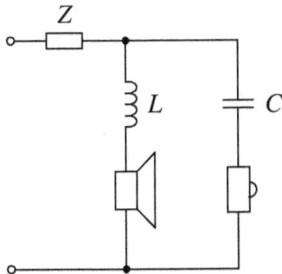

Kuva 4.14. Yksinkertainen kaksitie-järjestelmä, jota voidaan käyttää sekä jännite- että virtaohjauksella. Z kuvaa kaapeloinnin ja liitosten muodostamaa impedanssia.

piiriä jännitesignaalilla ja Z:n ollessa pieni induktanssin L epälineaarisuudet pääsevät kuvautumaan bassoelementin virtaan sitä enemmän, mitä suurempi on kelan yli oleva jännite suhteessa syöttöjännitteeseen eli mitä suurempi on taajuus.

Virtasignaalia käytettäessä sen sijaan induktanssin epälineaarisuus pääsee ilmenemään vain ylimääräisenä jännitekomponenttina, joka ei aiheuta mitään virtaa syöttöjohtimiin. Ainoa mahdollinen kulkureitti särövirralle on siten basso- ja diskanttihaaran muodostama silmukka, jonka kokonaisimpedanssi on kuitenkin suurimmalla osalla toistettavasta taajuusalueesta niin suuri, että kuuluva särö jää hyvin vähäiseksi verrattuna jänniteohjattuun tapaukseen.

Virtaohjausperiaate vähentää monessa tapauksessa ratkaisevasti elementin kanssa sarjassa olevan suodatuskelan epälineaarisuuksien välittymistä äänisignaaliin. Täten on mahdollista käyttää ferriittirunkoisia keloja myös monissa hifisovellutuksissa, joihin muuten kelpuutettaisiin vain ilmasydänkelat. Kelojen fyysinen koko ja DC-resistanssi saadaan näin merkittävästi pienemmäksi.

Täysin tinkimättömissä toteutuksissa sekä muissa induktanssin käyttökohteissa voi silti olla perusteltua luottaa vain raudattomiin keloihin.

Kapasitanssiin C mahdollisesti liittyvät epälineaarisuusilmiöt pääsevät jänniteohjatussa tapauksessa niin ikään siirtymään sarjassa olevan elementin virtaan. Kuvautuminen voimistuu kondensaattorin jännitteen kasvaessa eli taajuuden pienentyessä. Vastaavasti kuin kelan tapauksessa, virtaohjauksen käyttö eliminoi tämänkin särövaikutuksen lähes kokonaan.

Vahvistimen toimiessa yksipuolisella käyttöjännitteellä (esim. paristokäyttöiset laitteet) ulostulossa käytetään yleensä suurta sarjakondensaattoria estämään tasasähkön pääsy kaiuttimelle. Jänniteohjauksella myös tämä elektrolyyttikondensaattori (elko) on osallisena virran muodostumisessa. Sarjaelko on tarpeen myös virta-antoisessa vahvistimessa, mutta kytkentä voidaan toteuttaa siten, että mahdolliset epäpuhtaudet eivät välity kuormaan.

Kondensaattoreiden harmoninen särö on yleensä merkityksettömän pientä, mutta äänenlaadun kannalta oleellisempi ja arvaamattomampi tekijä onkin niiden eristemateriaaleihin liittyvä dielektrinen hystereesi, joka on ilmiönä samankaltainen kuin ferromagneettisista aineista tuttu hystereesi. Mitä suurempi häviökerroin (häviökulman tangentti) kondensaattorilla on, sitä enemmän sen jännitteen ja varauksen välillä voi olla myös hystereesiperäistä viivettä, jonka epälineaarinen luonne ei tavallisesti tule esiin siniaaltomittauksissa (paitsi keraamisilla kondensaattoreilla) mutta joka mahdollisesti tuottaa kuitenkin haittaa todellisilla signaaleilla.

Erityisesti polarisoimattomissa elkoissa (ns. bipolaarielkot) syntyy hetkittäistä säröä myös siitä, että niiden rakenteeseen liittyvät sisäiset vuotodiodit tulevat ajoittain johtaviksi. Aina, kun elkon jännite saavuttaa uuden maksimiarvon, kapasitanssi kasvaa huomattavasti ja palautuu taas normaaliksi jännitteen käännyttyä laskuun. Ilmiötä on selitetty tarkemmin kappaleessa 11.3.

Kaiutinjohdoista ja matkalla olevista liitoksista kertyvä resistanssi ja induktanssi voidaan sisällyttää yhteen sarjaimpedanssiin, kuten kuvassa 4.14. Niin kauan kuin tämä impedanssi pysyy ajasta ja signaalitasosta riippumatta vakiona, sen vaikutukset rajoittuvat jänniteohjauksellakin tyypillisesti vain pieneen hukkatehoon ja lieviin taajuusvastemuutoksiin. Liittimien ja mahdollisten kytkimien kontaktiresistanssit voivat kuitenkin käyttäytyä iän ja likaantumisen myötä epäluotettavasti ja jopa tasasuuntaavasti.

Tasoltaan merkittävien häiriöiden aikaansaamiseen ei vaadita paljoa. Kaiutinimpedanssin ollessa esim. 4 Ω kaikkien kontaktiresistanssien yhteenlasketun signaaliperäisen epävarmuuden tarvitsee olla periaatteessa vain 4 mΩ, jotta syntyvä särö jänniteohjattuun kaiuttimeen olisi 0,1%. Hapettuneilla liitoksilla on helppo saavuttaa paljon suurempiakin heittoja, joten tarve virran hallittuna pitämiseen on tässäkin tapauksessa ilmeinen. Usein ulostulopiiri on varustettu valinta- viivästys- tai suojausreleellä ja joskus jopa sulakkeella, jotka itsessään ovat epälineaarisia. Virtaohjauksella kaikki tällaiset tekijät voidaan unohtaa niin kauan, kuin niistä aiheutuvat jännitehäviöt pysyvät jotenkin kohtuullisina.

4.10 Ohjaus matalilla taajuuksilla

Edellä kerrotun perusteella on tullut selväksi, kuinka ylivoimaisia ja käänteentekeviä etuja virtaohjauksella on varsinkin keskiääni- ja diskanttialueella. Puhtaan virtasyötön periaatetta voidaan hyvin soveltaa myös bassotaajuuksille, mutta tällä alueella menetelmän laadullinen paremmuus jännitesyöttöön nähden ei ole yhtä tuntuvaa.

Elementin resonanssitaajuuden tuntumassa induktiivinen smv on tyypillisesti vain joitakin prosentteja kokonaisjännitteestä, joten induktanssihäiriöiden eliminoitumisesta saatava parannus ei ole näillä taajuuksilla niin merkittävää kuin muualla. Edelleen, suurimmilla aallonpituuksilla kotelon sisällä vallitseva paine on käytännöllisesti katsoen staattista ja tuottaa kartioon suhteellisen hallitun ja tasaisen vastavoiman. Kotelon ollessa jäykkä haitallisena pidettäviä sisäisiä mikrofonivaikutuksia ei tällöin pääse kovin helposti syntymään, vaikkakin elementin herkkyys painevaihteluille kasvaa resonanssitaajuutta lähestyttäessä. (Refleksiviritteisessä kaiuttimessa näitä resonansseja on kaksi). Kalvon mittojen ollessa aallonpituuteen nähden mitättömiä liikkuvat osat käyttäytyvät myöskin monessa suhteessa ideaalisemmin ja mäntämäisemmin kuin muilla äänialueilla. Näin ollen myös puhekelaan syntyvä liike-smv kuvaa suhteellisesti paremmin kartion todellista liikettä eikä ole siten yhtä altis mekaanisille häiriötekijöille. Ottaen vielä huomioon, että korva on melko epäherkkä bassoalueella ilmeneville säröille, vakavaa haittaa tuskin syntyy siitä, jos taajuusvasteen tasoittamiseksi puhtaan virtaohjauksen periaatteesta joudutaan alimmilla oktaaveilla hieman tinkimään.

Kahden ohjaustavan välisistä eroavuuksista voi saada jonkinlaisen käsityksen tarkastelemalla Q-arvon riippuvuutta eri tekijöistä. Molemmissa Q:n lausekkeissa ((3.6) ja (3.15)) on sama jousivakiosta ja massasta riippuva osoittaja, mutta nimittäjänä on virtaohjauksella pelkkä hidastinvakio b, kun taas jänniteohjauksella nimittäjää hallitsee termi $(Bl)^2/R_c$. Q-arvon vakautta kriteerinä käytettäessä ohjaustapojen keskinäinen paremmuus riippuu näin lähinnä siitä, kumpi käyttäytyy vakaammin: b vai $(Bl)^2$. Yleispätevää vastausta tuskin voidaan antaa, sillä kummankin tekijän vaihtelu on paljolti riippuvainen elementin toteutuksesta. b:n epälineaarisuutta voidaan kuitenkin jonkin verran vähentää runsaalla vaimennusaineen käytöllä.

Jänniteohjauksen eduksi voidaan kuitenkin lukea se, että niillä taajuuksilla, joilla liike-smv hallitsee selvästi elementin kokonaisjännitettä (suljetuista koteloista puhuttaessa), voidaan vahvasti likimääräistäen kirjoittaa: $u_o \approx Blv$, eli kalvon nopeus pyrkii seuraamaan suoraan syöttöjännitettä. Tämä ikään kuin automaattinen liiketakaisinkytkentä vaikuttaa kuitenkin vain impedanssihuipun ympäristössä eikä kompensoi voimakertoimen vaihtelua.

Yleisen käsityksen mukaan sähköinen vaimennus, jota vain jänniteohjaus tarjoaa, olisi jopa välttämätöntä estämään kalvoa värähtelemästä jotenkin itsekseen sekä pitämään se "tiukassa kontrollissa". Näkemys on myös läheistä sukua sille, että liikemassan pitäisi olla pieni suhteessa voimakertoimeen, jotta kaiutin toimisi "nopeasti" ja pysähtyisi tarvittaessa äkkiä.

Yhteistä näille myyteille on, että ei ole ymmärretty äänen syntyvän kiihtyvyyden perusteella eikä ole tiedostettu taajuusvasteen (mukaanlukien vaihe) ja transienttivasteen johtuvan suoraan toisistaan. Jos elementin kyky toimia oikein aikatasossa olisi todella kiinni em. seikoista, tuskin koskaan saataisiin kuuluviin mitään tunnistettavissa tai siedettävissä olevaa ääntä.

Ainoa kontrollivaikutus, jota sähköinen vaimennus pystyy tuottamaan, on siinä, että jos jokin ulkoinen voima (kuten jostain tuleva heijastus) pyrkii liikuttamaan kalvoa tämän resonanssitaajuudella, pieni Q-arvo auttaa jarruttamaan tätä liikettä. Sen sijaan muilla taajuusalueilla sähköisellä vaimennuksella ei ole mitään merkitystä. Jos siis virtaohjatun kaiuttimen bassovaste saadaan jotenkin samaksi, mitä se on jänniteohjauksella, tällöin myös bassotransienttivasteet ovat molemmissa tapauksissa periaatteessa identtiset.

Elementin mekaaninen Q-arvo on yleensä niin suuri, että virtaohjausta ei voida käyttää suoraan ilman jonkinlaista vasteen muokkausta. Resonanssialueen kohonnutta virtaherkkyyttä voidaan kuitenkin käyttää myös hyväksi, mikäli Q-arvo ei ole liian korkea passiiviseen kompensointiin. Sopivasti optimoidulla RCL-kytkennällä vastehuippu saadaan nimittäin tasattua varsin siististi vaientamatta lainkaan alimpia taajuuksia. Tästä johtuen:

Virtasyöttöä ja passiivista korjausta käyttäen suljetussa kotelossa toimivan elementin bassovaste on mahdollista saada ulottumaan huomattavasti alemmaksi, kuin mihin tavanomaisesti päästään. Eikä tässä kaikki, sillä täytettäessä kotelo riittävän tehokkaalla vaimennusmateriaalilla virtaohjatun kaiuttimen alarajataajuus saadaan käytännössä vähintään yhtä matalaksi, kuin on mahdollista saman kokoisella bassorefleksikotelolla.

Bassorefleksitoiminto ei ainakaan sellaisenaan sovellu käytettäväksi virtaohjauksen yhteydessä. Mitään ei kuitenkaan menetetä, sillä em.

tavalla voidaan saavuttaa täysipainoinen ja tarkka bassotoisto ilman refleksiputkia ja kaikkia niihin liittyviä ongelmia.

---

[1]   P. G. L. Mills and M. O. J. Hawksford, "Distortion Reduction in Moving-Coil Loudspeaker Systems Using Current-Drive Technology", *Journal of the Audio Engineering Society*, vol. 37, March 1989, s. 129-148.

5
VIRTAOHJAUKSEN PERIAATTEET

Virtaohjaukseen siirtyminen ei merkitse vain muutosta päätevahvistimen toimintaperiaatteeseen vaan kokonaan uutta ajattelutapaa kaikessa, mikä liittyy jakosuodattimien ja erilaisten passiivisten korjainten käyttöön osana signaaliketjua. Vaikka vahvistin toimisikin ideaalisen virtalähteen tavoin, tämä ei vielä riitä, sillä myös kaiutinjärjestelmä on suunniteltava tukemaan virtaperiaatetta niin, että elementtien todellinen toimintatila ei siirry takaisin kohti jänniteohjausta signaalitiellä olevien piirien vaikutuksesta.

Tavanomainen vahvistin pyrkii ikään kuin pakottamaan lähtöjännitteensä seuraamaan aina tarkoin ohjelmasignaalia välittämättä lainkaan siitä, mikä on virta, kunhan se vaan pysyy suuruudeltaan sallituissa rajoissa. Virta-antoinen vahvistin sitä vastoin pyrkii ikään kuin pakottamaan lähtövirtansa seuraamaan tarkoin ohjelmasignaalia välittämättä lainkaan siitä, mitä tulee jännitteeksi, kunhan se vaan pysyy sallituissa rajoissa. Tätä virran ja jännitteen dualismin periaatetta seuraamalla voi helposti tulla johtopäätökseen, että virtaohjauskaiuttimelle sopivat piirikytkennät saataisiin yksinkertaisesti muuntamalla vastaavat jänniteohjauskaiuttimen kytkennät siten, että induktanssit korvataan kapasitansseilla, kapasitanssit induktansseilla, rinnankytkennät sarjaankytkennöillä ja sarjaankytkennät rinnankytkennöillä. Näin ei kuitenkaan yleisesti kannata menetellä, kuten jatkossa tulemme huomaamaan.

5.1 Thévenin- ja Norton-vastikkeet

Kaikki lienevät yhtä mieltä siitä, että kaiutinelementtiä on ohjattava sähköisellä signaalilla. Tämän jälkeen on kuitenkin heti tehtävä valinta tuon sähköisen signaalin luonteesta eli siitä, pyritäänkö hallitsemaan kuorman jännitettä vai virtaa, sillä molempien samanaikainen hallitseminen on mahdotonta. Täysin ideaalista virtaohjausta samoin kuin jänniteohjaustakaan ei voida toteuttaa, joten käytännössä joudutaan aina tyytymään kompromissiin, joka on jokin välimuoto näiden kahden ääripään välillä. Se, kummassa tilassa elementti lopulta toimii, määräytyy syöttävän lähteen impedanssin ja elementin oman impedanssin keskinäisestä suhteesta.

Kuvassa 5.1a elementtiä syötetään jännitelähteestä (E) sarjaimpedanssin (Z) kautta. Mikäli Z on hyvin pieni verrattuna kuormaimpedanssiin Z_L, kuormavirta I_L määräytyy lähes yksinomaan Z_L:n perusteella, ja kuormajännite U_L seuraa syöttävää lähdettä E, joten elementti toimii tällöin jänniteohjattuna. (Puhuttaessa impedanssien suuruudesta tarkoitetaan niiden itseisarvoa eli osoittimen pituutta.)

Mikäli Z taas on hyvin suuri suhteessa Z_L:ään, Z_L muodostaa vain hyvin pienen osan piirin kokonaisimpedanssista. Kuormavirta I_L on tällöin lähes riippumaton Z_L:stä ja sen vaihteluista, joten elementti toimii virtaohjattuna. Suuri sarjaimpedanssi vaatii myös suurta lähdejännitettä, jos virta halutaan pitää riittävänä, joten käytännössä virtaohjausta ei kannata toteuttaa kuvan a periaatteella.

Mikäli Z on samaa luokkaa Z_L:n kanssa, voidaan sanoa, että virta määräytyy puoliksi kummastakin impedanssista ja Z_L:n vaihtelut kuvautuvat virtaan puolella voimakkuudella verrattuna tapaukseen, jossa

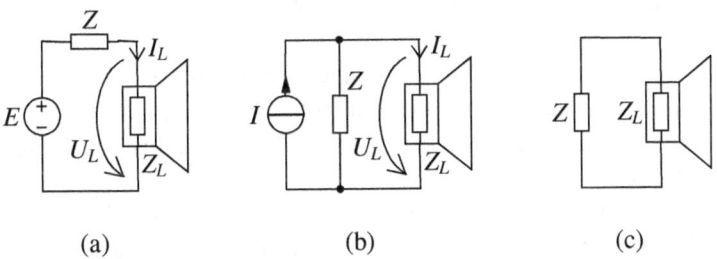

(a)   (b)   (c)

Kuva 5.1. a) Elementtiä (impedanssi Z_L) syöttävä virtapiiri esitettynä jännitelähteen E ja sarjaimpedanssin Z avulla. b) Elementtiä syöttävä virtapiiri esitettynä virtalähteen I ja rinnakkaisimpedanssin Z avulla. c) Elementin näkemä impedanssi on molemmissa tapauksissa sama eli Z.

$Z = 0$. Toimintatilaa voidaan tällöin pitää puoliksi jännite- ja puoliksi virtaohjattuna.

Kuvassa 5.1b jännitelähde on korvattu virtalähteellä ja sarjaimpedanssi rinnakkaisimpedanssilla. Kuorman kannalta katsoen kuvien a ja b kytkennät toimivat täysin identtisesti, mikäli $I = E/Z$. Elementin toimintatilaa tarkasteltaessa voidaan siten käyttää kumpaa tahansa mallia tarpeen mukaan.

Mikäli Z kuvassa b on hyvin pieni verrattuna kuormaimpedanssiin Z_L, jännite U_L määräytyy lähes yksinomaan Z:n perustella, sillä kuormavirta on tällöin hyvin pieni. Elementin toiminta on siten jänniteohjattua. Mikäli Z taas on hyvin suuri suhteessa Z_L:ään, Z:n merkitys jää olemattomaksi, ja elementti toimii virtaohjattuna.

Kummassakin mallissa suuri Z:n arvo merkitsee siis virtaohjausta ja pieni arvo jänniteohjausta. Lähteiden suuruudella sen sijaan ei ole merkitystä ohjaustilan kannalta, joten ne voidaan ajatella vaikka nolliksi. Nollan arvoinen jännitelähde vastaa oikosulkua ja nollan arvoinen virtalähde puolestaan katkosta, joten käytettiinpä kumpaa mallia hyvänsä, elementin näkemä impedanssi eli ohjaustilan määräävä impedanssi on aina Z (kuva 5.1c).

Kuvan 5.1 malleja voidaan käyttää kuvaamaan lineaarisista komponenteista koostuvaa verkkoa myös yleisesti, ei vain yhden lähteen ja yhden lähdeimpedanssin tapauksessa. Mikä tahansa resistansseja, kapasitansseja, induktansseja sekä jännite- ja virtalähteitä sisältävä verkko voidaan minkä tahansa kahden navan väliltä tarkasteltuna nimittäin korvata aina yhden jännitelähteen ja yhden impedanssin sarjaankytkennällä, jota nimitetään ko. verkon *Thévenin*-vastikkeeksi. Korvauksessa voidaan yhtä hyvin käyttää myös virtalähteen ja impedanssin (tai admittanssin) rinnankytkentää, jota nimitetään *Norton*-vastikkeeksi.

Kuvassa 5.2 on esimerkki Théveninin ja Nortonin menetelmien soveltamisesta. Kuva a esittää yksinkertaista verkkoa, jota tarkastellaan napojen A ja B väliltä.

Thévenin-vastikkeen (kuva b) lähdejännite eli tyhjäkäyntijännite E_T on sama kuin verkosta kuormittamatta saatava jännite, joka lasketaan tässä tapauksessa helposti Z_1:en ja Z_2:en muodostaman jännitejaon perusteella.

Thévenin-impedanssi Z_T puolestaan on sama kuin tutkittavan verkon kokonaisimpedanssi (välillä A-B) ja voidaan määrittää asettamalla kaikki lähteet nollaksi eli korvaamalla jännitelähteet oikosululla ja virtalähteet katkoksella. Z_T on tässä tapauksessa siis Z_1:en ja Z_2:en rinnankytkennän impedanssi (tulo jaettuna summalla) lisättynä Z_3:lla.

Norton-vastikkeen (kuva c) lähdevirta eli oikosulkuvirta I_N on sa-

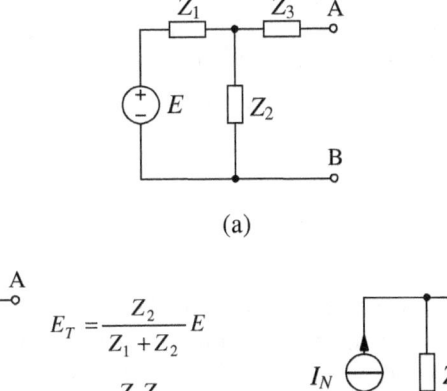

(a)

(b)   (c)

Kuva 5.2. a) Yksinkertainen esimerkkiverkko, jonka käyttäytyminen navoista A ja B katsoen halutaan selvittää. b) Thévenin-vastike, joka annetuilla E_T:n ja Z_T:n arvoilla vastaa täysin kuvan a verkkoa. c) Norton-vastike, joka annetuilla I_N:n ja Z_N:n arvoilla vastaa täysin kuvan a verkkoa (ja em. Thévenin-vastiketta).

ma kuin verkosta oikosuljettaessa saatava virta, joka voidaan määrittää joko suoraan tai käyttämällä yhteyttä $I_N = E_T/Z_T$. Norton-impedanssi Z_N on aina sama kuin vastaava Thévenin-impedanssi, sillä välillä A-B näkyvän impedanssin on oltava riippumaton esitystavasta.

Virtaohjauksen edellytyksenä on siis, että elementin näkemä vahvistimesta ja passiivipiireistä muodostuva Thévenin-impedanssi (Norton-impedanssi) on riittävän suuri suhteessa elementin omaan impedanssiin niillä taajuuksilla, joita elementti kykenee toistamaan.

Tämä vaatimus rajoittaa käytännössä huomattavasti sitä, millaisia suodatuspiirejä virtaohjauskaiuttimessa voidaan käyttää. Etenkin suoraan elementin rinnalle kytketyt haarat voivat helposti alentaa impedanssia liikaa.

Joku saattaisi kysyä, onko virtaohjaus sitten tässä suhteessa huonompi kuin jänniteohjaus, sillä tavanomaista kaiutinsuunnittelua vastaavanlainen vaatimus ei näytä rajoittavan. Vastaus on ehdoton ei, sillä ohjaustapojen kesken vallitsee täysi dualismi, ja vastaavanlaiset rajoitukset koskisivat kyllä myös jänniteohjausta, mikäli joku jostakin syystä haluaisi pitää lähdeimpedanssin pienenä kaikilla toistettavilla taajuuksilla. Perinteisesti asiaan ei kuitenkaan kiinnitetä liiemmin huomiota, ja niinpä elementtien todellinen toimintatila vaihtelee monissa tapauksissa suurestikin pysytellen kuitenkin enimmäkseen lähellä jänniteohjausta.

5.2 Ohjaustilan arviointi

Voidaksemme analysoida virtaohjauksen toteutumista tarkemmin kuin summittaisesti tarvitsemme jonkin tunnusluvun, jonka avulla voidaan vertailla eri piiriratkaisujen soveltuvuutta. Luonteva valinta tähän on Thévenin-impedanssin ja kuormaimpedanssin suuruuksien suhde, jota nimitämme tässä *virtaohjausindeksiksi* ja josta käytämme lyhennettä CDI (Current Drive Index).

$$CDI = \frac{|Z_T|}{|Z_L|} \qquad (5.1)$$

Mitä suurempi CDI-arvo, sitä lähempänä ideaalista virtaohjausta ollaan. Arvoa 10 on pidettävä jo hyvänä, ja indeksin kasvattaminen tästä ei enää oleellisesti paranna lopputulosta. Arvoa 5 voidaan pitää vielä hyvin tyydyttävänä, mutta tähänkään ei yleensä kaikilla taajuuksilla päästä. Vielä arvolla 1, joka vastaa puolittaista virtaohjausta, äänenlaatu on ratkaisevasti erilainen kuin arvolla 0, joka merkitsee puhdasta jänniteohjausta.

Smv-peräisiä virtoja rajoittava kokonaisimpedanssi on aina $Z_T + Z_L$ (vrt. kuva 5.1c). Siten esim. indeksin arvolla 1 smv-virrat ovat suuruudeltaan periaatteessa puolet siitä, mitä jänniteohjauksella, ja esim. arvolla 5 smv-virrat ovat n. 1/6 verrattuna jänniteohjaustapaukseen, jossa $Z_T = 0$. Häiriövirtojen vaimennussuhteeksi tulee siis $1/(CDI + 1)$.

Virtaohjausindeksin arvo ei kuitenkaan yksin vielä kerro kaikkea smv-peräisten häiriöiden vaimentumisesta, sillä myös elementin herkkyysominaisuudet ja impedanssien suuntakulmien ero vaikuttavat asiaan. Pelkkä puhekelan resistanssin kasvaminen esimerkiksi pienentää CDI:tä, vaikka haitalliset smv-virrat todellisuudessa heikkenevät. Sähkömotoristen voimien osuus elementin jännitteestä vaihtelee herkkyyden ja induktanssiominaisuuksien mukaan, joten periaatteessa epäherkille ja pieni-induktanssisille elementeille riittää pienempi virtaohjausindeksi kuin herkille ja suuren induktanssin omaaville.

Edellä kuvattu vaimennussuhde $1/(CDI + 1)$ pätee tarkalleen vain silloin, kun Z_T:n ja Z_L:n suuntakulmat ovat samat. Yleensä ne eivät kuitenkaan ole, mikä voi johtaa varsinkin pienillä indeksin arvoilla liian optimistiseen arvioon. Virtaohjaussovelluutuksissa on kuitenkin oltava $|Z_T| \gg |Z_L|$, jolloin kulmien huomiotta jättämisestä aiheutuva virhe ei ole enää merkittävä.

Thévenin-impedanssia ja siten myös virtaohjausindeksiä voidaan varsin helposti tutkia piirisimulaattoriohjelmilla. Kuorman tilalle sijoitetaan tällöin 1 A:n virtalähde ja AC-analyysillä tutkitaan tämän lähteen napoihin syntyvää jännitettä, joka ilmaisee suoraan kuorman näkemän Thévenin-impedanssin. Indeksiä varten riittää usein, että kuormaimpedanssi oletetaan vakioksi.

Edellä esitetyn perusteella tulee tietenkin helposti mieleen kysymys, voidaanko elementtejä liittää rinnakkain virtaohjausperiaatteen häiriintymättä. Asiaa sivuttiin jo kappaleessa 4.3, ja rinnankytkentä toimii kyllä varsinkin, jos elementit ovat samanlaisia ja samassa asemassa kuulijaan nähden.

Kuva 5.3 esittää kahden elementin rinnankytkentää ja tätä syöttävää Norton-vastiketta. Lähteet E_1 ja E_2 mallittavat ao. elementin sähkömotorisia voimia.

Oletamme ensin, että $|Z_N| = \infty$. Kerrostamisperiaatteen nojalla lähteiden E_1 ja E_2 aiheuttamia virtoja voidaan tarkastella toisistaan riippumatta. E_1 aiheuttaa täten silmukkavirtakomponentin I_1 ja E_2 vastaavasti komponentin I_2. (Lähdevirtaan I_N näillä ei ole vaikutusta.) Virta I_1 kulkee kuitenkin toisessa puhekelassa vastakkaiseen suuntaan kuin toisessa ja samoin I_2, joten elementtien ollessa identtisiä ko. virtakom-

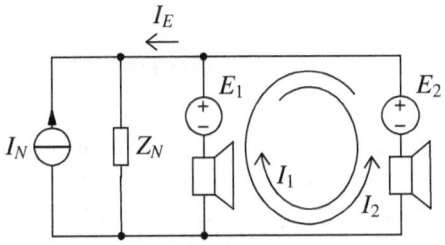

Kuva 5.3. Rinnankytkettyjen elementtien tuottamat häiriövirtakomponentit. Sähkömotoristen voimien E_1 ja E_2 aikaansaamat silmukkavirrat I_1 ja I_2 ovat kumoutumisten ansiosta lähes haitattomia. Norton-impedanssin Z_N kautta kulkeva häiriövirta I_E sen sijaan on haitallinen kuten yksittäiselläkin elementillä.

ponenttien vaikutukset ääneen kumoutuvat ainakin edessä päin. Sen sijaan sivusuunnissa kumoutumista ei välttämättä tapahdu, mikäli elementtien välinen etäisyys on aallonpituuteen nähden merkittävä. Edelleen, varsinkin jos elementit on koteloitu symmetrisesti, lähteet E_1 ja E_2 samoin kuin virrat I_1 ja I_2 muistuttavat toisiaan hyvin voimakkaasti, jolloin nettovirta silmukassa jää todellisuudessa varsin vähäiseksi.

Mikäli Norton-impedanssia ei voida pitää äärettömänä, sen kautta kulkee smv-peräinen virta I_E, joka määräytyy Thévenin-teorian mukaan E_1:en ja E_2:en keskiarvon perusteella. Vaikka em. silmukkavirtojen haitat kumoutuvat melko tehokkaasti, I_E on yhtä haitallinen kuin yhdelläkin elementillä. Virtaohjausindeksi ja vaimennussuhde voidaan määritellä koko rinnankytkennälle käyttämällä kuormaimpedanssina rinnankytkennän impedanssia, joka on yhden elementin impedanssi jaettuna elementtien lukumäärällä.

Koska silmukkavirtojen vaikutukset eivät kuitenkaan eliminoidu täysin, virtaohjauskaiuttimissa on suositeltavaa käyttää rinnankytkennän sijaan sarjaankytkentää.

Elementin sijaiskytkentä koostuu kolmesta sarjassa vaikuttavasta osatekijästä, kuten kuvassa 3.4 esitettiin. Tämän johdosta voidaan sanoa tietyssä mielessä, että täydellistä jänniteohjausta ei oikeastaan voi olla olemassakaan. Mikä itse asiassa onkaan tavoitteena nykyisessä käyttöfilosofiassa, jos ylipäätään mikään? Onko jänniteohjauksen tarkoituksena ohjata resistiivistä jännitehäviötä vai kenties liike-smv:tä vai peräti induktanssi-smv:tä? Olipa tavoitteena mikä tahansa mainituista, sitä ei voida saavuttaa, sillä kaksi osatekijöistä muodostaa aina sarjaimpedanssin kolmannelle. Jos siis haluttaisiin jänniteohjata vaikka resistiivistä osaa, induktiivinen osa yksin aiheuttaa jo sen, että jänniteohjauksesta ei ole varsinaisesti mielekästä edes puhua.

5.3 Herkkyysparametrien vaikutus

Kuten jo todettiin, CDI ei ole mikään absoluuttinen hyvyyden mitta, vaan ainoastaan vertausluku, joka kertoo, kuinka paljon smv-virrat vaimenevat puhtaaseen jännitesyöttöön nähden. Smv-virtojen suhteellinen osuus näet vaihtelee elementin parametreista riippuen paljon jo jänniteohjauksellakin.

Taulukosta 2 ilmenee, kuinka elementin eri herkkyysparametrien muuttaminen vaikuttaa smv-peräisten äänien muodostumiseen lähtien siitä, että virtaohjausindeksi säilytetään kaikissa tapauksissa vakiona. Taulukossa on esitetty kertoimet, joilla keskeiset asiaan liittyvät suu-

Taulukko 2. Herkkyyden 2-kertaistamisen vaikutus smv-peräisten äänien syntyä kuvaaviin suureisiin olettaen CDI:n pysyvän vakiona. SPL =äänenpaine, Z =elementin impedanssi, e =sähkömotorinen voima, i =smv-virta, F =voima. Alaindeksi m viittaa liike-smv:hen ja alaindeksi i induktanssi-smv:hen. Sarakkeet kuvaavat langan pituuden 2-kertaistamista (l = 2x), vuontiheyden 2-kertaistamista (B = 2x), massan puolittamista (m = ½x) sekä pinta-alan 2-kertaistamista (S = 2x).

	$l = 2x$	$B = 2x$	$m = \frac{1}{2}x$	$S = 2x$
SPL	2	2	2	2
Z	≈2	≈1	1	1
e_m (=Blv)	4	4	2	1
i_m	2	4	2	1
F_m	4	8	2	1
SPL$_m$	4	8	4	2
e_i (≈Ldi/dt)	4	≈1	1	1
i_i	2	1	1	1
F_i	4	2	1	1
SPL$_i$	4	2	2	2

reet muuttuvat, kun elementin herkkyyttä kasvatetaan kaksinkertaistamalla langan tehollinen pituus l tai kaksinkertaistamalla vuontiheys B tai puolittamalla liikemassa m tai kaksinkertaistamalla säteilypinta-ala S. Langan pituutta kasvatettaessa on lisäksi oletettu, että resistanssi kasvaa mukana.

Esimerkiksi sarakkeen $l = 2x$ luvut on saatu seuraavasti: Langan pituuden 2-kertaistuessa voimakerroin 2-kertaistuu, joten virran pysyessä vakiona äänenpaine (SPL) 2-kertaistuu. Koska sekä kalvon liike että voimakerroin 2-kertaistuvat, liike-smv (e_m) 4-kertaistuu. Impedanssi Z taas likimain 2-kertaistuu, ja pidettäessä CDI vakiona myös elementin näkemä impedanssi 2-kertaistuu, joten liike-smv:n aiheuttama virta puhekelan läpi (i_m) 2-kertaistuu. Tämä 2-kertainen virta yhdessä 2-kertaisen voimakertoimen kanssa aiheuttaa liike-smv-peräisen ajovoiman (F_m) ja sitä vastaavan äänenpaineen (SPL$_m$) 4-kertaistumisen. SPL$_m$:n ja SPL:n suhde huononee siis kertoimella 2.

Kierrosmäärän 2-kertaistuessa induktanssi periaatteessa 4-kertaistuu, joten induktanssi-smv e_i 4-kertaistuu myös. Impedanssien 2-kertaistuessa tämän smv:n aiheuttama virta (i_i) täten 2-kertaistuu. Vastaavasti kuin edellä, tämä johtaa induktanssiperäisen ajovoiman (F_i) ja siitä johtuvan äänenpaineen (SPL$_i$) 4-kertaistumiseen, mistä johtuen

SPL_i:n ja SPL:n suhde 2-kertaistuu. Tulokset merkitsevät, että johtimen pituuden kasvaessa CDI:n pitäisi kasvaa jopa hieman nopeammin, jotta smv-peräisten äänien voimakkuus suhteessa kokonaisäänenpaineeseen pysyisi ennallaan.

Seuraavasta sarakkeesta nähdään, että vuontiheyden 2-kertaistuessa suhde SPL_m/SPL peräti 4-kertaistuu, kun taas suhde SPL_i/SPL säilyy muuttumattomana. Liike-smv-peräisten häiriöiden vuoksi olisi siten syytä välttää käyttämästä erityisen suuria *B*-arvoja. Käytännössä magneettipiirin kyllästyminenkin tosin rajoittaa mahdollisuuksia vuontiheyden merkittävään kasvattamiseen.

Puolitettaessa liikkuva massa suhde SPL_m/SPL 2-kertaistuu suhteen SPL_i/SPL jäädessä tässäkin ennalleen. Tulos kertoo myös osaltaan, että mahdollisimman pienen massan tavoittelu ei ole äänenlaadun kannalta eduksi.

Pinta-alan kasvattaminen sitä vastoin ei muuta smv-äänien suhteellisia voimakkuuksia mitenkään. Käytännössä tosin pinta-alaa on vaikea suurentaa kasvattamatta samalla liikemassaa.

Elementin herkkyyden kohottaminen kasvattaa siis aina varsinkin liike-smv:stä johtuvia haittoja ja vastaavasti CDI:n tarvetta. Herkkyys ja hyötysuhde ovat siten äänenlaadulle vastakkaisia vaatimuksia, ellei smv-virtoja saada täysin eliminoitua.

5.4 Monitiejärjestelmät

Yksittäisen elementin toistoalue on virtaohjauksellakin usein riittämätön kattamaan kaikkia tarvittavia taajuuksia. Monitiejärjestelmien toteuttamisessa on kuitenkin otettava huomioon taajuusvasteen ja elementtien keskinäisen sovituksen lisäksi myös virtaohjausperiaatteen asettamat vaatimukset.

Yleensä ottaen jakosuodatin voi olla rinnakkais- tai sarjamuotoinen, ja sitä voidaan yleensä ottaen syöttää jännite- tai virtalähteestä. Näin syntyy neljä erilaista lähestymistapaa, jotka on esitetty pelkistettynä kuvassa 5.4.

Kuva a esittää nykykäytännön mukaista toteutusperiaatetta, jossa rinnakkaismuotoista jakosuodatinta ohjataan jännitelähteellä. Rinnakkaismuotoisuuteen lienee päädytty lähinnä siksi, että eri elementtien haarat toimivat toisistaan riippumattomasti, mikä helpottaa suodattimen manuaalista suunnittelua. Bassoelementin vasteen säätäminen ei siten vaikuta diskanttielementin toimintaan ja toisin päin.

Jänniteohjaukseen pyrittäessä sarjamuotoinen jakosuodatin (kuva

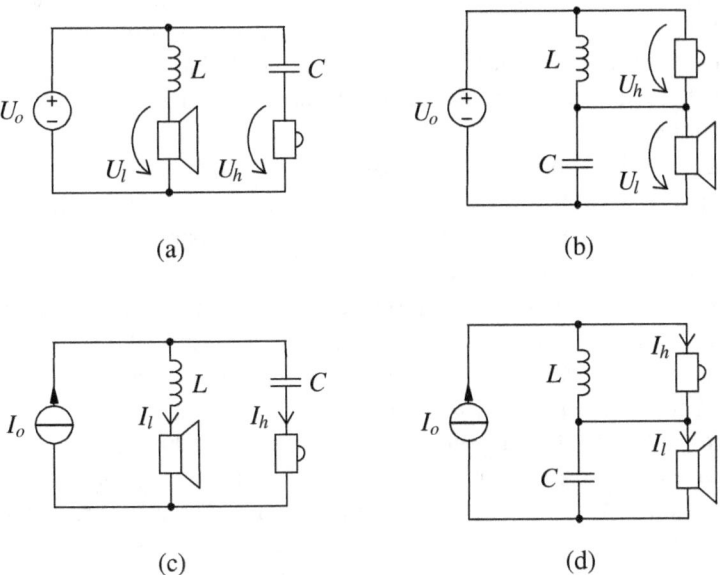

(a)   (b)

(c)   (d)

Kuva 5.4. Yksinkertaisen kaksitiejärjestelmän periaatteelliset toteutusmah-
dollisuudet. a) Rinnakkaismuotoinen suodatin jänniteohjattuna. b) Sarjamuo-
toinen suodatin jänniteohjattuna. c) Rinnakkaismuotoinen suodatin virtaohjat-
tuna. d) Sarjamuotoinen suodatin virtaohjattuna.

b) olisi kuitenkin itse asiassa toiminnallisesti loogisempi vaihtoehto.
Kuvan b kytkennässä nimittäin alipäästö- ja ylipäästöjännitteen sum-
ma $(U_l + U_h)$ on aina syöttöjännitteen (U_o) suuruinen riippumatta kyt-
kennän virityksestä. Taajuusvaste (etusuunnassa) olisi jakotaajuuden
ympäristössä näin periaatteessa aina tasainen, mikäli vaan elementtien
taajuusvasteet jänniteohjattuna olisivat tasaiset ja samat. Kaikki suun-
nat mukaan ottava kokonaisvaste eli tehovaste puolestaan on säädettä-
vissä C:n ja L:n suhdetta muuttamalla. Kuvan a piirillä ei ole vastaavia
etuja, ja jännitteet U_l sekä U_h on optimoitava erikseen.

Myös impedanssinäkökulmasta b-kuvan periaate toimisi a-kuvaa
paremmin, mikäli pienen impedanssin tavoittelu ylipäätään olisi mie-
lekästä. Kuvassa a esim. alaäänielementin näkemä impedanssi muo-
dostuu yksin sarjakelasta ja nousee jakotaajuuden yläpuolella jo varsin
suureksi. Kuvassa b vastaava impedanssi muodostuu sen sijaan kon-
densaattorin, kelan ja ylä-äänielementin rinnankytkennästä. Tällainen
impedanssi muistuttaa muodoltaan kuvassa 2.5 esitettyä (ehjä viiva)
eikä nouse kovin suureksi millään taajuuksilla.

Dualismiin perustuen voimme nyt odottaa, että jos sarjamuotoinen suodatin soveltui paremmin jänniteohjaukseen, virtaohjauksella asiat kääntyvät toisin päin, ja näin todellakin on. Suunnittelumielessä kuvan d toteutusperiaate on yksinkertaisempi, sillä ylä-ääni- ja alaäänilohkot toimivat toisistaan riippumatta. Muut edut ovatkin kuvan c vaihtoehdon puolella.

Kuvan c kytkennässä alipäästö- ja ylipäästövirran summa $(I_l + I_h)$ on aina sama kuin syöttövirta I_o riippumatta L:n ja C:n mitoituksesta. Vastaavasti kuin kuvan b tapauksessa, taajuusvaste etuakselilla tulee näin periaatteessa automaattisesti tasaiseksi, mikäli vaan elementtien vasteet virtaohjattuna ovat tasaiset ja samat. Käytännössä ylä-äänielementin perusresonanssi tosin aiheuttaa usein sen, että elementtien vasteet eivät varsinkaan vaiheen osalta ole kovin yhteneviä, mutta kuvaan d verrattuna etu on joka tapauksessa selvä.

L:n ja C:n suhteella voidaan tässäkin säätää tehovastetta jakotaajuuden ympäristössä ja jossain määrin myös suodatusjyrkkyyttä. Ominaisuudesta on hyötyä erityisesti silloin, kun tehovasteeseen muuten syntyisi kuoppa alaäänielementin suuntaavuuden johdosta.

Kuva 5.5a esittää virtojen I_l ja I_h käyttäytymistä kuvan 5.4c kytkennässä kahdella eri L/C-suhteella kuormaimpedanssien ollessa resistiivisiä. Katkoviivat kuvaavat tavanomaista vastaavaa viritystä, jolle on ominaista, että virrat ovat vaimentuneet jakotaajuudella 3 dB (kertoimella $1/\sqrt{2}$) ja että virtojen välinen vaihe-ero on jakotaajuudella kuten myös muualla 90°. Tähän päästään, kun kaikki impedanssit ovat jakotaajuudella (merk. ω_c) yhtä suuria, eli kun $\omega_c L = 1/(\omega_c C) = R_L$, missä R_L on kuormaresistanssi.

Elementtien näkemä impedanssi muodostuu tässä kelan, kondensaattorin ja toisen elementin (resistanssi) sarjaankytkennästä eli sarjaresonanssipiiristä ja on siis käytännössä sama molemmille elementeille. Kyseistä 90 asteen viritystä vastaava virtaohjausindeksi on esitetty katkoviivalla kuvassa 5.5b. Jakotaajuudella (resonanssitaajuus) arvo sivuaa ykköstä ja nousee melko loivasti taajuuden kasvaessa tai pienentyessä.

Virtaohjausindeksiä ja samalla suodatusjyrkkyyttä voidaan kuitenkin parantaa kasvattamalla piirin reaktansseja eli suurentamalla induktanssia ja pienentämällä kapasitanssia. Ehyet viivat kuvassa 5.5 edustavat asetusta, jossa $\omega_c L = 1/(\omega_c C) = \sqrt{3}\, R_L$, eli kelan ja kondensaattorin impedanssit (reaktanssit) ovat jakotaajuudella kuormaresistanssiin nähden $\sqrt{3}$ -kertaiset. Tällä virityksellä virrat ovat jakotaajuudella vaimentumattomia ja vaiheeltaan 120 asteen päässä toisistaan. Eteen suuntautuva kokonaissäteily ei muutu, mutta tehovaste kasvaa jakotaa-

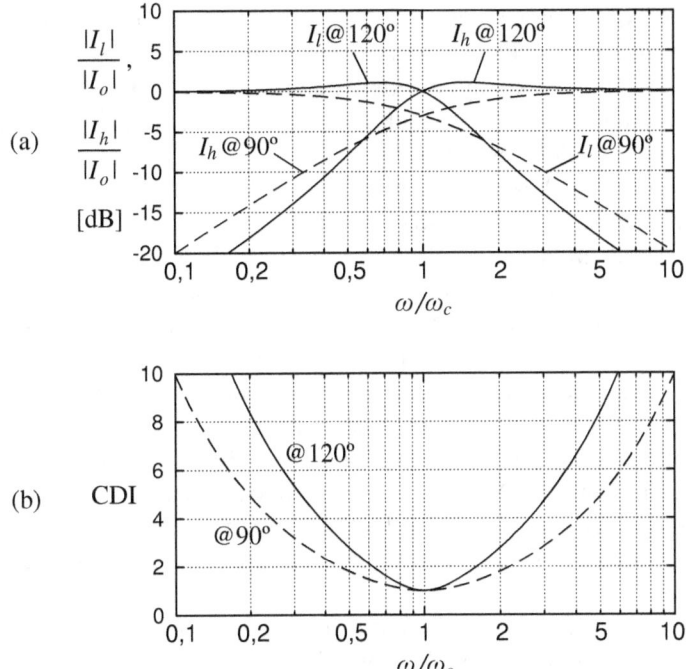

Kuva 5.5. Kuvan 5.4c jakosuodattimen käyttäytyminen kahdella eri virityksellä olettaen elementtien impedanssit resistiivisiksi ja yhtä suuriksi. Asteluvut viittaavat virtojen I_l ja I_h väliseen vaihe-eroon jakotaajuudella. a) Virrat I_l ja I_h normalisoidun taajuuden funktiona tavanomaista vastaavalla tasavirityksellä (katkoviivat) sekä suuri-impedanssisemmalla virityksellä (ehyet viivat), joka nostaa tehovastetta jakotaajuudella 3 dB. b) a-kuvan virityksiä vastaavat virtaohjausindeksit. (Indeksi on sama molemmille elementeille.)

juuden kohdalla edelliseen verrattuna 3 dB.

Virtaohjausindeksi on nyt selvästi parempi kuin edellä, vaikkakin jakotaajuuden ympäristö näyttää yhä ongelmalliselta. Merkittävä etu on myös se, että vaimennus elementin estoalueella saadaan yli 4 dB suuremmaksi kuin 90 asteen virityksellä. Vaihe-eroa ei kannata kuitenkaan merkittävästi kasvattaa 120°:sta, sillä tehovaste ja myös kokonaisimpedanssi voivat kohota liikaa, ja suunnittelu tulee helposti liian kriittiseksi elementtien keskinäisen aseman ja kuuntelusuunnan suhteen.

Virtaohjauksen toteutumisen kannalta lopputulos ei ole jakotaajuudellakaan onneksi niin heikko, kuin pelkästä indeksistä voisi päätellä.

Smv-peräisten äänien kumoutumista tapahtuu nimittäin myös käsillä olevassa järjestelmässä samaan tapaan kuin kuvan 5.3 rinnankytkennässä. Tässäkin tapauksessa smv-peräiset virtakomponentit kiertävät toisessa haarassa vastakkaiseen suuntaan kuin toisessa, joten kumoutumisilmiö toimii melko hyvin edellyttäen tietenkin, että elementtien virtaohjatut taajuusvasteet ovat jakotaajuuden tuntumassa riittävän samanlaiset ja että elementtien akustiset lähtöpisteet ovat samalla etäisyydellä kuulijasta. Jälkimmäinen ehto vaatii käytännössä diskanttiyksikön sijoittamista hieman bassoa taaemmaksi.

Toimiva kaksitiejärjestelmä on siis täysin mahdollinen, mutta vaatii elementtien keskinäisen vaiheistuksen huomioon ottamista tavalla, johon ei yleensä ole totuttu. Kumoutumisilmiön voimistamiseksi elementtien toisto-ominaisuuksien olisi syytä vastata toisiaan ainakin oktaavin jakotaajuuden molemmin puolin. Summataajuusvasteen suorana pitäminen vaatii myös, että osavasteet eivät saa tulla vastakkaisvaiheisiksi liian lähellä jakotaajuutta. Näistä syistä ylä-äänielementin resonanssitaajuuden olisi hyvä olla ainakin kaksi oktaavia jakotaajuutta pienempi. Nykyisiä diskantteja ei kuitenkaan ole suunniteltu tältä kannalta, joten niiden resonanssitaajuudet ovat useimmiten tarkoitukseen liian suuria.

Voidaan kysyä, onko yleensä tarpeellista pyrkiä suureen virtaohjausindeksiin elementin päästökaistan ulkopuolella? Vastaus on myönteinen kahdestakin syystä. Jyrkkää suodatusta ei voida käyttää uhraamatta lähdeimpedanssia laajalla taajuusalueella, joten elementin toisto ulottuu pakosta merkittävässä määrin myös estokaistan puolelle, mistä syystä virtaohjausta tarvitaan täälläkin. Toiseksi, sähkömotoriset voimat eivät rajoitu niihin taajuuksiin, joilla elementtiä syötetään, vaan sisältävät tyypillisesti hyvin monenlaatuisia säröekomponentteja. Vastaavat särövirrat tulevat kuuluviin myös elementin estoalueella, vaikka itse ohjaussignaali ei sinne ulottuisikaan.

Aina varma tapa kohottaa virtaohjaustasoa on tietenkin käyttää sarjaresistanssia kullekin elementille. Näin kannattaa tehdä varsinkin silloin, kun kaiuttimen tehonkulutuksella ei ole suurta merkitystä. Muussakin tapauksessa voi hakea sopivaa kompromissia hukatun tehon ja toiminnan ideaalisuuden väliltä.

Kuvan 5.4c periaate soveltuu myös kolmitiejärjestelmän toteuttamiseen. Keskiäänielementti liitetään kytkentään tavalliseen tapaan sarjakelan ja -kondensaattorin kautta. Tarve kolmen kaistan käyttämiseen on kuitenkin vähäisempää kuin jänniteohjauksella, sillä puhekelan induktanssi ei rajoita virtaohjatun elementin ylärajataajuutta. Kolmitievaihtoehtoa kannattaa muutenkin harkita tarkkaan, koska virtaperiaatteen kannalta huolellisuutta vaativia jakotaajuuksia on kaksi.

Yleisenä monitiesovellutusten perussääntönä, joka huomioi sekä taajuusvasteen että virtaperiaatteen, voidaan lausua:

Kaiken virran, jota vahvistin syöttää, olisi kuljettava jonkin kaiutinelementin läpi siten, että kukin elementti pystyy kunnolla toistamaan ne taajuudet, joita sen läpi merkittävässä määrin pääsee. Toisin sanoen sivuvirrat elementtien ohi sekä ääntä tuottamattomat virrat niiden läpi olisi pidettävä mahdollisimman pieninä. Lisäksi keskinäiset erot elementtien vaihetoistossa on tunnettava, jotta vaiheistus siirtymäalueella voidaan hallita ja jotta kotelointi voidaan suunnitella onnistuneesti.

Taajuusvasteiden epätasaisuuksien vuoksi em. virtasäännöstä joudutaan usein tinkimään, mutta nämä poikkeukset olisi toteutettava siten, että virtaohjausperiaate ei kohtuuttomasti kärsi.

Passiivisesta jakosuodattimesta voidaan tietenkin päästä kokonaan eroon käyttämällä omaa päätevahvistinastetta kullekin elementille ja tekemällä tarvittavat suodatustoimet ennen vahvistusta. Tällä ns. aktiiviperiaatteella virtaohjausindeksi määräytyy yksinomaan vahvistimen laadusta, mutta haittana on, että vahvistin ja kaiutin on suunniteltava toisiaan varten ja käytännössä integroitava yhteen. Käyttöön liittyvien hankaluuksien sekä molemmat osa-alueet hallitsevien valmistajien vähyyden vuoksi aktiivikaiuttimet tulevat tuskin koskaan yleistymään, mutta harrastajille menetelmä tarjoaa mahdollisuuden lähes täydelliseen virtaohjaukseen teiden lukumäärästä riippumatta.

5.5 Elementtien soveltuvuus

Nykyiset poikkeuksetta jännitekäyttöön tarkoitetut kaiutinelementit eivät useinkaan ole ominaisuuksiltaan kovin ihanteellisia virtaohjaukseen. Paremman puutteessa niitä voidaan kuitenkin käyttää hyvin valikoiden ja toivoen, että tulevaisuudessa tilanne olisi tässä suhteessa parempi.

Elementeille ilmoitettavat taajuusvastekäyrästöt mitataan yleensä 2,83 V:n jännitteellä, joka vastaa 1 W:n tehoa 8 Ω:n resistanssiin. Virtakäyttöä ajatellen nämä mittaukset pitäisi suorittaa vastaavasti 0,354 A:n virralla. Jännitepohjaisia tuloksia voidaan kuitenkin käyttää lukemalla niitä sekä impedanssikuvaajaa yhdessä. Valmistajilla on onneksi tapana esittää impedanssikäyrä samassa kuvassa taajuusvasteen kanssa, mikä helpottaa virtaohjatun vasteen selville saamista.

Kuva 5.6 havainnollistaa virtataajuusvasteen määrittämistä jännite-taajuusvasteesta ja impedanssista. Impedanssiakselin on oltava myös logaritminen (kuten yleensä onkin) ja käytettävä mieluiten samaa jakotiheyttä kuin äänenpaineakseli.

Jännitevastekäyrä ja vastaava virtavastekäyrä leikkaavat toisensa taajuuksilla, joilla $|Z| = 8\ \Omega$. Impedanssin kasvaessa virtavasteen testisignaali kasvaa verrattuna jännitevasteen testisignaaliin, joten käyrien välinen ero muuttuu vastaavalla desibelimäärällä. Virtataajuusvaste on siis muodoltaan jännitetaajuusvasteen ja impedanssin suora yhdistelmä. Esimerkiksi jännitevasteen ollessa jollakin välillä vakio virtavaste noudattaa ko. välillä impedanssikäyrän muotoa.

Kuten kappaleessa 3.8 jo todettiin, kartioelementit pyrkivät korostamaan toistoalueensa yläpäätä johtuen puhekelan akustisesta irtikytkeytymisestä ja kartion torvivaikutuksesta. Nykyinen pyrkimys pieneen massaan myös puhekelassa ja sen rungossa voimistaa vielä tätä ilmiötä, joka jänniteohjatussa elementissä kompensoituu suurelta osin induktanssin aiheuttamalla virran heikkenemisellä. Virtataajuusvastetta ajatellen olisikin syytä luopua tästä kaikkien massojen minimointiin tähtäävästä suunnittelusta, sillä kasvattamalla puhekelan massaa kartion massaan nähden irtikytkeytyneen puhekelan säteilyherkkyyttä ja siten korkeiden taajuuksien korostumaa voitaisiin jonkin verran hillitä. Rakenteen tukevoitumisesta voisi olla muitakin etuja, vaikkakin herkkyys hivenen pienenee.

Ylätaajuuksien korostumaa on mahdollista korjata jossain määrin

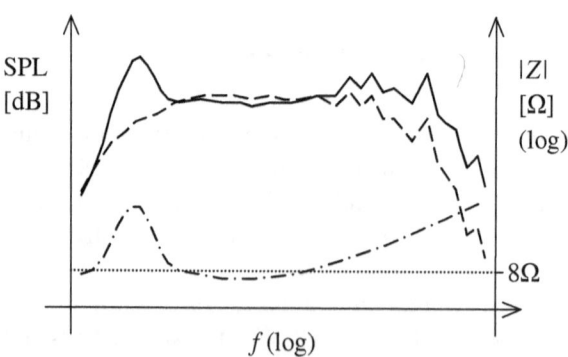

Kuva 5.6. Virtataajuusvasteen ja jännitetaajuusvasteen riippuvuutta havainnollistava diagrammi. Virtavastekäyrän (ehyt viiva) ja samalla nimellisteholla määritetyn jännitevastekäyrän (katkoviiva) ero desibeleinä on sama kuin impedanssin (pistekatkoviiva) desibeleinä ilmaistu poikkeama nimellisarvostaan.

myös suuntaamalla elementti hieman kuuntelijan ohi (vrt. kuva 3.12a). Paras tapa tähän on yläviistoon käännetty etulevy. Etuna on lisäksi se, että tehovaste ei laske, vaikka kuuntelusuunnan vaste tasapainottuu. Impedanssin kasvaessa taajuuden myötä myös ek. taajuusvasteiden välinen ero kasvaa. Tämän vuoksi elementin toistokaista ulottuu virtaohjauksella aina korkeammalle ja päättyy loivemmin kuin jännitekäytössä.

Puhekelan induktanssin aiheuttaman alipäästösuodatuksen jäädessä pois virtaohjaus tekee mahdolliseksi käyttää yksitieperiaatetta monissa sellaisissa sovellutuksissa, joissa tavallisesti jouduttaisiin turvautumaan diskanttielementtiin ja jakosuodattimeen korkeimpien taajuuksien toistamiseksi.

Elementin ylärajataajuuden kasvu esim. 8 kHz:stä 12 kHz:iin (miten tahansa määriteltynä) voi olla monesti ratkaiseva parannus, jolla voidaan välttää taajuuksien jakaminen ja siihen liittyvät sovitusongelmat.

Suuri osa nykyisin saatavissa olevista bassoelementeistä ei sovellu kunnolla virtaohjauskäyttöön liian suuren Q_m-arvon takia. Myös resonanssitaajuudet ovat usein turhan korkeita verrattuna siihen, mikä olisi kohtuudella mahdollista.

Kuten lukujen 2 ja 3 perusteella tiedämme, resonanssitaajuudella elementin virtaherkkyys tulee Q_m-kertaiseksi normaalitasoon nähden ja maksimissaan vielä hieman ylikin. Jotta mitään korjausta ei tarvitsisi suorittaa, koteloidun elementin mekaanisen Q-arvon pitäisi olla n. 0,7 tai ainakin alle 1. Tähän ei nykyisin saatavilla tarvikkeilla yleensä päästä, mutta mitenkään mahdotonta tällaisten elementtien valmistus tuskin olisi, jos asiaan paneuduttaisiin.

Q-arvon ollessa alle 2 vastehuippu on mahdollista tasoittaa passiivisella korjainkytkennällä. Tässä menetelmässä joudutaan tinkimään virtaohjausindeksistä, mutta pääasiassa vain bassoalueella, jossa asialla ei ole niin suurta merkitystä kuin muualla.

Aktiivista korjausta sen sijaan voidaan käyttää vielä huomattavasti suuremmillakin Q-arvoilla ja ilman kompromissia ohjaustilan suhteen. Q:n suuruutta rajoittaa tässä lähinnä se, kuinka tarkasti resonanssitaajuus tiedetään ja kuinka hyvin se säilyy vakiona signaalitason ja lämpötilan vaihdellessa. (Resonanssinkompensointimenetelmiä esitellään lähemmin luvussa 8.)

Tässä yhteydessä voi kenties tulla mieleen kysymys, voitaisiinko elementin hidastinvakiota kasvattaa ja Q-arvoa siten pienentää käyttämällä toista puhekelaa ja siihen syntyvää virtaa jarrutukseen? Kelaan indusoituisi yhtälön 3.7 mukainen nopeuteen verrannollinen smv, ja käytettäessä resistiivistä kuormaa myös virta ja sen aiheuttama jarruvoima olisivat suoraan verrannollisia nopeuteen.

Epäilemättä näin saataisiin kyllä aikaan tarvittava lisähidastus ja haluttu Q-arvo, mutta ko. jarrukelassa kulkeva smv-peräinen virta olisi äänenlaadulle yhtä haitallista kuin muutkin vastaavanlaiset virrat, joten keino ei ole käyttökelpoinen. Itse asiassa ohjaustilan kannalta onkin samantekevää, kytketäänkö kuormitusvastus jarrukelan vai varsinaisen puhekelan rinnalle.

Kaikki puhekelarakenteeseen liittyvät smv-virrat pystyvät toimimaan häiriölähteinä, joten myös kelarunkoon ja sen mahdollisiin pyörrevirtoihin on syytä kiinnittää hieman huomiota.

Yleisin runkomateriaali tänä päivänä on alumiini, joka on kohtalaisen hyvin sähköä johtavaa. Runkolieriöön on yleensä jätetty lyhyt katkos, jolla vältetään oikosuljetun toisiokäämin muodostuminen liikkuvaan systeemiin. Siitä huolimatta rakenne antaa mahdollisuuden pyörrevirtojen esiintymiseen, kuten kuvassa 5.7 on näytetty.

Puhekelan alueella vaikuttaa yhtä kierrosta vastaava smv, joka pääsee purkautumaan rungon yläosan kautta, jonne magneettikentät eivät paljoa ulotu. Sähköä johtava kelarunko on siis virtaohjausperiaatteen kannalta ainakin jossain määrin ongelmallinen, mutta käytännössä näiden virtausten merkitys ei näytä olevan kovin suuri.

Pyörrevirrat pyrkivät aina jarruttamaan sitä liikettä, joka ne alkujaan aiheutti, joten niiden vaikutus ilmenee lievänä mekaanisen resistanssin (hidastinvakion) kasvuna ja Q_m:n laskuna. Sähköinen hidastus ei kuitenkaan ole oikea tapa vaikuttaa Q-arvoon, kuten jarrukelasta puhuttaessa jo todettiin.

Johtava kelarunko reagoi sekä liikkeen että induktanssin aiheuttamaan vuon vaihteluun. Pyörrevirtojen synnyttämä magneettivuo pyrkii aina vastustamaan alkuperäisen vuon muuttumista (ei siis vuota itsessään), joten edellinen on periaatteessa 90 asteen vaihesiirrossa jäl-

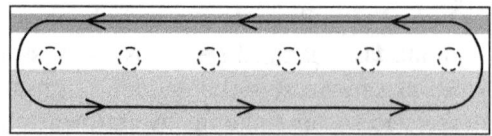

Kuva 5.7. Tyypillinen puhekelan runkokappale ilmareikineen auki levitettynä. Vaaleanharmaa kaistale kuvaa käämityksen peittämää aluetta ja tummanharmaa kartion kiinnityskohtaa. Pyörrevirtojen on mahdollista kiertää ainakin nuoliviivalla merkittyä reittiä.

kimmäiseen nähden. Induktanssille tämä merkitsee resistiivisen jännitekomponentin kasvua suhteessa induktiiviseen komponenttiin eli impedanssin suuntakulman pienentymistä. Kuvassa 5.8 on esitetty alumiinisen kelarungon vaikutus erään halkaisijaltaan 30 mm:n puhekelan impedanssin suuntakulmaan diskanttialueella ilman magneettipiiriä. 2 kHz:n taajuudella paljaan ja rungollisen kelan välinen ero on vielä olematon, mutta kuuloalueen yläpäässä kulmaero kasvaa 7 asteeseen, mikä vaatii jo, että pyörrevirtaperäisen vuon on oltava suuruudeltaan reilut 10% alkuperäisestä induktanssivuosta.

Tällaiset pyörrevirrat voivat kohdistaa kelarunkoon merkittäviä ylimääräisiä voimia, eikä magneettipiirin mukanaolokaan muuta paljoa tätä periaatetta. Korkeimmilla taajuuksilla olisi siten perusteltua käyttää varmuuden vuoksi eristävää kelarunkomateriaalia, mutta käytännössä muiden vaatimusten jälkeen vaihtoehtoja on tarjolla tässä suhteessa nykyisin aika niukasti.

Edellisessä kappaleessa mainittiin jo, että diskanttielementeiltä on vaadittava matalaa resonanssitaajuutta. Pienimmät arvot liikkuvat nykyisin saatavissa tyypeissä 500 Hz:n paikkeilla. Tarve olisi kuitenkin saada arvo jonnekin välille 300-400 Hz, jotta pienehkötkin jakotaajuudet toimisivat vielä tarkoituksenmukaisesti. Tähän voidaan päästä käyttämällä tilavaa takakammiota, kasvattamalla massaa (sekä voimakerrointa) ja tekemällä reunus joustavammaksi. Minkään ominaisuuksien ei pitäisi huonontua näistä toimenpiteistä, ja tehonkestoa on mah-

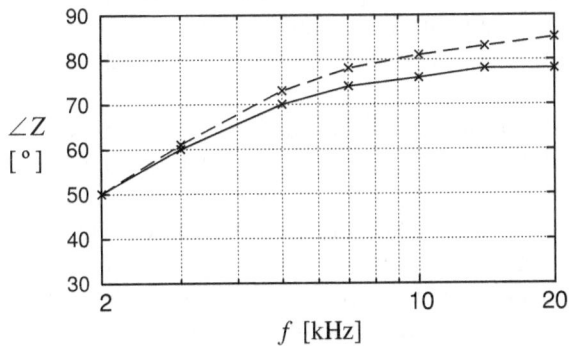

Kuva 5.8. Erään 4 Ω:n kartioelementin puhekelan impedanssin suuntakulma mitattuna magneettirakenteesta erillään alumiinisen kelarungon kanssa (ehyt viiva) ja ilman runkoa (katkoviiva). Kelan halkaisija oli 30 mm, kelan korkeus 14 mm ja rungon korkeus 25 mm. Korkeilla taajuuksilla kelarungon pyörrevirtahäviöt pienentävät kulmaa eli tekevät impedanssista resistiivisemmän.

dollista jopa kasvattaa.

Lisäksi on toivottavaa, että ylä-äänielementin mekaaninen Q-arvo ei ylittäisi kolmea eikä alittaisi ykköstä. Suuri Q_m aiheuttaa korkean vastepiikin resonanssitaajuudelle, mikä vaikeuttaa kokonaistaajuusvasteen hallitsemista. (Sama ongelma ilmenee myös jänniteohjauksella.) Pieni Q_m taas aiheuttaa sen, että ylä-äänielementin synnyttämän paineen vaihe-ennakko virtaan nähden tulee helposti liian suureksi, jolloin elementtien akustiset lähtöpisteet voivat joutua (kuuntelusuunnassa) liian kauaksi toisistaan. Valitettavasti vain harvoilla valmistajilla on tapana ilmoittaa Q-arvoja diskanttielementeilleen, joten arvioinnissa joudutaan yleensä turvautumaan impedanssikäyrään tai omaan mittaukseen.

Tärkein syy akustisten lähtöpisteiden väliseen eroon on tietenkin puhekelojen erilainen etäisyys asennuslevyn tasosta. Ylä-äänielementin resonanssin aiheuttama vaihe-ennakko vaikuttaa käytännössä samaan suuntaan, joten vaiheiden tasaamiseksi jakotaajuudella voidaan etulevyä joutua kallistamaan aika reilusti. Tämän vuoksi olisi eduksi, että kalottityyppisen diskantin kalvo olisi hieman asennustasoa taaempana, mikä tarkoittaa lievää torvimaisuutta. Varsinasta torvidiskanttia käytettäessä kallistusta ei välttämättä tarvita lainkaan.

5.6 Mikrofonit ja äänirasiat

Äänentoistoketjun alkupäässä on aina mikrofoni, joka myöskin toimii usein sähködynaamisella periaatteella. Mikrofonikapseli muistuttaa perusrakenteeltaan suuresti kaiutinelementtiä ja toimii tähän nähden käänteisesti, joten on aiheellista kysyä, tapahtuuko myös mikrofonissa jotain haitallista takaisinkytkeytymistä, joka on riippuvainen puhekelan näkemästä impedanssista? Eihän ole suotavaa, että mikrofonisignaalien laatu muodostuu rajoittavaksi tekijäksi kaiuttimen toistovirheiden vähetessä.

Kuva 5.9a esittää yleisesti käytetyn ns. painegradienttimikrofonin erästä toteutustapaa. Hiuksenhienosta langasta valmistettu puhekela on kiinnitetty ohueen muoviseen kalvoon, johon kohdistuu äänipainetta sekä edestä että takaa päin. Matalilla taajuuksilla kalvon taakse ehtii muodostua lähes yhtä suuri paine kuin eteen ja akustinen kumoutuminen on voimakasta. Taajuuden kasvaessa takapaine kuitenkin vähenee ja kalvoon kohdistuva nettovoima vastaavasti lisääntyy pitäen näin puhekelan liikenopeuden periaatteessa tasaisena.

Kuvassa 5.9b mikrofonille on käytetty kuvaa 3.4 vastaavaa sijais-

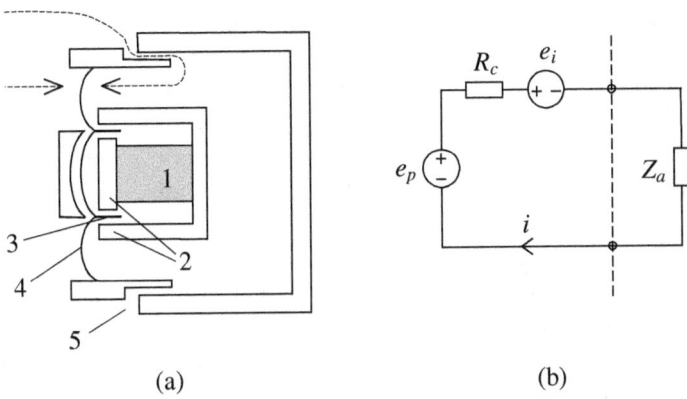

(a)   (b)

Kuva 5.9. a) Eräs sähködynaamisen mikrofonin toteutusperiaate pelkistettynä. 1) magneetti, 2) napakappaleet, 3) puhekela, 4) värähdinkalvo, 5) sivuaukko. Nuolet kuvaavat kalvon eri puolille kohdistuvia paineita. b) Sähködynaamisen mikrofonin sijaiskytkentä kuormitettuna. e_p =kalvon liikkeen tuottama smv, R_c =puhekelan resistanssi, e_i =induktanssin tuottama smv, Z_a =vahvistimen sisäänmenoimpedanssi.

kytkentää, jonka päät on yhdistetty vahvistimen sisäänmenoa kuvaavaan impedanssiin (Z_a). Puhelekan liikkuessa paineen vaikutuksesta syntyy sähkömotorinen voima e_p, joka aiheuttaa piiriin virran i. R_c on suuruudeltaan useimmiten parinsadan ohmin luokkaa, ja e_i kuvaa induktanssi-smv:tä kuten kaiuttimillakin.

Tyypillinen arvo Z_a:lle on nykyisin n. 1 kΩ, mutta myös 600 Ω:n standardi-impedanssia käytetään. Mitä pienempi Z_a on, sitä suurempi on puhekelan virta ja sitä suurempi on e_i, joka sisältää magneettisia häiriötekijöitä samaan tapaan kuin kaiutinelementissäkin. Erityisesti Barkhausen-kohina saattaa olla jopa paljon merkityksellisempää kuin kaiuttimissa, koska signaalitasot ovat pieniä.

Mikrofonipuhekelan induktiivinen impedanssi voi olla suuruudeltaan korkeilla taajuuksilla esim. viidesosa R_c:stä, joka puolestaan voi olla n. viidesosa Z_a:sta. Jännitteiden suhteet ovat samat, joten nykykäytännössä e_i:n kokonaisvaikutus lähtöjännitteeseen on korkeilla taajuuksilla tyypillisesti useita prosentteja, itse asiassa aivan suotta.

Vuomodulaation lisäksi puhekelassa kulkeva virta aiheuttaa luonnollisesti myös voimavaikutuksen kuten kaiuttimessa.

Arvioimme seuraavaksi tämän voiman suuruutta suhteessa paineen tuottamaan voimaan tavallisessa painegradienttimikrofonissa. Oletamme herkkyydeksi 2 mV/Pa, kalvon teholliseksi pinta-alaksi 2 cm^2 ja voimakertoimeksi 5 N/A, jotka ovat täysin realistisia arvoja. Olkoon mikrofoniin kohdistuva akustinen paine suuruudeltaan 1 Pa (vastaa 94 dB:n äänitasoa). Mikäli tämä paine pääsee vain kalvon etupinnalle, kuten korkeimmilla taajuuksilla voidaan katsoa tapahtuvan, kalvoon kohdistuva voima on 1 Pa · 0,0002 m^2 = 200 µN. Taajuuden pienentyessä kalvoon vaikuttava nettopaine kuitenkin pienenee myös, joten jollakin matalahkolla taajuudella kalvoon kohdistuva nettovoima voi hyvin olla esim. 1/10 edellisestä eli 20 µN.

Mainitulla herkkyydellä Z_a:n napoihin muodostuu 2 mV:n jännite, joka Z_a:n ollessa 1 kΩ aiheuttaa piiriin 2 µA:n virran. Puhekelassa tämä virta saa puolestaan aikaan voiman, joka yhtälön (3.1) mukaisesti on 5 N/A · 2 µA = 10 µN. Tämän suuruusluokka-arvion mukaan kalvoon kohdistuva kuormitusvirran aiheuttama voima on siis suuruudeltaan taajuudesta riippuen peräti 5-50% paineen aiheuttamasta voimasta, eikä mikään estä, etteikö suhde voisi olla suurempikin. Mikrofonin kaiutintoiminta on siis käytännössä hyvin merkittävää kuten kaiuttimen mikrofonitoimintakin.

Mikrofonin erittäin kevytrakenteista kalvoa ei kuitenkaan ole tarkoitettu kaiutintoimintaan, joten puhekelasta kalvoon päin kohdistuvat voimat voivat mahdollisesti aiheuttaa ylimääräisiä muodonmuutoksia ja siten huonontaa kokonaistarkkuutta. Ainoa keino parantaa asiaa on käyttää riittävän suurta kuormitusimpedanssia (ainakin 10 kΩ).

Kaiuttimien virtaohjausta vastaava periaate dynaamisille mikrofoneille on se, että mikrofonista otettava virta on pidettävä mahdollisimman pienenä. Vain tällä tavoin voidaan signaalin mekaanisesta takaisinkytkeytymisestä sekä induktanssista peräisin olevat häiriötekijät saada mitättömiksi.

Joissakin dynaamisissa mikrofoneissa käytetään sisäänrakennettua muuntajaa lähtöjännitteen suurentamiseksi. Muuntajan vuoksi puhekela näkee tällöin vahvistimen sisäänmenoimpedanssin muuntosuhteen neliöllä jaettuna, eli jos muuntaja nostaa jännitteen esim. 10-kertaiseksi, puhekelaa kuormittava impedanssi on periaatteessa Z_a/100. Muuntajaa käytettäessä toisiota kuormittavan impedanssin on siis oltava todella suuri, jos puhekelan virta halutaan pitää kohtuullisena. Liian pienellä kuormitusimpedanssilla jännitteen nousukin menetetään, koska ensiöön saatava jännite romahtaa.

Muuntajan toimintaan itsessään liittyy aina epäideaalisuuksia, kuten kaikkiin rautaa sisältäviin magneettipiireihin, eikä asiaan paljon vaikuta sekään, käytetäänkö muuntajaa jännitteellä vai virralla. Sen vuoksi muuntajia olisi vältettävä kaikkialla signaalipolulla varsinkin laadukkaita äänityksiä tehtäessä.

Myös mikrofoneista puhuttaessa kuvitellaan usein, että liikkuvan massan pienuus merkitsisi hyviä transienttiominaisuuksia. Käsitykselle ei kuitenkaan ole fysikaalisia perusteita enempää kuin kaiuttimen tapauksessakaan, eikä niitä yleensä yritetä esittääkään. Massa vaikuttaa suoraan vain mikrofonin herkkyyteen ja resonanssitaajuuteen, ja itse elementin toiminta on aina minimivaiheista. Sen sijaan monet taajuusvasteen ja suuntakuvion muotoiluun käytettävät aukot, ontelot ja ns. akustiset resistanssit saattavat jossain määrin huonontaa aikatason vastetta, koska niihin liittyy ei-minimivaiheisuutta aiheuttavia viiveitä.

Kondensaattorimikrofoneissa, joiden toiminta perustuu kalvon ja sen taustaelektrodin välisen kapasitanssin muutoksiin, ei esiinny samanlaisia kuormituksesta johtuvia sivuilmiöitä kuin dynaamisella periaatteella. Kondensaattoriperiaatteella onkin mahdollista toteuttaa hyvin laadukkaita ja herkkiä mikrofoneja, jotka vaativat kuitenkin aina sisäänrakennetun puskurivahvistimen käyttöjännitteineen. Kenties yksi syy kondensaattorimikrofonien arvostettuun asemaan löytyykin juuri edellä kuvatusta dynaamisten mikrofonien liikakuormituksesta.

Kuormitus voi aiheuttaa ei-toivottuja ilmiöitä myös muissa sähködynaamisissa muuntimissa, kuten äänirasioissa, kitaramikrofoneissa ja nauhureiden äänipäissä. LP-levysoittimiakin valmistetaan ja käytetään yhä edelleen digitaalisen tallennuksen valta-asemasta huolimatta.

Äänirasia tuottaa aina kelan ja magneetin keskinäiseen liikenopeuteen verrannollisen smv:n, kuten mikrofonikin. Kelaan syntyvä smv on siis levylle kaiverretun signaalin derivaattafunktio, joten antojännite on suurimmillaan korkeimmilla taajuuksilla.*

Kela-ankkurirasioille (MC-rasiat) suositeltu kuormaimpedanssi on tyypillisesti vain 100 Ω. Tällaisella kuormituksella kelassa kulkeva virta voi olla varsinkin korkeilla taajuuksilla jo sitä luokkaa, että sen aiheuttama liikettä jarruttava voima voi haitata rasian kykyä seurata nopeita signaalivaihteluita. Lisäksi induktanssin vaikutus on vähintään samaa luokkaa kuin mikrofoneissa.

Konserttimusiikkia taltioitaessa on tullut tavaksi käyttää hyvin runsaasti mikrofoneja ja äänittää eri soitinryhmiä lähietäisyydeltä erottelukyvyn ja stereokuvan kohentamiseksi. Raidat miksataan jälkikäteen ja niihin lisätään moninaisia efektejä, kunnes tuottaja on tyytyväinen lopputulokseen. Vain kourallinen audiofiili-levymerkkejä pyrkii mini-

---

* Levylle kaiverretussa signaalissa alle 1 kHz:n taajuudet ovat korostuneet 12 dB verrattuna yli 1 kHz:n taajuuksiin. Äänirasian derivaattoritoiminta yhdessä etuvahvistimen RIAA-korjauksen kanssa saa aikaan sen, että lopullinen vaste on suora.

moimaan mikrofonien määrää ja välttämään moniraitatekniikoita sekä keinotekoista jälkiprosessointia.

Voisikohan vallitsevaan asiaintilaan olla jotenkin vaikuttamassa se, että miksaajat kuuntelevat aikaansaannoksiaan studionsa jänniteohjatuista monitorikaiuttimista, jotka eivät tietenkään pysty antamaan selkeää kuvaa soinnista, ja puutteita yritetään sitten paikata tuomalla lisää mikrofoneja ja lisää prosessointeja?

Virtaohjaustekniikka paljastaa hyvin äänitteen epäonnistumisen tai liiallisen manipuloinnin, mistä johtuen kaikkia hankkimiaan levytyksiä ei välttämättä tee mieli soittaa monta kertaa.

5.7 Putkivahvistimien salaisuus

Audioharrastajien piirissä elää edelleen vireänä kiinnostus elektroniputkilla toteutettuihin vahvistimiin, vaikka mitattavia suoritusarvoja vertailtaessa puolijohdelaitteet yleensä voittavat nostalgiset kilpailijansa mennen tullen. Putkivahvistimien äänessä tiedetään olevan parhaimmillaan miellyttäviä ominaispiirteitä, joita ei ole helppo kuvata sanoin ja joita transistorilaitteet eivät yleensä tarjoa. Kuinka tällaiset havainnot ovat selitettävissä?

Yhtenä syynä voi tietenkin olla putkien tuottama "lämmin" särö, joka poikkeaa laadultaan transistoriasteiden aiheuttamasta. Putkivahvistimissa tarvittavan päätemuuntajan magneettiset ja muut epäideaalisuudet saattavat myös antaa oman leimansa äänen luonteeseen. Merkittävimmät erot löytyvät kuitenkin ulostuloimpedanssista.

Transistorivahvistimien antoimpedanssi on tyypillisesti pienempi kuin 0,1 Ω, mikä merkitsee kaiuttimelle puhdasta jännitesyöttöä. Putkivahvistimilla antoimpedanssi sen sijaan vaihtelee varsin laajasti ohmin kymmenesosista jopa yli viiteen ohmiin (8 Ω:n kuormituksella). Jo muutaman ohmin lähdeimpedanssi pystyy heikentämään kaiuttimen smv-virtoja niin, että vaikutukset ovat havaittavissa, ja arvon ylittäessä 5 Ω kaiutin voi toimia joillakin taajuuksilla jo puoliksi virtaohjattuna.

Onkin mielenkiintoista, joskaan ei yllättävää, havaita, kuinka eri lähteissä vahvistimista julkaistut kuunteluarviot käyvät yksiin mitatun antoimpedanssin kanssa. Impedanssin ylittäessä 3 Ω positiiviset kommentit mm. äänen selkeydestä ja tilavaikutelmasta lisääntyvät jo huomattavasti, ja 5 Ω ylittävillä laitteilla "parasta mitä koskaan" -tyyliset luonnehdinnat ovat jo tavallisia tietenkin sillä edellytyksellä, että käytetyt kaiuttimet ovat sopivat eikä niiden taajuusvaste sekoitu liikaa impedanssin taajuusriippuvuuden vuoksi.

Varsinaisessa virtaohjauskäytössä putkia ei kuitenkaan tarvita, ellei sitten tavoitella jotain tiettyjä säröefektejä, kuten kitaravahvistimissa. Laitteiden suunnittelu edellä kuvattujen periaatteiden mukaisesti tekee mahdolliseksi kulkea perille saakka se tie, jota pitkin joissakin huippuluokan vahvistimissa on edetty muutama askel. Impedanssin kasvattamisen parantaessa näin kuuntelukokemuksia pitäisi pienentämisen vastaavasti huonontaa niitä. Näin näyttää myös käyvän ainakin niiden negatiiviseen antoimpedanssiin liittyvien kokeilujen valossa, joista on löydettävissä kuvauksia.

Alabassokaiuttimissa voi olla eduksikin, että puhekelaresistanssi saadaan lähes kumottua negatiivisella ulostuloresistanssilla, sillä näin päästään melko suoraan kontrolloimaan nopeuteen verrannollista liike-smv:tä, mutta muuten negatiivisen resistanssin käyttö ei ymmärrettävästi ole saavuttanut suosiota.

6
NOUSEVAN VASTEEN KOMPENSOINTI

Kappaleessa 3.8 esitettyjen ilmiöiden vuoksi koteloidun elementin virtataajuusvaste kohoaa basso- ja diskanttialueen välillä yleensä niin paljon, että pelkällä ohisuuntaamisella ei saada aikaan tarvittavaa korjausta. Näin ollen on turvauduttava sähköiseen kompensointiin, joka passiivisesti toteutettuna verottaa aina jossain määrin virtaohjausindeksiä.

6.1 RCL-korjaus

Vaimennuksen aikaansaamiseksi virralla syötetyssä kaiuttimessa osa virrasta on johdettava elementin ohi. Ensimmäisenä mieleen tuleva ratkaisu on tietenkin lisätä vaimennettavan elementin rinnalle RC-haara, kuten esim. kuvassa 6.1a. Kompensoinnin tarkkuus olisi jo tälläkin kytkennällä useimmiten riittävä, mutta maksettava hinta on liian kova: korkeilla taajuuksilla elementin rinnalla vaikuttava resistanssi pudottaa virtaohjausindeksin niin alas, että ko. menetelmää on pidettävä poissuljettuna vaihtoehtona, ellei vaimennustarve ole todella vähäinen.

Kuva 6.1b esittää käyttökelpoista vaimennusperiaatetta, jossa ohitushaaraa ei kytketä elementtiin suoraan vaan induktanssia sisältävän sarjaimpedanssin välityksellä. Pienillä taajuuksilla L_1 on johtava, kun taas C_1 vastaa katkosta, joten elementti saa täyden ohjauksen. Suurilla taajuuksilla puolestaan C_1 on johtava L_1:en vastatessa katkosta, ja näin elementti saa vain tietyn vastuksilla määrättävän osuuden kokonaisvirrasta. Siirtymäalueella vaimennuskäyrän jyrkkyyttä ja muotoa voidaan säätää C_1:en ja L_1:en valinnalla.

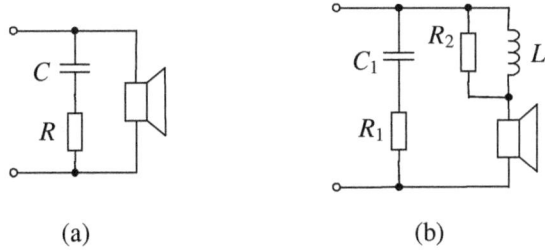

(a)   (b)

Kuva 6.1. a) Huono tapa korkeiden taajuuksien vaimentamiseen. Toimintatila kääntyy helposti jänniteohjauksen puolelle. b) Parempi tapa vaimennuksen toteuttamiseen. Korkeilla taajuuksilla elementti näkee impedanssin $R_1 + R_2$.

Virtaohjausindeksi määräytyy suurilla taajuuksilla resistanssien R_1 ja R_2 summasta, joka on siksi pyrittävä saamaan mahdollisimman suureksi. Vahvistimen kuormaimpedanssia ei kuitenkaan voida kasvattaa kohtuuttomasti, joten on löydettävä sopiva kompromissi toisaalta indeksin ja toisaalta vahvistinta kuormittavan jännitteen sekä vastuksissa kuluvan hukkatehon välille. Viritys voidaan suorittaa piirisimulaattorilla varsin vaivattomasti, mutta tarkan tuloksen saamiseksi elementin oma induktanssi on otettava huomioon mallittamalla se sopivalla sijaiskytkennällä.

Kuvassa 6.2 on esitetty vaimenninkytkennän ominaisuuksia eräällä 6 dB:n vaimennuksen tuottavalla esimerkkivirityksellä olettaen elementin paikalle 8 Ω:n resistanssi. Kotelon suuntausportaasta johtuva kompensoinnin tarve on käytännössä yleensä vähemmän kuin 6 dB, joten loput saatavasta vaimennuksesta voidaan kohdistaa torvivaikutuksen lieventämiseen. a-kuvan mukainen korjausfunktio voi olla täysin riittävä pienehköille elementeille, mikäli kartion sisäinen vaimennus on hyvä. Kompensointia kannattaa käyttää mieluummin liian vähän kuin liian paljon, jotta virtaohjausindeksi ei heikkenisi tarpeettomasti.

Kuva b esittää kytkennän syöttönavoista näkyvää impedanssia, joka on miltei peilikuva korjausfunktiosta. Taajuuden kasvaessa impedanssi kohoaa tässä 8:sta 16 Ω:iin. Tulosta voidaan pitää hyvin kohtuullisena, sillä paljaaseen elementtiin verrattuna impedanssi ja tehonkulutus kasvavat lähinnä vain keskiäänialueella. Sen sijaan ylätaajuuksilla ko. impedanssi jää käytännössä jopa pienemmäksi kuin elementin oma vahvasti induktiivinen impedanssi.

CDI (kuva c) saavuttaa miniminsä alakeskiäänialueella, jossa C_1 ja L_1 pyrkivät resonoimaan. Käytetyllä 8 Ω:n nimelliskuormalla indeksi

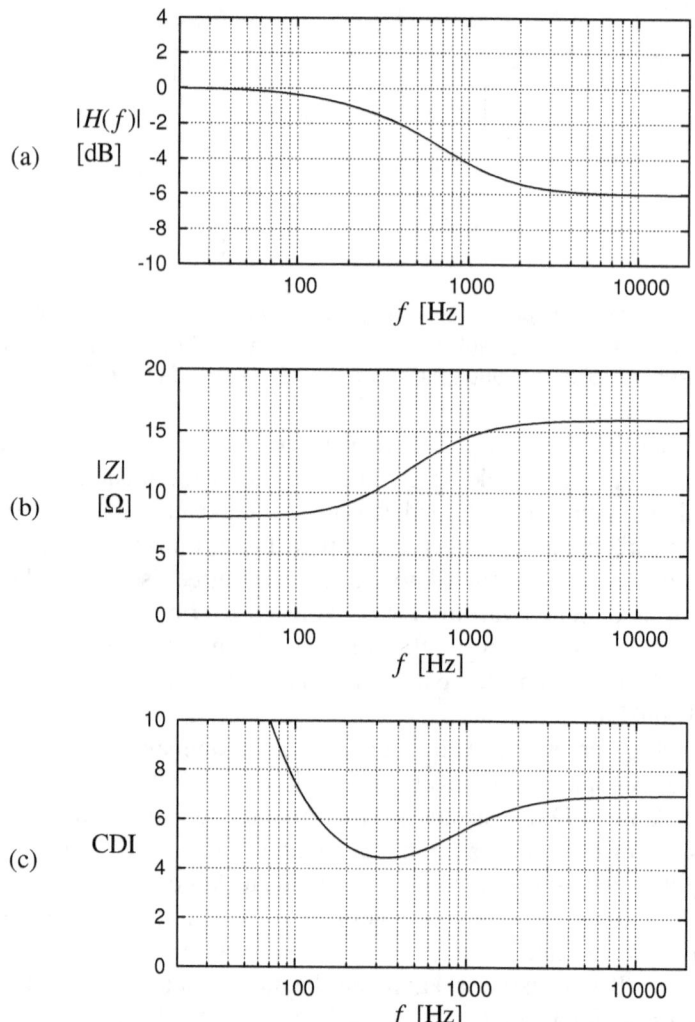

Kuva 6.2. a) Kuvan 6.1b kytkennän tuottama vaimennusfunktio käyttäen arvoja $R_1 = 32\ \Omega$, $R_2 = 24\ \Omega$, $C_1 = 30\ \mu F$ ja $L_1 = 4\ mH$ ja olettaen kuorman olevan $8\ \Omega$. b) Vastaava ulos päin näkyvä impedanssi (itseisarvo). c) Vastaava virtaohjausindeksi.

tasaantuu ylätaajuuksilla arvoon 7. Todellisella elementillä impedanssin nousu taajuuden mukana aiheuttaa kuitenkin sen, että indeksi jää jonkin verran tätä pienemmäksi. Mikäli elementin on tarkoitus toistaa myös diskantteja, voidaan C_1:en kanssa sarjaan lisätä vielä pieni induktanssi, jolla korkeimpien taajuuksien CDI:tä saadaan parannettua. Muutaman kymmenen μF:n kondensaattori on vielä melko helppo toteuttaa muovieristeisenä tarvitsematta turvautua epäideaalisiin elkoihin. 4 mH:n luokkaa oleva kela puolestaan ei ole vielä liian suuri toteutettavaksi ilmasydämisenä, mutta ferriittien käyttökään ei ole tässä yhteydessä niin ongelmallista kuin yleensä jänniteohjauksella.

Esitettyä vaimennusperiaatetta voidaan soveltaa myös monitiejärjestelmissä. Kuva 6.3a esittää suositeltavaa 2-tiekaiuttimen peruskytkentää, jossa kuvan 6.1b vaimennuspiiri on yhdistetty rinnakkaisjakosuodattimeen. Diskanttihaarassa on lisäksi sarjavastus, jonka tarkoitus on kohentaa kummankin elementin CDI:tä.

Kuvassa b on esimerkki a-kuvan kytkennällä saavutettavista virtajakofunktioista jakotaajuuden ollessa 2 kHz. Vaimennin on tässä viritetty edellä olleen esimerkin mukaiseksi, joten vaimentimen kokonaisvirran I_{l0} ja elementin saaman virran I_l suhde on kuvan 6.2a mukainen. Jakotaajuus kannattaa määritellä I_{l0}:n ja I_h:n leikkauspisteeseen, jonka pitäisi vastata todellista paineiden jakotaajuutta, mikäli korjausfunktio on valittu oikein.

Sekä elementin että vaimentimen käyttäytyminen on ns. minimivaiheista koko toistoalueella, joten korjattaessa elementin amplitudivastetta oikenee samalla myös vaihevaste. Näin ollen virta I_{l0} vastaa periaatteessa elementin todellista painekäyttäytymistä sekä amplitudin että vaiheen osalta.

Merkille pantavaa on vielä, että I_h-virran suodatusjyrkkyys on selvästi suurempi kuin yleensä 1. kertaluvun suodatuksessa, mikä johtuu vaimentimen impedanssiominaisuuksista.

Diskanttielementin impedanssi oletettiin 6 Ω:ksi, mikä on kotikäytössä hyvin tavallinen arvo. R_3:lle käytetty arvo 6 Ω ei siten vielä kohtuuttomasti kasvata kokonaistehonkulutusta, sillä yleensä äänisignaalin tehosta vain pieni osa osuu diskanttialueelle. (Sarjavastuksia on tapana käyttää muutenkin elementtien herkkyyksien tasaamisessa.)

Alaäänielementin indeksi (kuva 6.3c) on kolmen ja puolen luokkaa koko keskiäänialueella. Kuvaan 6.2c verrattuna lasku on tuntuva, mutta toisalta tulos ei ole vielä mikään huono, sillä tälläkin tasolla saadaan smv-virtojen vaimennussuhteeksi vielä 13 dB. Diskanttielementin indeksi on jakotaajuudella myöskin vain kohtalainen, mutta paranee nopeasti taajuuden noustessa. Indeksejä on tietenkin mahdollista parantaa kasvattamalla vastusarvoja, mutta tässä voidaan edetä vain niin pitkälle, kuin jännitteen ja tehonkulutuksen nousu sallii.

Aiemmin selitetty smv-peräisten häiriöiden kumoutumismekanismi toimii myös kuvan 6.3a järjestelmässä. Kuvitelkaamme, että diskantti-

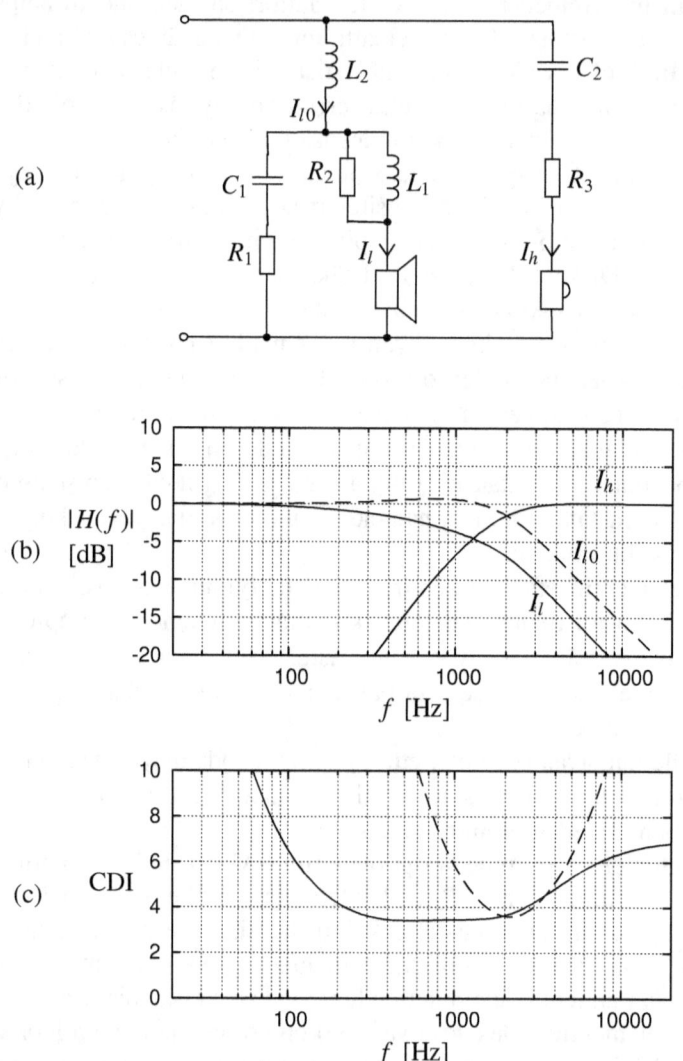

Kuva 6.3. a) Kaksitiejärjestelmä, jossa on sovellettu kuvan 6.1b vaimennus-periaatetta. b) Kuvan a kytkennän virtakäyttäytyminen 2 kHz:n jakotaajuuden tuottavalla esimerkkivirityksellä käyttäen kuvan 6.2 mukaisia asetuksia sekä li-säksi arvoja: $L_2 = 1{,}2$ mH, $C_2 = 4$ µF ja $R_3 = 6$ Ω. Bassoelementin impedanssi oli 8 Ω ja diskantin 6 Ω. c) Vastaavat virtaohjausindeksit alaäänielementille (ehyt viiva) sekä diskanttielementille (katkoviiva).

elementti synnyttää syystä tai toisesta smv-pulssin, jonka taajuussisältö osuu jakotaajuuden ympäristöön, missä CDI on pienimmillään. Tämä smv tuottaa diskanttihaaraan tietyn virtapulssin, joka kulkee sellaisenaan myös kelan L_2 läpi vaimenninpiirille. Mikäli diskanttielementin ja vaimennetun alaäänielementin virtataajuusvasteet ovat ko. taajuusalueella yhtenevät, kuten on tarkoitus, elementtien tuottamat äänipulssit ovat samanlaiset mutta vastakkaisvaiheiset kumoten toisensa. Ainakin diskanttielementin osalta smv-häiriöiden vaimennus voi siten olla todellisuudessa parempi kuin mitä CDI-käyrästä on pääteltävissä.

Toiseen suuntaan tilanne ei ole kuitenkaan yhtä edullinen. Kuvitelkaamme saman smv-pulssin syntyvän nyt basso-keskiäänielementissä. Ko. taajuuksilla C_1 vastaa likimain oikosulkua ja L_1 likimain katkosta L_2:en ja C_2:en sarjakytkennän vastatessa puolestaan likimain oikosulkua. Jäljelle jäävä lähes resistiivinen verkko johtaa alaäänielementin läpi kulkevan virtapulssin kyllä suurimmaksi osaksi diskanttihaaran kautta, mutta osa virrasta pääsee myös R_1:en kautta. Koska alaäänielementin herkkyys on lisäksi suurempi kuin diskantin, kumoutuminen jää tässä tapauksessa vain osittaiseksi.

Alakeskiäänialueen häiriövaimennukseen kumoutumisilmiö ei sen sijaan tuo parannusta lainkaan, koska elementtien vasteet eivät näillä taajuuksilla normaalisti enää muistuta toisiaan. Itse asiassa voi käydä jopa päin vastoin, mikäli diskanttielementin vaihevaste on resonanssin vuoksi sopivasti kääntynyt.

Kotelon ollessa pieni tai kapea suuntausportaan kompensointitarve saattaa ulottua osittain diskanttielementin toistamalle alueelle. Tästä huolimatta diskantti ei välttämättä tarvitse omaa korjauspiiriä, sillä resonanssitaajuuden läheisyydestä johtuva virtavasteen nousu voi olla jo riittävä kattamaan tarpeen.

Nykyisin saatavissa standardidiskanttielementeissä sekä jännite- että virtaherkkyys ovat yleensä joitakin desibelejä suurempia kuin vastaavanlaatuisissa basso-keskiäänisissä. Diskantin antotaso on tarkoitettu pudotettavaksi kohdalleen vastusten avulla. Virtaohjauksen kannalta tämä on valitettavaa, sillä mitä enemmän tasoa joudutaan alentamaan, sitä enemmän ohjaustila kärsii. (Sama pätee myös pyrittäessä jänniteohjaukseen.) Elementissä ei muutenkaan kannattaisi olla turhaa herkkyyttä, sillä smv-äänien osuus ja siten myös CDI-tarve kasvavat voimakertoimen kasvaessa tai liikemassan pienentyessä. Mikäli suoraan sopivaa diskanttia ei voida järjestää, lisätään kuvan 6.3a kytkentään ohitusvastus C_2:en ja R_3:n yhteisestä navasta elementin alempaan napaan. Parin desibelin vaimennus on vielä mahdollista toteuttaa ilman vakavaa CDI:n alenemaa.

Esimerkkinä käytetyt komponenttiarvot ovat vain suuntaa antavia, eikä niitä ole tarkoitettu sellaisenaan mihinkään käytännön sovellutukseen. Optimointi on aina suoritettava piirisimulaattorin avulla sen jälkeen, kun elementtien impedanssit on mallitettu luvussa 7 esitettyjä periaatteita käyttäen.

6.2 Kaksoiskelakorjaus

Edellä kuvattu kompensointiperiaate saattaa heikentää keskiäänialueen smv-häiriövaimennusta liikaa varsinkin, jos kompensoinnin tarve on suuri. Vasteiden oikaisuun tarvitaan siis jokin virtaohjausta vähemmän haittaava menetelmä. Mahdollisuuden tähän tarjoaa kahden puhekelan käyttö.

Kuvassa 6.4 on esitetty peruskytkennät ylätaajuuksien vaimentamiseen kaksiosaisen puhekelan avulla.* Kuvan a topologialla saadaan aikaan 6 dB:n porras olettaen, että puhekelat A ja B ovat voimakertoimeltaan samat. Vaimennustarpeen ollessa pienempi voidaan kelan L_1 rinnalle kytkeä vielä vastus. Vaimennustarpeen ollessa suurempi kuin 6 dB voidaan käyttää kuvan b variaatiota, joka sisältää edelliseen verrattuna yhden kondensaattorin ja vastuksen lisää.

Toiminta perustuu siihen, että alataajuuksilla signaalivirta johdetaan kokonaisuudessaan molempien puhekelojen läpi, kun taas ylätaajuuksilla vain B-kela saa virtaa A-kelan jäädessä passiiviseksi. Alataajuuksilla L_1 on johtava C_1:en ja C_2:en ollessa käytännöllisesti katsoen

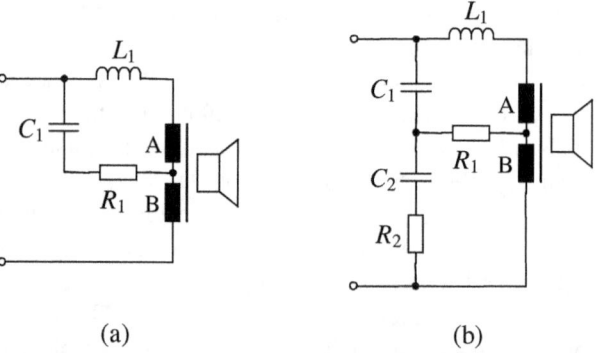

(a)   (b)

Kuva 6.4. Kaksoiskelaelementillä toteutettuja nousevan vasteen kompensointikytkentöjä. a) 6 dB:n ylätaajuusvaimennukseen sopiva topologia. b) Yli 6 dB:n ylätaajuusvaimennukseen sopiva topologia.

* Patentti vireillä

virrattomia. Ylätaajuuksilla sen sijaan L_1 ja puhekela A ovat lähes virrattomia virran kulkiessa C_1:en kautta. Kuvassa a kaikki virta johdetaan aina kelan B kautta, kun taas kuvassa b osa virrasta ohjataan ylätaajuuksilla myös kelan B ohi.

Vastus R_1 valitaan niin suureksi, kuin kokonaisimpedanssin nousu sallii. R_2:en avulla asetetaan b-tapauksessa haluttu ylätaajuusvaimennus. Kompensointifunktio muotoillaan kokeilemalla erilaisia arvoja muille komponenteille. Simuloinnissa on huomattava, että puhekelojen virrat ovat erivaiheisia, joten niiden summaa on tarkasteltava vektorimuodossa.

Toimintaperiaatteen etuna on, että kelan B näkemä impedanssi on a-kuvan tapauksessa ääretön ja b-tapauksessakin käytännössä hyvin suuri. Kelan A näkemä impedanssi on myös suhteellisen suuri lukuun ottamatta L_1:en ja C_1:en resonanssitaajuuden ympäristöä, jossa impedanssi on alimmillaan R_1:en suuruinen tai b-kuvan tapauksessa vähän pienempi.

Kuvassa 6.5 on esitetty esimerkkikäyriä kummastakin piirivaihtoehdosta. Ehyet viivat kuvaavat versiota a ja katkoviivat versiota b, joka on tässä asetettu 10 dB:n vaimennukselle. Vertailun helpottamiseksi versio a on viritetty korjausfunktioltaan ja kokonaisimpedanssiltaan kuvaa 6.2 vastaavaksi.

Kahden tai kolmen muuttujan avulla kompensointikäyrän muotoa ei tietenkään voida määrätä aivan vapaasti, mutta kuvan a vaimennusportaat ovat jyrkkyydeltään useimpiin tarkoituksiin sopivia. Resistanssit on valittu siten, että nimellisillä 4 Ω:n puhekelaimpedansseilla kokonaisimpedanssi (kuva b) ei tässäkään ylitä 16 Ω:a.

Puhekelan A virtaohjausindeksin (kuva c) minimi on a-tapauksessa 3 ja b-tapauksessa 3,7. R_2:en ja C_2:en ollessa käytössä pääsee kuitenkin myös B-kelan kautta kulkemaan pieniä smv-virtoja, mikä heikentää hieman b-vaihtoehdon todellista häiriövaimennusta. Ohjaustila on siten kokonaisuutena ottaen melko riippumaton käytetyn ylätaajuusvaimennuksen suuruudesta.

Kuinka suuri A-kelan indeksin sitten on oltava verrattuna jakamattomaan puhekelaan (kuten esim. kuvassa 6.1b), jotta smv-haitat pysyisivät samalla tasolla? Vastaus ei ole aivan itsestään selvä, mutta voidaan löytää esim. seuraavassa esitettävällä päättelyllä.

Ensin on syytä huomata, että sähkömotoriset voimat ovat molemmissa kelan puolikkaissa aina yhtä suuret siitä huolimatta, että kela A ei ylätaajuuksilla enää osallistu ohjelmasignaalin toistoon. Erilaisista rooleistaan huolimatta kelat A ja B ovat siten smv-virtojen vaimennustarpeeltaan saman arvoisessa asemassa.

Olettakaamme sitten, että samaa elementtiä käytetään sekä kuvan

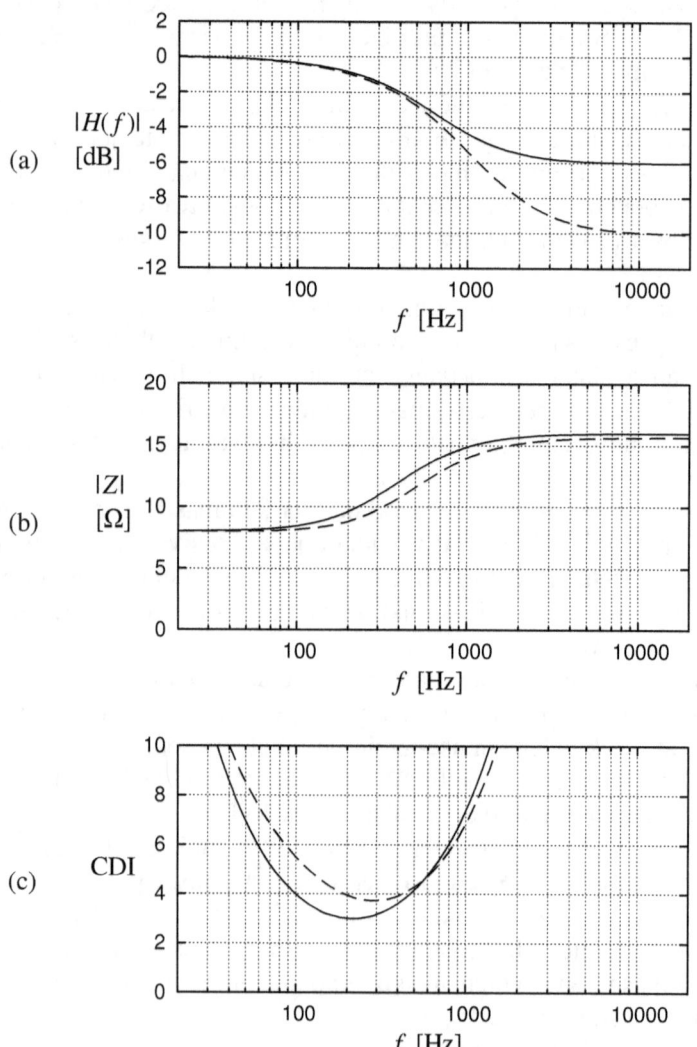

Kuva 6.5. Ehyet viivat: kuvan 6.4a korjaimen käyttäytyminen esimerkkiarvoilla R_1 = 12 Ω, C_1 = 120 μF ja L_1 = 4,5 mH ja puhekelan impedanssilla (4+4) Ω. Katkoviivat: kuvan 6.4b korjaimen käyttäytyminen arvoilla R_1 = 21 Ω, R_2 = 42 Ω, C_1 = 120 μF, C_2 = 30 μF ja L_1 = 4 mH ja puhekelan impedanssilla (4+4) Ω. a) Vaimennusfunktiot (puhekelojen virtojen vektorisumma). b) Ulos päin näkyvä impedanssi. c) Puhekelan A virtaohjausindeksi.

6.4a että kuvan 6.1b kytkennöissä (puhekelat sarjassa) samalla taajuudella ja äänenvoimakkuudella. Oletamme lisäksi, että molemmissa tapauksissa elementin smv-peräiset äänet kuuluvat yhtä voimakkaina, eli äänenlaatu on sama. Jaetun puhekelan tapauksessa vain A-kela kykenee tuottamaan smv-ääniä, joten sen läpi kulkevan smv-virran on oltava kaksinkertainen verrattuna kokonaisen puhekelan tapaukseen. Molemmissa tapauksissa kalvon liikenopeus sekä myös virran synnyttämä magneettivuo ovat samoja, joten A-kelaan indusoituu puolet kokonaisen puhekelan tapauksen liike-smv:stä samoin kuin induktanssismv:stä. Jotta tämä puolikas smv saisi aikaan em. kaksinkertaisen virran, sitä vastustavan impedanssin (mukaan lukien puhekelan osuus) on oltava 1/4 vertailutapaukseen nähden. Kelan A näkemän Thévenin-impedanssin täytyy näin ollen olla alle 1/4 vertailutapauksen arvosta.

Virtaohjausindeksein ilmaistuna tämä tarkoittaa, että B-kelan toimiessa puhtaasti virtaohjattuna A-kelan CDI-arvoksi riittää hieman alle puolet vastaavan kokonaisen puhekelan CDI:stä. Näin siis esimerkiksi edellä A-kelalle saatu minimiarvo 3 vastaa jakamatonta puhekelaa käytettäessä suunnilleen arvoa 7. Parannus kuvan 6.2c tulokseen nähden on siis huomattava, ja varsinkin yli 1 kHz:n taajuuksilla jaetun puhekelan ohjaustilaa voidaan pitää jo erinomaisena.

Kelojen samanarvoisuudesta johtuen myös B-kelalle riittää puolet vastaavan kokonaisen puhekelan indeksistä, mikäli A-kela voidaan tulkita täysin virtaohjatuksi.

Kaksoiskelaperiaate säilyttää paremmuutensa myös monitiejärjestelmässä. Kuva 6.6a esittää samanlaista kaksitiekytkentää kuin kuva 6.3a, paitsi että vaimennin on kuvan 6.4a mukainen.

Käytämme vaimentimelle samaa esimerkkiviritystä kuin kuvassa 6.5 ja muille komponenteille samoja arvoja kuin kuvassa 6.3. Virtojen välinen jakotaajuus, jonka on tarkoitus vastata myös paineiden jakotaajuutta, tulee siten tässäkin 2 kHz:n kohdalle (kuva 6.6b), ja erot kuvaan 6.3b nähden ovat muutenkin hyvin vähäisiä.

A-kelan virtaohjausindeksi (ehyt viiva kuvassa c) on vain hivenen alempi kuin edellä ilman diskanttihaaraa. Minimi 2,8 voidaan tässäkin kertoa reilulla kahdella, joten parannus kuvaan 6.3c nähden on melkoinen. B-kelan indeksi (katkoviiva) saavuttaa miniminsä jakotaajuuden tuntumassa, mutta pysyy kuitenkin turvallisissa lukemissa ottaen huomioon, että A-kelan indeksi on näillä taajuuksilla jo voimakkaassa kasvussa.

Pieni osa A-kelan aikaan saamasta smv-virrasta pääse kulkemaan diskanttihaaran kautta mutta lähinnä vain jakotaajuuden ympäristössä, missä L_2 ja C_2 resonoivat. Koska tämä osavirta on kuitenkin B-kelassa vastakkaissuuntainen diskanttielementtiin nähden, kumoutumisilmiö

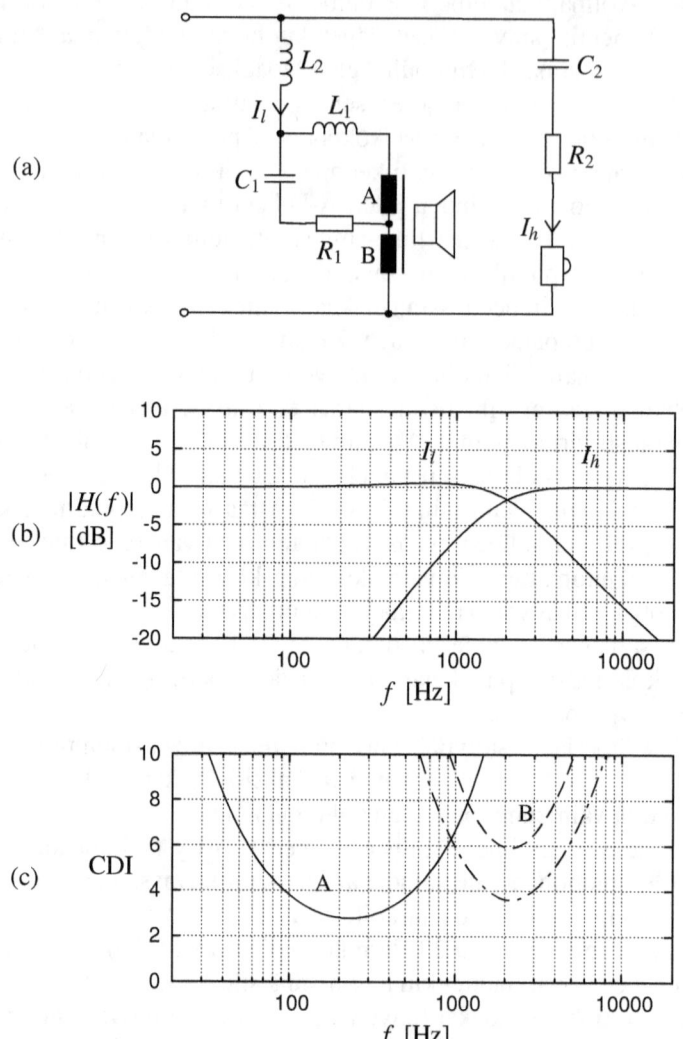

Kuva 6.6. a) Kaksitiejärjestelmä, jossa on sovellettu kuvan 6.4a vaimennus-periaatetta. b) Kuvan a kytkennän virtakäyttäytyminen 2 kHz:n jakotaajuuden tuottavalla esimerkkiviritykselä käyttäen kuvassa 6.5 mainittuja asetuksia se-kä lisäksi arvoja: $L_2 = 1,2$ mH, $C_2 = 4$ µF ja $R_2 = 6$ Ω. Bassoelementin impe-danssi oli $(4+4)$ Ω ja diskantin 6 Ω. c) Vastaavat virtaohjausindeksit puheke-loille A (ehyt viiva) ja B (katkoviiva) sekä diskanttielementille (pistekatkoviiva).

yhdessä A-kelan suurehkon CDI:n kanssa pitää haittavaikutukset hyvin kurissa.

B-kelan aikaan saama smv-virta puolestaan kulkee kokonaan diskanttielementin kautta, joten kumoutuminen auttaa vielä parantamaan B-kelan ennestään varsin hyvää vaimennussuhdetta. Taajuuden pienentyessä yhä suurempi osa B-kelan aiheuttamasta smv-virrasta tosin kulkee myös A-kelan kautta, mikä periaatteessa lisää tämän virran häiriövaikutusta. B-kelan CDI kasvaa kuitenkin pienillä taajuuksilla niin suureksi, että mitään vakavaa lisähaittaa ei tätäkään kautta pääse syntymään.

Diskanttielementin CDI (pistekatkoviiva) sen sijaan ei poikkea juuri mitenkään kuvassa 6.3c esitetystä, sillä vaimenninlohko mukaan lukien kaikki impedanssit ovat samoja. Myös kumoutumisilmiö vaikuttaa molemmissa tapauksissa aivan vastaavasti parantaen jakotaajuuden läheisyydessä muuten keskinkertaista vaimennussuhdetta. Diskanttielementin kannalta on siten samantekevää, kumpaa kompensointiperiaatetta basso-keskiääniselle käytetään.

Alaäänihaaran ja ylä-äänihaaran virtojen vaihe-ero on esimerkkitapauksissa jakotaajuudella reilut 100°. Kokonaisimpedanssin huippuarvoksi tulee esitetyllä tavalla 20 Ω. Vaihe-eroa kasvattamalla on mahdollista vielä kohentaa hieman virtaohjausindeksejä, mikäli impedanssin kasvu jakotaajuuden lähistöllä voidaan hyväksyä.

Kuvan 6.4b piirivaihtoehdon käyttäminen ei tuo mitään oleellisia muutoksia edellä kuvattuun esimerkkiin nähden. B-kelan ohitushaaran lisääminen luo kylläkin uuden kulkureitin smv-virroille suurilla taajuuksilla, mutta toisaalta mahdollisuus käyttää suurempaa R_1:en arvoa korvaa tämän menetyksen.

Jaetun puhekelan impedanssin mallitus piirisimulointia varten on hieman tavallista mutkikkaampaa, koska kelojen toiminta ei ole toisistaan riippumatonta ja koska esim. sarjaan kytkettyjen kelojen kokonaisimpedanssi ei ole sama kuin osaimpedanssien summa. Vaikeuksia mallitukseen ei kuitenkaan liity, kuten luvussa 7 näemme.

Kaksiosainen puhekela voidaan käämiä kahteen tai neljään kerrokseen ilman, että kelan alareunasta tarvitsee tehdä ulosottoja. Kaksikerroksinen rakenne voidaan toteuttaa niin, että molempien puolikkaiden langat kiertävät vieri vieressä koko matkan ensin ylhäältä alas ja sitten toista kerrosta takaisin. 4-kerrosrakennetta käytettäessä olisi kuitenkin eduksi sijoittaa puolet kerroksista kelarungon sisäpuolelle ja puolet ulkopuolelle. Näin voidaan parantaa tukevuutta ja ehkäistä mahdollisen mekaanisen hystereesin syntymistä ylimpien kerrosten lankojen ja kelarungon välille.

Kaksoiskelakompensointi häviää pelkällä RCL-piirillä suoritettavalle kompensoinnille lähinnä vain hinnassa. Kalliimman elementin ohella jaetun kelan menetelmä vaatii enemmän kapasitanssia. Äänenlaadun ollessa päällimmäisenä tarvittava 100 µF:n luokkaa oleva kapasitanssi olisi kuitenkin toteutettava muovieristeisenä, vaikka halpuuteen pyrittäessä elkot voivat tuntua houkuttelevilta. Kustannuksia voidaan minimoida karsimalla kaikki ylimääräinen jännitteen kesto.

6.3 Korjaus kahdella elementillä

Edellisen kaltainen kompensointi voidaan toteuttaa myös käyttämällä kahta yksikelaista elementtiä. Kyseessä on tällöin itse asiassa virtaohjaukseen sopiva muunnos nykyisin paljon käytetystä eräänlaisesta ½-tie-periaatteesta (1,5-tie, 2,5-tie jne.), jossa suuntausportaasta johtuva matalien taajuuksien vajaus tasoitetaan ikään kuin ylimääräisellä vain muutamaan sataan hertsiin asti toistavalla elementillä. Kaksi elementtiä vaatii tietenkin enemmän tilaa ja tulee kalliimmaksi kuin yksi, mutta menetelmällä on myös etunsa.

Kuva 6.7 esittää edellisestä kappaleesta tuttuja piiriratkaisuja sovellettuna erillisille elementeille. Katkoviivalla merkityt komponentit voidaan ottaa käyttöön tarvittaessa aivan kuten edelläkin. Perustoiminnaltaan menetelmä ei poikkea mitenkään aiemmasta, joten samat esimerkkiarvot soveltuvat myös tähän.

Merkittävä ero on kuitenkin siinä, että A-elementin sulkeutuessa ylätaajuuksilla myös sen sähkömotoriset voimat katoavat samalla, sillä kelat toimivat nyt toisistaan riippumattomasti. Toisin kuin kaksoispuhekelan kanssa, A-elementin näkemällä impedanssilla ei siten ole ylätaajuuksilla enää merkitystä. Vastaavasti kaksitiejärjestelmässä toimiessaan A-elementti ei kykene aiheuttamaan juuri minkäänlaisia smv-

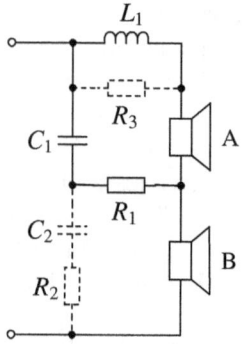

Kuva 6.7. Nousevan taajuusvasteen kompensointi kahta elementtiä käyttäen. C_2 ja R_2 tarvitaan vaimennettaessa ylätaajuuksia enemmän kuin 6 dB. R_3 otetaan käyttöön vaimennustarpeen ollessa pienempi kuin 6 dB.

virtoja diskanttihaaran sisältävään silmukkaan.

Varsinkin epäherkkiä elementtejä käytettäessä kuvan 6.7 periaatteella voidaan päästä todella hyvään lopputulokseen. Olettakaamme esimerkiksi, että kuvien 6.1b ja 6.7 kytkennöissä käytetään muuten samanlaisia elementtejä, mutta jälkimmäisessä puhekelojen kierrosmäärät ja samalla niiden resistanssit on puolitettu. (Liikeimpedanssi ja induktiivinen impedanssi putoavat tällöin itse asiassa neljäsosaan alkuperäisestä.) Molemmilla tavoilla saadaan näin sama äänenvoimakkuus samalla virralla ja miltei samalla syöttöteholla. Niillä taajuuksilla, joilla A-elementti on vielä täysin aktiivinen, siltä vaadittava liikepoikkeama on kuitenkin vain puolet kuvan 6.1b elementtiin verrattuna. Koska voimakerroin on myös puolittunut, A-elementin liike-smv on vain 1/4 vertailuarvosta. Olettaen B-elementin toimivan ilman kompromisseja A-elementin smv-virta saa olla puolestaan kaksinkertainen vertailutapaukseen nähden, jotta häiriöäänet pysyisivät samalla tasolla. A-elementin sisältävän virtasilmukan impedanssi saa siten olla 1/8 kuvan 6.1b vastaavasta impedanssista äänenlaadun pitämiseksi tältä osin ennallaan. Induktanssi-smv:tä tarkasteltaessa päädytään myöskin samaan tulokseen.

Ohjaustila huononee kuitenkin nopeasti, jos elementtien kokoa pienennetään tai voimakerrointa kasvatetaan. Jos edellisessä esimerkissä elementtien A ja B säteilypinta-ala ja samalla liikemassa puolitetaan kaiken muun säilyessä ennallaan, herkkyys ja hyötysuhde eivät juuri muutu, mutta liikepoikkeama ja liike-smv kaksinkertaistuvat. A-elementin sisältävän silmukan impedanssi on siten myös kaksinkertaistettava (1/8:sta 1/4:aan), mikäli liike-smv:n haitat halutaan pitää edelleen samana.

Säteilyn lähtiessä kahdesta pisteestä on syytä kiinnittää huomiota myös tehovasteen käyttäytymiseen sekä vaihesovitukseen. Mikäli elementtien keskikohtien välinen etäisyys on toistettavaan aallonpituuteen nähden merkittävä, tehovasteeseen syntyy ko. taajuuksilla periaatteessa 3 dB:n alenema verrattuna tilanteeseen, jossa äänilähteiden välinen etäisyys on mitätön. Tällainen tehovasteen notkahdus voidaan ehkäistä tai ainakin minimoida sijoittamalla elementit mahdollisimman lähekkäin.

Vierekkäin sijoittaminen on välttämätöntä jo senkin takia, että itse kompensointi toimisi tarkoitetulla tavalla. Niillä taajuuksilla, joilla A-elementin tuottama säteily on vielä merkittävää, sen vaiheen olisi pysyttävä oikeassa suhteessa B-elementin säteilyyn nähden. Jotta vaiheiden epätarkkuus ei toisi liikaa epätarkkuutta kokonaisamplitudiin, elementtien etäisyysero kuulijaan nähden ei saisi ylittää kymmenesosaa aallonpituudesta.

7
MALLITUS JA SIMULOINTI

Tietokoneella tehtävä simulointi on yleensä välttämätöntä sovitettaessa kaiutinelementtejä toisiinsa tai muokattaessa niiden vasteita virtaohjausjärjestelmissä. Huolellisella mallituksella ja sopivilla työkaluilla kaiuttimen sähköinen sekä myös akustinen käyttäytyminen voidaan ennakoida varsin luotettavasti ja näppärästi. Piirien toiminta riippuu aina niin oleellisesti käytettyjen elementtien ominaisuuksista, että mihinkään yleispäteviin laskentakaavoihin tai nyrkkisääntöihin ei koskaan kannata turvautua.

Koko suunnitteluprosessi voidaan hoitaa käyttäen tavallista yleiskäyttöistä piirisimulointiohjelmaa, jonka lisäksi voidaan tarvita vielä jokin matemaattisia operaatioita ja graafista tulostusta suorittava työkalu. Tavanomaiset jänniteohjausperiaatteelle rakentuvat kotelon ja jakosuodattimen mitoitusohjelmat, jotka ymmärtävät vain tiettyjä kytkentöjä ja vain tietyllä tavalla, eivät ole tarpeitamme ajatellen mitenkään hyödyksi.

Piirisimulaattoreista, jotka ovat enimmäkseen erilaisia SPICE-johdannaisia, on saatavana myös harrastelijoille sopivia ilmaisversioita. Joissakin tapauksissa piirikuvauksen voi syöttää vielä perinteiseen tapaan tekstimuotoisena verkkolistauksena, mutta monet simulaattorit hyväksyvät nykyään vain graafisella muokkaimella laaditun piirikaavion. Molemmissa esitystavoissa on omat etunsa, joten valinta kannattaa tehdä omien tarpeiden ja mieltymysten mukaan. Vastaavasti eroja on myös siinä, ovatko tulokset saatavissa luettavana listana vai pelkästään binaaritiedostona. Tekstimuotoinen tulostus on tarpeen, jos tuloksia halutaan käsitellä muilla ohjelmilla.

Taannoin ongelmana ollut simulointien kaatuminen suppenemisvaikeuksiin on nykyisin melko harvinaista, mutta piirisimulaattoreiden omat tulostenkatseluliittymät ovat usein hyvin vikaisia tai mukautumattomia tai niistä puuttuu tarvittavia ominaisuuksia, joten ulkopuolisen piirto-ohjelman käyttö on suositeltavaa. Näitäkin on saatavissa sekä vapaasti että maksullisena.

7.1 Pientaajuusmallitus

Elementin liikeimpedanssi, joka syntyy mekaanisen liikkeen välityksellä, voidaan mallittaa analogian ansiosta puhtaasti sähköisellä sijaiskytkennällä. Muuntajan välityksellä tämä malli voidaan skaalata myös siten, että sen sähköiset suureet vastaavat suoraan järjestelmän mekaanisia suureita. Tällaisella vastaavuusmallinnuksella on mahdollista tutkia erilaisten mekaanisten ratkaisujen vaikutuksia kaiuttimen vasteeseen sekä impedanssiin.

Vapaasti tai suljetussa kotelossa olevan elementin liikeimpedanssi on esitetty mekaanisten parametrien avulla yhtälössä (3.8). Vastaava 2. asteen impedanssifunktio saadaan aikaan myös rinnakkaisresonanssipiirillä (kuva 2.4a), jonka impedanssi on lausekkeen (2.18) mukainen. Merkitsemällä ko. lausekkeet yhtäsuuriksi saadaan:

$$\frac{(Bl)^2}{m} \cdot \frac{s}{s^2 + \dfrac{b}{m}s + \dfrac{k}{m}} = \frac{1}{C} \cdot \frac{s}{s^2 + \dfrac{1}{RC}s + \dfrac{1}{LC}} \qquad (7.1)$$

Yhtälön toteutumiseksi kaikkien kertoimien on oltava samat vasemmalla ja oikealla puolella. Näin saadaan yhtälöryhmä:

$$\frac{1}{C} = \frac{(Bl)^2}{m} \quad , \quad \frac{1}{RC} = \frac{b}{m} \quad , \quad \frac{1}{LC} = \frac{k}{m} \qquad (7.2)$$

joka antaa ratkaisuksi:

$$C = \frac{m}{(Bl)^2} \quad , \quad R = \frac{(Bl)^2}{b} \quad , \quad L = \frac{(Bl)^2}{k} \qquad (7.3)$$

Sijaiskytkennässä tarvittava kapasitanssi on siis suoraan verrannollinen liikemassaan, resistanssi on kääntäen verrannollinen hidastinvakioon ja induktanssi on kääntäen verrannollinen jousivakioon.

Kuva 7.1 esittää näin saatavaa elementin pientaajuusmallia. Datalehdissä käytetyillä parametreilla ilmaistuna $k = 1/C_{ms}$, $b = R_{ms}$ ja m

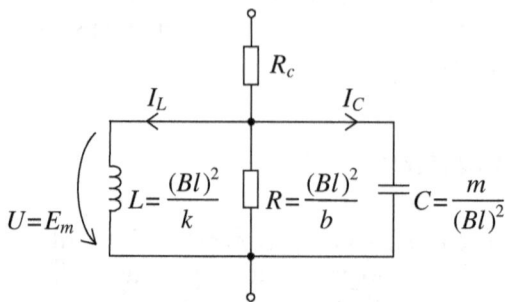

Kuva 7.1. Vapaasti tai suljetussa kotelossa olevan elementin sähköinen sijaiskytkentä pienillä taajuuksilla. R_c =puhekelan tasavirtaresistanssi. L, R ja C mallittavat liikeimpedanssia. Virta I_C ilmaisee saatavan akustisen paineen. I_L ilmaisee liikepoikkeaman.

= Mms (perusyksiköiksi muutettuna). k ja b riippuvat käytetystä kotelosta ja vaimennusaineesta, ja varsinkin b:n arvoa on usein vaikea tietää ennakolta, joten käytännössä R, C ja L joudutaan määrittämään sovittamalla mitattu ja simuloitu impedanssikäyrä toisiinsa. Jos ilmoitetuilla parametreilla saatava impedanssikäyrä kuitenkin poikkeaa olennaisesti vastaavasta mitatusta käyrästä, on jotakin oltava vialla.

Rinnakkaisresonaattorin yli oleva jännite U vastaa liikeimpedanssin aiheuttamaa jännitehäviötä eli liike-smv:tä (E_m), joka on suoraan verrannollinen kalvon nopeuteen. Kondensaattorin C kautta kulkeva virta I_C, joka on puolestaan suoraan verrannollinen U:n derivaattaan (yhtälö (b9) liitteessä B), kuvaa näin ollen kalvon kiihtyvyyttä. Tästä saadaan hyödyllinen tulos:

Kalvon kiihtyvyys, joka ilmaisee saatavan akustisen paineen (lukuun ottamatta suuntausportaan ja muiden epäideaalisuuksien vaikutusta), saadaan selville yksinkertaisesti monitoroimalla liikeimpedanssia kuvaavan resonanssipiirin kondensaattorin virtaa. Tämä virta vastaa elementin akustista käyttäytymistä niin taajuus- kuin aikatasossakin.

Tarkoitusta varten ei siten tarvitse laatia erillisiä mallituspiirejä.

Kahden tai useamman elementin yhteisvastetta voidaan simuloida vastaavasti summaamalla ao. kondensaattoreiden virrat (herkkyyksillä painotettuna). Taajuusanalyysissä summaus on muistettava tehdä osoitinlaskentana, ellei asiaa hoideta jo itse piirillä.

Mikäli elementtien välillä on etäisyyseroista johtuvia viive-eroja, nämä voidaan huomioida vastaavalla tulosten jälkikäsittelyllä. Jos viive-ero on T ($T > 0$), taaemman elementin vastetta kuvaavan osoittimen vaihekulmasta on vähennettävä kulma $2\pi f T$ eli $360° \cdot f T$.

Kelan L kautta kulkeva virta I_L on puolestaan suoraan verrannollinen nopeuden aikaintegraaliin eli liikepoikkeamaan. Soveltamalla liitteessä B esitettyä perusyhtälöä (b12) sekä yhtälön (3.8) yhteydessä jo todettua riippuvuutta $V = j\omega X$ saadaan:

$$U = BlV = Blj\omega X = j\omega L I_L \qquad (7.4)$$

joten

$$X = \frac{L}{Bl} I_L \qquad (7.5)$$

Tuloksen avulla on helppo tutkia esim. milloin elementin lineaarinen liikevara ylittyy.

Mikäli piirisimulaattorissa ei ole saatavana suoraan passiivikomponenttien läpi kulkevia virtoja, ne voidaan mitata jännitelähteiden avulla. Tällöin kohtaan, josta virta halutaan mitata, sijoitetaan nollan suuruinen jännitelähde, joka ei vaikuta piirin toimintaan, mutta jonka virtaa voidaan monitoroida.

Yhtälön (7.1) vasen puoli esitti liikeimpedanssia E_m/I. Koska $E_m = BlV$ ja $I = F/(Bl)$ (yhtälöt (3.7) ja (3.1)), saadaan: $E_m/I = (Bl)^2 V/F$. Jakamalla yhtälön (7.1) vasen puoli tekijällä $(Bl)^2$ sijaiskytkentä saadaan näin mallittamaan suoraan nopeuden ja ajovoiman välistä riippuvuutta V/F. Yhtälön ratkaisuksi tulee tällöin:

$$C = m \ , \quad R = \frac{1}{b} \ , \quad L = \frac{1}{k} \qquad (7.6)$$

Kapasitanssi vastaa nyt suoraan massaa, resistanssi hidastinvakion käänteislukua ja induktanssi jousivakion käänteislukua. Tulos pätee kuitenkin vain lukuarvoille perusyksiköitä käytettäessä. Yksiköt eivät sen sijaan täsmää, koska kyseessä on vain matemaattinen analogia.

Kuva 7.2a esittää näin saatavaa mekaanisen järjestelmän sähköistä vastinetta. Kun virta I pannaan vastaamaan ajovoimaa F (1A $\leftrightarrow$ 1N), jännite U vastaa tällöin liikenopeutta V (1V $\leftrightarrow$ 1m/s).

Kuvassa b kuvan a malli on liitetty osaksi elementin sijaiskytkentää. Virtariippuva virtalähde I syöttää resonaattorille voimaa F vastaavan virran BlI_0, missä I_0 on elementin varsinainen virta. Jänniteriippuva jännitelähde E_m puolestaan kuvaa resonaattorin jännitteen U vastaavaksi liike-smv:tä edustavaksi jännitteeksi BlU. Näin saatu malli on navoista katsoen identtinen kuvan 7.1 mallin kanssa, mutta suureiden

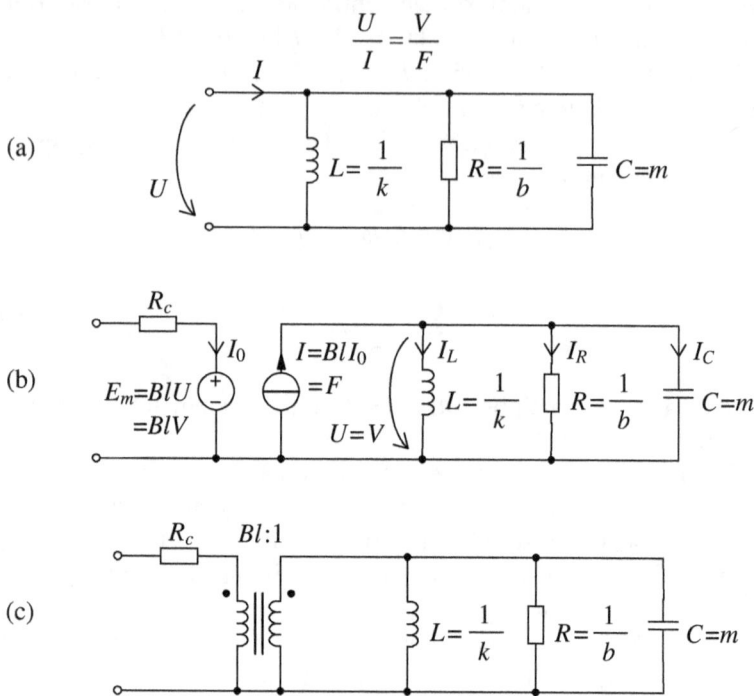

Kuva 7.2.   a) Elementin mekaanista järjestelmää vastaava sähköinen malli. Virran I vastatessa ajovoimaa F jännite U vastaa liikenopeutta V. b) Elementin sähköinen kokonaismalli, jossa on käytetty jänniteriippuvaa jännitelähdettä (E_m) ja virtariippuvaa virtalähdettä (I). R_c, I_0 ja E_m edustavat todellisia sähköisiä suureita. c) b-kuvan malli esitettynä ideaalista muuntajaa käyttäen.

välisissä analogioissa ei enää tarvita tekijää Bl.

Virta I jakaantuu kolmeen komponenttiin I_C, I_R ja I_L aivan vastaavasti, kuin voima F jakaantuu eri vastavoimia edustaviin komponentteihin yhtälön (3.2) mukaisesti. Massaan kohdistuu siis voima $I_C = mA$, jouseen kohdistuu voima $I_L = kX$ ja mekaaniseen resistanssiin voima $I_R = bV$. Liikepoikkeama X saadaan nyt (7.5):n sijaan suoraan L:n ja I_L:n tulona.

Kuvassa b käytetyt ohjatut lähteet kuuluvat piirisimulaattoreiden vakiokomponentteihin, joten mallituskytkentä on helppo laatia, kunhan jännitteiden ja virtojen positiiviset suunnat valitaan oikein.

Lähteiden kytkentää ja toimintaa tarkastelemalla voidaan edelleen nähdä, että ne muodostavat itse asiassa ideaalisen muuntajan, sillä ensiöpuolen jännite on toisiopuolen jännite kerrottuna tekijällä *Bl*, ja toision virta on ensiön virta kerrottuna samalla tekijällä. Kuva c esittää siten täysin vastaavaa mallia kuin kuva b, mutta lähteiden tilalla on käytetty ideaalista muuntajaa, jonka ensiön ja toision kierrosmäärien suhde on *Bl*:1.

7.2 Analogian yleistys

Edellä selitettyä mekaanis-sähköistä analogiaa voidaan laajentaa myös järjestelmiin, jotka sisältävät useita liikkuvia massoja sekä näiden välisiä mekaanisia kytkentöjä. Virtaohjauskäytössähän ei sinänsä vaadita mitään erityisiä kotelovirityksiä, mutta joskus on tarpeen, että erilaisten rakenneratkaisujen toimivuudesta saadaan käsitys ilman, että systeemiä tarvitsee rakentaa tai hallita matemaattisesti. Mallitus saattaa myös antaa uusia ideoita niille, jotka haluavat edelleenkehittää virtaohjaussovelluksia ohi sen, mihin tässä kirjassa on päästy.

Vertaamalla kuvan 3.3b mekaanista mallia ja tämän sähköistä vastinetta kuvassa 7.2a voidaan päätellä ne yleisperiaatteet, millä mekaaninen malli on muunnettavissa suoraan sähköiseksi ilman siirtofunktioita:

- Liikkuva kappale vastaa sähköistä solmua, jonka jännite vertailupotentiaaliin (maahan) nähden vastaa kappaleen nopeutta runkoon nähden ($V \leftrightarrow U$).

- Kappaleen massa vastaa kapasitanssia ao. solmusta maahan ($m \leftrightarrow C$).

- Jousi vastaa induktanssia ao. solmujen välillä ($k \leftrightarrow 1/L$).

- Mekaaninen resistanssi vastaa konduktanssia ao. solmujen välillä ($b \leftrightarrow 1/R$).

- Kappaleeseen kohdistuva voima vastaa solmuun menevää virtaa ($F \leftrightarrow I$), ja voima, jonka kappale kohdistaa omaan massaansa, jouseen tai mekaaniseen resistanssiin, vastaa solmusta lähtevää virtaa.

Mekaaniseen malliin voi lisäksi kuulua myös vipuja, joiden vastine sähköisessä mallissa on muuntaja.

Tarkastelemme seuraavassa bassorefleksikaiutinta, joka toimii täs-

sä ainoastaan esimerkkinä mallituksen käyttökelpoisuudesta.
Kuva 7.3a selventää käytettyjä merkintöjä. m_1 on elementin liike-
massa ja m_2 refleksikanavaan mahtuvan ilman massa (tavallisesti n.
0,001 kg). S_1 on kalvon tehollinen pinta-ala ja S_2 vastaavasti refleksi-
kanavan poikkileikkauksen ala. k_1 ja b_1 ovat elementin jousivakio ja
hidastinvakio b_2:en kuvatessa kanavan virtausvastusta, joka on yleensä
hyvin pieni.

Jousivakio k_2 kuvaa elementin ja kanavan välillä vaikuttavaa ilma-
jousta kanavasta päin katsottuna. k_2 voidaan laskea pinta-alan S_2 ja ko-
telon tilavuuden V (m^3) perusteella seuraavasti:

$$k_2 = \frac{\gamma p S_2^2}{V} \tag{7.7}$$

missä p on absoluuttinen paine ($p = 100\ 000$ Pa) ja γ on adiabaattiva-
kio, jonka arvo ilmalle on 1,4.

Järjestelmän mekaaninen malli on esitetty kuvassa b. Koska kalvon
pinta-ala on suurempi kuin kanavan, kalvon poikkeama jännittää ilma-
jousta enemmän kuin kanavan ilmapatsaan samansuuruinen poikkea-
ma. Tämän vuoksi kalvoa kuvaava kappale on liitetty jouseen k_2 vi-
vulla, jonka välityssuhde vastaa pinta-alojen suhdetta. Jousi voitaisiin
vaihtoehtoisesti sijoittaa myös massan m_1 puolelle, jolloin lausekkee-
seen (7.7) tulisi vastaavasti kalvon pinta-ala.

Liikkeen positiivinen suunta on määritelty molemmille massakap-
paleille samaksi, joten refleksiaukon tuottama ääni on vastakkaisvai-
heinen kanavan ilmapatsaan kiihtyvyyteen nähden.

Massa m_2 ja jousi k_2 muodostavat myös resonaattorin (Helmholz-
resonaattori), jonka ominaistaajuus, eli kotelon viritystaajuus, voidaan
laskea kaavaa (3.5) käyttäen.

Kuva c esittää järjestelmän sähköistä mallia. Refleksimekanismia
kuvaavat piirikomponentit on liitetty elementtiä kuvaaviin piirikompo-
nentteihin muuntajalla T$_2$, jonka muuntosuhde vastaa ek. vivun väli-
tyssuhdetta. Kumpikin muuntaja voidaan esittää simuloinnissa jännite-
riippuvan jännitelähteen ja virtariippuvan virtalähteen yhdistelmänä
samaan tapaan kuin kuvassa 7.2. (Jos simulaattori ei hyväksy jännite-
lähteistä ja keloista muodostuvaa silmukkaa, voidaan ongelma kiertää
lisäämällä piiriin vaikka mikro-ohmin suuruinen sarjavastus.)

Virta I_{C1} on tässäkin suoraan verrannollinen kalvon kiihtyvyyteen
ilmaisten näin elementin tuottaman paineen. I_{C2} on vastaavasti suoraan
verrannollinen kanavan ilmapatsaan kiihtyvyyteen, jonka vastaluku il-
maisee refleksiaukon tuottaman paineen. Skaalaamalla I_{C1} ja $-I_{C2}$ vie-
lä ao. pinta-alan ja massan suhteella saadaan vertailukelpoiset signaa-

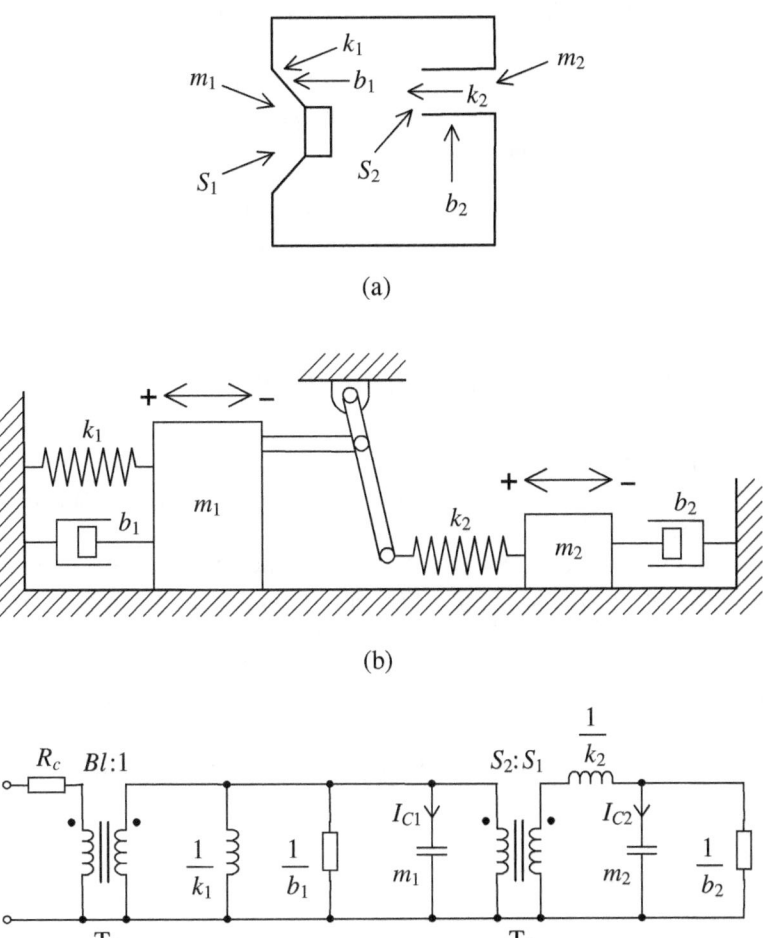

(a)

(b)

(c)

Kuva 7.3. a) Bassorefleksikaiuttimen periaatteellinen rakenne, johon on merkitty mallituksessa käytetyt mekaaniset parametrit. Alaindeksi 1 viittaa kaiutinelementtiin ja 2 refleksikanavaan. k_2 kuvaa kotelon ilmajousta refleksikanavasta katsottuna. m_2 on kanavassa olevan ilmapatsaan massa. b) Bassorefleksitoimintaa kuvaava mekaaninen malli. Vivun välityssuhde vastaa elementin ja refleksikanavan pinta-alojen (S_1 ja S_2) suhdetta. (Vivun oletetaan toimivan vain vaakasuunnassa.) c) Bassorefleksikaiuttimen sähköinen malli, joka vastaa kuvan b mekaanista järjestelmää. Muuntaja T_2 vastaa ek. välitysvipua. I_{C1} ilmaisee elementin ja $-I_{C2}$ refleksiaukon tuottaman akustisen paineen.

lit, joiden summa ilmaisee järjestelmän kokonaisvasteen. Malli on täysin yleiskäyttöinen ja sopii yhtä hyvin aika- kuin taajuustason analyyseihin. Virtojen skaalaus ja summaus voidaan toteuttaa myös piiriteknisesti tarvitsematta jälkikäsittelyä. Esimerkiksi virtariippuvat virtalähteet ovat tässä käytännöllisiä.

Kuvattu esimerkkimalli on helposti laajennettavissa myös passiivisäteilijää käyttäviin järjestelmiin. Massakappaleen m_2 ja rungon väliin lisätään tällöin vain jousi, joka kuvaa passiivielementin ripustusjäykkyyttä.

7.3 Puhekelainduktanssin mallitus

Edellä olevissa tarkasteluissa puhekelan induktanssi jätettiin huomiotta, koska olimme kiinnostuneita vain pienistä taajuuksista. Resonanssialueen mallituksessa näin syntyvä virhe onkin useimmiten mitätöntä, mutta muilla taajuusalueilla tulokset menevät metsään, ellei ko. induktanssia ole mukana. Toisaalta lähes yhtä pieleen menee myös silloin, kun käytetään pelkkää valmistajan ilmoittamaa parametriarvoa. Induktanssin häviöllisyyden vuoksi on siten välttämätöntä luoda induktiiviselle impedanssille jokin realistinen kaikilla taajuuksilla toimiva malli.

Kuva 7.4a esittää tarkoitukseen sopivaa sijaiskytkentärakennetta.

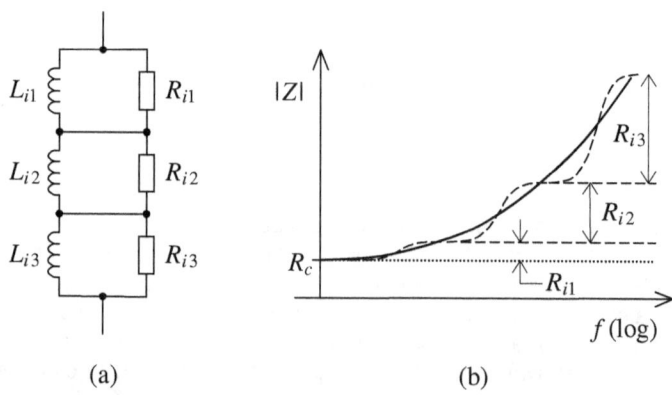

(a)   (b)

Kuva 7.4. a) Puhekelan häviöllistä induktanssia mallittava sijaiskytkentä. LR-lenkkejä otetaan mukaan tarpeellinen määrä. b) Sovituksen periaate. Katkoviivat kuvaavat pelkistettynä kunkin lenkin tuomaa lisäimpedanssia (R_c =tasavirtaresistanssi). Summaimpedanssissa yksittäiset portaat eivät enää erotu.

Induktiivinen impedanssi mallitetaan LR-lenkeistä koostuvalla ketjulla, jonka lenkkien lukumäärä voidaan valita tarpeen mukaan. Neljää lenkkiä enempää ei yleensä pitäisi tarvita. Kolme (kuten kuvassa) on usein riittävä määrä pienehköille basso-keskiääni-elementeille, ja diskanttielementtien induktanssi voi hoitua jo kahdella.

Kukin LR-lenkki tuottaa loivan porrasmaisen lisäyksen kokonaisimpedanssiin kuvan 7.4b mukaisesti. Portaan nousukohta asetetaan ao. induktanssilla ja portaan korkeus resistanssilla. Käytännössä pienitaajuisimmasta portaasta tulee yleensä matalin ja päin vastoin. Optimoimalla portaiden nousut ja korkeudet sopivasti voidaan päästä varsin todenmukaiseen lopputulokseen. Impedanssin suuntakulmaa ei tarvitse mallittaa erikseen, sillä se asettuu automaattisesti kohdalleen, kun itseisarvokäyrä on kunnossa.

Käsioptimointi sujuu parhaiten, kun mitattu ja simuloitu impedanssi näkyvät rinnakkain samassa kuvassa ja uuden korjauskierroksen ajo vaatii vain muutaman painalluksen. Jos sovitusta tehdään paljon, voidaan käyttää hyväksi joihinkin piirisimulaattoreihin sisältyvää käyränsovitusominaisuutta.

Mittauksessa tarvitaan kohtuullisen pienisäröistä siniaaltolähdettä ja sopivaa AC-volttimittaria tai oskilloskooppia. Tavallisten kannettavien yleismittareiden taajuusalue ei sen sijaan yleensä riitä tähän tarkoitukseen.

Mittaus voidaan suorittaa joko vakiovirtasyötöllä tai vertaamalla kohteen jännitettä sarjassa olevan tunnetun vastuksen jännitteeseen. Menetelmistä on kerrottu lähemmin luvussa 13. Mittausvirtaa ei kannata valita kovin pieneksi johtuen kappaleessa 4.7 kuvatusta induktanssin tasoriippuvuudesta.

Kuvassa 7.5 on esimerkki erään pienen basso-keskiääni-elementin impedanssimallituksesta. Sijaiskytkennässä (kuva a) ovat mukana sekä liikeimpedanssiin että induktanssiin liittyvät piirikomponentit. Induktanssia mallittavat komponenttiarvot eivät ole mitenkään ehdottomia, vaan riippuvat aina jossain määrin tekijän näkemyksestä ja siitä, mitä alueita halutaan painottaa.

Mallilla saavutettava tarkkuus on kaikkiin tarpeisiin riittävä, kuten kuvasta b voidaan todeta. Induktanssien L_i summa on lisäksi melko lähellä ko. elementille ilmoitettua induktanssia, joka on 0,31 mH. Kuvassa näkyy katkoviivalla myös pelkkää sarjakelaa käyttämällä saatava impedanssi, joka nousee korkeilla taajuuksilla todellisuuteen nähden yli kaksinkertaisella jyrkkyydellä.

Mallin on syytä kattaa kaikki taajuudet, joilla virta on vielä merkittävää, ei vain elementin toistettavaksi tarkoitettua kaistaa. Lisäksi ei ole pahitteeksi, että diskanttielementin malli toimii suuntaa antavasti

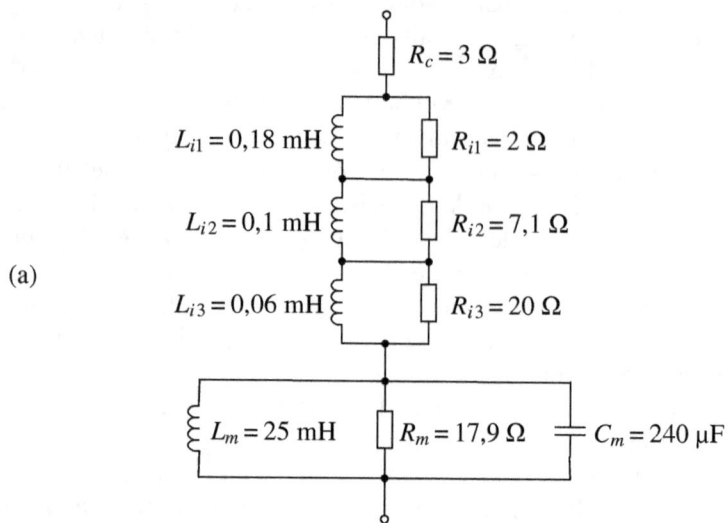

(a)

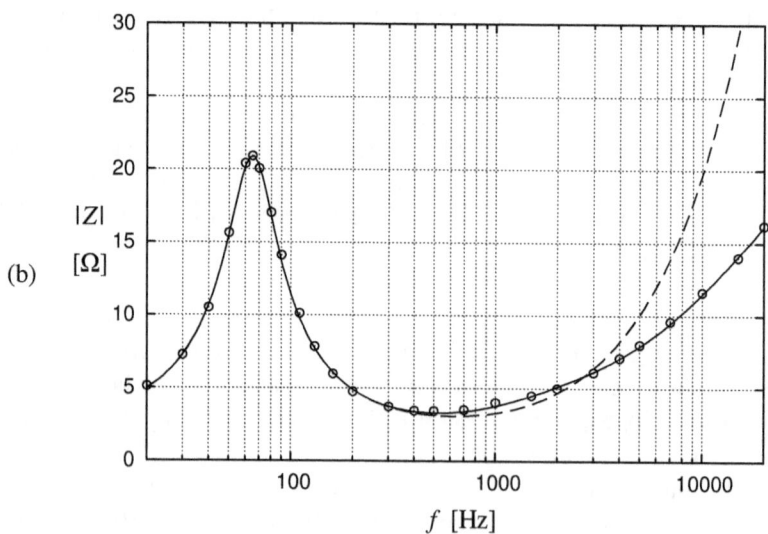

(b)

Kuva 7.5. Esimerkki erään 4½-tuumaisen elementin impedanssimallituksesta (Vifa PL11WH09-04, koteloimattomana, 50 mA:n virralla). a) Optimoitu sijaiskytkentä. Alaindeksi m viittaa liikeimpedanssiin ja i puhekelainduktanssiin. b) a-kuvan mallilla saatu sovitustulos. Pallukat edustavat mittauksia. Katkoviiva: induktanssi mallitettu pelkällä 0,31 mH:n kelalla.

vielä pari oktaavia kuuloalueen yläpuolella, sillä näin voidaan tutkia myös kaiuttimen ja vahvistimessa tarvittavan suurtaajuuskuorman välistä virtajakoa.

Mittausvälineiden puuttuessa induktanssille voidaan käyttää myös valmistajien julkaisemia käyriä (sikäli kun niistä saa selkoa). Kotelotestauksessa ja resonanssialueen virittämisessä omat impedanssimittaukset ovat sen sijaan välttämättömiä. DC-resistanssi kannattaa myöskin mitata itse, eikä luottaa pelkästään annettuun lukuun.

7.4 Kaksoiskelaelementit

Käytettäessä kaksoiskelaelementtejä kappaleessa 6.2 esitetyllä tavalla sekä aina, kun kelojen virrat ovat erisuuruisia, tarvitaan erityistä kaksoiskelarakenteelle sovellettua simulointimallia, joka ei ole kuitenkaan paljon monimutkaisempi kuin tavallisellakaan elementillä.

Virrat ja DC-resistansseissa tapahtuvat jännitehäviöt ovat molemmille keloille erillisiä. Sähkömotoriset voimat ovat sen sijaan molemmissa keloissa aina samat, koska kelojen liikenopeudet ovat samat ja induktiivinen vuon vaihtelu on molemmissa sama. Sähkömotoristen voimien tuottamisessa molemmat virrat ovat lisäksi saman arvoisia, joten ne voidaan summata yhteen virtariippuvilla virtalähteillä, ja tällä summavirralla voidaan syöttää kuvan 7.6 mukaisesti sijaiskytkentää, joka kuvaa yksittäisen puhekelan liikeimpedanssia ja induktanssia. Tämän sijaiskytkennän tuottamat smv-jännitteet kopioidaan sitten suoraan puhekeloihin jänniteriippuvilla jännitelähteillä (E_1 ja E_2).

E_m kuvaa tässä siis yhden puhekelan liike-smv:tä ja E_i yhden puhekelan induktanssi-smv:tä. Mittaukset ja sovitus voidaan kuitenkin tehdä joko vain toista tai molempia puhekeloja käyttäen. Kahdella kelalla tarkkuus on hieman parempi, koska E_m ja E_i ovat suhteellisesti suurempia.

Kuvassa 7.6 puhekelat on kytketty peräkkäin, mutta mikään ei estä käyttämästä mallia muunkinlaisissa sovellutuksissa.

Katkoviivan esittämällä yhteydellä ei ole merkitystä itse mallin toiminnalle, mutta piirisimulaattorit vaativat toimintapisteen löytämiseksi, että kaikkien solmujen välillä on oltava jokin galvaaninen yhteys, ja tämä ehto voidaan täyttää esim. katkoviivan mukaisella liitoksella.

Kondensaattorin C_m kautta kulkeva virta ilmaisee edelleen akustisen paineen ja kelan L_m virta liikepoikkeaman, koska E_m on tässäkin suoraan verrannollinen nopeuteen.

L_m, R_m ja C_m voidaan skaalata myös vastaamaan suoraan mekaani-

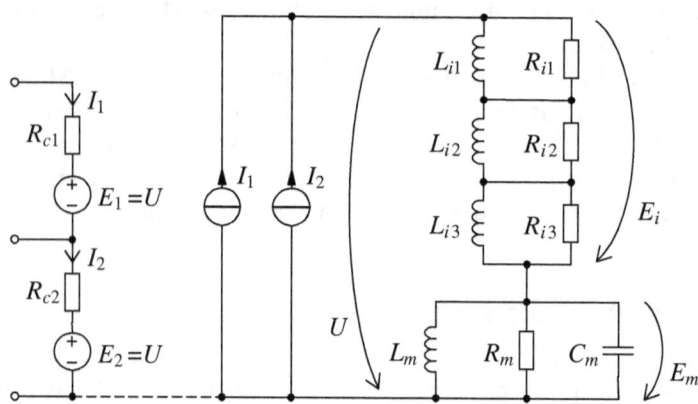

Kuva 7.6. Kaksoiskelaelementin impedanssimalli. Puhekelojen virrat I_1 ja I_2 peilataan virtariippuvilla virtalähteillä syöttämään sijaiskytkentää, joka vastaa yhden puhekelan liikeimpedanssia ja induktanssia. Kokonais-smv:tä kuvaava jännite U peilataan puolestaan puhekeloihin lähteillä E_1 ja E_2.

sia parametreja, kuten yksikelaisellakin elementillä. Tällöin ko. komponentit korvataan kuvan 7.2b mukaisella mallilla (ilman R_c:tä) Bl:n vastatessa yhden kelan voimakerrointa.

7.5 Kaksi elementtiä samassa tilassa

Kahden tai useamman elementin käyttäessä samaa kotelotilaa on katsottava sitä, ovatko niiden virrat resonanssialueella riittävän samat siihen, että keskinäistä mekaanista kytkeytymistä ei tarvitse ottaa erikseen huomioon. Suoraan sarjaan tai rinnan kytketyillä elementeillähän tämä ehto ilman muuta täyttyy, jolloin yksittäisen elementin näkemä ilmajousi on vakio ja vastaa elementtien määrällä jaettua kotelon tilavuutta. Mikäli virrat kuitenkin poikkeavat ko. alueella merkittävässä määrin amplitudiltaan tai vaiheeltaan, kuten esim. kuvan 6.7 periaatetta sovellettaessa on mahdollista, mallituksen tarkkuutta voidaan parantaa huomioimalla muiden elementtien vaikutus kunkin elementin näkemään ilmajouseen.

Kahden kartion välinen kytkeytyminen voidaan mallittaa esim. kuvan 7.7 mukaisella tavalla käyttäen kappaleessa 7.2 esitettyjä periaatteita. Kartioita vastaavien solmujen väliin on kytketty kotelon ilma-

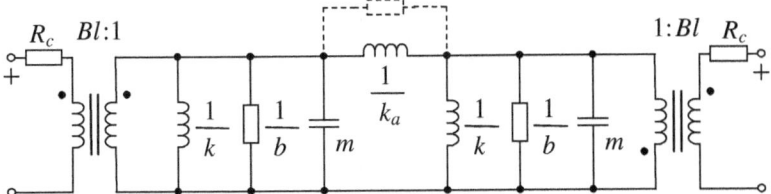

Kuva 7.7. Pientaajuusmalli kahdelle samanlaiselle ja samaa suljettua kotelo-tilaa käyttävälle elementille. k_a kuvaa kotelon ilmajousta. Toinen muuntaja on invertoiva, koska positiivinen siirtymä toisessa kartiossa aiheuttaa negatiivisen voiman toiseen. Katkoviivalla merkityllä vastuksella voidaan jäljitellä vaimen-nusaineen hidastinvaikutusta.

jousta vastaava induktanssi $1/k_a$, missä jousivakio k_a voidaan laskea kaavaa (7.7) soveltaen. k kuvaa tällöin pelkän elementin jousitusta.

Ilmajousi vaikuttaa käytännössä niin päin, että eteen suuntautuva liike toisessa kartiossa pyrkii siirtämään toista taakse päin. Tämä vas-tavaiheisuus on huomioitu kuvassa 7.7 siten, että toinen muuntaja toi-mii invertoivasti, jolloin kartioiden liikkuessa samanvaiheisesti reso-naattorien jännitteet ovat toisilleen vastakkaiset aiheuttaen virran il-majousta kuvaavaan kelaan.

Kaava (7.7) antaa usein todellisuutta suuremman jousivakion, kos-ka paineenvaihteluiden on oletettu tapahtuvan adiabaattisesti eli ilman lämmönvaihtoa. Käytettäessä runsaasti vaimennusainetta tämä oletus ei kuitenkaan päde kovin hyvin, ja siksi ko. induktanssin lopullinen ar-vo kannattaa määrittää impedanssisovituksen perusteella molempien elementtien ollessa mukana.

Vaimennusaine sekä kotelon sisäiset häviöt toimivat aina lisähidas-timena kartion liikkeelle alentaen näin mekaanista Q-arvoa. Tätä vai-kutusta voidaan mallittaa tässä tapauksessa myös katkoviivalla merki-tyllä vastuksella.

Kartioiden vuorovaikutus voidaan huomioida toisellakin tavalla: jousivoimaa kuvaavien virtalähteiden avulla. Kuva 7.8 esittää tätä pe-riaatetta kahden elementin tapauksessa.

Tiedämme, että mallin resonaattorikelan virta ilmaisee ao. jouseen kohdistuvan voiman. Kuvassa ripustusta vastaava ja ilmajousta vastaa-va induktanssi on merkitty erikseen. Jälkimmäisen läpi kulkeva virta kuvaa siten kartion ilmajouseen kohdistamaa voimaa tilanteessa, jossa toinen kartio on lepoasennossa. Kumpikin kartio joutuu kohdistamaan ilmajouseen myös toisen kartion poikkeamasta johtuvan voiman, jota

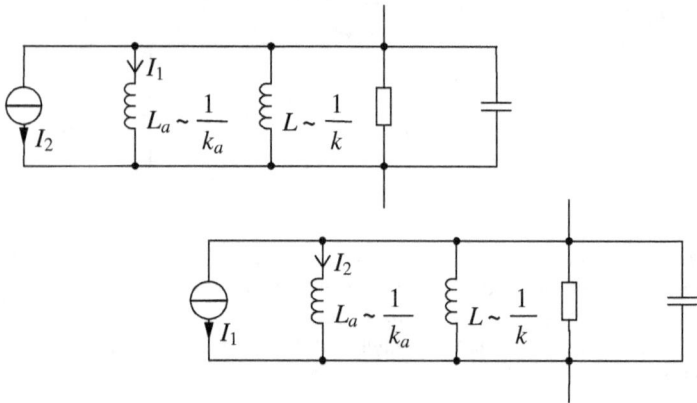

Kuva 7.8. Yhteisen ilmajousen mallitus virtariippuvien virtalähteiden avulla. Ilmajousta kuvaavan kelan L_a virta vastaa elementin oman liikepoikkeaman aiheuttamaa ilmajousivoimaa. Toisen elementin aiheuttama voima huomioidaan L_a:n rinnalle lisätyllä virtalähteellä, joka seuraa ao. elementin liikepoikkeamaa.

on kuvattu erillisellä virtalähteellä. Pinta-alojen ollessa samat myös ilmajousivoima on molemmille kartioille sama, joten virtalähde peilaa suoraan toisen elementin ilmajousikelan virtaa.

Periaate voidaan yleistää helposti useammallekin elementille. Jokaiseen resonaattoriin tarvitsee vain lisätä rinnakkain kaikkien muiden elementtien aiheuttamia ilmajousivoimia kuvaavat virtariippuvat virtalähteet.

7.6 Suodatinkelat

Passiivikaiuttimissa käytettävät suodatinkelat ovat myös aina häviöllisiä ja tarvitsevat siksi yleensä jonkinasteista mallinnusta. Kaikkien kelojen impedanssikäyttäytymistä ei kuitenkaan ole mielekästä lähteä mittaamaan, sillä puhekeloihin verrattuna poikkeamat ideaalisesta induktanssista ovat melko pieniä ja kohtuullisen hyvin ennakoitavissa.

Varsinaisen käämiresistanssin lisäksi resistiivisiä häviöitä syntyy myös magneettikentässä olevan johtimen poikittaissuuntaisista virroista sekä ferriittiä tms. käytettäessä mahdollisesti myös sydämen epäideaalisuuksista. Pienillä taajuuksilla reaktanssin ollessa pieni hallitsevana häviötekijänä on käämiresistanssi. Taajuuden ja reaktanssin kasvaessa resistanssi menettää merkitystään ja hallitsevaksi nousevat muut tekijät.

Kuvassa 7.9 on joitakin mittaustuloksia induktanssiltaan samojen (0,47 mH) mutta rakenteeltaan erilaisten kelojen häviökertoimista eli impedanssin resistiivisen ja reaktiivisen komponentin suhteesta. Itse mittausmenetelmä on kuvattu kappaleessa 13.6.

Pienillä taajuuksilla häviökerroin noudattaa melko hyvin lauseketta $R/2\pi fL$, missä R on tasavirralla mitattu resistanssi. Taajuuden kasvaessa esiin tulevat lisähäviöt sen sijaan riippuvat mm. käämin fyysisestä koosta ja muodosta.

Tapauksia A ja B vertaamalla voidaan nähdä, että langan tullessa paksummaksi (0,71 mm → 1,4 mm) häviöt suurilla taajuuksilla kasvavat. Alueella 10-20 kHz häviökerroin näyttää olevan jopa suoraan verrannollinen langan halkaisijaan, mikä kannattaa ottaa huomioon pyrittäessä resistanssin minimointiin.

Käämien muoto ei ollut tutkituissa kappaleissa kuitenkaan mitenkään optimaalinen. Yleensäkin käämin sisähalkaisija on tapana tehdä liian pieneksi ja korkeus liian suureksi. Ko. ylätaajuushäviöt nimittäin pienenevät reilusti käytettäessä leveämpää ja matalampaa rakennetta. Leveämpään kelaan ei tarvita enempää lankaa kuin saman arvoiseen kapeaan, koska silmukkapinta-alan kasvu korvaa kierrosmäärän vähe-

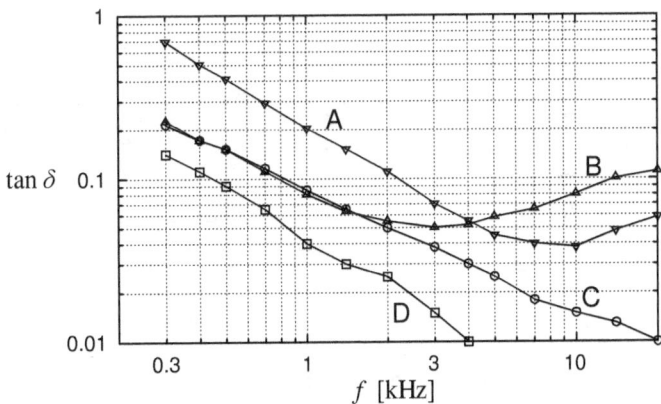

Kuva 7.9. Neljän erilaisen induktanssiltaan 0,47 mH:n kelan häviökertoimet eli häviökulmien (δ) tangentit taajuuden funktiona. A: Ilmakela 0,71 mm:n langalla, käämin sisähalkaisija 14 mm ja korkeus 21 mm, resistanssi 0,59 Ω. B: Ilmakela 1,4 mm:n langalla, käämin sisähalkaisija 28 mm ja korkeus 36 mm, resistanssi 0,19 Ω. C: Kuparifoliokela, folion leveys 30 mm, sisähalkaisija 24 mm, resistanssi 0,16 Ω. D: Ferriittirullakela 0,95 mm:n langalla, käämin sisähalkaisija 24 mm ja korkeus 19 mm, resistanssi 0,10 Ω.

nemisen.

Ilmasydämisellä kuparifoliosta käärityllä kelalla (käyrä C) ylätaajuushäviöt ovat yllättävänkin pieniä, joten rakenne näyttää toimivalta. Pienimmät häviöt saavutetaan kuitenkin ferriittikelalla (käyrä D), koska lankaa tarvitaan vähemmän ja lankaan osuva magneettivuo on vähäisempää. Ferriitin omat häviöt eivät tule näkyviin ainakaan pienillä virroilla.

Tapauksissa C ja D häviöiden mallitukseen riittää pelkkä sarjaresistanssi, jonka arvo voidaan kuitenkin asettaa hiukan DC-resistanssia suuremmaksi ylätaajuuksien huomioimiseksi. B-käyrää muistuttavissa tapauksissa voidaan ottaa mukaan myös rinnakkaisresistanssi kuvan 7.10a mukaisesti.

Kuva 7.10b esittää mallilla saatavaa häviökerrointa sovitettuna kuvan 7.9 B-käyrän dataan. Rinnakkaisresistanssia käytettäessä vastaavuus on hyvä kaikilla taajuuksilla, kun taas pelkällä sarjaresistanssilla tulos on katkoviivan mukainen.

Suurten taajuuksien lisähäviöt eivät käytännössä riipu paljonkaan induktanssiarvosta, joten tässä suhteessa kuvan 7.9 tulokset ovat melko yleispäteviä. Mallin antamat lisähäviöt saadaan induktanssista riippumattomaksi pitämällä R_p:n ja induktanssin suhde vakiona.

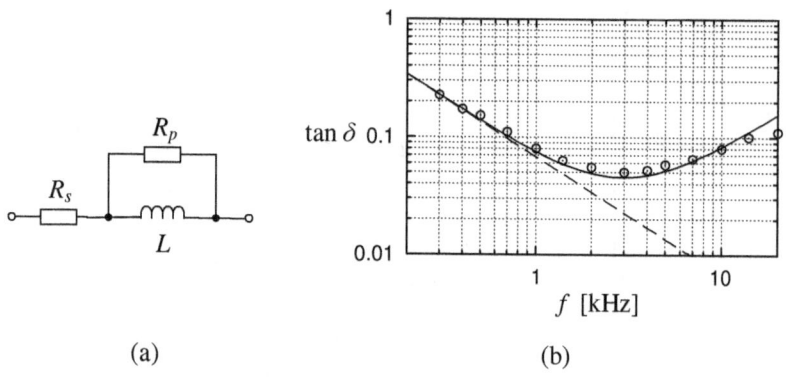

(a)   (b)

Kuva 7.10. a) Suodatinkelalle sopiva sijaiskytkentä. R_s kuvaa lähinnä käämiresistanssia ja R_p suurten taajuuksien lisähäviöitä. b) Esimerkki häviökertoimen sovituksesta a-kuvan mallilla. Mittausdatana on käytetty kuvan 7.9 B-käyrää. Ehyt viiva: $L = 0{,}47$ mH, $R_s = 0{,}2$ Ω ja $R_p = 390$ Ω. Katkoviiva: $R_p = \infty$.

7.7 Operaatiovahvistimet

Operaatiovahvistimet ovat analogiaelektroniikan peruskomponentteja, joita tarvitaan erityisesti aktiivisten suodatinpiirien toteutuksessa. Joissakin simulaattoreissa operaatiovahvistin on mukana sisäänrakennettuna komponenttina, jota voidaan käyttää tavallisten piirisymbolien tavoin antamalla vain tarvittavat parametriarvot. Mikäli tällaista mahdollisuutta ei ole, on käytettävä omaa mallia, johon voidaan sisällyttää tarpeellinen määrä ominaisuuksia.

Kuva 7.11a esittää takaisinkytkemätöntä operaatiovahvistinta, jonka sisäänmenonapojen välillä vaikuttaa differentiaalijännite U_d. Operaatiovahvistimen differentiaalinen vahvistus U_o/U_d eli raakavahvistus, jota hieman harhaanjohtavasti kutsutaan myös avoimen silmukan vahvistukseksi (Sähköinen silmukkahan on joko suljettu tai sitten sitä ei ole olemassakaan.), on tyypillisesti kuvan b mukainen.

Vahvistus pienimmillä taajuuksilla on hyvin suuri, yleensä luokkaa 100 000 eli 100 dB, mutta pienenee n. 20 Hz:n jälkeen kääntäen ver-

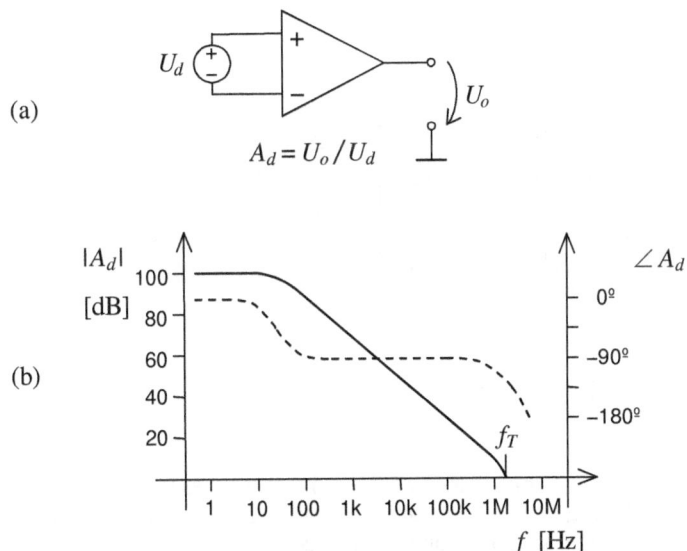

Kuva 7.11. a) Operaatiovahvistin differentiaalisen vahvistuksen (A_d) ilmaisevassa kytkennässä. Käyttöjännite oletetaan yleensä kaksipuoliseksi, jolloin U_o pääsee liikkumaan nollan molemmin puolin kuten myös sisäänmenojen jännitteet maahan nähden. b) Tyypillinen operaatiovahvistimen Bode-diagrammi. Ensimmäinen napa sijaitsee 20 Hz:n tuntumassa ja muut navat vasta megahertsien alueella.

rannollisena taajuuteen niin, että 0 dB:n raja alittuu parin megahertsin paikkeilla (kohta f_T). Toisen navan on oltava niin suurella taajuudella, että vaihejättämä on taajuudella f_T vielä alle 180°. Tällöin vahvistin on stabiili kaikilla resistiivisillä takaisinkytkennöillä.

Kuva 7.12 esittää yksinkertaista operaatiovahvistimen sijaiskytkentää, joka mallitta kuvan 7.11b taajuuskäyttäytymisen. Muita epäideaalisuuksia ei perussimulointeja tehtäessä tarvitse huomioida. Esimerkiksi nousunopeusraja (slew rate) ei tule audiotaajuuksilla vielä esille.

R_1:en ja C_1:en muodostamalla alipäästöasteella luodaan 1. napa, joka kuvaan merkityillä arvoilla tulee 20 Hz:lle. R_2:en ja C_2:en avulla muodostetaan vielä toinen napa, jonka taajuudeksi tulee tässä 2 MHz. Jälkimmäinen aste ei mainittavasti kuormita ensimmäistä, koska C_2 on vain sadasosa C_1:stä. R_1 on puolestaan asetettava niin suureksi, että alipäästöpiiri ei kuormita ulkoista kytkentää missään oloissa.

C_2:en yli olevasta jännitteestä riippuva jännitelähde E tuottaa tarvittavan vahvistuksen ja eristää ulostulon sisäänmenopiiristä. Operaatiovahvistimissa ei ole erityistä maakytkentää, mutta mallissa sellainen kuitenkin tarvitaan, koska lähteen toinen pää on yhdistettävä johonkin.

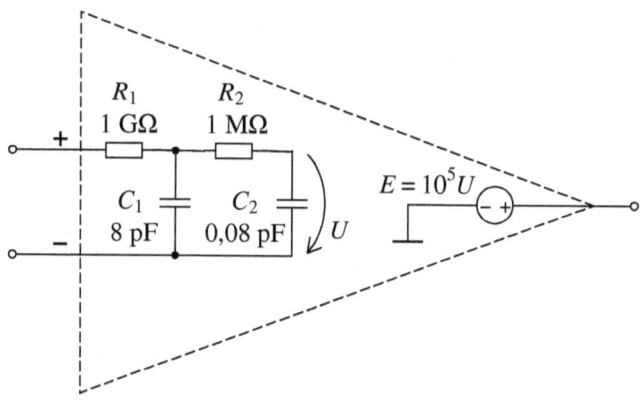

Kuva 7.12. Perussimulointeihin riittävä operaatiovahvistimen malli. R_2 ja C_2 eivät ole välttämättömiä audiotaajuuksilla mutta parantavat mallin todenmukaisuutta yksikkövahvistustaajuuden (f_T) läheisyydessä.

8

RESONANSSIN KOMPENSOINTI

Kuten kappaleessa 5.5 todettiin, mekaaniselta Q-arvoltaan suoraan virtaohjaukseen soveltuvia elementtejä ei tätä nykyä ole saatavissa, joten bassokorostuman eliminoimiseksi resonanssia joudutaan vaimentamaan joko passiivisella tai aktiivisella kytkennällä.

Passiivisella korjauksella on tietenkin se etu, että vahvistinta ei tarvitse säätää erikseen tiettyä kaiutintyyppiä varten eikä käyttäjän tarvitse olla tietoinen kaiuttimensa resonanssiarvoista. Toisaalta alarajataajuutta ei voida määrätä vapaasti ja lähdeimpedanssi kärsii myös hieman.

Aktiivinen korjaus taas sopii parhaiten järjestelmiin, joissa vahvistin ja kaiutin on kytketty kiinteästi toisiinsa. On kuitenkin täysin mahdollista rakentaa myös korjain, joka on helposti viritettävissä vastaamaan eri kaiuttimien parametreja. Etuna on suuren lähdeimpedanssin lisäksi parempi hyötysuhde resonanssialueella, koska tehoa kuluttavaa vaimenninta ei tarvita.

8.1 Passiivinen muokkaus

Passiivinen bassovasteen oikaisu voidaan toteuttaa kuvan 8.1 mukaisella periaatteella. Elementin rinnalle on kytketty sarjaresonanssipiiri, joka johtaa lävitseen osan virrasta niillä taajuuksilla, joita elementti koteloineen korostaa. Resonaattorin lisääminen nostaa järjestelmän asteluvun itse asiassa neljään, mutta alimpien taajuuksien vaimenemisjyrkkyys säilyy ennallaan eli 12 dB:ssä oktaavia kohti.

Resonaattori on viritettävä lähelle elementin resonanssitaajuutta, joten tarvittava induktanssi ja kapasitanssi ovat varsin suuria. Kelan

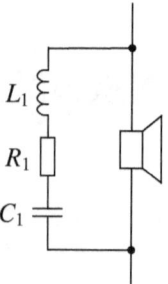

Kuva 8.1. Elementin resonanssikorostuman passiivinen kompensointi. Sarjaresonanssipiiri viritetään elementin vastehuipun kohdalle.

koko ei kuitenkaan ole ongelma, sillä käämin resistanssi, joka summautuu R_1:een, saa olla suurikin. Itse asiassa valitsemalla langan paksuus sopivasti varsinainen vastus voidaan jättää kokonaan pois.

Kondensaattorin olisi syytä olla muovieristeinen, sillä elkojen häviökerroin on niin suuri, että se vaikuttaa jo viritykseen. Bipolaarielkoille tavallinen 10%:n tarkkuuskaan ei ole tarkoitukseen aivan riittävä.

Resonaattorin impedanssi on minimissään R_1:n suuruinen ja kasvaa resonanssialueelta pois päin siirryttäessä 1. asteen jyrkkyydellä kuvassa 2.5 esitetyn mukaisesti. Bassoalueella tällainen elementin rinnalle tuleva virtapolku on kuitenkin hyväksyttävä, kuten kappaleessa 4.10 on päätelty.

Induktanssi olisi saatava niin suureksi, että resonaattori ei pienennä liikaa elementin (tai elementtien) näkemää impedanssia alakeskiäänien alueella. Toisaalta resonaattorin Q-arvoa ei kannata kasvattaa liikaa, jottei vastekäyrään syntyisi kuoppaa. Sopivat komponenttiarvot löytyvät simuloimalla sen jälkeen, kun koteloidun elementin resonanssi on mallitettu.

Menetelmä soveltuu parhaiten pienehköille Q_m-arvoille. Sopivalla elementillä ja runsaalla vaimennusaineen käytöllä voidaan päästä alle kahden oleviin arvoihin, jolloin vaimennustarve ja tarkkuusvaatimukset pysyvät vielä kohtuullisina.

Kaikkea resonanssin tuomaa korostusta ei välttämättä kannata pyrkiä tasoittamaan, koska suuntausporras-ilmiöstä johtuen bassotaajuudet joka tapauksessa vaimenevat muihin alueisiin nähden. Jättämällä 100 Hz:n paikkeille loiva korostuma saadaan osa suuntausportaasta kompensoitua jo tällä, jolloin vaimennustarve ylätaajuuksilla lievenee hieman ja herkkyys vastaavasti paranee.

Kuvassa 8.2 on simuloituja esimerkkejä passiivisen vaimennuksen soveltamisesta käyttäen pienehköille 8 Ω:n hifi-elementeille tyypillisiä

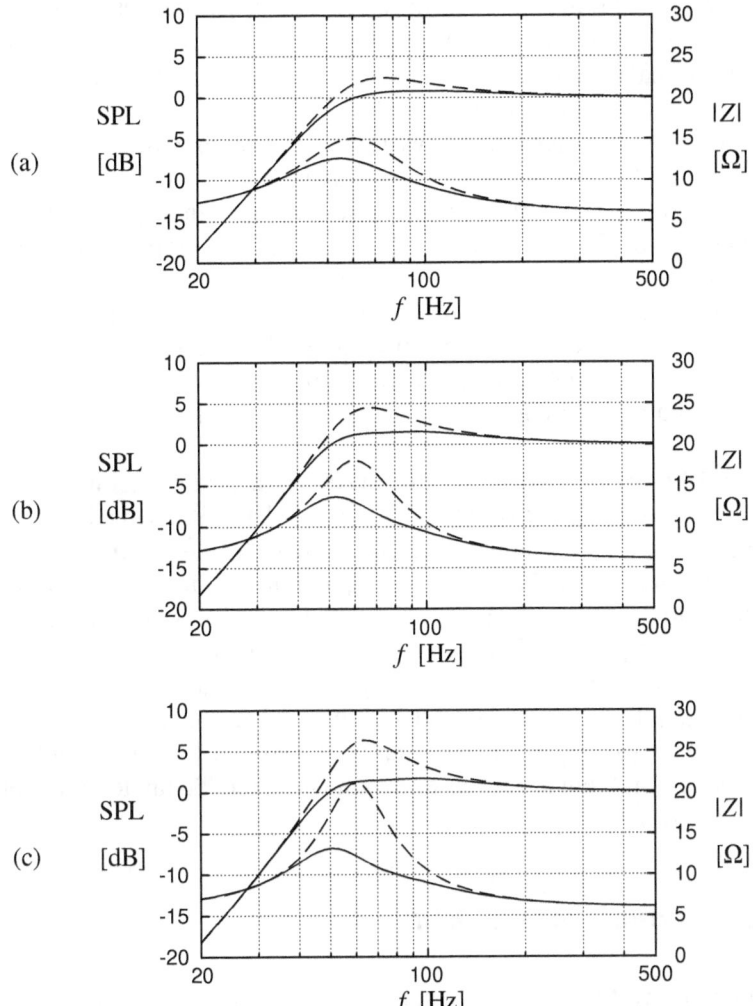

Kuva 8.2. Esimerkkejä kuvan 8.1 kytkennällä muokatuista taajuusvasteista sekä vastaavat kuormaimpedanssit kolmella eri Q_m-arvolla elementin resonanssitaajuuden ollessa 60 Hz. Elementille on käytetty kuvan 7.1 sijaiskytkentää arvoilla $R_c = 6$ Ω, $C = 350$ µF ja $L = 20,1$ mH R:n vaihdellessa. Suhteellinen äänenpainetaso (SPL) vastaa virran I_c ja syöttövirran suhdetta. Alkuperäisiä vasteita ja impedansseja on merkitty katkoviivoilla ja muokattuja ehyillä viivoilla. a) $Q_m = 1,2$ ($R = 9,1$ Ω), $L_1 = 100$ mH, $R_1 = 60$ Ω ja $C_1 = 40$ µF. b) $Q_m = 1,6$ ($R = 12,1$ Ω), $L_1 = 90$ mH, $R_1 = 39$ Ω ja $C_1 = 50$ µF. c) $Q_m = 2$ ($R = 15,2$ Ω), $L_1 = 60$ mH, $R_1 = 26$ Ω ja $C_1 = 80$ µF.

arvoja. Resonanssitaajuudeksi on valittu 60 Hz, mikä on täysin mahdollinen arvo kunnolla täytetyllä n. 10-15 -litraisella kotelolla. a-kuvassa Q_m = 1,2, b-kuvassa 1,6 ja c-kuvassa 2,0. Ainakin kaksi jälkimmäistä arvoa ovat helposti saavutettavissa nykyisilläkin elementeillä tehokasta vaimennusainetta käytettäessä.

Kaikissa näissä tapauksissa vaste saadaan varsin siistiksi ilman, että ohjaustila keskiäänialueella vielä suuresti kärsii. c-kuvan tapauksessakin, jossa L_1 on pienin, vaimennushaaran impedanssi yltää 200 Hz:n taajuudella jo 70 Ω:iin, mikä on 8,8-kertainen arvo nimellisimpedanssiin nähden.

Vastehuipun tasoittuessa myös kuormaimpedanssi tasoittuu vastaavasti. Loiva impedanssihuippu merkitsee lähes resistiivistä kuormaa, mikä on vahvistimelle helppo ajettava toisin kuin esimerkiksi bassorefleksikaiuttimet, joiden impedanssikäyrässä on kaksi korkeaa piikkiä.

−6 dB:n alarajataajuudeksi tulee (100 Hz:n tasoon verrattuna) kaikissa esimerkeissä hieman alle 40 Hz. Vain harvoilla saman kokoluokan jänniteohjatuilla kaiuttimilla päästään yhtä alas. Etuna bassorefleksiperiaatteeseen nähden on myös se, että lasku alimmalla oktaavilla tapahtuu loivemmin, jolloin vaihevaste vaihtelee myös vähemmän.

Kuvissa b ja c 100 Hz:n ympäristöön on jätetty vajaan 2 dB:n korostuma, joka voidaan siis käyttää hyväksi nousevan vasteen kompensoinnissa, jolloin virtaohjausindeksikin paranee hiukan. Resonanssin ja nousevan vasteen kompensoinnissa käytettävät kytkennät vaikuttavat muutenkin hieman toistensa toimintaan, joten käytännössä molemmat on optimoitava yhdessä.

8.2 Jännitejakomuokkain

Edellä kuvatun kaltainen resonanssialueen muokkaus voidaan suorittaa myös vahvistimen yhteyteen sijoitettavalla korjainasteella, jonka eräs toteutustapa on esitetty kuvassa 8.3. Kytkentä on toiminnaltaan passiivinen kaistanestosuodatin, jonka käytännön toteutuksessa tarvitaan tosin myös aktiivikomponentteja.

Vastus R_1 muodostaa sarjaresonanssipiirin kanssa jännitteenjakajan, jonka jakosuhde saavuttaa miniminsä $(R_2/(R_1+R_2))$ resonaattorin ominaistaajuudella, joka saadaan kaavasta (2.19). Kaukana tästä taajuudesta suhde lähestyy ykköstä.

Olettaen ulostulosta otettava virta mitättömäksi kaikkien komponenttien läpi kulkee sama virta, joten jännitteet vastaavat suoraan im-

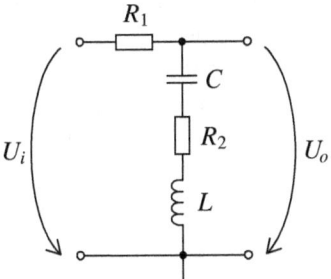

Kuva 8.3. Passiivinen 2. asteen kaistanestosuodatin, joka soveltuu ennen tehovahvistusta tapahtuvaan bassoresonanssin kompensointiin. U_i =sisäänmenojännite, U_o =ulostulojännite.

pedansseja. Kondensaattorin impedanssin ollessa $1/sC$ ja kelan impedanssin vastaavasti sL piirin siirtofunktioksi voidaan näin kirjoittaa

$$\frac{U_o}{U_i} = \frac{\dfrac{1}{sC} + R_2 + sL}{R_1 + \dfrac{1}{sC} + R_2 + sL} \tag{8.1}$$

josta saadaan laventamalla ja järjestelemällä

$$\frac{U_o}{U_i} = \frac{s^2 + \dfrac{R_2}{L}s + \dfrac{1}{CL}}{s^2 + \dfrac{R_1+R_2}{L}s + \dfrac{1}{CL}} \tag{8.2}$$

Vertaamalla yleiseen muotoon (2.17) nähdään, että navoilla ja nollilla on tässä sama ominaistaajuus. Nollien Q-arvo on sen sijaan aina suurempi kuin napojen.

Kokonaisjärjestelmän asteluvuksi tulee 4, kuten kuvan 8.1 menetelmässäkin. Suodatin voidaan kuitenkin virittää myös siten, että asteluku säilyy kahtena. Yritys ja erehdys -optimoinnin sijaan komponenttiarvot saadaan tällöin helpoilla laskutoimituksilla, mutta alarajataajuus jää hieman korkeammaksi.

Sarjassa vaikuttavien lineaaristen järjestelmien siirtofunktiot kerrotaan keskenään, joten kokonaisjärjestelmälle voidaan kirjoittaa:

$$H(s) = \frac{s^2 + \dfrac{R_2}{L}s + \dfrac{1}{CL}}{s^2 + \dfrac{R_1+R_2}{L}s + \dfrac{1}{CL}} \cdot \frac{s^2}{s^2 + \dfrac{\omega_0}{Q}s + \omega_0^2} \tag{8.3}$$

missä jälkimmäinen lauseke kuvaa kaiuttimen ylipäästöfunktiota.

Valitsemalla korjainfunktion nollien ominaistaajuus ja Q-arvo samoiksi kuin kaiutinfunktion napojen ominaistaajuus ja Q-arvo eli asettamalla $1/(CL) = \omega_0^2$ ja $R_2/L = \omega_0/Q$ ko. polynomit supistuvat pois, ja jäljelle jää toisen asteen ylipäästöfunktio, jolla on sama ominaistaajuus kuin kaiuttimella, mutta jonka Q-arvo voidaan asettaa halutuksi R_1:llä.

Merkitsemällä haluttua napojen Q-arvoa Q_P:llä saadaan tällöin:

$$\frac{R_1 + R_2}{L} = \frac{\omega_0}{Q_p}$$

$$\Leftrightarrow R_1 = \frac{\omega_0 L}{Q_p} - R_2 \qquad (8.4)$$

Induktanssin L on oltava käytännössä vähintään useita henrejä, jotta muokkaimen ottama virta pysyisi kohtuullisena. Langasta valmistettuna tällainen kela vaatisi hyvin suurta kierrosmäärää ja voisi tuottaa häiriöitä. Virtuaalitoteutuksena sen sijaan suuretkin induktanssit ovat täysin mahdollisia.

Tarkoitukseen sopiva virtuaalikelan topologia on esitetty kuvassa 8.4. Jänniteseuraajana toimivan operaatiovahvistimen lisäksi tarvitaan vain kondensaattori ja kaksi vastusta. Piirin aiheuttama sarjaresistanssi on verraten suuri, joten käytännössä muokkaimen vastus R_2 kannattaa myös sisällyttää piirillä tuotettavaan impedanssiin.

Olettaen operaatiovahvistimen toimivan ideaalisesti, jolloin sen sisäänmenojen välinen jännite on nolla, voidaan kuvan merkintöjä käyt-

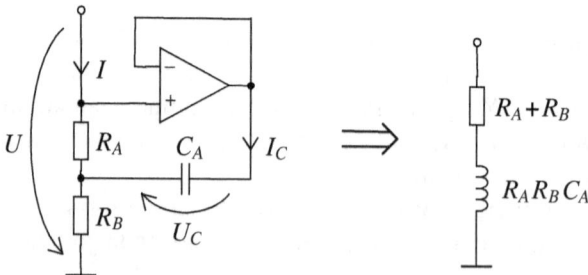

Kuva 8.4. Kytkentä maahan liittyvän induktanssin generoimiseksi. R_A ja R_B valitaan halutun sarjaresistanssin perusteella ($R_A > R_B$) ja C_A halutun induktanssin mukaisesti. Kelluva induktanssi saadaan aikaan kytkemällä vastakkain kaksi samanlaista piiriä, jolloin R_B:t voidaan yhdistää.

täen kirjoittaa:

$$\begin{cases} U = U_C + R_B \left(I + I_C \right) \\ U_C = R_A I \end{cases} \tag{8.5}$$

Käyttämällä vielä kondensaattorin virta-jännite-riippuvuutta (yhtälö (b10) liitteessä B) saadaan:

$$U = R_A I + R_B I + R_B j\omega C_A U_C \tag{8.6}$$

josta edelleen jakamalla I:llä:

$$\frac{U}{I} = R_A + R_B + j\omega R_A R_B C_A \tag{8.7}$$

Vakio-osa vastaa resistanssia ja $j\omega$:n kerroin yhtälön (b12) mukaisesti induktanssia, joten piirin tuottama induktanssi on $R_A R_B C_A$ ja sarjaresistanssi $R_A + R_B$.

Käytännön operaatiovahvistimissa raakavahvistus pienenee taajuuden kasvaessa (kuva 7.11), jolloin sisäänmenojen jännite-ero vastaavasti kasvaa. Tämän vuoksi virtuaalikelat eivät pysty toimimaan kovin suurilla taajuuksilla, vaan tietyn rajan jälkeen impedanssi muuttuu kapasitiiviseksi. Esitetyn kytkennän impedanssi säilyy induktiivisena ainakin muutamaan kilohertsiin saakka, mikä riittää tähän tarkoitukseen. Asiaan vaikuttaa myös resistanssien R_A ja R_B ero siten, että R_A kannattaa valita suuremmaksi kuin R_B.

Kuvassa 8.5 on esitetty muokkaimella saatavia bassovasteita käyttäen elementtiä, jonka resonanssitaajuus on 60 Hz (kuten kuvan 8.2 esimerkeissä) ja Q-arvo 2,5. Katkoviiva kuvaa viritystä, jossa on pyritty matalaan alarajataajuuteen ilman merkittävää korostumaa. Pisteviiva kuvaa puolestaan tavanomaista 2. asteen Butterworth-vastetta, joka saadaan aikaan ek. napojenkorvausmenetelmällä asettamalla Q-arvoksi 0,71.

Ensin mainitulla tavalla toisto ulottuu hieman alemmaksi, vaikkakin kaikkein pienimmillä taajuuksilla ero kutistuu lähes olemattomiin. Joissakin tapauksissa ja varsinkin, jos kaiutinta käytetään lähellä seinäpintoja, jälkimmäinen vaihtoehto saattaa kuitenkin olla tarkoituksenmukaisempi.

152   8 - Resonanssin kompensointi

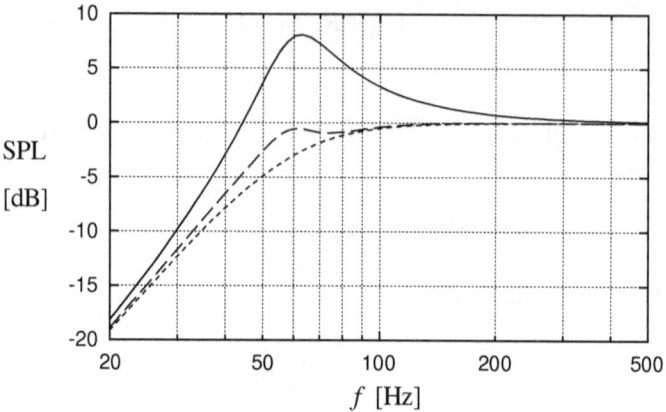

Kuva 8.5. Simuloituja esimerkkejä kuvan 8.3 muokkaimen toiminnasta. Ehyt viiva kuvaa alkuperäistä vastetta resonanssitaajuuden ollessa 60 Hz ja Q-arvon ollessa 2,5. Katkoviiva: muokattu vaste käyttäen arvoja R_1 = 100 kΩ, R_2 = 58 kΩ, C = 21 nF ja L = 300 H. Pisteviiva: muokattu vaste käyttäen arvoja R_1 = 114 kΩ, R_2 = 45,2 kΩ, C = 23,5 nF ja L = 300 H, jolloin kokonaisjärjestelmän asteluku redusoituu kahteen ja Q-arvoksi tulee 0,71.

8.3 Napojen siirto

Edellä kuvattiin jo, kuinka kumoamalla kaiutinfunktion navat voidaan saada aikaan korjattu 2. asteen kokonaisvaste. Käytetyllä kytkennällä (kuva 8.3) osoittajan ja nimittäjän vakiotermit olivat kuitenkin samat, joten korjaus voitiin suorittaa vain Q-arvolle. Käyttämällä korjainta, jonka napojen ominaistaajuus on pienempi kuin nollien, voidaan myös toistoalueen raja asettaa halutuksi asteluvun säilyessä edelleen kahtena.

Toisen asteen korjainfunktion ja kaiuttimen siirtofunktion tulo voidaan kirjoittaa yleisesti:

$$H(s) = \frac{s^2 + \frac{\omega_z}{Q_z}s + \omega_z^2}{s^2 + \frac{\omega_p}{Q_p}s + \omega_p^2} \cdot \frac{s^2}{s^2 + \frac{\omega_0}{Q_0}s + \omega_0^2} \qquad (8.8)$$

Asettamalla $\omega_z = \omega_0$ ja $Q_z = Q_0$ (kuten edellä) korjainfunktion osoittaja kumoaa kaiutinfunktion nimittäjän, jonka molemmat parametrit saadaan näin korvattua halutuilla arvoilla ω_p ja Q_p. Piiriteknisten rajoitusten vuoksi näitä arvoja ei kuitenkaan käytännössä voida valita aivan vapaasti. Kuva 8.6 havainnollistaa napojen korvautumista toistoaluetta laajennettaessa. Kuva a esittää elementin ylipäästöfunktion napakaaviota, johon kuuluu kompleksinen napapari sekä kaksi origossa olevaa nollaa. Kuvaan b on merkitty edellisten lisäksi korjainfunktion nollat, jotka tulevat päällekkäin em. napojen kanssa, sekä sen tuottamat navat, jotka ovat tässä tapauksessa reaaliset. Kuva c esittää lopputulosta, jossa uudet navat sijaitsevat lähempänä origoa kuin entiset ja ovat Q-arvoltaan pienemmät.

Kuvassa 8.7 on esitetty periaatteellisesti napojen siirron vaikutus taajuusvasteeseen. Korjaimen vasteeseen (ehyt viiva) syntyvä kuoppa kompensoi täysin kaiuttimen vasteessa (katkoviiva) olevan korostuman, ja korjaimen vahvistuksen kasvu taajuuden pienentyessä kohti ω_p:tä kompensoi kaiutinvasteen laskun tällä alueella. Korjattu vaste (pistekatkoviiva) kääntyy varsinaisesti laskuun vasta ω_p:n kohdalla, jonka alapuolella korjaimen vahvistus vakioituu. Kuvaan on merkitty myös asymptootit, joita käyrät lähestyvät kaukana rajataajuuksista.

Korjaimen toimiessa minimivaiheisesti myös kokonaisjärjestelmä säilyy minimivaiheisena, joten vaihevaste muokkautuu automaattisesti korjattua amplitudivastetta vastaavaksi.

Toistoaluetta laajennettaessa on aina otettava huomioon elementin lineaarisen liikevaran riittävyys. Taajuuden puolittuessa ja äänenpaineen pysyessä samana vaadittava liikepoikkeama nimittäin nelinkertaistuu, joten runsaasti matalia taajuuksia sisältävää ohjelmamateriaa-

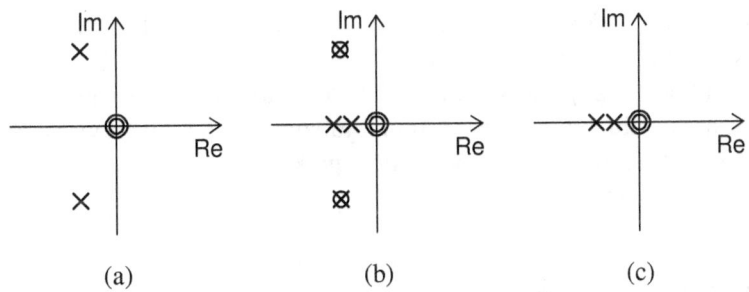

Kuva 8.6. Napojen siirron periaate. a) Alkuperäinen kaiutinfunktion napakaavio. b) Korjatun järjestelmän napakaavio, jossa korjaimen nollat osuvat päällekkäin kaiutinfunktion napojen kanssa. c) Lopullinen kaavio kumoutumisen jälkeen.

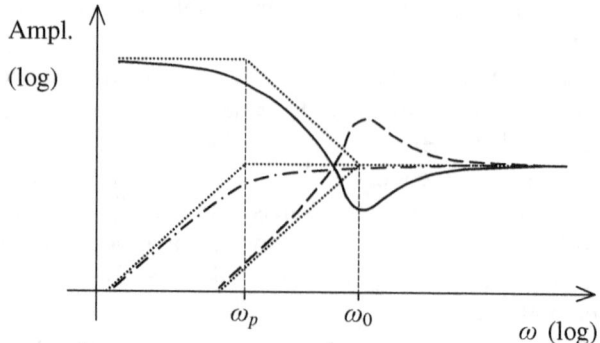

Kuva 8.7. Taajuusvasteen muokkaus napoja siirtämällä. Katkoviiva: alkuperäinen kaiuttimen ylipäästövaste. Ehyt viiva: aktiivisen korjaimen vaste. Pistekatkoviiva: lopullinen entistä alemmaksi ulottuva vaste, josta alkuperäinen resonanssi on kumottu. Käyrien asymptootit leikkaavat taajuuksilla ω_p ja ω_0.

lia käytettäessä ω_p:tä ei kannata viedä kovin kauas ω_0:sta. Toisaalta korjaimen käytännön toteutus voi vaatia, että ω_p:n on oltava tietyllä vähimmäisetäisyydellä ω_0:sta. Tällöin ω_p kannattaa asettaa reilusti haluttua ominaistaajuutta pienemmäksi ja varsinainen ylipäästösuodatus voidaan toteuttaa erillisillä kytkennöillä.

Aktiivisetkaan kompensointimenetelmät eivät sovellu kovin suurille Q-arvoille, sillä mitä kapeampi resonanssihuippu on, sitä helpommin erilaiset parametrivaihtelut voivat saada aikaan yhteensopimattomuutta korjattavan vasteen ja korjainfunktion välille. Suuria Q-arvoja ei onneksi yleensä tarvitse käyttääkään, sillä vaimennettaessa kotelo niin, että sisäinen äänitaso tulee pieneksi, myös Q voidaan saada kohtuulliseksi. Nyrkkisäännöksi käy, että ellei Q-arvo jää alle 3:n, kannattaa käyttää jotakin toista elementtiä.

Haluttaessa käyttää samaa korjainta erilaisten kaiuttimien yhteydessä pitäisi ainakin ω_z:n ja Q_z:n olla jollain tavoin säädettävissä. Seuraavassa esitettävät toteutusperiaatteet poikkeavat mm. tässä suhteessa paljon toisistaan.

8.4 Linkwitz-korjain

Napojen siirtoon perustuva toistoalueen laajennus toimii vastaavasti myös jänniteohjatussa kaiuttimessa. Tarkoitukseen on totuttu käyttämään S. Linkwitzin v. 1978 julkaisemaa kytkentää, joka on esitetty kuvassa 8.8. Tietyin varauksin piiri on käyttökelpoinen myös virtaohjauksella. Reaktiivisia komponentteja (kondensaattoreita) on 4, joten topologian asteluku on itse asiassa myös 4. Asteluku redusoituu kuitenkin 2:een merkitsemällä tietyt komponentit kuvan mukaisesti yhtäsuuriksi ja pitämällä voimassa seuraava ehto: $R_1C_1 = R_3C_3$.

Siirtofunktioksi saadaan tällöin [1]

$$\frac{U_o}{U_i} = -\frac{s^2 + \left(\dfrac{R_2}{R_1^2 C_1} + \dfrac{2}{R_1 C_1}\right)s + \dfrac{1}{R_1^2 C_1 C_2}}{s^2 + \left(\dfrac{R_2}{R_3^2 C_3} + \dfrac{2}{R_3 C_3}\right)s + \dfrac{1}{R_3^2 C_2 C_3}} \qquad (8.9)$$

Käyttämällä yhtälöstä (8.8) tuttuja symboleita saadaan korjaimen analyysiyhtälöiksi:

$$\omega_z = \frac{1}{R_1 \sqrt{C_1 C_2}} \qquad (8.10)$$

$$\omega_p = \frac{1}{R_3 \sqrt{C_2 C_3}} \qquad (8.11)$$

$$Q_z = \frac{R_1}{2R_1 + R_2} \sqrt{\frac{C_1}{C_2}} \qquad (8.12)$$

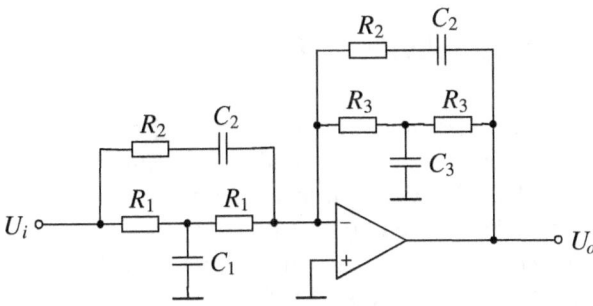

Kuva 8.8. Yleisesti tunnettu Linkwitz-nimeä kantava invertoiva napojensiirtokytkentä. Viritykseen vaikuttavien komponenttien määrä on melko suuri.

$$Q_p = \frac{R_3}{2R_3 + R_2} \sqrt{\frac{C_3}{C_2}}$$ (8.13)

Komponenttiarvojen valintaan on olemassa erilaisia proseduureja, joita ei kuitenkaan toisteta tässä.
Parametrien keskinäisiä suhteita rajoittaa epäyhtälöpari

$$\frac{\omega_p}{\omega_z} < \frac{Q_z}{Q_p} < \frac{\omega_z}{\omega_p}$$ (8.14)

jossa ainakin jälkimmäinen ehto tulee helposti vastaan. Koska Q_p:n olisi oltava reilusti pienempi kuin Q_z, ω_p voidaan monesti joutua asettamaan tarkoituksen mukaista napataajuutta pienemmäksi.

Piiriä on vaikea tehdä säädettäväksi, joten sitä voidaan käyttää lähinnä aktiivikaiuttimissa ja muissa integroiduissa laitteissa. Kriittisten komponenttien suurehko määrä ja niiden keskinäiset sovitusvaatimukset aiheuttavat lisäksi turhia epätarkkuustekijöitä, jotka voivat saada vasteen poikkeamaan 2. kertaluvun vasteesta.

Siirtofunktion edessä on miinusmerkki, joten piiri vaihtaa signaalin napaisuuden. Tämä voi olla ei-toivottu ominaisuus, ellei merkinvaihto kumoudu jossakin toisessa piirissä. Invertoiva operaatiovahvistinkytkentä kuormittaa myös sisäänmenoa, joten syöttävän lähteen olisi oltava puskuroitu.

Ei ole myöskään kovin tyylikästä käyttää 4. asteen piiritopologiaa 2. asteen siirtofunktion toteuttamiseen. Kondensaattoreita ei pitäisi olla kahta enempää. On siis tarve löytää käytännöllisempiä vaihtoehtoja piiriratkaisuksi varsinkin säätömahdollisuuksien osalta.

8.5 Aktiivitakaisinkytkentäinen korjain

Eräs tapa saada aikaan tarvittavia korjainpiirejä perustuu huomioon, että ei-invertoivan operaatiovahvistinkytkennän siirtofunktio on itse asiassa käänteisluku käytetyn takaisinkytkentäverkon siirtofunktiosta. Jos siis pystytään toteuttamaan halutun korjainfunktion $H(s)$ inverssifunktio $1/H(s)$ (mikä on joskus helpompaa), funktio $H(s)$ saadaan sijoittamalla tämän inverssifunktion toteuttava järjestelmä operaatiovahvistimen takaisinkytkennäksi.

Asia voidaan todeta liitteessä B esitetyn kaavan (b26) ja siihen liittyvän kuvan B14a avulla, kunhan summauselin vaihdetaan operaatiovahvistimien tapaan erotuselimeksi, jolloin kaavassa (b26) esiintyvä miinusmerkki vaihtuu plussaksi. H_1 vastaa tällöin operaatiovahvistimen differentiaalista vahvistusta ja H_2 takaisinkytkentäverkkoa. Tulon H_1H_2 ollessa ykköseen verrattuna hyvin suuri (koska H_1 on hyvin suuri) saadaan tulos $H \approx 1/H_2$, mikä oli todistettava.

Kuvasta 8.7 voidaan päätellä, että peilaamalla korjaimen vaste vaakasuuntaisen akselin suhteen päädytään yläkorostus-tyyppiseen vasteeseen, joka saadaan normaalista ylipäästövasteesta siirtämällä nollat origosta sopivalle taajuudelle. Vastaavan kytkennän toteuttamiseen on lukuisia mahdollisuuksia.

Tarkastelemme kuvassa 8.9a esitettyä kytkentää, joka on muunnelma yleisestä Sallen-Key-tyyppisestä ylipäästöpiiristä. Ilman vastuksia R_1 piiri tuottaa normaalin 2. asteen ylipäästöfunktion, mutta vastusten mukana olo tasoittaa vasteen matalilla taajuuksilla vakioksi, jolloin saadaan aikaan tarvittava yläkorostustoiminta (kuva 8.9b).

Piirin siirtofunktio saadaan selville soveltamalla Kirchhoffin virtalakia solmuihin a ja b ja olettamalla operaatiovahvistimen sisäänmenojen olevan samassa potentiaalissa (U_y). Kondensaattorin admittanssi (impedanssin käänteisarvo) on yleisesti Cs, joten virtayhtälöiksi voidaan kirjoittaa:

$$\begin{cases} \dfrac{U_y}{R_3} + (U_y - U_a)\left(\dfrac{1}{R_1} + Cs\right) = 0 \\[2mm] (U_a - U_x)\left(\dfrac{1}{R_1} + Cs\right) + (U_a - U_y)\left(\dfrac{1}{R_1} + Cs + \dfrac{1}{R_2}\right) = 0 \end{cases} \tag{8.15}$$

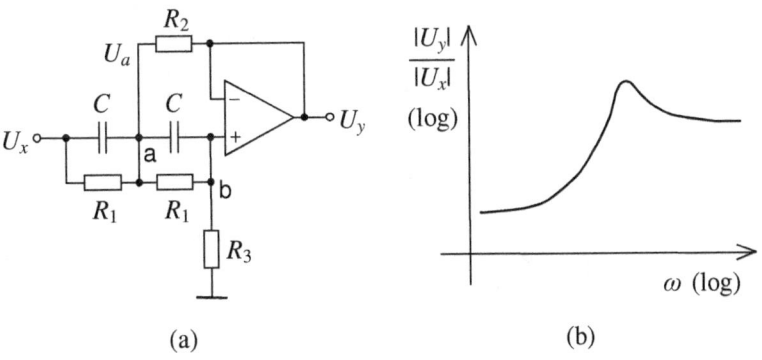

(a)   (b)

Kuva 8.9. a) Piiritopologia korjaimen takaisinkytkennässä käyttökelpoisen yläkorostusvasteen tuottamiseksi. b) Kuvan a kytkennällä saatava amplitudivaste, joka on käänteinen haluttuun korjainvasteeseen nähden.

Ratkaisemalla ylemmästä yhtälöstä jännite U_a saadaan:

$$U_a = \frac{U_y\,(1/R_3 + 1/R_1 + Cs)}{1/R_1 + Cs} \tag{8.16}$$

Sijoittamalla lauseke alempaan yhtälöön saadaan muutamien algebrallisten vaiheiden jälkeen siirtofunktion käänteisarvoksi (U_x/U_y) eli varsinaisen korjaimen siirtofunktioksi (merk. U_o/U_i)

$$\frac{U_x}{U_y} = \frac{U_o}{U_i} = \frac{s^2 + \left(\dfrac{2}{R_1 C} + \dfrac{2}{R_3 C}\right)s + \dfrac{1}{C^2}\left(\dfrac{1}{R_1^2} + \dfrac{2}{R_1 R_3} + \dfrac{1}{R_2 R_3}\right)}{s^2 + \dfrac{2}{R_1 C}s + \dfrac{1}{R_1^2 C^2}}$$

$$\tag{8.17}$$

Itse korjainkytkentä on esitetty kuvassa 8.10. Kuvan 8.9a piirillä muodostettua operaatiovahvistimen A_2 takaisinkytkentäsignaalia on vaimennettu jännitteenjakajalla R_4-R_5. Sisäänmenona toimii A_2:en ei-invertoiva otto.

Takaisinkytkentää on hieman vaimennettava stabiilisuuden turvaamiseksi, sillä suurtaajuuksilla A_1:ssä syntyvä vaihejättämä voi yhdessä A_2:en oman jättämän kanssa saada kytkennän värähtelemään. TL-072-operaatiovahvistimella tehdyn kokeen perusteella vaimennusta ei kuitenkaan tarvita paljoa. R_4:n ja R_5:en ollessa yhtäsuuria järjestelmä oli jo täysin stabiili eikä suurtaajuuskorostumaakaan esiintynyt. Vaimennin tosin kasvattaa A_2:en vahvistuskerrointa, mutta kasvu on helppo

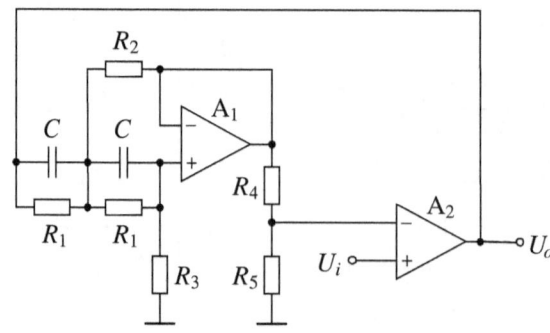

Kuva 8.10. Aktiivista takaisinkytkentää käyttävä korjain. Jännitteenjakaja R_4-R_5 mitoitetaan siten, että järjestelmä pysyy varmasti stabiilina.

kompensoida toisaalla.

Siirtofunktiosta (8.17) voidaan johtaa seuraavat analyysiyhtälöt:

$$\omega_z = \frac{1}{C}\sqrt{\frac{1}{R_1^2} + \frac{2}{R_1 R_3} + \frac{1}{R_2 R_3}} \tag{8.18}$$

$$\omega_p = \frac{1}{R_1 C} \tag{8.19}$$

$$Q_z = \frac{\sqrt{R_3(R_3 + 2R_1 + R_1^2/R_2)}}{2(R_1 + R_3)} \tag{8.20}$$

$$Q_p = \frac{1}{2} \tag{8.21}$$

Q_p on siis aina 0,5, mutta asialla ei ole suurta merkitystä, sillä ω_p joudutaan tässäkin (kuten edellä Linkwitz-korjaimessa) usein asettamaan hyvin pieneksi, jolloin alimpien taajuuksien suodatus kannattaa suorittaa muulla tavalla.

Suunnittelu voidaan tehdä seuraavaa proseduuria noudattaen:

1. Valitse ω_p siten, että

$$\omega_p < \frac{\omega_z}{2Q_z} \tag{8.22}$$

2. Valitse C:lle jokin käytännöllinen arvo, esim. 0,1 µF.

3. Ratkaise R_1 yhtälöstä (8.19).

4. Määritä R_3 kaavasta

$$R_3 = \frac{2}{C\left(\dfrac{\omega_z}{Q_z} - \dfrac{2}{R_1 C}\right)} \tag{8.23}$$

joka antaa positiivisen arvon, mikäli ehto (8.22) täyttyy.

5. Määritä lopuksi R_2 kaavasta

$$R_2 = \frac{1}{R_3 C^2 \omega_z^2 - \frac{R_3}{R_1^2} - \frac{2}{R_1}} \tag{8.24}$$

Mikäli jokin resistansseista on epäkäytännöllisen pieni tai suuri, voidaan suorittaa normaali impedanssiskaalaus, jossa C kerrotaan jollain luvulla ja R_1, R_2 sekä R_3 jaetaan samalla luvulla.

Korjainta syöttävän lähteen tulisi olla suhteellisen pieni-impedanssinen, jotta A_2:en ulostulon ja plus-sisäänmenon välisen hajakapasitanssin aiheuttama takaisinkytkentä ei saisi piiriä värähtelemään. Sisäänmenojännitteen päästessä heilahtelemaan kytkentä voi nimittäin tuottaa laidasta laitaan ulottuvaa suorakulma-aaltoa, mutta kovin suuria lähdeimpedansseja ei yleensä muutenkaan kannata käyttää juuri hajakapasitanssien kautta tapahtuvien kytkeytymisten vuoksi.

Viritys voidaan suorittaa pelkkien vastusten avulla, jolloin kondensaattoreiden peräkkäisten standardiarvojen suuresta välistä (yleensä n. +50%) ei ole haittaa. Signaali ei myöskään invertoidu eikä edellä olevaa astetta kuormiteta. Säädöt eivät ole kuitenkaan kovin lineaarisia eivätkä toisistaan riippumattomia, joten tämäkin toteutus soveltuu parhaiten kiinteärakenteisiin järjestelmiin.

Korjaimen tasajännitevahvistus on ω_z^2/ω_p^2 kerrottuna jännitteenjakajan R_4-R_5 tuomalla vahvistuslisällä eli käytännössä jopa n. 100, joten operaatiovahvistimien valinnassa joudutaan kiinnittämään huomiota niiden siirtymäjännitteisiin (offset-jännite) ja sisäänmenovirtoihin. Ainakin jälkimmäisistä päästään käytännössä eroon käyttämällä JFET-ottoisia (Junction Field Effect Transistor) vahvistimia. Ilman mitään ennaltaehkäiseviä toimia ulostuloon voi ääritapauksessa kertyä volttien luokkaa oleva tasajännite. Signaalin liikkumavaraa syövän tasajännitekertymän vuoksi ω_p:tä ei kannata asettaa kovin paljon pienemmäksi kuin (8.22) vaatii.

8.6 RCL-takaisinkytkentäinen korjain

Seuraavassa esitettävä korjaintopologia perustuu myös ei-invertoivan operaatiovahvistinkytkennän ja sen takaisinkytkentäpiirin siirtofunktioiden käänteisyyteen. Takaisinkytkentälohkon muodostaa tässä kuvan 8.11 mukaisesti passiivinen RCL-piiri, johon kuuluu yksi suuri induktanssi. Tämä induktanssi voidaan kuitenkin toteuttaa helposti aktiivikytkennällä, kuten tehtiin kappaleessa 8.2.

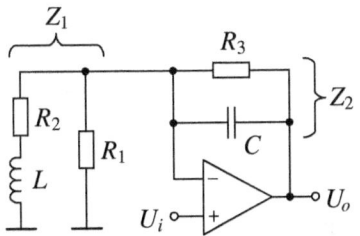

Kuva 8.11. RCL-takaisinkytkentää käyttävä korjaintopologia. Induktanssi L vaatii suuruutensa vuoksi virtuaalisen toteutuksen.

Korjaimen siirtofunktio on löydettävissä melko vaivattomasti ottamalla huomioon, että operaatiovahvistimen sisäänmenojen ollessa virrattomia takaisinkytkentäpiiri toimii vain kompleksisena jännitteenjakajana, jonka välipisteen potentiaali on U_i. Kahden impedanssin rinnankytkennän impedanssi on aina ao. impedanssien tulo jaettuna niiden summalla, joten kyseiselle jännitteenjakajalle voidaan kirjoittaa kuvan 8.11 merkintöjä käyttäen:

$$\frac{U_o}{U_i} = \frac{Z_1 + Z_2}{Z_1} = \frac{\dfrac{R_1(R_2+sL)}{R_1+R_2+sL} + \dfrac{R_3/(sC)}{R_3+1/(sC)}}{\dfrac{R_1(R_2+sL)}{R_1+R_2+sL}} \qquad (8.25)$$

Laventamalla osoittajan termit ensin samannimisiksi saadaan muutaman sievennysvaiheen jälkeen:

$$\frac{U_o}{U_i} = \frac{s^2 + \left(\dfrac{R_2}{L} + \dfrac{1}{R_1 C} + \dfrac{1}{R_3 C}\right)s + \dfrac{1}{CL}\left(\dfrac{R_2}{R_3} + \dfrac{R_2}{R_1} + 1\right)}{s^2 + \left(\dfrac{R_2}{L} + \dfrac{1}{R_3 C}\right)s + \dfrac{R_2}{CLR_3}} \qquad (8.26)$$

Nimittäjä on tekijämuodossa ilmaistuna $(s + R_2/L)\,(s + 1/(R_3 C))$, josta voidaan nähdä, että korjaimen navat ovat aina reaaliset, eli $Q_p \leq \frac{1}{2}$, missä yhtäsuuruus saavutetaan silloin, kun napataajuudet R_2/L (merk. ω_L) ja $1/(R_3 C)$ (merk. ω_C) ovat samat.

Osoittajassa olevalle s:n kertoimelle voidaan nyt kirjoittaa:

$$\omega_L + \frac{1}{R_1 C} + \omega_C = \frac{\omega_z}{Q_z} \qquad (8.27)$$

joten Q_z on parhaiten säädettävissä R_1:en avulla. Mikäli R_1 halutaan pitää positiivisena, on noudatettava ehtoa

$$\omega_L + \omega_C < \frac{\omega_z}{Q_z} \qquad (8.28)$$

joka vastaa suunnilleen edellä esiintyneitä rajoituksia (8.14) ja (8.22). Ehto (8.28) on kuitenkin kierrettävissä tekemällä R_1 negatiiviseksi. Tämä onnistuu korvaamalla ko. vastus kuvan 8.12 mukaisella konvertterikytkennällä, joka luo syöttönavan ja maan välille negatiivisen resistanssin $-R_A R_C/R_B$.

Funktio (8.26) antaa toimintaparametreiksi:

$$\omega_z = \sqrt{\frac{1}{CL}\left(\frac{R_2}{R_3} + \frac{R_2}{R_1} + 1\right)} \qquad (8.29)$$

$$\omega_p = \sqrt{\frac{R_2}{CLR_3}} \qquad (8.30)$$

$$Q_z = \frac{\sqrt{CL\left(\dfrac{R_2}{R_3} + \dfrac{R_2}{R_1} + 1\right)}}{R_2 C + \left(\dfrac{1}{R_1} + \dfrac{1}{R_3}\right)L} \qquad (8.31)$$

$$Q_p = \frac{\sqrt{R_2 R_3 CL}}{R_2 R_3 C + L} \qquad (8.32)$$

C kannattaa kiinnittää vakioksi, ja taajuuden ω_z asettaminen tapah-

$$R = \frac{U}{I} = -\frac{R_A}{R_B}R_C$$

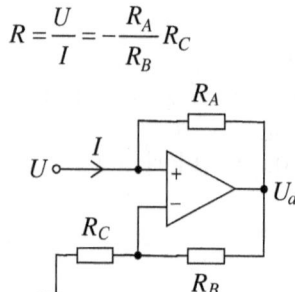

Kuva 8.12. Maahan kytkeytyvän negatiivisen resistanssin luominen. R_B:n ja R_C:n suhdetta määrättäessä on otettava huomioon jännitteen U_a liikkumavara.

tuu parhaiten L:n avulla. On kuitenkin huomattava, että L vaikuttaa samalla tavalla sekä nollien että napojen ominaistaajuuteen, joten L:n arvoa muutettaessa suhde ω_z/ω_p ja siten myös tasajännitevahvistus pysyvät ennallaan.

Induktanssin toteuttamiseen soveltuu tässä tapauksessa parhaiten kuvan 8.13 mukainen kytkentä, jossa käytetään kahta jänniteseuraajavahvistinta.

Piirin toiminta voidaan kuvata yhtälöparilla:

$$\frac{U_a}{U} = \frac{R_B}{\dfrac{1}{sC_A}+R_B} \quad ; \quad I = \frac{U-U_a}{R_A} \tag{8.33}$$

josta voidaan ratkaista syöttönavan ja maan väliseksi impedanssiksi

$$\frac{U}{I} = R_A + R_A R_B C_A s \tag{8.34}$$

Piirin tuottama induktanssi on näin ollen $R_A R_B C_A$ ja sarjaresistanssi R_A. C_A voidaan valita melko vapaasti, minkä jälkeen induktanssia voidaan säätää R_B:n avulla R_A:n vaikuttaessa myös kertoimena.

Kuvan 8.13 topologia poikkeaa kuvasta 8.4 itse asiassa vain siten, että R_A:n ajamiseen käytetään nyt puskurivahvistinta, jolloin sarjaresistanssi on pienempi ja määräytyy pelkästään R_A:sta. Myös tässä tapauksessa impedanssi säilyy induktiivisena käytännössä vain muutamaan kilohertsiin saakka ja kääntyy sen jälkeen kapasitiiviseksi, mutta näillä taajuuksilla asialla ei ole enää merkitystä.

Siirtofunktion osoittajassa esiintyvät sekä s:n kertoimessa että vakiotermissä kaikki viisi muuttujaa, joten suoraviivaisen suunnittelu-

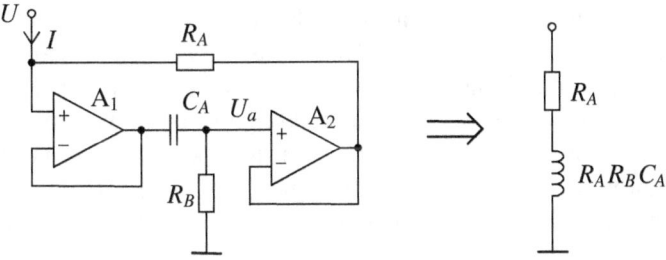

Kuva 8.13. Virtuaalikelatopologia, joka sopii kuvassa 8.11 esiintyvän induktanssin generoimiseen. A_2:en sisäänmenovirran on oltava pieni, jotta R_B:hen ei syntyisi liikaa tasajännitettä.

proseduurin kirjoittaminen ei tässä tapauksessa ole kovin yksinkertais-
ta. Komponenttiarvot voidaan kuitenkin löytää iterointimenettelyllä
yhtälöitä (8.29) - (8.32) käyttäen. On myös mahdollista laatia käyräs-
töjä, joista sopivat arvot saadaan interpoloimalla, kun vaadittuja toi-
mintaparametreja edustava piste on määrätty. Tällaiset kartat antavat
samalla kuvaa siitä, kuinka herkkiä parametrit ovat ao. vastusarvojen
muutoksille.

Kuva 8.14a esittää lopullista korjainkytkentää, jossa kela sekä tä-
hän liittyvä sarjavastus on korvattu kuvan 8.13 mukaisella vastikkeel-
la. Vakiona pidetyille komponenteille on annettu esimerkkiarvot, joita
käyttäen on laadittu kuvan 8.14b virityskäyrästö. Kyseisillä arvoilla
suhde ω_z/ω_p on n. 7 ja tasajännitevahvistus vastaavasti n. 50.

Kuvan b kartta auttaa määrittämään kuvan a piirin resistanssit R_1 ja
R_4, kun f_z ($=\omega_z/2\pi$) ja Q_z tunnetaan. Jos tarvittavat toimintaparametrit
ovat esim. $f_z = 70$ Hz ja $Q_z = 2{,}5$, saadaan käyriä lukemalla resistanssi-
arvoiksi $R_1 = 220$ kΩ ja $R_4 = 125$ kΩ.

Kartasta voidaan nähdä myös, että R_1 vaikuttaa melko vähän omi-
naistaajuuteen ja R_4 puolestaan melko vähän Q-arvoon, joten ko. sää-
döt eivät tässä tapauksessa riipu kovin paljon toisistaan.

8.7 Kaksoisintegraattorimenetelmä

Hyvä tapa saada aikaan biquad-vasteita ilman rajoituksia on käyt-
tää takaisinkytkettyä kaksoisintegraattorirakennetta, joka tuottaa sa-
malla sekä ylipäästö-, kaistanpäästö- että alipäästöfunktion. Lausek-
keita (2.5), (2.12) ja (2.16) vertaamalla voidaan nimittäin nähdä, että
mikä tahansa 2. asteen siirtofunktio on toteutettavissa summaamalla
näitä kolmea perusvastetta sopivassa suhteessa.

Kuva 8.15 esittää tällaisen järjestelmän lohkokaaviota. Ylipäästö-
vaste saadaan summaimen S_1 annosta, kaistanpäästövaste saadaan in-
tegraattoreiden välistä ja alipäästövaste vastaavasti jälkimmäisen in-
tegraattorin annosta. Painotuskertoimet c_1, c_2 ja c_3 voidaan tehdä myös
toisistaan riippuviksi tietyn säätövaikutuksen aikaansaamiseksi.

Olkoon ensimmäisen integraattorin siirtofunktio $1/(\tau_1 s)$ ja toisen
$1/(\tau_2 s)$ (kuten kuvassa). Seuraamalla signaalien kulkua integraattorei-
den ja summaimen S_1 läpi saadaan yhtälöt:

$$U_a = \frac{U_i - U_a - U_b}{\tau_1 s} \quad ; \quad U_b = \frac{U_a}{\tau_2 s} \qquad (8.35)$$

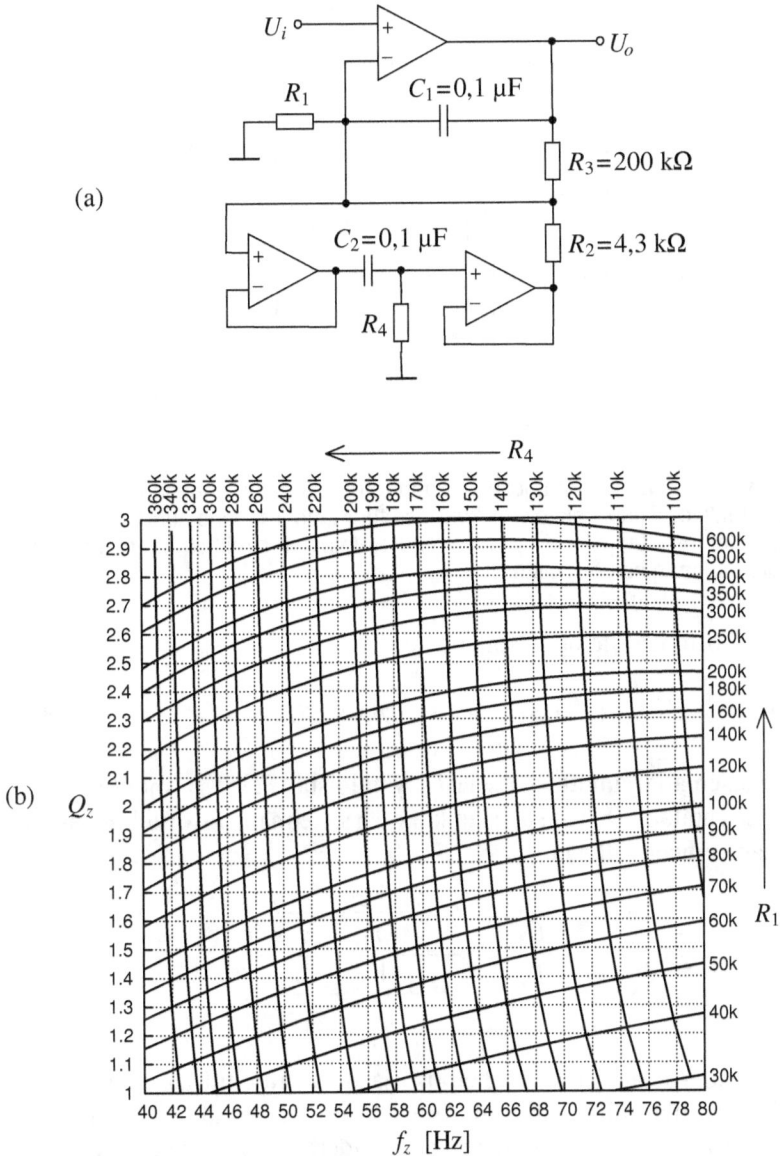

Kuva 8.14. a) Käytännön esimerkki kuvan 8.11 mukaisesta korjaimesta. R_1 määräytyy pääasiassa vaaditun Q_z-arvon ja R_4 pääasiassa vaaditun f_z-arvon perusteella. b) a-kuvan piirille laadittu virityskartta. Käyrät on saatu pitämällä toista muuttujaresistanssia vakiona ja varioimalla toista. Jokaista f_z-Q_z-paria vastaa tietty interpoloimalla saatava R_1-R_4-pari.

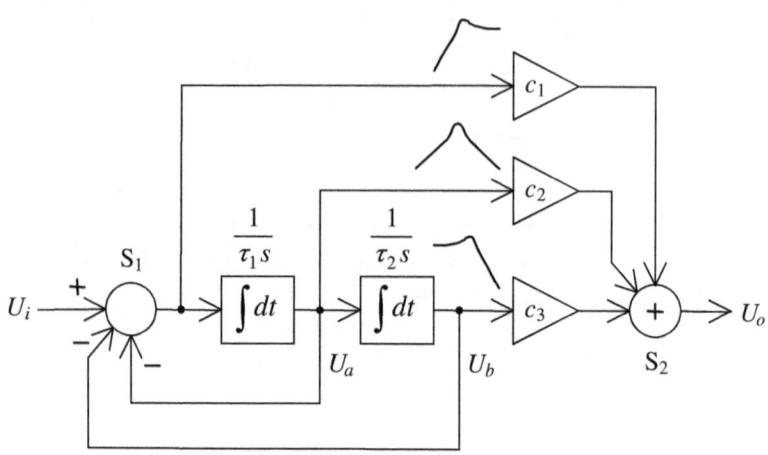

Kuva 8.15. Järjestelmä, jolla voidaan toteuttaa mikä tahansa 2. asteen suodatusfunktio. Takaisinkytketty kaksoisintegraattorirakenne tuottaa kolme perusvastefunktiota, joilla on yhteiset navat (yhteinen nimittäjä) ja joita summaamalla saadaan haluttu vaste.

Ulostulosignaalille puolestaan pätee:

$$U_o = c_1(U_i - U_a - U_b) + c_2 U_a + c_3 U_b \qquad (8.36)$$

Ratkaisemalla jännitteet U_a ja U_b yhtälöistä (8.35) ja sijoittamalla tulokset yhtälöön (8.36) saadaan koko järjestelmän siirtofunktioksi muutaman vaiheen jälkeen

$$\frac{U_o}{U_i} = \frac{c_1 s^2 + \dfrac{c_2}{\tau_1} s + \dfrac{c_3}{\tau_1 \tau_2}}{s^2 + \dfrac{1}{\tau_1} s + \dfrac{1}{\tau_1 \tau_2}} \qquad (8.37)$$

Navat voidaan määrätä helposti ja ilman rajoituksia aikavakioiden τ_1 ja τ_2 avulla, minkä jälkeen nollien asettamiseen jää vielä vapaat kädet kertoimia c_2 ja c_3 käyttäen. c_1 on pidettävä ykkösenä, mikäli yleistä signaalitasoa ei haluta muuttaa. On myös huomattava, että kaavaa (2.17) sovellettaessa s:n neliöiden kertoimien on oltava ykkösiä.
Analyysiyhtälöiksi tulee:

$$\omega_z = \sqrt{\frac{c_3}{c_1 \tau_1 \tau_2}} \qquad (8.38)$$

$$\omega_p = \frac{1}{\sqrt{\tau_1 \tau_2}} \tag{8.39}$$

$$Q_z = \frac{1}{c_2}\sqrt{\frac{c_1 c_3 \tau_1}{\tau_2}} \tag{8.40}$$

$$Q_p = \sqrt{\frac{\tau_1}{\tau_2}} \tag{8.41}$$

Tarvittaessa kiinteää tai vaihdettavien vastusten avulla viritettävää korjainta voidaan käyttää kuvan 8.16 mukaista kytkentää, joka toimii kuvan 8.15 periaatteella. A_1, R_1 ja C_1 muodostavat ensimmäisen integraattorin ja A_2, R_2 sekä C_2 toisen. A_3 vastuksineen muodostaa takaisinkytkentäsignaalien summauselimen (S_1), ja A_4 vastuksineen suorittaa loppusummauksen.

Integraattorit ovat invertoivia, joten A_1:en antojännite lisätään sisäänmenosignaaliin vähentämisen sijaan. Loppusummauksessa A_1:en jännite otetaan vastaavasti huomioon invertoituna.

Mitoitus voidaan suorittaa seuraavasti olettaen, että korkeiden taajuuksien tasoa ei muuteta:

1. Valitse resistansseille R_3 ja R_6 jotkin arvot, esim. 10 kΩ. (Syöttävän lähteen impedanssin on oltava mitätön verrattuna resistans-

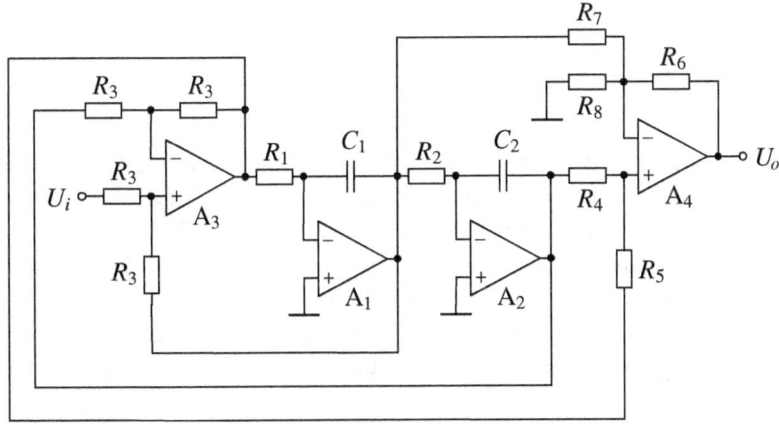

Kuva 8.16. Kuvan 8.15 kaksoisintegraattoriperiaatteella toimiva korjainkytkentä, jossa käytetään kiinteitä viritysvastuksia.

siin R_3, tai sitten sisäänmenoon liittyvän vastuksen arvosta on vähennettävä lähderesistanssin arvo.)

2. Laske τ_1 kaavasta $\tau_1 = Q_p/\omega_p$ ja valitse R_1 ja C_1 siten, että $R_1C_1 = \tau_1$.

3. Laske τ_2 kaavasta $\tau_2 = \tau_1/Q_p^2$ ja valitse R_2 ja C_2 siten, että $R_2C_2 = \tau_2$.

4. Valitse vastukset R_4 ja R_5 siten, että $R_5/R_4 = \omega_z^2/\omega_p^2$. Summa R_4+R_5 kannattaa käytännön syistä pitää välillä 5-50 kΩ.

5. Määritä R_7 kaavasta

$$R_7 = \frac{\omega_p Q_z}{\omega_z Q_p} R_6 \qquad (8.42)$$

6. Määritä lopuksi R_8 kaavasta

$$R_8 = \frac{R_4 R_6 R_7}{R_5 R_7 - R_4 R_6} \qquad (8.43)$$

joka antaa positiivisen arvon normaalisti käytettävillä Q_z/Q_p-suhteilla.

Mikäli R_7 ja R_8 eivät osu lähelle standardiarvoja, voidaan R_6, R_7 ja R_8 skaalata uudelleen kertomalla ne kaikki samalla luvulla.

8.8 Säädettävä kiinteänapainen korjain

Haluttaessa käyttää samaa napojensiirtokorjainta erilaisten kaiuttimien yhteydessä sen pitäisi olla helposti uudelleen säädettävissä vastaamaan kulloistakin tarvetta. Tavallisen kuluttajan säädettäväksi tarkoitetussa korjaimessa olisi siis ainakin parametrien f_z ja Q_z asetusten toimittava toisistaan riippumattomasti ja mieluiten suoraviivaisesti.

Kaksoisintegraattoriperiaate soveltuu hyvin juuri tähän tarkoitukseen. ω_p ja Q_p voidaan joko pitää vakioina, jolloin toiston alarajataajuus tulee riippumattomaksi kaiuttimen parametreista, tai sitten suhde ω_z/ω_p voidaan pitää vakiona, jolloin alarajataajuus seuraa ω_z-arvoa tietyn välimatkan päässä. Seuraavassa esitettävä ratkaisu toimii ensin mainitulla tavalla.

Pyrittäessä säätämään nollien ominaistaajuutta ja Q-arvoa toisistaan sekä navoista riippumattomasti on ratkaistava kaksi ongelmaa: c_3 esiintyy yhtälössä (8.38) neliöjuuren alla, joten lineaarista ω_z-säätöä haluttaessa c_3 pitäisi saada verrannolliseksi halutun taajuusarvon neliöön. Toiseksi Q_z on riippuvainen taajuussäätöön käytettävästä c_3:sta (yhtälö (8.40)), ja tämä vaikutus olisi kumottava jotenkin.

Kuvassa 8.17 on esitetty ratkaisu kertoimien järjestämiseksi siten, että sekä ω_z että Q_z ovat säädettävissä potentiometreillä lineaarisesti ja toisistaan riippumatta. Alipäästöfunktion kerroin c_3 toteutetaan kahdella samanlaisella vahvistinasteella, jolloin kummankin vaiheen kertoimeksi tulee $\sqrt{c_3}$ eli ω_z/ω_p. Vahvistimien säätöelimet on kytketty mekaanisesti toisiinsa. Kaistanpäästösignaali puolestaan johdetaan Q_z-arvoa säätävän vahvistimen jälkeen toisen ω_z-arvoa säätävän vahvistimen läpi, jolloin kerroin c_2 tulee verrannolliseksi $\sqrt{c_3}$:een ja Q_z tulee näin riippumattomaksi c_3:sta.

Q_z on kääntäen verrannollinen säätökertoimeensa c_2, mutta seikka ei muodosta käytännössä ongelmaa.

Kuvassa 8.18 on esimerkki säädettävästä korjainkytkennästä, joka perustuu yllä esitettyyn menetelmään. Annettuja arvoja käyttäen taa-

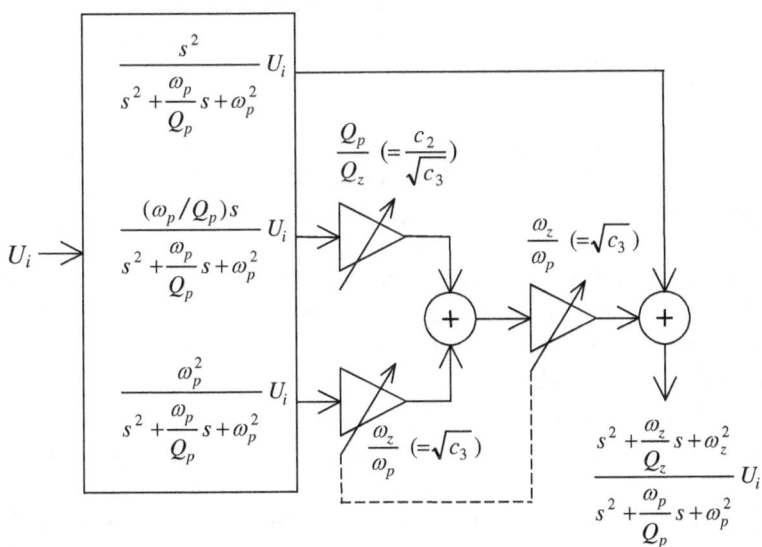

Kuva 8.17. Järjestelmä, joka mahdollistaa nollien ominaistaajuuden ja Q-arvon lineaarisen ja ortogonaalisen säädön napojen säilyessä kiinteinä. Summattavat perusvasteet voidaan toteuttaa kuten kuvassa 8.15.

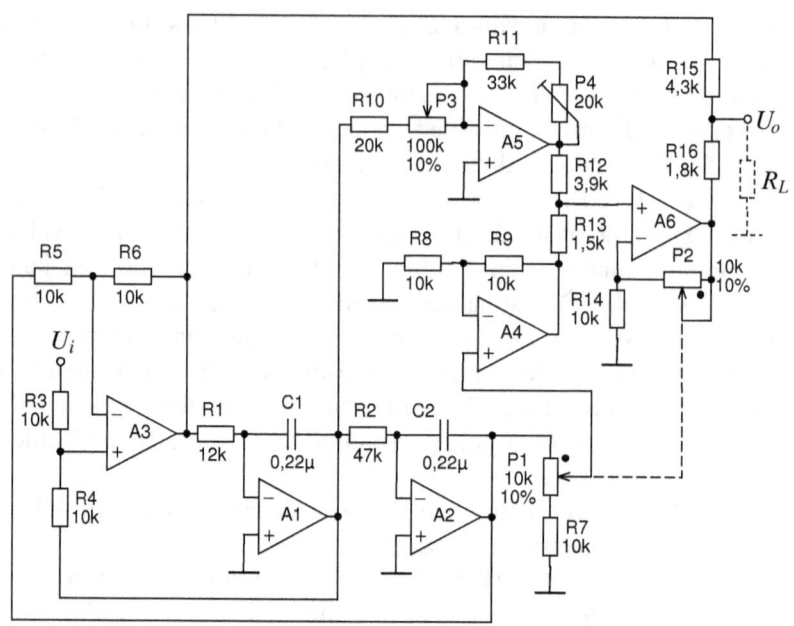

Kuva 8.18. Lineaarisesti ja ortogonaalisesti säädettävä korjainkytkentä, jossa f_p = 30 Hz ja Q_p = ½. f_z voidaan asettaa kaksoispotentiometrillä P_1-P_2 välille 40-80 Hz ja Q_z potentiometrillä P_3 välille 0,5-3. Operaatiovahvistinpiiriksi käy esim. TL074 (nelikkö) tai TL072 (kaksikko).

juus f_z on säädettävissä välillä 40-80 Hz ja Q_z välillä 0,5-3. Taajuus f_p ($=\omega_p/2\pi$) on asetettu arvoon 30 Hz Q_p:n ollessa 0,5.

Integraattorit ja takaisinkytkentäsummain toimivat samoin kuin kuvassa 8.16.

Operaatiovahvistin A_4 muodostaa potentiometrin P_1 sekä vastusten R_7, R_8 ja R_9 kanssa ensimmäisen taajuudensäätövahvistimen ja A_6 takaisinkytkentävastusten R_{14} ja P_2 kanssa toisen. Potentiometrien P_1 ja P_2 on oltava samalla akselilla.

A_5 vastuksineen muodostaa invertoivan vahvistimen kaistanpäästösignaalille. Asteen vahvistus on kääntäen verrannollinen resistanssiin $R_{10}+P_3$, joten Q_z on suoraan verrannollinen tähän resistanssiin.

Vastukset R_{12} ja R_{13} muodostavat summaimen, jolla kaistanpäästö- ja alipäästösignaali yhdistetään toisiinsa oikeassa suhteessa ennen yhteistä vahvistusastetta. R_{15}:en ja R_{16}:en avulla summataan vastaavasti ylipäästösignaali muuhun signaaliin.

Ulostulon puskurointia ei ole esitetty, koska sellaista ei välttämättä aina tarvita. Ulostuloa voidaan kuitenkin kuormittaa millä tahansa resistiivisellä kuormalla R_L ilman, että vasteen muoto muuttuu. R_L voi olla esimerkiksi voimakkuudensäätöpotentiometri.

Kertoimeksi c_1 tulee jännitejaon perusteella $R_{16}/(R_{15}+R_{16}) = 0,295$, joten piiri tuottaa 10,6 dB:n vaimennuksen. Jonkin suuruinen yleisvaimennus on tarpeellinenkin, jotta signaali ei pääsisi leikkautumaan pienimmillä taajuuksilla, jotka korostuvat moninkertaisiksi suuria f_z-arvoja käytettäessä. Syötettävän signaalin ja käyttöjännitteen suhteen on myös oltava sellainen, että A_6:en anto ei pääse kyllästymään missään tilanteessa.

Potentiometrien resistanssin toleranssin on oltava 10%, jotta vahvistuskertoimien virheet pysyisivät riittävän pieninä. Samasta syystä taajuudensäätövahvistimet on toteutettu eri tavoilla, vaikka kummankin vahvistus on sama. P_1:en resistanssivirhe vaikuttaa näin lähinnä f_z-alueen alapäässä ja P_2:en resistanssivirhe puolestaan alueen yläpäässä. 10%:n toleranssi aiheuttaa tässä tapauksessa vahvistusvirhettä enimmillään 5%, ja koska ω_z on verrannollinen $\sqrt{c_3}$:een, potentiometreistä johtuva taajuusvirhe jää 2,5%:iin.

P_3:n epätarkkuuden vaikutusta ei sen sijaan voida jättää huomiotta. Q_z-arvon virhettä voidaan sen vuoksi minimoida trimmerillä P_4. Asteen vahvistuksen (A_1:en annosta A_5:en antoon) on tarkoitus olla tasan $1/Q_z$. Jos vahvistus säädetään kohdalleen esim. Q_z-asetuksella 2, virhe virtaohjauksella kyseeseen tulevilla arvoilla jää lähes mitättömäksi.

Kaikilla muillakin passiivikomponenteilla on jotain vaikutusta viritystarkkuuteen (lukuun ottamatta sarjakytkentää R_{11}-P_4, jonka resistanssi on säädettävissä), joten tarkkuusvastusten ja varsinkin tarkkuuskondensaattoreiden käyttö on suositeltavaa.

Operaatiovahvistimien suurehko määrä saattaa herättää epäilyksiä niissä, jotka arvostavat mahdollisimman lyhyttä signaalitietä ja yksinkertaisuutta. Tähän voidaan kuitenkin todeta, että bassoalueen ulkopuolella lähinnä vain A_3 on toiminnassa muiden operaatiovahvistinten jäädessä käytännöllisesti katsoen passiivisiksi.

Monissa kuunteluhuoneissa tuottavat ongelmia seisovista aalloista johtuvat kapea-alaiset korostumat tai vaimentumat alle 100 Hz:n taajuuksilla. Esitetyllä korjaimella voi olla mahdollista auttaa asiaa jossain määrin kokeilemalla hieman kaiuttimen arvoista poikkeavia parametriasetuksia.

8.9 Säädettävä liukuvanapainen korjain

Mikäli toistoalue laajenee kovin paljon ja ohjelmamateriaali sisältää runsaasti kaikkein matalimpia taajuuksia, on vaarana, että elementin lineaarinen liikevara loppuu kesken, jolloin särö kasvaa voimakkaasti ja ääritapauksessa puhekela voi jopa vahingoittua. Tällaisen yliohjauksen riskin pienentämiseksi voi olla eduksi pitää suhde ω_z/ω_p vakiona ja suhteellisen pienenä, jolloin korjain soveltuu paremmin eri kokoluokkia edustaville kaiuttimille.

Yhtälöitä (8.38)-(8.41) tarkastelemalla voidaan nähdä, että tällainen toiminta on aikaansaatavissa säätämällä taajuutta aikavakioiden τ_1 ja τ_2 avulla c_3:en sijaan. Pitämällä τ_1:en ja τ_2:en suhde lisäksi vakiona Q-arvot pysyvät muuttumattomina.

Säätö voitaisiin toteuttaa suoraan kummankin integraattorin tuloresistanssia muuttamalla, mutta tällöin taajuuden riippuvuus potentiometrien asennosta muodostuu epälineaariseksi. Käytännöllisempi tapa on sen vuoksi lisätä säädettävä vahvistinaste kummankin integraattorin yhteyteen, jolloin aikavakio tulee kääntäen verrannolliseksi tähän lisävahvistukseen (vrt. kuva B3b liitteessä B).

Kuvassa 8.19 on esitetty käytännön kytkentä, joka toimii kuvatulla periaatteella. Potentiometrillä P_1 vaikutetaan aikavakioon τ_1, ja potentiometrillä P_2, joka on mekaanisesti yhteen kytketty P_1:en kanssa, vaikutetaan aikavakioon τ_2. Kyseiset säätövahvistimet on tässäkin tehty erilaisiksi samasta syystä kuin edellä.

f_z on tässäkin rajoitettu välille 40-80 Hz ja Q_z välille 0,5-3. Suhde f_z/f_p on kiinnitetty arvoon 2, eli nämä taajuudet pysyvät aina oktaavin päässä toisistaan. Q_p on kiinteästi 0,5, jolloin vaste laskeutuu loivasti ja yliohjauksen vaara pysyy pienenä.

Kaksoisintegraattorirakenne poikkeaa aiemmista myös siten, että integraattoreilta tulevia takaisinkytkentäsignaaleja vaimennetaan summauksen yhteydessä suhteessa 1:4. Tällä tavoin alipäästö- ja kaistanpäästösignaali voimistuvat suoraan takaisinkytkentään nähden 4-kertaisiksi, mikä vähentää vahvistustarvetta jäljempänä.

Q-arvoa säädetään potentiometrillä P_3 aivan vastaavasti kuin kuvassa 8.18. P_3:n resistanssiepätarkkuutta kompensoidaan trimmerillä P_4, joka on tässä tapauksessa aseteltava siten, että vahvistus A_3:n annosta A_6:en antoon on $1/(4Q_z)$ sillä alueella, jolle halutaan paras tarkkuus. Potentiometrin asteikon on tietenkin oltava tarkka ja oikein kohdistettu ennen viritykseen ryhtymistä.

A_5:en annosta saatava alipäästösignaali on tasoltaan nelinkertainen A_1:en annosta saatavaan ylipäästösignaaliin nähden, eli suhde on val-

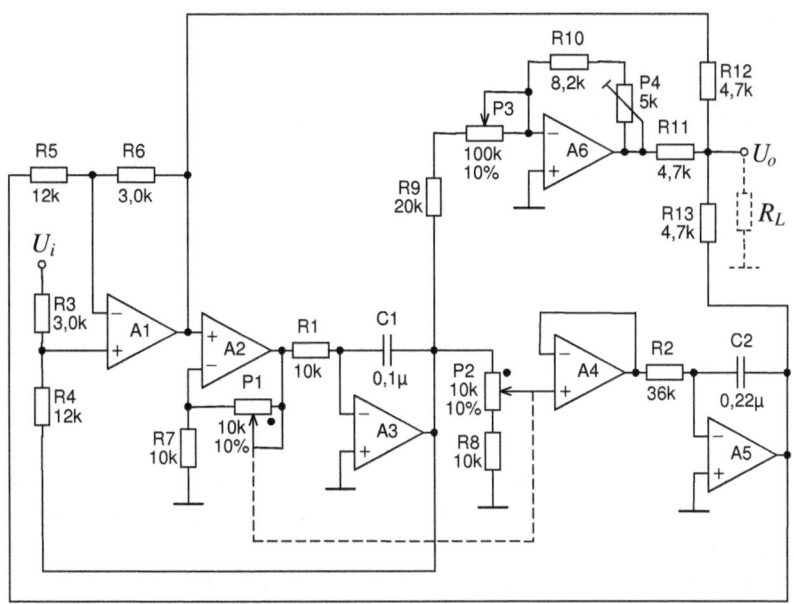

Kuva 8.19. Lineaarisesti ja ortogonaalisesti säädettävä korjainkytkentä, jossa $f_z/f_p = 2$ ja $Q_p = \frac{1}{2}$. f_z voidaan asettaa kaksoispotentiometrillä P_1-P_2 välille 40-80 Hz ja Q_z potentiometrillä P_3 välille 0,5-3.

miiksi sama kuin ω_z^2/ω_p^2, minkä vuoksi nämä signaalit voidaan yhdistää suhteessa 1:1. A_6:en jälkeen myös kaistanpäästösignaali on tasoltaan sellainen, että kaikki summausvastukset (R_{11}, R_{12} ja R_{13}) saadaan arvoltaan yhtäsuuriksi. Ulostuloon voidaan tässäkin kytkeä mikä tahansa resistiivinen kuorma R_L ilman, että vasteen muoto muuttuu.

[1] R. A. Greiner and M. Schoessow, "Electronic Equalization of Closed-Box Loudspeakers", *Journal of the Audio Engineering Society*, vol. 31, March 1983, s. 125-134.

9

RESONANSSIVAIHTELUT

Edellisessä luvussa esiteltyjen kompensointimenetelmien menestyksekäs käyttö edellyttää, että koteloidun elementin resonanssitaajuus sekä Q-arvo tunnetaan riittävällä tarkkuudella ja että arvot säilyvät eri olosuhteissa riittävän muuttumattomina. Kokeet osoittavat kuitenkin, että tämän vaatimuksen täyttymisessä voi olla suuria eroja johtuen lähinnä käytetyn reunusmateriaalin ominaisuuksista.

Valmistajien ilmoittamiin resonanssiparametreihin ei kannata luottaa sellaisenaan, sillä niissä on usein systemaattistakin virhettä. Tämän kirjoittajan käsiin ei nimittäin ole vielä koskaan osunut sellaista basso-elementtiä, jonka resonanssitaajuus olisi ollut olennaisesti matalampi kuin ilmoitettu. Sen sijaan 10-20 Hz:n ylitykset nimellisarvoon nähden ovat hyvin tavallisia. Myös mekaanisessa Q-arvossa esiintyy huomattavaa hajontaa.

Mainituista syistä harrastajasuunnittelijallakin olisi oltava valmius resonanssiparametrien määritykseen. Menetelmiä tähän on esitetty luvussa 13. Seuraavat mittaukset on suoritettu pääosin käyttäen apuna kappaleessa 13.2 esitettyä smv:n ekstraktointilaitetta.

Resonanssin stabiilisuutta testattiin kuudella erityyppisellä basso-elementillä, jotka on esitelty taulukossa 3. Elementit poikkeavat toisistaan ennen kaikkea ulkoripustukseltaan mutta myös kooltaan. Osa on tätä kirjoitettaessa jo poistunut tuotannosta.

Kokeissa tutkittiin resonanssitaajuuden ja mekaanisen Q:n riippuvuutta virrasta, lämpötilasta ja rasituksesta. Lisäksi elementtejä säteilytettiin UV-valolla. Tulokset ovat melko yllättäviäkin.

Taulukko 3. Testeissä käytetyt elementit. f_0 ja Q_m ovat ilmoitettu res.taajuus (Hz) ja mek. hyvyysluku.

	Tyyppi	Koko	f_0	Q_m	Reunus
A	Seas P17REX	6½"	34	1,21	kumi (high loss)
B	Vifa M13SG-09-08	5"	54	1,5	kumi
C	Alpine SXS-1357 (basso)	5"	-	-	butyylikumi
D	Vifa PL18WO09-04	6½"	37	2,53	NR-kumi
E	Peerless 833429 (WF165)	6½"	47,5	1,63	vaahtomuovi
F	P. Audio HP-10W	10"	48	5,9	tekstiili

9.1 Virtariippuvuus

Elementin resonanssitaajuutta ja Q-arvoja on totuttu pitämään niin vakioina, että määrityksessä käytetystä signaalitasosta ei yleensä puhuta. Kuvassa 9.1 esitetyistä virtariippuvuuksista ilmenee kuitenkin, että monessa tapauksessa tarvetta tällaiselle täsmennykselle olisi.

Mittausvirtaa vaihdeltiin välillä 3-200 mA paitsi näytteellä C, joka 4-ohmisena sieti vielä 300 mA. Suurempia virtoja ei juurikaan voida käyttää ylittämättä elementin lineaarista liikevaraa.

Kaikilla näytteillä f_0 pienenee virran ja liikepoikkeaman kasvaessa. Sama pätee yleisesti ottaen myös Q_m-arvoon. Kyse on epälineaarisista ilmiöistä, sillä lineaarisen järjestelmän ominaisuudet eivät voi koskaan riippua signaalitasosta.

Virtariippuvuudet ovat vähäisimmät näytteillä D ja E, joista edellisen reunus on NR-kumia ja jälkimmäisen vaahtomuovia. Näillä elementeillä myös resonanssitaajuuden poikkeama ilmoitetusta arvosta on kaikkein pienin, kun taas muilla annetut taajuudet ovat tuskin edes suuntaa antavia.

Butyylikumia edustava näyte C sekä päällystettyä kangasta edustava F käyttäytyvät nekin f_0:n osalta tyydyttävästi, mutta Q_m:n muutos on mittausvälillä yli 20%. Tämäkään vaihtelu ei ole välttämättä ongelma, mikäli lopullinen Q-arvo määräytyy suurelta osin vaimennusaineesta.

Näytteillä A ja B, jotka edustavat takavuosina yleisesti käytettyjä kumilaatuja, f_0 laskee reilusti virran kasvaessa, A:lla jopa n. 30% Q_m-vaihtelun ollessa näilläkin 20%:n luokkaa. Tällaiselle elementille kannattaisi käyttää suhteellisen pientä koteloa, jotta jousivoima linearisoi-

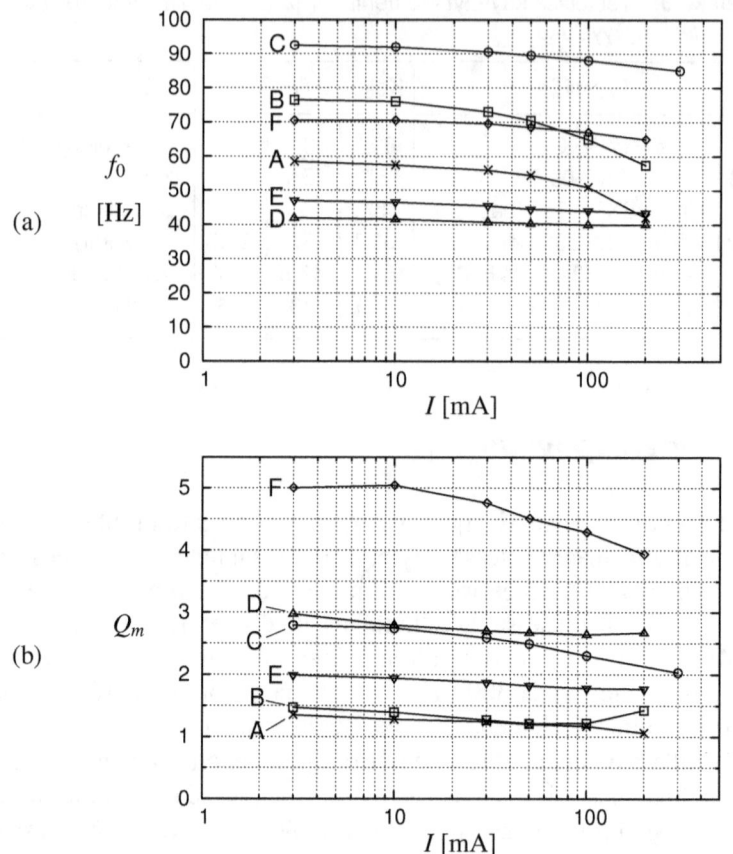

(a)

(b)

Kuva 9.1. a) Resonanssitaajuuden riippuvuus mittausvirrasta taulukon 3 elementeillä. b) Vastaavat mekaanisen Q-arvon virtariippuvuudet.

tuisi ja särö pysyisi pienenä.

Havaittujen riippuvuuksien syitä ei ole helppo selvittää suoralta kädeltä, mutta erot liittyvät joka tapauksessa ulkoripustuksen muodonmuutosominaisuuksiin, sillä sisäripustus on kaikissa näytteissä hyvin samankaltainen.

Parhaiten testistä selviää näyte D, jonka resonanssitaajuus muuttuu vain 5% ja jonka Q-arvokin tasaantuu liikepoikkeaman kasvaessa. Tasolineaarisuudeltaan riittävän hyvin toimivia kumimateriaaleja on siis jo olemassa, mutta asia ansaitsisi nykyistä enemmän huomiota, vaikka mitään resonanssin kompensointia ei käytettäisikään.

9.2 Lämpötilariippuvuus

Resonanssin lämpötilariippuvuus vaihtelee myös paljon eri reunus-
materiaalien välillä, kuten kuvasta 9.2 on nähtävissä. Suunta on kui-
tenkin kaikilla sama, eli lämpötilan noustessa f_0 pienenee ja Q_m kas-
vaa.

Mittaukset tehtiin 50 mA:n virralla, jolla saadaan jo kohtuullinen
liikepoikkeama välttäen kuitenkin suurten signaalitasojen epäideaali-
suudet.

Näytteiden C, D ja E riippuvuudet ovat verraten lieviä tarkastellul-
la 8 asteen välillä. Kaikilla näillä f_0:n muutos on alle 5% ja Q_m:n muu-

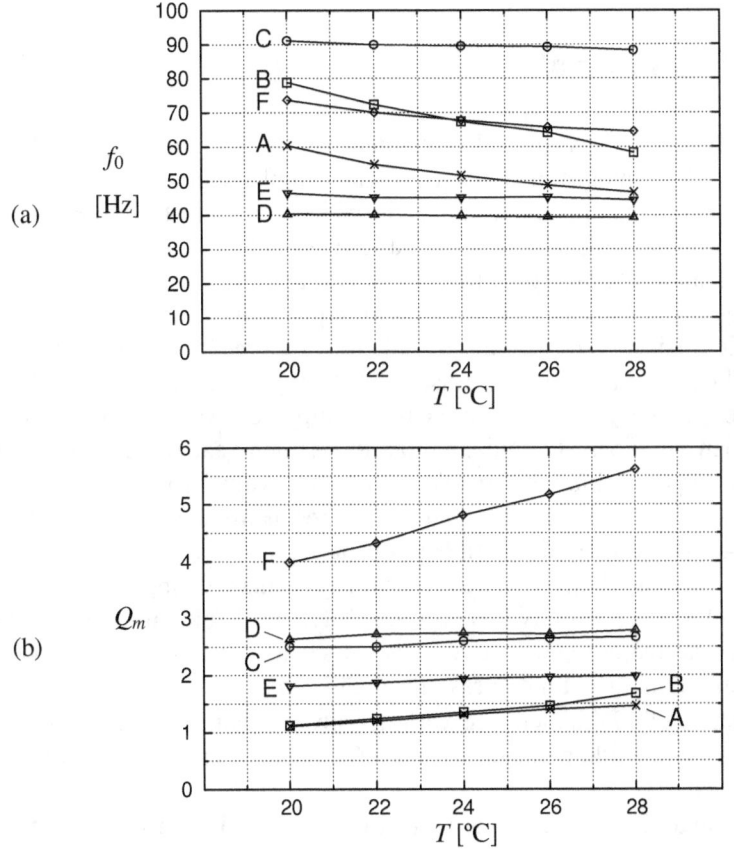

Kuva 9.2. a) Resonanssitaajuuden riippuvuus ympäristön lämpötilasta taulu-
kon 3 elementeillä. b) Vastaavat mekaanisen Q-arvon lämpötilariippuvuudet.

tos alle 10%. Parhaiten tässäkin sijoittuu näyte D, joka kuuluu lisäksi ainakin tätä kirjoitettaessa yhä tuotannossa olevaan sarjaan. Näytteen F lämpötilariippuvuudet ovat jo merkittävää tasoa. Kyseisiä reunuksia käytetään lähinnä PA-kaiuttimissa, ja varsinkin ulkokäytössä tällaisen elementin bassotoisto saattaa vaihdella hieman säätilan mukaan, vaikkakin suljettu kotelorakenne ja hyvä vaimennus lieventävät näitäkin muutoksia.

Näytteet A ja B, joilla tavattiin suurimmat virtariippuvuudet, ovat herkimmät myös lämpötilalle. Resonanssitaajuuden herkkyys on A:lla n. 1,7 Hz astetta kohti ja B:llä n. 2,6 Hz astetta kohti. Q-arvo nousee tarkasteluvälillä A:lla 32% ja B:llä 50%. Tällaisilla herkkyyksillä resonanssin kompensointi saattaa vaikeutua jo liikaa, ellei lämpötila-aluetta voida rajata melko suppeaksi.

9.3 "Sisäänajo"

Yleisen käsityksen mukaan uuden bassoelementin reunus notkistuu hieman ensimmäisten käyttöjen aikana, minkä seurauksena mm. resonanssitaajuuden pitäisi vastaavasti jonkin verran alentua. Kansanomaisesti puhutaan sisäänajosta, jonka kuluessa elementin ominaisuuksien oletetaan asettuvan kohdalleen. Suoritetut rasituskokeet osoittavat vallitsevan kuvan asiasta olevan kuitenkin puutteellinen.

Edellisistä testeistä tuttuja taulukon 3 elementtejä rasitettiin kutakin 12 tunnin ajan sinimuotoisella 30 Hz:n virralla, jonka voimakkuus asetettiin siten, että liikepoikkeaman huippuarvoksi saatiin ±3 mm tai hieman yli. Koetusta voidaan pitää jo verraten vaativana, sillä tyypillisessä käytössä lineaarinen liikevara ylittyy vain harvoin jos koskaan. Tämän sisäänajon jälkeen elementtien resonanssiparametreja tarkkailtiin 40 vrk:n ajan, aluksi tiheämmin ja lopulta 8 vrk:n välein. Kaikki mittaukset suoritettiin 50 mA:n virralla ja samassa lämpötilassa.

Tulokset on esitetty kuvassa 9.3. Näytettä D lukuun ottamatta sekä resonanssitaajuus että Q-arvo alenevat selvästi, mutta kääntyvät yleensä kuitenkin nousuun heti rasituksen jälkeen.

Näytteellä D f_0 pienenee vain hertsin ja palautuu lisäksi melko nopeasti lähelle alkuperäistä arvoaan. Q_m taas ei muutu itse rasituksessa lainkaan.

Vaahtomuovia edustavassa näytteessä E tapahtuvat muutokset ovat myös melko vähäisiä. Sekä f_0 että Q_m pienenevät 4% ja palautuvat täydellisesti ennalleen muutaman viikon kuluessa.

Näytteet A ja B käyttäytyvät tässäkin samankaltaisesti. Paramet-

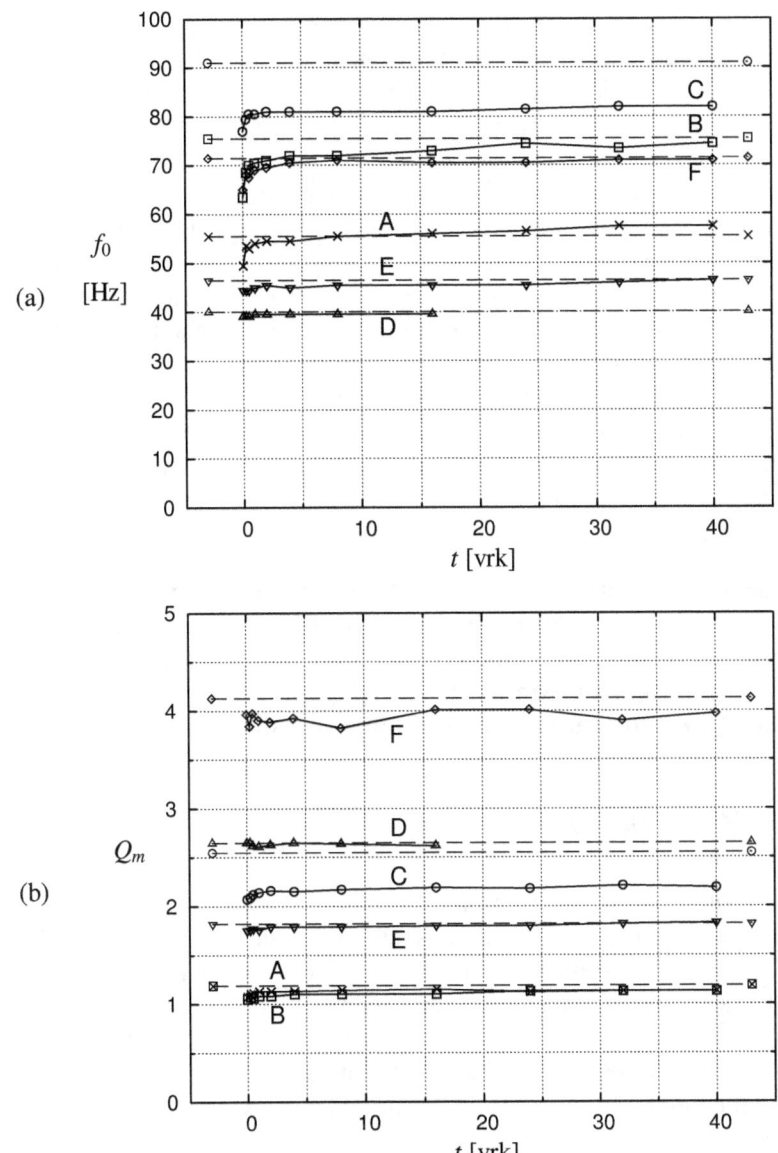

Kuva 9.3. a) Resonanssitaajuuden käyttäytyminen 40 vuorokauden aikana 12 tunnin rasitustestin jälkeen taulukon 3 elementeillä. Katkoviivat edustavat ennen rasitusta mitattuja arvoja. b) Vastaava mekaanisen Q-arvon käyttäytyminen. (Tulokset A ja B osuvat osittain päällekkäin.)

rien alenemat ovat välillä 10-16%, mutta Q_m ei ehdi palautua vielä kokonaan 40 päivässä. A:n resonanssitaajuus nousee kuitenkin jostain syystä jopa hieman alkuperäistä suuremmaksi.

PA-elementtejä edustavan F:n resonanssitaajuus alenee rasituksessa 9% palautuen kuitenkin jo viikossa hyvin lähelle alkuarvoaan. Q_m sen sijaan näyttää jäävän pysyvästi alkuperäistä pienemmäksi mutta vain hiukan.

Ainoat merkittävät pysyviltä näyttävät muutokset tapahtuvat autokäyttöön tarkoitetussa näytteessä C, jonka parametrit palautuivat tarkastelujaksolla vain osittain. Ko. elementin resonanssitaajuus mitattiin kuitenkin vielä pari kuukautta viimeisen kuvassa esitetyn mittauksen jälkeen, jolloin eroa alkuperäiseen oli enää 5 Hz. Tämäkin näyte näyttäisi siten toipuvan rasituksesta vaikkakin erittäin hitaasti.

On tietysti osin tapauskohtaista, kuinka pitkäkestoisia muutoksia voidaan pitää "pysyvinä", sillä ripustukset voivat joutua kovaan käyttöön useinkin. Vähäisillä liikepoikkeamilla ei kuitenkaan ole parametreihin mitään vaikutusta.

Yhteenvetona voidaan todeta:

Elementin mekaanisessa rasituksessa tapahtuva ripustusten löystyminen on yleensä luonteeltaan tilapäistä, ja resonanssitaajuus palautuu ennalleen tai lähes ennalleen muutaman viikon tai kuukauden kuluessa rasituksesta. Myös mekaaninen Q palautuu usein lähelle lähtöarvoaan.

9.4 UV-herkkyys

Kumireunusten kovettuminen on aihe, joka silloin tällöin nousee esiin keskustelupalstoilla. Reunuksen ominaisuudet eivät tietenkään saisi muuttua ajan myötä, mutta jos kumi kovettuu siinä määrin, että muutoksen voi huomata käsin tunnustelemalla, on kyse jo selvästä ongelmasta, sillä tällaisen elementin resonanssiparametrit ovat jo ajautuneet kauas alkuperäisestä. Kovettuminen saattaa haitata myös korkeampien taajuuksien toistoa, sillä kartion ja reunuksen mekaanisten impedanssien yhteensovitus voi kärsiä.

Ilmiö johtuu normaalista päivänvalon ultraviolettisäteilystä, ja valitettavasti tällainen UV-herkkyys on ollut menneinä vuosina valmistetuissa elementeissä melko yleistä. Nykyään näyttää kuitenkin siltä, että tällaisten kumien käytöstä oltaisiin pääsemässä eroon.

Edellä käytettyjen elementtien valoherkkyyttä tutkittiin pitämällä niitä kaapissa puolen metrin etäisyydellä 25 W:n UV-lampusta. Ennen koetta kaikkia näytteitä oli säilytetty niiden hankinnasta lähtien pimeässä.

Näytteet C, D, E ja F selvisivät kokeesta puhtaasti, eli niiden resonanssitaajuudessa ei ollut havaittavissa valotuksen aiheuttamia muutoksia. A:lla ja B:llä resonanssitaajuus sen sijaan kasvoi voimakkaasti. 8 viikkoa kestäneen valotuksen aikana A:n taajuus nousi 17,5 Hz (51 → 68,5) ja B:n peräti 37 Hz (66 → 103), ja nousu olisi vielä jatkunut.

Merkillepantavaa oli myös, että nousu ei ollut tasaista, vaan saattoi jäädä joillakin jaksoilla molemmilla elementeillä lähes nollaan. Tästä voi päätellä, että UV-säteilyn ohella jotkin muutkin ilmastolliset tekijät vaikuttavat asiaan.

Kokeessa aikaansaatu nousunopeus on arviolta vain noin 10-kertainen verrattuna siihen, mitä se on tavallisessa huonevalaistuksessa. Tämän kirjoittajalla on kokemusta mm. kahdesta tunnetun valmistajan 5-tuumaisesta elementistä, joiden resonanssitaajuus kohosi reilussa vuodessa 140 Hz:iin (ilmoitettu arvo 35 Hz) pelkästään pitämällä niitä ikkunan läheisyydessä vieläpä niin, etteivät ne nähneet aurinkoa.

Resonanssitaajuuden 4-kertaistuminen nimellisarvoon nähden merkitsee vastaavasti ripustusjäykkyyden 16-kertaistumista, joten kumissa tapahtuvat muutokset voivat olla aika dramaattisiakin.

Valolle herkkiä elementtejäkin voidaan kuitenkin käyttää, mikäli ne pidetään joka puolelta riittävän pimeässä. Esim. 3 cm:n paksuinen musta vaahtomuovimaski peittää säteilystä jo 99% hidastaen kovettumista vastaavalla määrällä.

10
VAHVISTINTOTEUTUKSET

Virta-antoisista audiovahvistimista puhuttaessa voidaan perustellusti edelleen käyttää termiä "vahvistin", vaikkakin ulostulosuure (virta) on eri kuin sisäänmenosuure (jännite), eikä varsinaista vahvistuskerrointa näin ole. Teho ja virta ovat ulostulossa kuitenkin käytännössä aina suurempia kuin sisäänmenossa, joten vahvistamisesta on joka tapauksessa kyse.

Täsmällisempi nimitys olisi kuitenkin *transkonduktanssivahvistin* tai *transkonduktori*, joka tarkoittaa yleisesti välinettä, joka muuntaa sisäänmenojännitteen vastaavaksi ulostulovirraksi. Transkonduktanssin vakiintunut symboli on g_m ja yksikkö siemens ($1S = 1A/1V$).

10.1 Sarjavastusmenetelmä

Paremman puutteessa tavanomaista jänniteantoista vahvistinta voidaan käyttää oikean transkonduktorin korvikkeena lisäämällä kaiutinliitäntöihin sopivat sarjavastukset. Toimita vastaa tällöin kuvaa 5.1a, ja saatava virtaohjausindeksi riippuu suoraan käytettävästä sarjaresistanssista. Haittapuolena on tietenkin, että saatava virranvoimakkuus on vain murto-osa siitä, mitä vahvistin normaalisti pystyy tuottamaan.

Vahvistimelle kuorma on helppo, koska se on lähes resistiivinen, eikä suuria virtoja tai tehoja oteta. Oleellista on vahvistimen jännitteenantokyky, ja mikäli annon nimellisimpedanssi on valittavissa (kuten joissakin putkilaitteissa), kannattaa käyttää suurinta arvoa.

Sarjavastukselle kannattaa valita arvo, joka on n. 10-kertainen kaiuttimen nimellisimpedanssiin nähden. Suurin saatava äänenvoimakkuus on tällöin n. 20 dB alempi kuin normaalissa jännitekäytössä. Musiikkisignaaleilla vastusten ei tarvitse olla tehonkestoltaan kovin suuria, mutta ne tulee sijoittaa siten, että mahdollisesta kuumenemisesta ei koidu vaaraa.

Asettamalla vastukseksi vaikkapa 100 Ω:n potentiometri päästään tutkimaan, kuinka äänenlaatu muuttuu ohjaustilan muuttuessa. Jänniteohjaukseen tarkoitetuilla kaiuttimilla sarjaresistanssin kasvattaminen voi saada aikaan myös ei-toivottuja muutoksia impedanssihuippujen kohdilla olevien taajuuksien korostuessa.

10.2 Virtatakaisinkytkentä

Virta-antoisen vahvistimen toteuttaminen ei ole sen mutkikkaampaa tai hankalampaa kuin jänniteantoisenkaan. Normaali tapa on kytkeä kuorman kanssa sarjaan pieniarvoinen vastus, jonka jännite ilmaisee kuormassa kulkevan virran. Käyttämällä tätä jännitettä takaisinkytkentäsignaalina saadaan aikaan *virtatakaisinkytkentä*, jonka ansiosta ulostulovirta pyrkii seuraamaan sisäänmenosignaalia.

Päätevahvistimet on perinteisesti toteutettu kuvan 10.1a esittämällä perusperiaatteella eli *jännitetakaisinkytkentää* käyttäen. Vahvistettava signaali (U_i) tuodaan differentiaalisen vahvistimen (kolmio) ei-invertoivaan ottoon, ja tietty vastuksilla R_1 ja R_2 määrättävä osuus ulostulojännitteestä (U_o) tuodaan takaisin invertoivaan ottoon. Ideaalisesti toimiessaan piiri asettaa ulostulojännitteensä aina sellaiseksi, että erojännite U_d pysyy nollassa. Jännite vastusten välisessä pisteessä on tällöin U_i, ja koska ottonapoihin ei mene merkittävästi virtaa, jännitejaon perusteella U_o seuraa U_i:tä vahvistettuna kertoimella $(R_1+R_2)/R_1$.

Kuva 10.1b esittää vastaavasti virtatakaisinkytkennän käyttöä yksinkertaisimmillaan. Ei-invertoiva otto toimii tässäkin sisäänmenona,

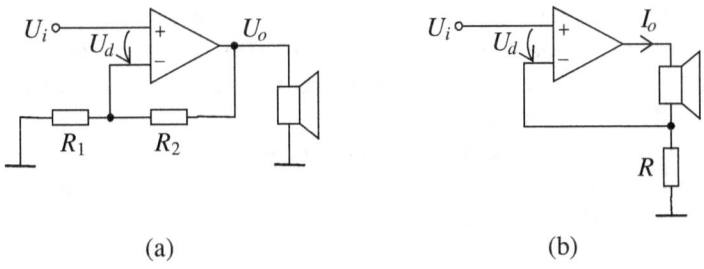

(a)   (b)

Kuva 10.1. a) Jänniteantoisen vahvistimen yleinen peruskytkentä. b) Virta-antoisen vahvistimen peruskytkentä.

mutta invertoivaan ottoon tuotava takaisinkytkentäsignaali kuvaa nyt kuormajännitteen sijaan kuormassa kulkevaa virtaa (I_o).

Silmukan toiminta voidaan mieltää seuraavasti: Olettakaamme, että erojännite U_d pyrkii syystä tai toisesta nousemaan positiiviseksi. Differentiaalivahvistin reagoi tähän nostamalla ulostulojännitettään, jolloin virta I_o ja vastuksen R jännitehäviö muuttuvat positiiviseen suuntaan. Tämä kasvu jatkuu, kunnes takaisinkytkentäsignaali saavuttaa sisäänmenosignaalin ja U_d nollautuu. Vastaavasti U_d:n pyrkiessä negatiiviseksi I_o ja R:n jännite pienenevät, kunnes U_d:n poikkeama on kumottu. Koska vastuksen jännite seuraa näin sisäänmenojännitettä, saadaan kytkennän transkonduktanssiksi $I_o/U_i = 1/R$.

Itse differentiaalivahvistin voi olla rakenteeltaan molemmissa tapauksissa sama. Differentiaalivahvistimen omalla ulostuloimpedanssilla ei ole kummassakaan kytkennässä sanottavaa merkitystä, koska kaiuttimen näkemä impedanssi määräytyy käytetyn takaisinkytkennän mukaan. Tarkoitukseen voidaan käyttää tavallista teho-operaatiovahvistintakin, mikäli sen ylimenosärö ei ole kohtuuton ja muut ominaisuudet ovat sopivat. Suositeltavampaa on kuitenkin käyttää varsinaisia audiovahvistinsiruja, joita on saatavissa myös ilman sisäänrakennettua takaisinkytkentää.

Erilliskomponenteista koottuja vahvistinsuunnitelmia ei tässä esitetä. Pohjana voidaan hyvin käyttää olemassa olevia topologioita, ja pätevät suunnittelijat voivat edelleen parannella näitä virtaohjaustekniikan tarpeita vastaaviksi.

Sopiva resistanssi virrantarkkailuvastukselle on noin puoli ohmia. Tällaisella arvolla vastuksessa kuluva teho jää yleisesti alle kymmenesosaan kaiuttimen ottamasta tehosta, joten hukka ei ole kovin merkittävä. Resistanssia ei kannata kasvattaa kovin suureksi, sillä häviötehon lisäksi ongelmaksi voi nousta suuresta takaisinkytkentäkertoimesta johtuva epästabiilisuuden vaara. Liian pieni resistanssi ei myöskään ole hyväksi, koska vahvistuksen tullessa suureksi differentiaalivahvistimen raakavahvistus ei enää riitä pitämään kytkennän ulostuloimpedanssia vaadittavalla tasolla korkeilla taajuuksilla. Lisäksi ottonapojen siirtymäjännitteen ulostuloon aiheuttama tasavirtakomponentti kasvaa transkonduktanssin mukana.

Haluttaessa suurta transkonduktanssia ilman, että R tulee kohtuuttoman pieneksi, voidaan takaisinkytkentäsignaalia vaimentaa vastusjaolla kuvan 10.2 mukaisesti. R_2:en ja R_3:n, tai ainakin toisen näistä, olisi syytä olla alle kilo-ohmin suuruusluokkaa, jotta invertoivaa ottoa syöttävä impedanssi ei tulisi kovin suureksi. Äänenlaadun ja myös stabiilisuuden kannalta on nimittäin sitä turvallisempaa, mitä vähemmän

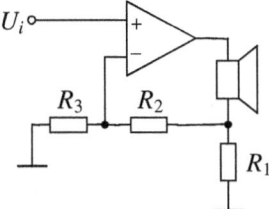

Kuva 10.2. Virtatakaisinkytkentä, jossa transkonduktanssia on nostettu jännitteenjakajalla R_2-R_3.

erilaiset johdotuksiin liittyvät hajakapasitanssit pääsevät latautuessaan ja purkautuessaan varioimaan ottonapojen jännitteitä. Edellä saimme kuvan 10.1b kytkennälle transkonduktanssiksi $1/R$ olettaen, että erojännite U_d pysyy nollassa, mikä vaatii ideaalista differentiaalivahvistinta. Todellisella differentiaalivahvistimella on kuitenkin vain äärellinen vahvistuskerroin (merk. A_d), joka pienenee kuvassa 7.11b esitettyyn tapaan taajuuden kasvaessa. Ulostulolla on aina myös jokin sisäinen impedanssi (merk. Z_o), vaikkakaan sen arvoa ei yleensä suoraan ilmoiteta.

Määritämme seuraavassa virtatakaisinkytketyn vahvistimen transkonduktanssin ja antoimpedanssin käyttäen kuvan 10.3a merkintöjä ja vastaavaa signaalikaaviota, joka on kuvassa 10.3b.

Ulostulovirran I_o ja erojännitteen U_d välinen siirtofunktio on sama kuin jännitevahvistus A_d jaettuna virtapolun kokonaisimpedanssilla Z_o +Z_L+R, missä Z_L on kuorman impedanssi. Takaisinkytkennän siirtofunktio on puolestaan pelkkä R. Erotuselin kuuluu osana differentiaalivahvistimeen.

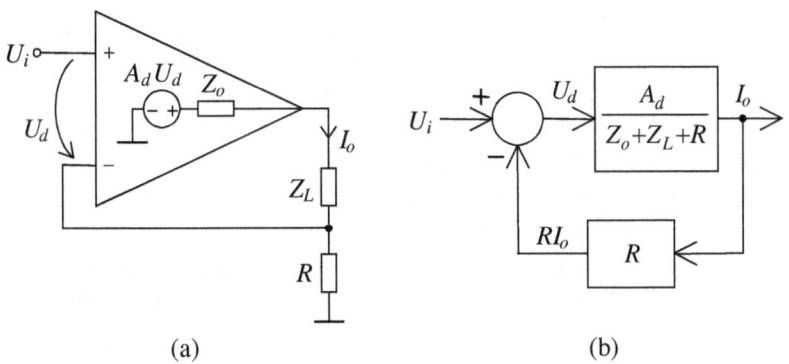

(a)   (b)

Kuva 10.3. a) Virtatakaisinkytketty vahvistin, johon on merkitty analyysissä käytetyt parametrit. b) a-kuvaa vastaava lohkokaavioesitys.

Soveltamalla takaisinkytkettyyn järjestelmään liitteessä B johdettua kaavaa (b26) saadaan transkonduktanssiksi

$$g_m = \frac{I_o}{U_i} = \frac{A_d/(Z_o + Z_L + R)}{1 + A_d R/(Z_o + Z_L + R)} \qquad (10.1)$$

josta edelleen:

$$g_m = \frac{A_d}{(A_d + 1)R + Z_o + Z_L} \qquad (10.2)$$

A_d:n ollessa itseisarvoltaan suuri Z_o ja Z_L tulevat mitättömiksi, ja jäljelle jää $g_m \approx 1/R$, kuten pitääkin. Tärkeintä on, että transkonduktanssin riippuvuus kuormaimpedanssista Z_L saadaan pieneksi, ja tähän päästään, kun $|A_d|$ ja R ovat riittävän suuria.

Antoimpedanssi voidaan ratkaista Théveninin menetelmään perustuen jakamalla antonapojen tyhjäkäyntijännite oikosulkuvirralla. Kuvasta 10.3a on pääteltävissä, että kuorman ollessa irti antonapojen välille syntyy jännite $A_d U_i$. (Takaisinkytkentäsignaali on tällöin nolla.) Edelleen merkitsemällä Z_L nollaksi yhtälössä (10.2) saadaan oikosulkuvirraksi $A_d U_i/[(A_d + 1)R + Z_o]$. Suorittamalla ek. jako saadaan antoimpedanssiksi eli kuorman näkemäksi kokonaisimpedanssiksi

$$Z_t = (A_d + 1)R + Z_o \qquad (10.3)$$

Z_o:n ollessa vähäinen antoimpedanssi on siis likimain suoraan verrannollinen differentiaaliseen vahvistukseen. Jos R on 0,5 Ω ja $|A_d|$ on 20 kHz:n taajuudella vielä 500, kuten yleistä, saadaan $|Z_t|$:n minimiarvoksi reilut 250 Ω, mikä on käytännössä aivan riittävää.

Lopullinen antoimpedanssi jää tosin usein pienemmäksi kuin mitä yhtälö (10.3) antaa, sillä kaiuttimen rinnalle voidaan joutua lisäämään kompensointihaara, jolla vähennetään kuorman reaktiivisuutta suurtaajuuksilla (kpl 10.3). Tästäkin huolimatta impedanssi saadaan säilymään kohtuullisena ottaen vielä huomioon, että aikuisen henkilön kuuloalue ulottuu keskimäärin jonnekin 15 kHz:iin.

On myös mahdollista rakentaa suuren Z_o:n omaavia differentiaalivahvistimia, jolloin A_d:n ja R:n merkitys vähenee.

A_d on suuntakulmaltaan negatiivinen, joten Z_t on vastaavasti kapasitiivinen. Tästä reaktiivisuudesta ei kuitenkaan ole mitään haittaa niin kauan, kuin $|Z_t| \gg |Z_L|$, sillä kaiuttimen ohjaustilalle ratkaisevaa on vain impedanssin suuruus.

Kuvan 10.1b topologiaa on pidetty ominaisuuksiltaan epätyydyttävänä [1],[2] perusteilla, jotka käytännöllisesti katsoen ovat kuitenkin aiheettomia. Ongelmaksi on nostettu se, että antoimpedanssi riippuu taajuudesta sekä se, että transkonduktanssi on yhtälön (10.2) mukaisesti riippuvainen kuormaimpedanssista ja sen epälineaarisuuksista.

Antoimpedanssin riippuvuus raakavahvistuksesta ja siten taajuudesta ei kuitenkaan itsessään ole mikään haitta, sillä ainoa antoimpedanssilta vaadittava ominaisuus on sen riittävyys. Käytännössä merkitsevää on vain, että vahvistin ei kohtuuttomasti pienennä elementtien virtaohjausindeksejä kuultavilla taajuuksilla.

Mitä tulee transkonduktanssin kuormariippuvuuteen (joka on sama asia kuin antoimpedanssi mutta eri tavalla ilmaistuna), se ei ole kuvan 10.1b tapauksessa yhtään suurempaa, kuin millä tahansa muulla vastaavan antoimpedanssin tuottavalla piirikytkennällä.

Jännitevahvistimille pidetään yleensä hyvänä saavutuksena, jos antoimpedanssi on alle sadasosa nimellisestä kuormaimpedanssista. Tällöin kuormaimpedanssivaihteluiden vaikutus kuormajännitteeseen on jo käytännössä mitätöntä olettaen, että kaapeli on resistanssiton. Vastaavasti virta-antoiselle vahvistimelle on pidettävä täysin riittävänä, että antoimpedanssi on 100-kertainen nimelliskuormaan nähden. Kyseisellä topologialla tämä vaatimus on täytettävissä ainakin valtaosalla kuuloalueen taajuuksista.

Ylimmillä oktaaveilla tulee kuitenkin avuksi vielä Z_t:n kapasitiivisuus. Näillä taajuuksilla kuormaimpedanssi Z_L on yleensä lähes resistiivinen tai lievästi induktiivinen. Termi $(A_d+1)R$ lausekkeessa (10.2) on puolestaan suuntakulmaltaan lähes $-90°$, joten $|Z_L|$:n muuttuminen taajuuden funktiona vaikuttaa transkonduktanssin suuruuteen itse asiassa paljon vähemmän, kuin pelkkiä termien itseisarvoja vertailemalla voisi päätellä.

Kuvattu transkonduktoriperiaate on siis yksinkertaisuudestaan huolimatta täysin kelvollinen vaativaankin käyttöön, eikä häviä myöskään kulutetun hukkatehon suhteen monimutkaisemmille toteutuksille.

Tyypillisen kaiutinkuorman reaktiivinen luonne aiheuttaa sen, että käytännön ohjelmasignaaleilla jännitteen ja virran huippuarvojen suhde voi poiketa paljonkin kaiuttimen nimellisimpedanssista ja jopa impedanssin minimi- tai maksimiarvosta. Jänniteohjausta käytettäessä tämä merkitsee, että vahvistimen olisi kyettävä syöttämään useita kertoja suurempia huippuvirtoja, kuin mitä resistiivisellä kuormalla tarvittaisiin.

Virtaohjauksella asia kääntyy kuitenkin toisin päin, ja ylimääräisen virran sijaan vahvistimen olisi vastaavasti pystyttävä tarjoamaan ylimääräistä jännitettä. Vaatimusta lieventää kuitenkin se, että vahvasti reaktiivisen kuorman muodostavia bassorefleksikoteloita ei virtaohjausta käytettäessä tarvita.

10.3 Stabiilisuus

Monet teho-operaatiovahvistimet ja muut kyseeseen tulevat sirut vaativat kytkennältä tietyn minimivahvistuksen (esim. 20 dB) toimiakseen stabiilisti. Tämä ehto on täytettävä erityisesti niillä taajuuksilla, joilla värähtely on mahdollista, eli käytännössä megahertsin tuntumassa. Annettu vahvistusraja pätee kuitenkin vain resistiivisillä takaisinkytkennöillä kuten esim. kuvassa 10.1a. Sen sijaan virtatakaisinkytkentää käytettäessä kuormana oleva kaiutin on osa takaisinkytkentäpiiriä, joka ei siten ole enää resistiivinen.

Suurilla taajuuksilla kaiuttimen ja sen kaapelin induktiivisuus aiheuttaa kuvan 10.1b tapauksessa sen, että takaisinkytkentäsignaaliin syntyy ulostulojännitteeseen nähden tietty vaihejättämä, joka kasvattaa silmukan kokonaisjättämää ja voi siten vaarantaa piirin stabiilisuuden, vaikka vahvistusvaatimus täyttyisi. Jotta takaisinkytkentä saataisiin suurtaajuuksilla resistiivisemmäksi, voidaan kaiuttimen rinnalle liittää kuvan 10.4 mukaisesti RC-haara, joka toimii ikään kuin ylimääräisenä jakosuodatintienä ja muodostaa pääasiallisen virtapolun suurtaajuuksille. Haara kannattaa kytkeä vahvistimeen mieluummin kuin kaiuttimeen, jotta kaapeli-induktanssi eliminoituisi myös.

Tavanomaisissa jännitevahvistimissakin käytetään usein ulostulosta maahan kytkettyä RC-haaraa, jolla pyritään vähentämään kuorman induktiivisuutta.

Sopiva arvo vastukselle R_2 on parikymmentä ohmia. Normaalikäytössä R_2:en virta ja tehonkulutus ovat mitättömiä, mutta jos vahvistin esim. testattaessa joutuu värähtelytilaan, R_2:en saama teho voi nousta merkittäväksi, ja tähän kannattaa ainakin jossain määrin varautua.

C on valittava kyllin pieneksi, että kaiuttimen näkemä impedanssi

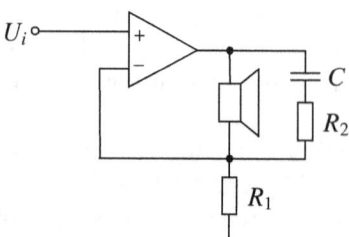

Kuva 10.4. Kuorman rinnalle kytketyllä RC-haaralla vakavoitu virtatakaisinkytkentä.

ei kärsi toistettavilla taajuuksilla liikaa. Toisaalta C:n on oltava niin suuri, että kaiuttimen ja RC-haaran kokonaisimpedanssi ei ole enää induktiivinen taajuuksilla, joilla värähtelyvaara on olemassa. Sopiva kapasitanssi on yleensä kymmenien nanofaradien luokkaa riippuen hieman kuorman suurtaajuusimpedanssista sekä vaadittavasta antoimpedanssista. Testattaessa vahvistinta resistiivisellä keinokuormalla saattaa lisäksi olla tarpeen kytkeä kuormavastuksen kanssa sarjaan pieni induktanssi, jotta minimivahvistus ei alittuisi.

Dynaamisen kaiutinelementin impedanssi on megahertsin paikkeilla yleensä satoja ohmeja, mutta voi vaihdella taajuuden mukana rajusti sekä itseisarvoltaan että kulmaltaan. Kaiutinkaapelin reaktiivisuus ja erityisesti kapasitanssi, joka on esim. 10 m:n pituudella tyypillisesti nanofaradin luokkaa, vaikuttaa myös voimakkaasti vahvistimen näkemään suurtaajuuskuormaan.

Vahvasti kapasitiivinen kuorma voi myös saada jotkut vahvistinpiirit värähtelemään, ja esitetty RC-haara auttaa tällaisessakin tapauksessa. Lisäksi haara hillitsee mahdollisia suurtaajuisia kohinoita, joiden johtaminen kaiuttimeen ei ole tarkoituksenmukaista.

Vahvistimen värähdellessä vaikkapa 2 MHz:n taajuudella värähtelyn amplitudi voi jäädä melko pieneksikin, koska vahvistimen slew rate -arvo rajoittaa jännitteen nousu- ja laskunopeutta. Värähtelystä huolimatta vahvistin saattaa siten toimia vielä lähes normaalisti. Äänenlaatu kuitenkin kärsii, sillä säröytynyt suurtaajuusvärähtely tuottaa heijastevaikutuksia myös kuuloalueelle. Rajatapauksessa värähtely voi olla myös vain hetkittäistä, jolloin sitä esiintyy esimerkiksi vain tietyillä ulostulojännitteen arvoilla, mutta ei välttämättä signaalin ollessa nolla.

Samanlaiset ilmiöt ovat kuitenkin mahdollisia myös jänniteantoisissa vahvistimissa, ja ainoa keino yleensäkin varmistua tietyn vahvistinpiirin luotettavasta toiminnasta on käyttää oskilloskooppia ja sopivaa signaaligeneraattoria.

10.4 Kuorman yhdistäminen maahan

Edellä kuvatulle perustranskonduktorikytkennälle on ominaista, että kuorma ei ole kiinni maajohtimessa, vaikkakin välissä oleva resistanssi on hyvin vähäinen. Mitään varsinaista haittaa tästä maasta erillään olosta ei kuitenkaan ole, eikä kaiutinkaapeleissa yleensä tarvita maadoitusvaippaa. Jotkut saattavat kuitenkin pitää maadoitettua kaiutinliitäntää mieluisampana, ja joissakin tilanteissa on mahdollista, että laitteen käyttäjä saattaa vanhan tottumuksen vuoksi tai asiasta tietämättömänä tehdä vääriä kytkentöjä.

Kuorma saadaan kiinni maahan käyttämällä kuvan 10.5 mukaista muunnelmaa, jossa kuorma ja sarjavastus ovat vaihtaneet paikkaa keskenään. Koska tämä vastus on nyt irti maasta, sen jännitehäviö on kopioitava maahan verrattavaksi takaisinkytkentäsignaaliksi erillisellä erotusvahvistimella, joka koostuu A_2:sta ja neljästä vastuksesta.

Tehovahvistimen kannalta mikään ei ole muuten muuttunut paitsi, että suurtaajuuksilla erotusvahvistin aiheuttaa takaisinkytkentäsignaaliin hieman ylimääräistä vaihejättämää, jolla voi olla vaikutusta piirin stabiilisuuteen. Värähtelyvaaran estämiseksi A_2:en olisi siten syytä olla melko laajakaistainen (kuten esim. NE5534).

Vahvistimen A_1 siirtymäjännite (offset) näkyy R_1:en yli olevassa jännitteessä sellaisenaan A_2:en siirtymäjännitteen näkyessä puolestaan 2-kertaisena. Kuormaan menevän tasavirran minimoimiseksi on siksi kiinnitettävä huomiota kumpaankin vahvistimeen. Parasta olisi, että jommassakummassa olisi nollausmahdollisuus, jonka avulla molemmat tasavirtakomponentit saadaan kumottua.

Resistanssi R_2 kannattaa pitää suhteellisen pienenä, jotta kapasitiivisesti kytkeytyvät häiriöt A_2:en ottonavoissa pysyvät hyvin kurissa. Sopiva arvo on n. 2-3 kΩ.

10.5 Käyttö 1-puolisella teholähteellä

Edellä esitetyissä kytkennöissä on oletettu, että käyttöjännite on 2-puolinen, jolloin kaikki signaalipotentiaalit voivat olla maahan nähden kummanmerkkisiä tahansa. Monesti mm. kustannussyistä käytettävis-

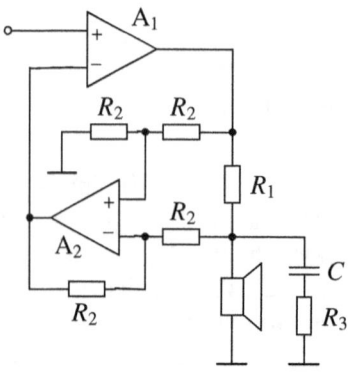

Kuva 10.5. Maahan kytketylle kuormalle soveltuva virtatakaisinkytkentä.

sä on kuitenkin vain 1-puolinen käyttöjännite, jolloin kuormapiirissä joudutaan käyttämään sarjakondensaattoria tasavirran estämiseksi. Kuva 10.6 esittää 1-puoliselle jännitteelle tarkoitettua vahvistinta, joka toimii käyttötaajuuksilla virtatakaisinkytkettynä, mutta muuttuu käyttöalueensa alapuolella jännitetakaisinkytketyksi, jotta ulostulo ei kyllästyisi kondensaattoriin C_3 kertyvästä tasajännitteestä.

Vastusten R_2 ja R_3 muodostama jännitetakaisinkytkentä pitää ulostulon lepojännitteen käyttöjännitteen puolivälissä. Tasajännitteellä ja pienimmillä taajuuksilla vahvistus ei-invertoivasta ottonavasta ulostuloon on $1+2R_3/R_2$ ja voidaan asettaa suunnilleen vastaamaan käyttötaajuuksilla syntyvää ulostulojännitettä. Vastukset R_1 ja kondensaattori C_1 tarvitaan vain siinä tapauksessa, että edeltävän asteen tuottama lepojännite ei ole puolet käyttöjännitteestä.

Kuormavirtaa tarkkailevan vastuksen R_5 jännitevaihtelut siirretään C_2:en välityksellä invertoivaan ottoon virtatakaisinkytkennän muodostamiseksi. C_2:een, kuten myös C_3:een ja C_4:ään, latautuu puolet käyttöjännitteestä. C_2:en on oltava niin suuri, että sen impedanssi on käyttötaajuuksilla mitätön verrattuna resistansseihin R_2 ja R_3. Sopivat arvot liikkuvat mikrofaradeissa, mutta elkoja tarkoitukseen ei kannata käyttää, kuten ei myöskään C_1:en paikalla.

C_3:n on puolestaan oltava niin suuri, että sen impedanssi säilyy kaiutinimpedanssia pienempänä kaikilla signaalitaajuuksilla. C_3:n merkitys poikkeaa kuitenkin olennaisesti siitä, mitä se on tavanomaisessa vahvistimessa:

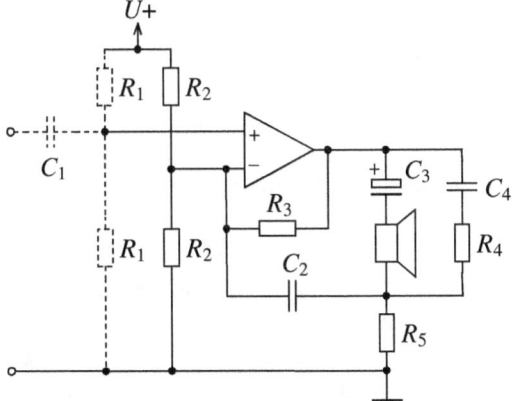

Kuva 10.6. 1-puoliselle käyttöjännitteelle soveltuva transkonduktoritopologia. C_2 ja C_3 erottavat kuorman vahvistimen tasajännitteistä. Katkoviivoilla merkittyä tasonsiirtäjäastetta käytetään tarvittaessa.

1-puolisella teholähteellä toimivassa virta-antoisessa vahvistimessa kuorman kanssa sarjassa käytettävä elektrolyyttikondensaattori ei heikennä äänenlaatua, kuten voi tapahtua jänniteantoisessa vahvistimessa. Virtakäytössä elkon epäideaalisuudet kuvautuvat vain sen omaan jännitteeseen, eivätkä pääse vaikuttamaan kuormavirtaan, kuten tapahtuu jänniteohjauksessa.

Virtaohjattuna elko ei myöskään aiheuta napaa matalien taajuuksien vasteeseen, vaan kuluttaa sen sijaan enemmän jännitettä niille taajuuksille saakka, joilla jännitetakaisinkytkentä alkaa hallita.

Stabiilisuusvaatimuksiltaan kytkentä ei poikkea aiemmasta 2-puolisen käyttöjännitteen tapauksesta. Reaktiivisuutta vähentävä RC-haara kannattaa kytkeä kuvan 10.6 mukaisesti kuorman ja sarjakondensaattorin yli.

10.6 Siltakytkentä

Jännitevahvistimissa paljon käytettyä siltakytkentäperiaatetta voidaan soveltaa myös virtaohjausjärjestelmiin. Siltakytkennässä kaiutinta syötetään ikään kuin molemmista päistään, jolloin kuorman maksimivirta ja -jännite voivat olla kaksinkertaisia yksipuoliseen syöttöön nähden samalla käyttöjännitteellä.

Kuva 10.7 esittää siltakytkettyä transkonduktoritopologiaa, jossa toinen tehovahvistin (A_1) kontrolloi kuormassa kulkevaa virtaa toisen (A_2) peilatessa edellisen ulostulojännitteen vastakkaismerkkiseksi. A_3 sekä R_2-merkityt vastukset muodostavat erotusvahvistimen, joka tuottaa kuormavirtaan verrannollisen takaisinkytkentäsignaalin A_1:en invertoivaan ottoon kuvasta 10.5 tutulla periaatteella.

A_1:en ulostulosta otettava virta on nyt kaksinkertainen verrattuna vastaavaan siltaamattomaan kytkentään. Mikäli ek. erotusvahvistimen vahvistus asetetaan vielä ykköseksi, kuten on järkevää, virrantarkkailuvastus (R_1) voi olla arvoltaan puolet siitä, mitä käytettäisiin ilman siltakytkentää takaisinkytkentäkertoimen säilyessä tällöin samana ja transkonduktanssin ollessa kaksinkertainen. Vastaavanlaisella tarkastelulla, jota käytettiin yhtälöitä (10.2) ja (10.3) johdettaessa, voidaan lisäksi osoittaa, että antoimpedanssi säilyy tällöin likipitäen samana.

Stabiilisuuden suhteen sillattu kytkentä on jonkin verran vaativampi kuin tavallinen. Erotusvahvistimen ja invertointivahvistimen on tietenkin oltava itsessään stabiileja. Lisäksi A_1:en on pysyttävä stabiilina huolimatta em. vahvistimissa suurtaajuuksilla syntyvistä vaihejättä-

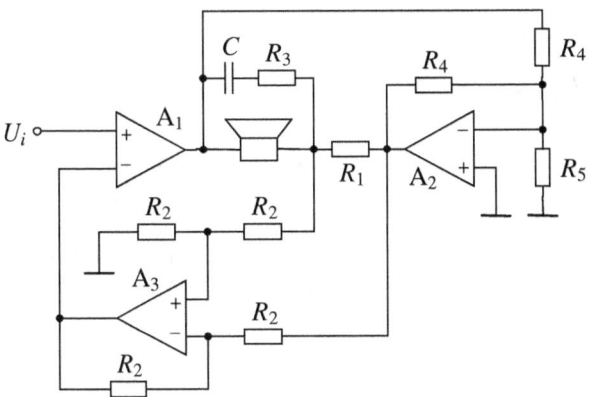

Kuva 10.7. Siltakytkentäinen transkonduktanssivahvistin, jolla käyttöjännite saadaan hyödynnettyä maksimaalisesti. 8 Ω:n kuormalla R_1 voi olla esim. 0,27 Ω. A_1 ja A_2 voivat olla samanlaisia, ja R_4 voi olla sama kuin R_2 (2-3 kΩ).

mistä. Kokeiluissa kytkentä on todettu kuitenkin täysin vakaaksi ja hyvin toimivaksi ainakin käytetyllä 0,33 Ω:n R_1-arvolla.

Erotusvahvistimessa käytetty kytkentä vastaa stabiilisuustarkastelussa vahvistuskerrointa 2. (Kyse on tällöin ei-invertoivasta vahvistuksesta, jolloin signaali ajatellaan tuotavaksi operaatiovahvistimen plusottoon.) Yleensä piensignaalioperaatiovahvistimet ovat stabiileja tai voidaan ainakin kompensoida stabiileiksi tällä vahvistuksella.

Ilman vastusta R_5 myös invertointivahvistimen kytkentä vastaa stabiilisuusmielessä vahvistuskerrointa 2. Mikäli A_2 on stabiili tällä vahvistuksella, R_5 voidaan jättää pois. Muussa tapauksessa R_5 on valittava niin pieneksi (usein n. 1/10 R_4:stä), että A_2:en stabiilisuus on turvattu. R_5 vaikuttaa samoin kuin, jos A_2:en raakavahvistusta pienennettäisiin, eli vakauden saavuttaminen helpottuu mutta saatavan kaistanleveyden kustannuksella.

10.7 Modifioitu Howland-transkonduktori

Toinen käyttökelpoinen tapa toteuttaa transkonduktanssivahvistin on ns. parannettu Howland-virtapumppu, jollainen on kuvassa 10.8. (Perus-Howland-kytkennässä on vain 4 vastusta siten, että R_4:n tilalla on oikosulku.) Tässäkin on kyseessä eräänlainen virtatakaisinkytkentä, mutta erojännite muodostetaan nyt vastusjakojen avulla.

Kuorma saadaan kiinni maahan ilman lisäjärjestelyjä, mutta piene-

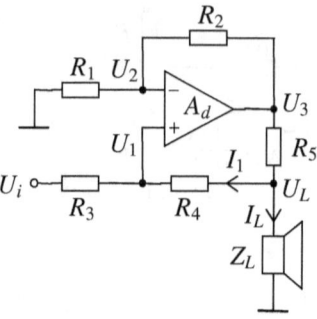

Kuva 10.8. Parannettu Howland-kytkentä, joka soveltuu kaiuttimien vaatimille virroille. Piiristä saadaan myös invertoiva tuomalla signaali vastuksen R_1 kautta ja kytkemällä R_3 vastaavasti maahan.

nä hankaluutena on se, että vastuksilta vaaditaan tarkkaa sovitusta parhaan antoimpedanssin saavuttamiseksi.

Kuvan merkintöjä käyttäen kaikki tieto piirin toiminnasta sisältyy seuraavaan yhtälöryhmään:

$$\begin{cases} U_2 = \dfrac{R_1}{R_1+R_2}\,U_3 \\[2mm] U_1 = U_i + R_3 I_1 \\[2mm] U_L = Z_L\, I_L \\[2mm] U_L = U_1 + R_4 I_1 \\[2mm] U_3 = U_L + R_5(I_L+I_1) \\[2mm] U_3 = A_d(U_1-U_2) \end{cases} \tag{10.4}$$

Yhtälöitä on kuusi kuten myös tuntemattomia (U_1, U_2, U_3, U_L, I_1 ja I_L).

Hieman työlään mutta rutiininomaisen ratkomisen jälkeen saadaan kytkennän transkonduktanssiksi

$$g_m = \frac{I_L}{U_i} = \frac{A_d(R_4(R_1+R_2)+R_1R_5)+R_5(R_1+R_2)}{((A_d+1)R_1R_5+R_2R_5)(R_3+R_4)\ldots} \tag{10.5}$$

$$\ldots +Z_L[(R_1+R_2)(R_3+R_4+R_5)+A_d(R_1R_4-R_2R_3+R_1R_5)]$$

Transkonduktanssin olisi tietenkin oltava mahdollisimman riippumaton kuormaimpedanssista Z_L, joten nimittäjässä oleva hakasulkulauseke olisi saatava itseisarvoltaan mahdollisimman pieneksi. Tähän päästään merkitsemällä $R_1R_4 - R_2R_3 + R_1R_5 = 0$, mikä antaa ehdoksi:

$$\frac{R_1}{R_3} = \frac{R_2}{R_4 + R_5} \qquad (10.6)$$

R_5 toimii virrantarkkailuvastuksena ja on siten arvoltaan hyvin pieni verrattuna muihin vastuksiin. Käytännössä (10.6) toteutuu siis varsin hyvin jo silläkin, että kaikki resistanssit R_1:stä R_4:ään valitaan yhtäsuuriksi.

Sovitukselta vaaditaan kuitenkin niin suurta tarkkuutta, että tavanomainen 1%:n vastustoleranssi ei riitä. 0,1%:n toleranssilla transkonduktanssin kuormariippuvuus alkaa sen sijaan jäädä jo hyväksyttävälle tasolle.

R_5:en ollessa hyvin pieni, $|A_d|$:n ollessa hyvin suuri ja ehdon (10.6) toteutuessa lauseke (10.5) yksinkertaistuu muotoon

$$g_m \approx \frac{R_2}{R_1 R_5} \qquad (10.7)$$

josta nähdään mm. että R_1:en ja R_2:en ollessa yhtäsuuria (jolloin R_3 ja R_4 ovat myös yhtäsuuria) transkonduktanssiksi tulee tarkkailuvastuksen resistanssin käänteisarvo kuten kuvan 10.1b peruskytkennälläkin.

Määrittämällä annon tyhjäkäyntijännite ja oikosulkuvirta voidaan edelleen ratkaista kytkennän antoimpedanssi, joksi saadaan

$$Z_t = \frac{A_d R_1 R_5}{R_1 + R_2} \qquad (10.8)$$

Edellytyksenä yhtälöllä on kuitenkin, että ehto (10.6) toteutuu tarkasti.

Antoimpedanssi on siten tässäkin suoraan verrannollinen differentiaaliseen vahvistukseen. Tekijästä $R_1/(R_1+R_2)$ johtuen $|Z_t|$ jää kuitenkin aina hieman pienemmäksi kuin aiemmin esitetyllä perustranskonduktorilla (yhtälö (10.3)) samalla tarkkailuvastuksen arvolla. Yksinkertaisuuden vuoksi Z_o on kuitenkin jätetty tässä tarkastelussa huomiotta.

Stabiilisuusominaisuuksiltaankaan parannettu Howland-kytkentä ei poikkea suuresti yksinkertaisesta virtatakaisinkytkennästä, koska differentiaalivahvistimen kuorma on molemmissa sama ja sisäänmenon ollessa nolla erojännitteenä on molemmissa virrantarkkailuvastuksen jännite tai tietty osa siitä. Kaiuttimen rinnalle lisättävän RC-kompensointihaaran käyttö on siten Howland-kytkennässä yhtä suositeltavaa kuin muuallakin.

Howlandin tapauksessa stabiilisuusmarginaali paranee ja transkonduktanssi kasvaa suhteen R_2/R_1 kasvaessa, kuten tapahtuu myös kuvan 10.2 kytkennässä suhteen R_2/R_3 kasvaessa. Molemmissa antoimpedanssi kuitenkin pienenee samalla.

Vaatimus resistanssien tarkasta sovituksesta merkitsee myös sitä, että ko. vastusten rinnalla näkyvät hajakapasitanssit eivät saa häiritä saavutettua tasapainoa ainakaan käytettävillä taajuuksilla. Tämä kannattaa huomioida piirilevysuunnittelussa, mutta tärkeää on myös, että vastusarvot skaalataan riittävän pieniksi.

Howland-kytkentää edeltävän asteen ulostuloimpedanssin on oltava hyvin pieni, koska se summautuu suoraan resistanssiin R_3. Syöttö on siten otettava suoraan jonkin operaatiovahvistimen annosta. Lisäksi Howland-kytkentä kuormittaa edeltävää astetta negatiivisella ottoimpedanssilla (U_i:n ollessa positiivinen I_1 on yleensä myös positiivinen.), joten syöttävän vahvistinasteen on kyettävä käsittelemään ikään kuin vääränsuuntaista virtaa.

10.8 Tee se itse -projekti

Seuraavassa esitetään täydellinen virta-antoisen stereovahvistimen rakennusohje, jonka avulla luonnollisen äänentoiston ystävät voivat päästä osallisiksi uudenlaisesta elämyksestä tarvitsematta odotella teollisten toimijoiden heräämistä ja markkinoille tuloa.

Projekti soveltuu jonkin verran kokemusta omaaville rakentelijoille. Koska laite toimii verkkovirralla, kenenkään sellaisen ei kuitenkaan pidä ryhtyä laitetta kokoamaan, joka ei ole ehdottoman varma taidoistaan työskennellä verkkojännitteisten osien kanssa.

Tehovahvistimena käytetään piiriä TDA2040, joka on ominaisuuksiltaan tarkoitukseen soveltuva ja joka toimi testattaessa luotettavasti kaikilla signaalitasoilla toisin kuin eräät kokeillut operaatiovahvistinsirut, joissa esiintyi omituista pientaajuista värähtelyä suurilla negatiivisilla ulostulovirroilla.

Kuvassa 10.9 on vahvistimen ja sille sopivan jännitelähteen piirikaavio vastaavan osaluettelon ollessa taulukossa 4. Transkonduktanssiasteen lisäksi vahvistin sisältää kappaleessa 8.6 esitetyn resonanssinkompensointikytkennän sekä säädettävän aktiivisen suuntausporraskompensoinnin sellaisia kaiuttimia varten, joihin tätä korjausta ei ole rakennettu.

Sisään otettua signaalia vaimennetaan alussa hieman jännitteenjakajalla R_1-P_1-R_2, jotta jännite vahvistimien A_1 ja A_4 annoissa ei pääsisi leikkautumaan missään tilanteessa huolimatta siitä, että resonanssin-

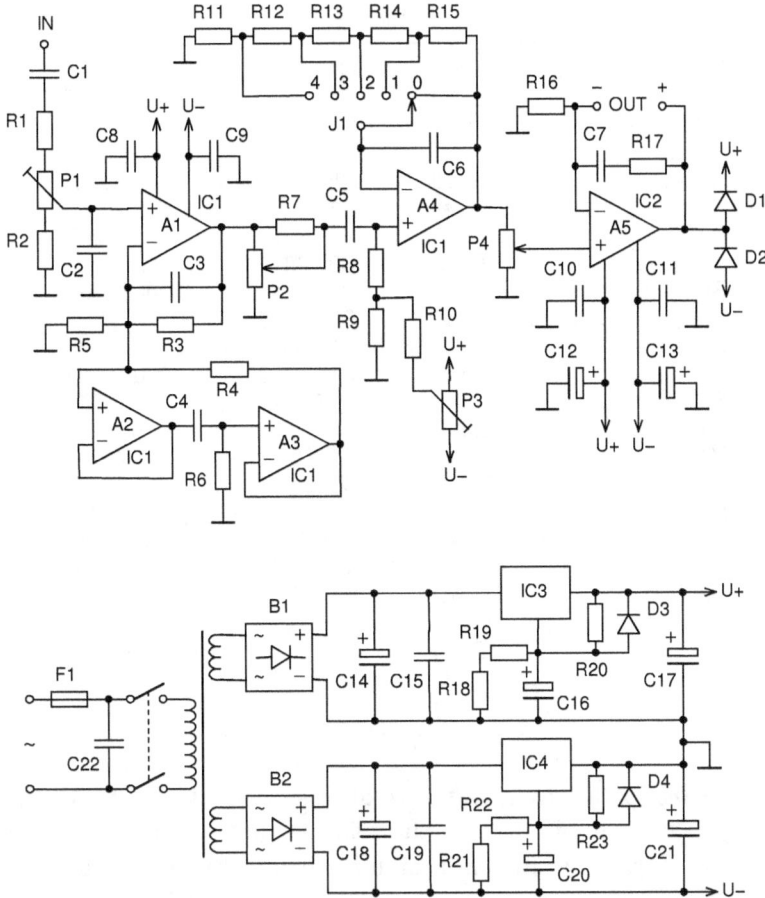

Kuva 10.9. Napojensiirtokorjaimella ja suuntausportaan kompensointimah-dollisuudella varustetun transkonduktanssivahvistimen yhden kanavan piiri-kaavio sekä molemmille kanaville yhteinen jännitelähde.

kompensointiaste (A_1 takaisinkytkentäpiireineen) vahvistaa voimak-kaasti matalimpia taajuuksia. Yliohjautumista ei pitäisi tapahtua, jos sisäänmenosignaalin huippuarvot ovat enintään 3 V ja käytettävä reso-nanssitaajuus (f_z) on enintään 80 Hz. Trimmerillä P_1 hienosäädetään kanavien herkkyydet yhtäsuuriksi.

Kondensaattorin C_2 avulla suodatetaan mahdollisia suurtaajuushäi-riöitä. Arvolla 68 pF rajataajuudeksi tulee n. 180 kHz.

Itse napojensiirtokytkentä on sama kuin kuvassa 8.14a esitetty, jo-

Taulukko 4. Osaluettelo kuvan 10.9 piirikaavioon. Vastusarvot ovat E24-sarjasta ja toleranssiltaan 1%, ellei toisin mainittu.

R1	18kΩ	C1	0,1µF; 5%
R2	30kΩ	C2	68pF
R3	200kΩ	C3	0,1µF; 5%
R4	4,3kΩ	C4	0,1µF; 5%
R5	ks. teksti	C5	0,1µF; 5%
R6	ks. teksti	C6	0,1µF; 5%
R7	3,0kΩ	C7	22nF
R8	51kΩ	C8, C9, C10, C11	1µF
R9	1kΩ	C12, C13	100µF; 50V
R10	750kΩ	C14, C18	10 000µF; 50V
R11	7,5kΩ	C15, C19	0,1µF
R12	1,5kΩ	C16, C20	1000µF; 25V
R13	1,6kΩ	C17, C21	22µF; 50V
R14	2,0kΩ	C22	0,1µF; ks. teksti
R15	2,4kΩ	D1, D2	1N4001
R16	0,56Ω; 2W; 5%	D3, D4	1N4001
R17	18Ω; 1W; 5%	IC1	TL074ACN, TL074IN
R18, R21	1,5kΩ; 0,25W	IC2	TDA2040
R19, R22	56Ω	IC3, IC4	LM338K
R20, R23	120Ω	B1, B2	tasas.silta; 2A
P1	5kΩ	F1	1A; hidas
P2	10kΩ; lin	Muuntaja	2x18V; 100VA
P3	100kΩ		
P4	5kΩ; log		

ten resonanssiparametrien asetus voidaan suorittaa kuvan 8.14b karttaa käyttäen huomioiden vaan, että säädettävät resistanssit ovat tässä nimeltään R_5 ja R_6. Kartta on laadittu f_z-arvoille 40-80 Hz, mutta suurempiakin resonanssitaajuuksia on mahdollista käyttää. R_5 ja R_6 voidaan kiinnittää piirilevyyn riviliittimien välityksellä, jolloin arvot ovat melko helposti muutettavissa kaiuttimen vaihtuessa.

Korjain asettaa järjestelmän napojen ominaistaajuuden noin seitsemäsosaan alkuperäisestä resonanssitaajuudesta, kuten kuvan 8.14 yhteydessä tuli esille. Vastaava pudotus järjestelmän alarajataajuudessa aiheuttaisi liian helposti bassoelementin liikevaran loppumisen kesken, joten signaalia on vielä ylipäästösuodatettava taajuusalueen pitämiseksi kohtuullisena.

Tämä rajaus suoritetaan kahdella 1. asteen passiivisuodattimella, joista toisen muodostaa C_1 yhdessä vastusketjun R_1-P_1-R_2 kanssa ja toisen C_5 vastusten R_8 ja R_9 kanssa. Kummankin suodattimen rajataajuus on asetettu 30 Hz:iin, johon syntyy siten yhteensä 6 dB:n vaimennus. Lopullinen bassovaste ulottuu näin aina 30 Hz:iin Q-arvon ollessa

0,5. Tätä taajuutta voidaan haluttaessa muuttaa skaalaamalla kondensaattoreita C_1 ja C_5.

Käytettäessä kaiutinta, jonka resonanssi on valmiiksi kompensoitu aktiivista kompensointia ei enää tarvita. Tässä tapauksessa vahvistimen taajuusvaste voidaan oikaista siten, että korjaimen tuottamia nollia käytetään kumoamaan ek. 30 Hz:n navat. Kumoutuminen saadaan aikaan yksinkertaisesti asettamalla $f_z = 30$ Hz ja $Q_z = 0,5$, jolloin transkonduktanssi tulee kuultavilla taajuuksilla lähes suoraksi. Piste ei näy kuvan 8.14b kartalla, mutta tarvittavat resistanssit ovat $R_5 = 32$ kΩ ja $R_6 = 750$ kΩ.

Potentiometri P_2 toimii tasapainosäätimenä. Kummallakin kanavalla on oma potentiometrinsä samalla akselilla kytkettynä niin, että toisen kiertyessä auki toinen kiertyy kiinni. Tällä tavoin vältetään tavanomaisessa tasapainosäädinkytkennässä mahdollinen kanavien välinen ylikuuluminen, joka johtuu virran osittaisesta kulkeutumisesta maadoitetun liu'un ohitse. R_7 saa aikaan sen, että vaimennus potentiometrin keskiasennossa on n. 3 dB, kun vaimennus muuten olisi 6 dB.

A_4 takaisinkytkentöineen muodostaa suuntausportaan kompensointiasteen ja toimii samalla puskurina syöttäen voimakkuuspotentiometriä P_4. Hyppylangalla (tai kytkimellä) J_1 voidaan valita joko muokkaamaton vaste (0) tai jokin neljästä eritasoisesta kompensointivasteesta, jotka on esitetty kuvassa 10.10.

Asennossa 4 alataajuuksia korostetaan täydet 6 dB eri vaihtoehtojen ollessa 1,5 dB:n välein. Koska kaiuttimen suuntausporrasta ei te-

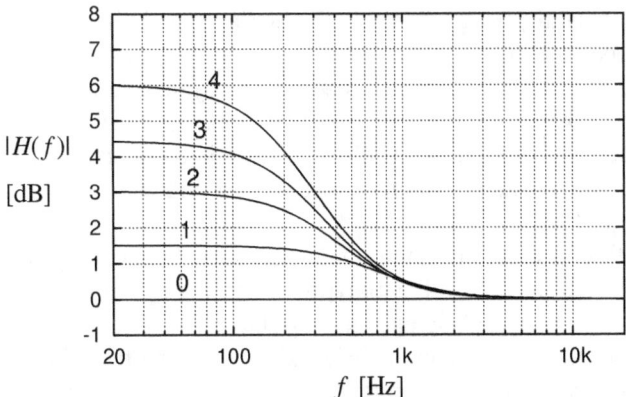

Kuva 10.10. Kuvan 10.9 vahvistimessa käytetyn suuntausporraskorjaimen amplitudivasteet valitsimen J_1 eri asennoissa. Asennossa 0 A_4 toimii pelkkänä jänniteseuraajana. Asennossa 4 saavutetaan täysi 6 dB:n kompensointi.

hovasteen vinoutumisen takia yleensä kannata kumota kokonaan, käytännössä vaihtoehto 3 tai 2 on usein taajuustasapainon kannalta sopivin.

Portaan keskitaajuus on asetettu vastaamaan suunnilleen reilun 20 cm:n levyistä kaiutinta. Mikäli koko poikkeaa paljon tästä, taajuutta voidaan skaalata C_6:en arvoa muuttamalla.

Voimakkuuspotentiometri P_4 on arvoltaan vain 5 kΩ, jotta päätevahvistinta syöttävä impedanssi säilyisi riittävän pienenä kaikissa liuun asennoissa. 3-4 kΩ:n potentiometri olisi tässä suhteessa vielä ihanteellisempi, mutta tällaisia ei ole saatavissa.

Trimmerillä P_3 voidaan pienentää kuormaan menevää tasavirtaa, joka on peräisin vahvistimien A_4 ja A_5 siirtymäjännitteistä. Koska asteiden välissä on potentiometri, tasavirtaa ei kuitenkaan voida nollata kokonaan muuten kuin jossain tietyssä P_4:n asennossa.

A_1:en ja A_3:n siirtymäjännitteillä on myös merkitystä, vaikka ne eivät C_5:en takia vaikutakaan ulostuloon saakka. Kumpainenkin jännite nimittäin näkyy A_1:en annossa n. 50-kertaisena, joten esim. 10 mV:n siirtymällä A_1:en antoon voi kertyä jo 1 V:n tasajännite. Tämän vuoksi suositellaan käytettäväksi taulukkoon 4 merkittyjä piirityyppejä, joiden siirtymäjännitteen pitäisi olla ainakin alle 6 mV. Operaatiovahvistinten on oltava JFET-ottoisia, jotta niiden sisäänmenovirtojen synnyttämät jännitehäviöt eri vastuksissa (kuten R_6) eivät myöskään aiheuttaisi signaaliin suuria tasakomponentteja.

Diodien D_1 ja D_2 tarkoituksena on suojella pä-teastetta mahdollista induktiivisen kuorman aiheuttamilta ylijännitepiikeiltä. Ulostulojännitteen nousu käyttöjännitettä suuremmaksi voi olla mahdollista yhteyden kuormaan jostain syystä katkeillessa tai vahvistimen yliohjautuessa voimakkaasti.

C_8 ... C_{13} ovat normaaleja käyttöjännitelinjojen stabilointikondensaattoreita, jotka on aina hyvä sijoittaa lähelle sitä piiriä, jonka jännitteet halutaan vakavoida. Elkot C_{12} ja C_{13} vaikuttavat lähinnä kymmenien kilohertsien alueella, kun taas 1 µF:n kondensaattorit ovat suurempia taajuuksia varten.

Signaalitiellä olevien kondensaattorien C_1, C_3, C_4, C_5 ja C_6 eristemateriaaliksi kannattaa valita polypropyleeni, jonka epäideaalisuudet ovat huomattavasti vähäisempiä kuin polyesterin. Polypropyleenikondensaattorit ovat yleensä hieman kookkaampia, mutta seikalla ei ole tässä merkitystä. Polykarbonaatti olisi myös audiokäyttöön oivallinen materiaali, mutta sitä ei jostain syystä enää valmisteta.

Teholähde on toteutettu käyttäen säädettävää regulaattoria LM338, jonka virranantokyky riittää tarpeeseen reilusti. Koska negatiivisia regulaattorisiruja ei ole saatavissa suurille virroille, myös negatiivinen puoli on toteutettu positiivisella regulaattorilla. Järjestely toimii kuitenkin aivan hyvin.

Vakavoidun teholähteen käyttö myös päätevahvistinta varten ei ole nykyään kovin yleistä mutta on tässä kuitenkin hyvin perusteltua, koska hurinaongelmien välttämisen lisäksi vakavoidulla lähteellä vahvistinsirun käyttöjännitealue voidaan hyödyntää paremmin kuin vakavoimattomalla.

TDA2040:n suurin sallittu käyttöjännite on ±20 V. Ilman regulaattoreita sopivan ja turvallisen jännitteen aikaansaaminen olisi hankalaa, koska muuntajien toisiojännitearvot vaihtelevat 3 V:n välein (9 V, 12 V, 15 V, 18 V) ja huippuarvot vastaavasti yli 4 V:n välein ja koska todellinen toisiojännite voi olla tyhjäkäynnillä merkittävästi nimellistä suurempi ja koska verkkojännite voi vaihdella nimellisarvostaan kumpaankin suuntaan monia prosentteja ja koska tasasuuntausdiodien jännitehäviö riippuu oleellisesti niiden läpi kulkevasta virrasta. Jos nämä seikat huomioiden jätettäisiin em. 20 V:iin nähden riittävä turvamarginaali ja varattaisiin rippelille vielä pari volttia tilaa, saatava ulostuloteho jäisi turhan pieneksi.

On aivan turhaa epäillä sellaista, etteikö regulaattoripiiri kykenisi toimittamaan riittävän nopeasti virtaa kaikissa mahdollisissa transienttitilanteissa. Tämän todistamiseksi riittää, että jännitteen vaihtelut pysyvät käytännössä olemattomina suurimmalla kuormavirralla ja suurimmalla käyttötaajuudella. Regulaattoreiden käyttö ei myöskään vaaranna vahvistimen stabiilisuutta, kunhan tarvittavat ohituskondensaattorit on asianmukaisesti kytketty.

Vakavointi soveltuu lisäksi virta-antoiseen vahvistimeen paremmin kuin jänniteantoiseen, koska ensin mainitussa tarvittavat huippuvirrat ovat samalla tehotasolla paljon pienempiä johtuen siitä, että kuorman reaktiivisuus ei enää vaikuta virran hetkellisarvoihin.

Käyttöjännitteeksi on asetettu vastuksilla R_{18}, R_{19}, R_{21} ja R_{22} ±17,5 V, jolloin samaa lähdettä voidaan käyttää myös operaatiovahvistinsirulle, jonka sietoraja on ±18 V. Amplitudihuiput pääsevät tällöin nousemaan ±15 V:iin saakka, mistä saadaan antotehoksi 8 Ω:n kuormaan 12 W. Tehoa saataisiin hieman lisää nostamalla IC_2:en käyttöjännite esim. ±19,5 V:iin, mutta tällöin IC_1 vaatisi oman jännitesyötön.

C_{16} ja C_{20} ovat arvoltaan tavanomaista paljon suurempia kytkentänapsahduksen kurissa pitämiseksi. Regulaattorin antonapoihin syntyy reilun voltin jännite välittömästi päällekytkemisen jälkeen, mutta näiden elkojen hidas latautuminen R_{20}:en ja R_{23}:n kautta saa aikaan sen, että käyttöjännite saavuttaa täyden arvonsa vasta parin sekunnin kuluttua.

Regulaattorit pitävät tyypillisesti pientä inisevää ääntä, kun niistä otetaan runsaasti virtaa sopivalla taajuusalueella. Ilmiötä esiintyy kuitenkin muillakin tehopuolijohteilla, eikä ääni ole niin voimakasta, että sillä olisi käytännön merkitystä.

Diodin D_3 tarkoituksena on suojata regulaattoria oikosulun sattuessa estämällä C_{16}:en purkausvirtaa kulkemasta regulaattorin säätönastan kautta.

Kondensaattorin C_{22} on oltava verkkojännitteen häiriövaimennukseen tarkoitettu ns. X-luokan kondensaattori. Tavallisia kondensaattoreita paikalla ei pidä käyttää.

Elkojen C_{12}, C_{13}, C_{14}, C_{17}, C_{18} ja C_{21} jännitekestoisuudeksi on asetettu 50 V, vaikka niiden todellisuudessa saama jännite on paljon pienempi. Syynä tähän on, että 50-100 V:n elkoilla on yleensä parempi häviökerroin kuin tätä pienempien tai suurempien jännitteiden tyypeillä. Mitään haittaa tällaisesta alijännitteellä käyttämisestä ei ole.

Kuvassa 10.11 on esitetty osasijoittelu kaksikanavaiselle vahvistimelle käyttäen piirilevyä, joka on esitetty luonnollisessa koossa liitteessä F. Teholähteen osasijoittelu on kuvassa 10.12 ja piirilevykuviointi vastaavasti liitteessä G.

Kaikki ulkoiset kytkennät levyille on tarkoitettu tehtäviksi ruuvattavien riviliittimien avulla lukuun ottamatta sisäänmenoterminaaleja, joihin suositellaan kullattua piikkirimaa ja vastaavia naarasliittimiä. Levyillä on käytetty mekaanisen tukevuuden parantamiseksi 3-osaisia liittimiä myös monille 2-napaisille liitännöille.

Resistansseja R_5 ja R_6 varten käytetään 4-osaisia riviliittimiä sarjakytkennän mahdollistamiseksi, sillä on epätodennäköistä, että tarvittavat resistanssit osuisivat myytävien vakioarvojen kohdalle. Asennettaessa vastuksia niiden johtimista on muistettava poistaa kaikki nauhasta peräisin olevat liimajäänteet.

Riviliittimiin ei kannata kiinnittää kovin jäykkää johtoa, mutta ei myöskään aivan ohutta. Johtimen säikeiden on lisäksi syytä olla tinapäällysteisiä, sillä paljas kupari hapettuu nopeasti heikentäen kontaktin luotettavuutta. Ruuvien kireys kannattaa tarkistaa vielä asennusta seuraavana päivänä, sillä niillä on taipumusta löystyä hieman.

Molemmille kanaville voidaan vetää omat käyttöjännitejohdot teholähdelevyltä nollajohdon ollessa yhteinen. Kaikki viisi kannattaa niputtaa yhteen induktanssien pienentämiseksi, ja kaikki johdot yleensäkin tulee pitää mahdollisimman lyhyinä. Vahvistinlevyn GND-liittimestä vedetään yhteys myös laitteen runkoon.

Ottosignaalit tuodaan mahdolliselle valintakytkimelle ja vahvistinlevylle suojatuilla johtimilla. RCA-liittimien rungot eristetään laitteen rungosta.

Käytettäessä erillistä jäähdytyselementtiä kummallekin päätevah-

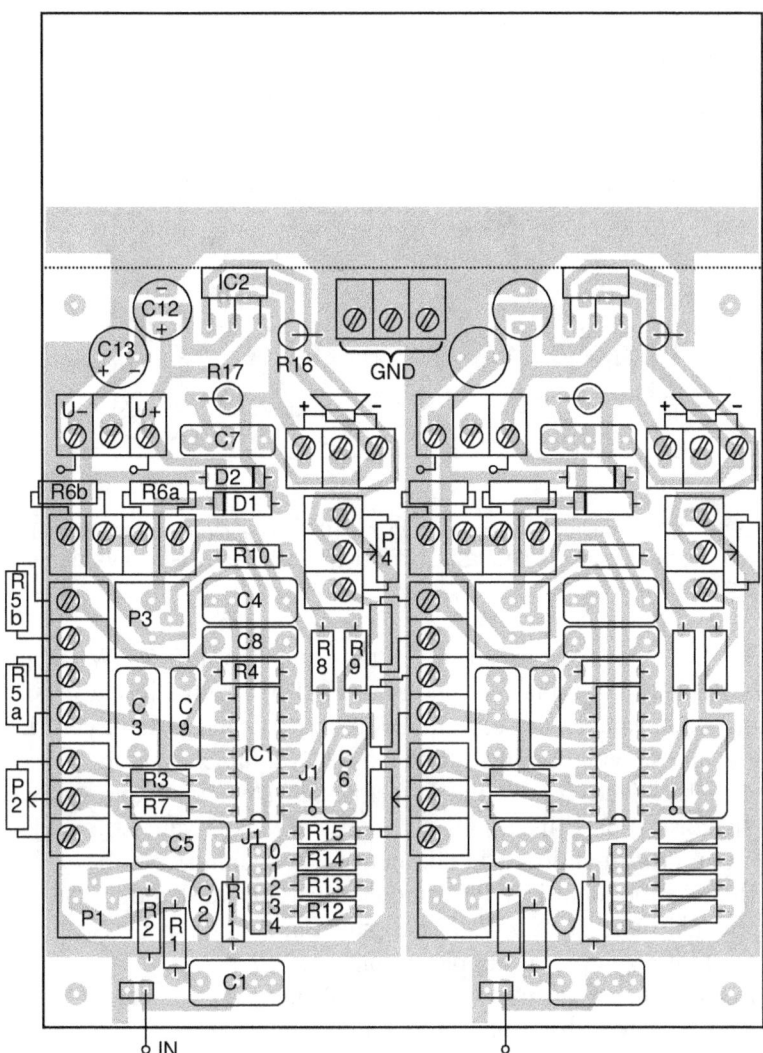

Kuva 10.11. Osasijoittelukaavio kuvassa 10.9 esitetylle transkonduktanssivahvistimelle. Komponentit on nimetty vain toiselle kanavalle, mutta toinen kalustetaan samalla tavalla. Ruuvinkannalla merkityt nelikulmiot kuvaavat riviliittimen soluja. Sisäänmeno sekä hyppylanka J_1 voidaan kytkeä piikkiriman välityksellä. Joillekin kondensaattoreille on järjestetty eri rasterivaihtoehtoja. C_{10} ja C_{11} eivät näy kuvassa, vaan ne sijoitetaan kuparipuolelle suoraan IC_2:en käyttöjännitenastoista maafolioon.

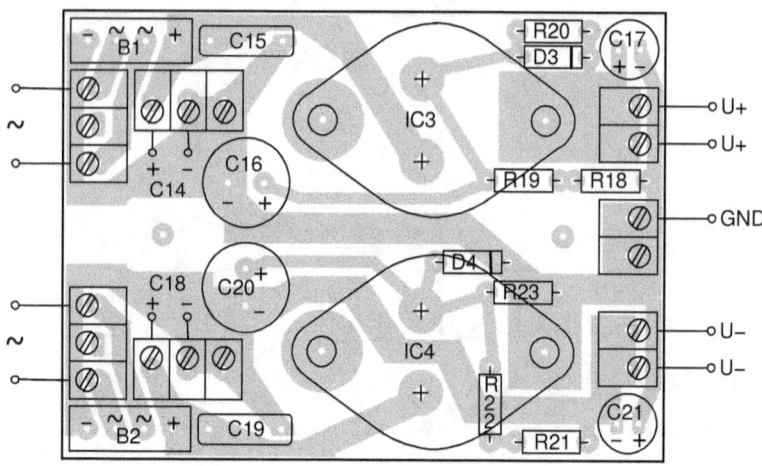

Kuva 10.12. Osasijoittelukaavio kuvassa 10.9 esitetylle teholähteelle. Regulaattorit on tarkoitettu kiinnitettäviksi jäähdytysripoineen holkkien varaan levyn yläpuolelle.

vistimelle lämpöresistanssin olisi oltava enintään n. 5 °C/W ja yhteisellä elementillä vastaavasti puolet tästä. Tämä riittää hyvin musiikin kuunteluun, vaikkakaan ei välttämättä rankimpaan testaukseen. Laitteen kannessa on luonnollisesti oltava riittävät tuuletusaukot.

Yhteistä jäähdytysprofiilia käytettäessä vahvistimet on syytä eristää sähköisesti profiilista, jotta sen kautta ei kulkisi vahvistimien käyttövirtoja. Profiili yhdistetään tällöin maapotentiaaliin.

Regulaattoreiden jäähdytysripojen olisi oltava lämpöresistanssiltaan ainakin alle 10 °C/W. Mikäli suoraan sopivia ei ole saatavissa, voidaan liittää yhteen useita pienempiä ripoja.

Regulaattorien asennuksessa on huolehdittava, että kuoresta, joka muodostaa antoterminaalin, on luotettava yhteys ao. kuparifolioon ottaen huomioon, että mustattu jäähdytyselementin pinta tai hapettunut kuparipinta voi muodostaa eristekerroksen. Tarvittaessa on käytettävä erillistä lyhyttä johdinta.

Kuvassa 10.13 on valmiiksi rakennettu laite sisältä. Kotelo saisi olla suurempikin, jotta myös teholähdelevy mahtuisi vaakatasoon.

Ottoja on tässä kolmet, joista valitulle on omat antoliittimet esim. tallenninta varten. On kuitenkin tärkeää, että tällaisiin rinnakkaisliittimiin ei kytketä mitään poissa päältä olevia laitteita, koska tällaisten muodostama kuorma voi olla epämääräinen.

Valintakytkimen ja potentiometrien tulee olla tavanomaista laaduk-

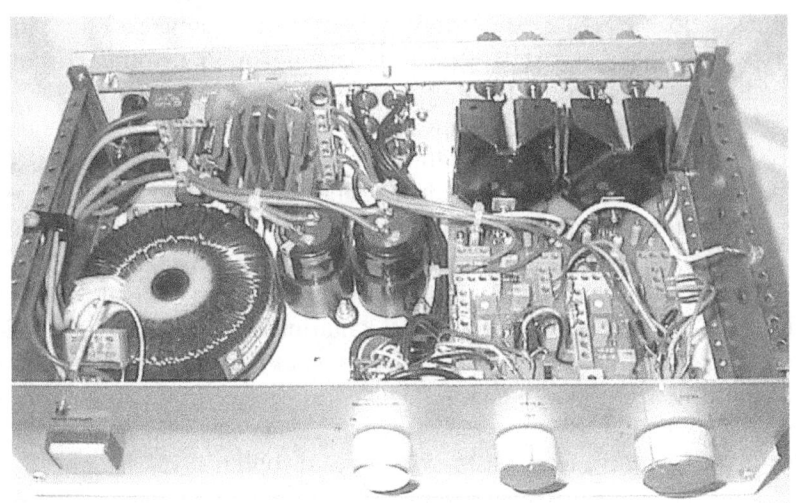

Kuva 10.13. Projektivahvistimen koekappale.

kaampia, jos halutaan, että ne säilyttävät kontaktinsa vielä vuosien jälkeen.

10.9 Kuulokkeiden käyttö

Virtaohjausta voidaan soveltaa myös sähködynaamisille kuulokkeille, vaikkakin saavutettavat hyödyt ovat tavallisesti hyvin vähäisiä verrattuna kaiutintoiston kokemaan parannukseen. Tämä johtuu ennen muuta siitä, että kuuloke-elementtien impedanssissa tasavirtaresistanssin suhteellinen osuus on yleensä paljon suurempi kuin kaiutinelementeissä, jolloin sähkömotoristen voimien aiheuttamat virtakomponentit jäävät luonnostaankin vähäisiksi.

Kuulokkeissa smv-virtoja suuremman ongelman muodostaa yleensä taajuustoiston epätasaisuus ja riippuvuus korvakäytävän muodosta. Jonkinlaisena ratkaisuna tähän voisi kenties toimia henkilökohtainen ekvalisaattori, joka viritettäisiin korvakuulolta siniaaltolähteen avulla.

Kuten kaiuttimissa, myös kuulokkeissa taajuusvaste kokee tiettyjä muutoksia siirryttäessä virtaohjaukseen. Nämä muutoksen voivat tietenkin johtaa myös ei-toivottuihin vaikutelmiin.

Tarvittaessa vain pieniä kuunteluvoimakkuuksia ja kuulokkeiden virtaherkkyyden ollessa riittävä voidaan virta ottaa myös suoraan ohjelmalähteen linja-annoista. Tämä mahdollistaa kuuntelun sellaisista laitteista, joissa ei ole kuulokeantoa. Virran rajoittamiseksi tarvitaan sarjavastus, jonka arvoksi käy 2 kΩ tai enemmän. Pienemmillä arvoilla antoaste saattaa joutua liian lujille.

Periaatteessa edellisessä kappaleessa esiteltyä vahvistinta voidaan käyttää myös kuulokkeiden ajamiseen. Se on sellaisenaan kuitenkin tarkoitukseen liian tehokas, mikä vaarantaa kuulon ja hankaloittaa voimakkuuden säätämistä. Lisäksi tavanomaista stereokuulokeliitäntää, jossa kanavien toinen napa on yhteinen, ei voitaisi käyttää.

Kuvan 10.14 mukaisella lisäjärjestelyllä nämä ongelmat saadaan kuitenkin pois. Kuulokekuuntelussa kaiuttimen tilalle kytketään keinokuormaksi vastus R_2, jolloin vahvistin toimii tavanomaisena jännitevahvistimena ja kuuloketta syötetään perinteiseen tapaan sarjavastuksen (R_4) kautta. R_2:en arvoksi voidaan valita esim. 100·R_1 huomioiden myös tarvittava tehonkesto. R_4:n arvoksi sopii n. 1 kΩ.

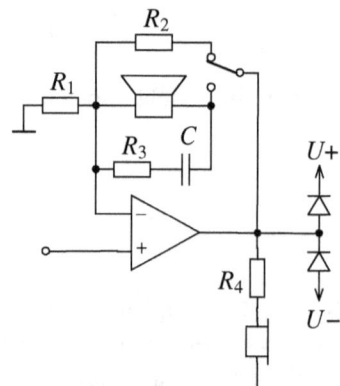

Kuva 10.14. Kuulokeannon järjestäminen transkonduktanssivahvistimeen. Kytkimellä voidaan valita joko kaiutintoiminto tai kuuloketoiminto, jossa R_2 toimii keinokuormana.

---

[1] . P. G. L. Mills and M. O. J. Hawksford, "Distortion Reduction in Moving-Coil Loudspeaker Systems Using Current-Drive Technology", *Journal of the Audio Engineering Society*, vol. 37, March 1989, s. 129-148.

[2] P. G. L. Mills and M. O. J. Hawksford, "Transconductance Power Amplifier Systems for Current-Driven Loudspeakers", *Journal of the Audio Engineering Society*, vol. 37, October 1989, s. 809-822.

11
KAIUTINTOTEUTUKSET

11.1 Koteloinnin periaatteet

Virtaohjausjärjestelmissä kyseeseen tulevat lähinnä suljetut kotelorakenteet. Refleksiaukon pois jäämisestä on monia etuja, joista kaikkia ei ole yleisesti edes noteerattu.

Eräs merkittävä haitta refleksiaukoilla on se, että ne muodostavat kaikelle kotelon sisämelulle avoimen kanavan päästä ulos ja sekoittua varsinaisen äänisignaalin kanssa. Refleksiputken päät on lisäksi tapana muotoilla torvimaisiksi turbulenssien vähentämiseksi ja toiminnan linearisoimiseksi, mikä osaltaan vielä edistää vuotoa keskiäänialueella. Putken poikkipinta-ala on yleensä kylläkin paljon pienempi kuin elementin kartion ala, mutta toisaalta putkessa vaikuttava massa on kartion massaan nähden mitätön, joten putken kautta tapahtuva äänivuoto voi olla käytännössä samaa suuruusluokkaa kuin kartion läpi tapahtuva vuoto, joka osoitettiin kappaleessa 4.2 erittäin merkittäväksi.

Refleksiputkilla on myös taipumusta rämistä itse poikittaisten voimien vaikutuksesta. Putken ja levyn liittymäkohta näet resonoi helposti, ellei liimausta ole tehty hyvin huolellisesti. Räminä voi tulla esiin vain yhdellä matalalla taajuudella, joten musiikin toistossa ilmiö jää helposti tunnistamatta.

Kotelon tukevuuden ja tiiviyden kanssa on noudatettava vähintään samaa vaatimustasoa, kuin mihin vastaavan luokan jänniteajokaiuttimissa on pyritty, sillä seinämien periksiantaminen ja resonointi nousevat luonnollisesti helpommin merkittäviksi virhelähteiksi, kun muita vääristymiä on onnistuttu poistamaan tai vähentämään. Toisaalta runsaalla täyttämisellä kotelon sisäistä äänenpainetta voidaan merkittävästi pienentää varsinkin keskiäänialueella (kuva 4.3), mikä vähentää resonointihaittoja.

Sopivin materiaali etenkin harrastajakäyttöön on MDF-levy, mutta myös lastulevy, vaneri ja liimapuu ovat kelvollisia. Kotelon voi valmistaa myös metallista tai vaikka kivestä, jos taitoa ja välineitä löytyy. Mistään muovimateriaaleista sen sijaan ei saada riittävän jäykkää rakennetta mihinkään vakavasti otettavaan hifi-tarkoitukseen, vaikka ne ovat markettituotteissa valitettavan yleisiä.

MDF-levyn paksuudeksi on suositeltavaa valita 19 mm, kun sisätilavuus on enintään kymmenisen litraa. Suuremmissa koteloissa on perusteltua käyttää 22 mm:n levyä. Seinämiä voidaan lisäksi vahvistaa tarpeen mukaan tukirimoilla ja -levyillä.

Ruuvien kierteisiin kannattaa myös kiinnittää huomiota. Liian jyrkkäkierteinen ruuvi saattaa löystyä ajan myötä tärinän vaikutuksesta ja liian loivakierteinen rikkoo helposti reiän menettäen pitonsa.

Valtaosassa markkinoilla olevia kaiuttimia sekä harrastajien rakennusohjeita kotelo on niin kapea, että elementti vaivoin mahtuu siihen ottamatta kiinni sivuseinämiin. Monesti elementin laippaakin on vielä leikattu viimeisten millien puristamiseksi. Käytäntö on kuitenkin hieman epäedullinen sekä etu- että takasäteilyn kannalta.

Kapeassa kotelossa etulevyn laita tulee lähelle kartiota (kuva 11.1), mikä on omiaan voimistamaan sivusuuntaisen säteilyn kokemaa diffraktiota. Lisäksi kartiopinnan ja sivuseinämän kesken muodostuu suhteellisen terävä kulma, vaikka yleensä olisi pyrittävä kulmien pyöristämiseen.

Kapeassa kotelossa myös elementin takasäteily on hieman voimakkaampaa kuin leveässä, koska sivuseinämät toimivat torven tavoin tietyillä keskiäänitaajuuksilla. Epäedullisin tapaus tässä suhteessa on tie-

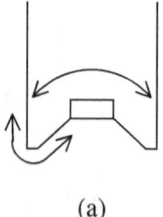   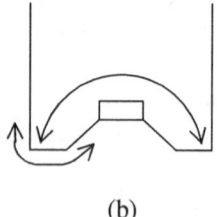

(a)   (b)

Kuva 11.1. Kotelon leveyden vaikutus elementin akustiseen ympäristöön. a) Kapeassa kotelossa sivusuuntaan lähtevä säteily kokee terävän kulman, ja takasäteilyn avaruuskulma jää pieneksi. b) Leveässä kotelossa terävää kulmaa ei muodostu ja takasäteilyn avaruuskulma on suurempi.

tysti se, että myös pohja- tai kattolevy tulee lähelle elementtiä. Ahdas tai putkimainen takatila ei ole hyväksi myöskään matalilla taajuuksilla, koska se voi synnyttää ei-toivottavia refleksi-ilmiöitä, jotka värittävät toistoa.

Suljetuissa kaiuttimissa ja varsinkin virtaohjattavissa kotelon tilavuus ei ole kovin kriittinen tekijä, ja sen kasvattaminen vain laajentaa taajuusaluetta, joten elementtien sivuille voidaan jättää kohtuullisesti marginaalia, ja haluttaessa koteloa mahtuu myös pyöristämään. Maallikoille olisi tietysti osattava samalla selittää, että kotelo ei ole pelkästään elementtien kiinni pitämistä varten, vaan muodolla ja koolla on oleellinen merkitys toiston laadulle.

Kappaleissa 5.4 ja 5.5 tuli jo selväksi, että monitiejärjestelmissä on tärkeää hallita elementtien akustisten lähtöpisteiden etäisyysero kuuntelusuunnassa niillä taajuuksilla, joilla elementit toimivat yhdessä. Tätä etäisyyseroa ei kuitenkaan ole helppoa määrittää elementeistä etukäteen kovin tarkasti, sillä vaihekäyttäytymiseen vaikuttaa myös kotelon muoto. Mikäli jälkeenpäin todetaan, että ero ei osunutkaan aivan kohdalleen, asiaa voidaan kuitenkin korjata muuttamalla suositeltavaa kuuntelukorkeutta kaiuttimeen nähden.

Ylä-äänielementin vaihetta on mahdollista jätättää alaäänielementtiin nähden porrastamalla etulevy tai kallistamalla sitä taakse päin kuvan 11.2 mukaisesti. Kallistaminen on näistä parempi vaihtoehto, sillä porras itsessään aiheuttaa muutoksia varsinkin ylä-äänielementin vasteeseen, mikä vaikeuttaa yhteensovitusta. Koska portaan on lisäksi oltava loiva, elementit joutuvat melko kauaksi toisistaan.

Kallistusta käytettäessä rajoituksena on lähinnä se, että diskanttielementtiä ei kannata suunnata kovin paljon kuulijan ohi. Pienestä ohisuuntauksesta voi olla hyötyäkin, mikäli ylimmät taajuudet tarvitsevat

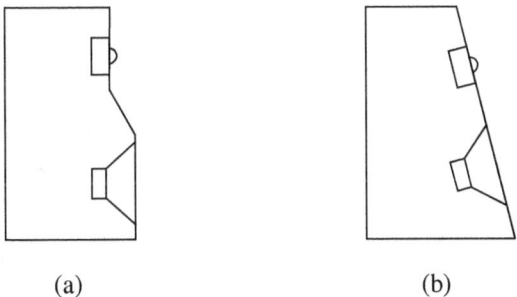

(a)   (b)

Kuva 11.2. Kaksi tapaa elementtien akustisten lähtöpisteiden saamiseksi samalle etäisyydelle kuulijasta. a) Porrastettu etulevy. b) Kallistettu etulevy.

vaimennusta. Basso-keskiääni-elementin kallistuksesta voi myös olla etua lattiaheijastusten heikentyessä hieman.

Kotelointi kasvattaa elementin resonanssitaajuutta ja Q-arvoa sitä enemmän, mitä pienempi on tilavuus, sillä ilmajousen jousivakio, joka on kääntäen verrannollinen tilavuuteen, summautuu elementin oman jousivakion kanssa. Tilavuuden ollessa elementin ekvivalenttitilavuuden suuruinen näiden jousien pitäisi olla yhtä jäykkiä, joten ilman jousivakioksi voidaan kirjoittaa $k_a = k_d V_e/V$, missä k_d on elementin jousivakio, V_e on ekvivalenttitilavuus ja V kotelon tilavuus.

Koteloidun elementin resonanssitaajuudeksi saadaan näin yhtälön (3.5) perusteella

$$\omega_0' = \sqrt{\frac{k_d + k_a}{m}} = \sqrt{\frac{k_d(1 + V_e/V)}{m}}$$

$$= \omega_0 \sqrt{1 + \frac{V_e}{V}} \qquad (11.1)$$

missä ω_0 on resonanssitaajuus vapaana.

Täten siis käytettäessä esimerkiksi V_e:n suuruista koteloa resonanssitaajuus nousee periaatteessa $\sqrt{2}$ -kertaiseksi ja $\frac{1}{2}V_e$:n suuruisella kotelolla vastaavasti $\sqrt{3}$ -kertaiseksi.

Ekvivalenttitilavuus on verrannollinen tehollisen pinta-alan neliöön, joten resonanssitaajuuden suhteellinen kasvu on vähäisintä pienillä elementeillä. Toisaalta ω_0 kasvaa liikkuvan massan pienentyessä, joten lopullinen resonanssitaajuus ei käytännössä riipu kovinkaan paljon elementin koosta.

Q-arvo on yhtälön (3.6) mukaan myös suoraan verrannollinen jousivakion neliöjuureen, joten koteloidun elementin Q-arvoksi saadaan vastaavasti

$$Q' = Q\sqrt{1 + \frac{V_e}{V}} \qquad (11.2)$$

Käytännössä (11.1) ja (11.2) ovat lähinnä suuntaa antavia, koska kotelon seinämät eivät ole aivan ideaalisia eivätkä kotelon mitatkaan ole aallonpituuteen nähden täysin mitättömiä.

Koteloa kasvattamalla voidaan siis pienentää molempia parametreja, mutta toisaalta ilmajousi toimii suurilla liikepoikkeamilla paljon lineaarisemmin kuin elementin oma jousitus, mikä puoltaa kotelon pitämistä ekvivalenttitilavuutta pienempänä.

11.2 Vaimennusaineet

Vaimennusaineella voidaan tehokkaasti hillitä kotelon sisäistä äänenpainetta, mutta samalla myös Q-arvo saadaan paljon pienemmäksi, koska aine vastustaessaan ilman liikkumista kasvattaa hidastinvakiota b. Tehokkaalla täyttämisellä b saadaan kasvamaan jopa niin, että lopullinen Q jää pienemmäksi kuin vapaalla elementillä.

Vaimennusaine alentaa myös itse resonanssitaajuutta, koska ilman puristumisprosessi muuttuu adiabaattisesta isotermiseksi, ja jousivakioon vaikuttava adiabaattivakio jää pois (ks. yhtälö (7.7)).

Seuraavassa esitetään joitakin tuloksia eri materiaalien tehosta resonanssiominaisuuksien muokkaajina. Kokeet on tehty tukevassa tilavuudeltaan 10 litran kotelossa käyttäen Seasin valmistamaa 15 cm:n elementtiä CA15RLY, jolle on ilmoitettu resonanssitaajuudeksi 44 Hz ja mekaaniseksi Q-arvoksi 1,88 mitattujen arvojen ollessa 50 mA:n virralla 54 Hz ja 2,27.

Kuvassa 11.3 olevat impedanssikäyrät on mitattu käyttäen vaimennusaineena lakanakangasta (kuva a), polyesterivanua (kuva b), vaahtomuovia (kuva c) sekä talouspyyhepaperia (kuva d) eri täyttöasteilla. Käyrät ilmaisevat havainnollisesti, kuinka vaimennusaineen lisääminen muuttaa resonanssiparametreja.

Kaikissa tapauksissa elementin ympärille on jätetty hieman tyhjää tilaa. Jos näin ei tehdä, alakeskiäänien alueelle saattaa syntyä vasteen epätasaisuutta, joka ilmenee impedanssikäyrässä pieninä kupruina.

Tyhjällä kotelolla resonanssitaajuus nousee 76 Hz:iin, josta se laskee sekä kankaalla, vanulla että vaahtomuovilla täydellä täytöllä 71 Hz:iin eli n. 7%, joka vastaa melko hyvin teorian mukaista enimmäispudotusta.

Talouspaperilla huipun taajuus saadaan selvästi pienemmäksi, tässä n. 65 Hz:iin. Tällöin käyrä muuttuu kuitenkin epäsymmetriseksi, mikä merkitsee, että järjestelmä ei ole enää puhtaasti toista astetta. Pehmopaperi on silti käyttökelpoinen ja ennen kaikkea halpa vaihtoehto kotelon täyttämiseen.

Q-arvo nousee tyhjällä kotelolla 3,37:ään eli suhteellisesti hiukan enemmän kuin resonanssitaajuus. Vaimennusaineiden kyky pienentää Q-arvoa vaihtelee kuitenkin paljon.

Tehokkain Q-arvon alentaja on tässä kangas ja toiseksi tehokkain talouspaperi. Kankaalla Q painuu täydellä täytöllä 1,07:ään ja talouspaperillakin 1,42:een (olettaen 2. asteen käyttäytyminen). Vanulla sen sijaan jäädään 2,36:een ja vaahtomuovilla 2,31:een. Viimeksimainitutkin ovat silti vielä käyttökelpoisia ainakin aktiivisen muokkauksen yh-

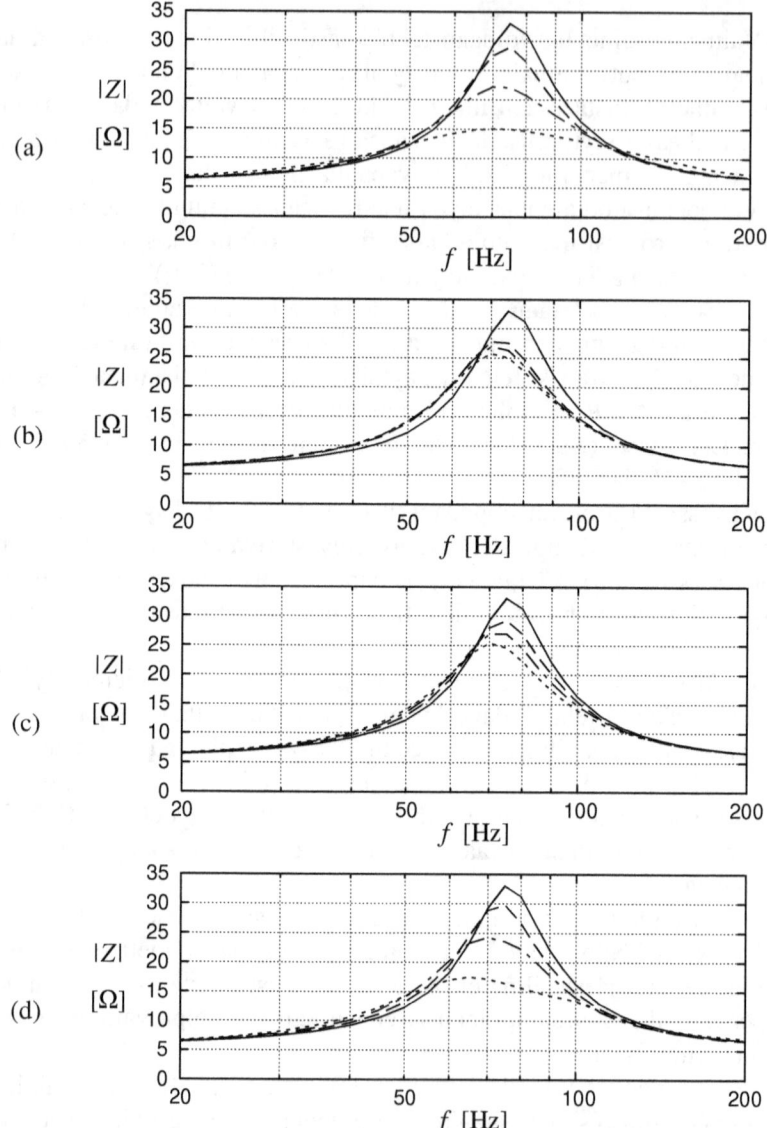

Kuva 11.3. Vaimennusaineen lisäämisen vaikutus impedanssikäyrään erääl-
lä 5½ tuuman elementillä 10 l:n kotelossa. a) Puuvillakangas. b) Polyesteriva-
nu. c) Vaahtomuovi 20 kg/m³. d) Talouspyyhepaperi. Ehyet viivat: kotelo tyh-
jänä. Pisteviivat: täyteen sullottu kotelo (100%:n ainemäärä). Pistekatkoviivat:
80%:n ainemäärä. Katkoviivat: 50%:n ainemäärä.

teydessä.
Sekä resonanssitaajuus että Q pienenevät monotonisesti täyttömäärän kasvaessa, vaikka kotelo sullottaisiin täyteen, kuten pisteviivojen tapauksessa. Nähdään siis, että:

Suoritetut kokeet neljällä eri vaimennusaineella 10-litraisessa kotelossa eivät tue käsitystä, jonka mukaan vaimennusaineen määrällä olisi jokin optimiarvo, jonka yläpuolella resonanssitaajuus alkaisi jälleen kasvaa sen vuoksi, että aine syö kotelon tilavuutta. Edes tiheydeltään suhteellisen suuri täyte, kuten tiukasti sullottu puuvillakangas, ei näy aiheuttavan tällaista käännettä.

Ilmajousen jäykkyys kylläkin lakkaa pienentymästä prosessin tultua isotermiseksi, mutta mitään jäykkyyden kasvua täyttömäärän kasvaessa ei ole havaittavissa.

11.3 Elektrolyyttikondensaattorien käyttö

Elektrolyyttikondensaattoreita eli elkoja on totuttu käyttämään signaalipolulla melko suruttomasti huolimatta niiden hyvin suuresta häviökertoimesta ja muista epätarkkuuksista. Kustannussyistä sekä nykyinen jänniteohjauskäytäntö huomioiden tämä on ymmärrettävääkin, mutta on myös hyviä syitä, joiden vuoksi äänenlaadun ollessa päällimmäisenä elkoja kannattaisi välttää signaalinkäsittelyssä ja -välityksessä:

- Jakosuodatuksessa tyypillisesti käytettävien 10-100 µF:n elkojen häviökerroin on 1 kHz:n taajuudella yleensä n.10% ja 10 kHz:llä jo useita kymmeniä prosentteja. Jakotaajuuden ollessa vaikkapa vain pari kilohertsiä tällainen lisäresistanssi voi haitata jo suodatuksen toimivuutta.

- Suuri häviökerroin ja siinä esiintyvät suuret vaihtelut tekevät kytkennän optimoinnista hankalaa, sillä kunnolliseen toimintatarkkuuteen pääsemiseksi resistiivistä komponenttia ei voida jättää huomiotta, ja toisaalta sen vaikutus voidaan ennakoida vain karkeasti.

- Mitä suurempi on häviökerroin, sitä suuremmat ovat myös mahdollisuudet hystereesin ja muiden säröilmiöiden esiintymiselle, ja nesteen muodostaman resistanssin lineaarisuus ei liene paras mahdollinen, vaikkakaan asiaa ei ole helppo todistaa mittaamalla.

- Elkojen toleranssi on yleensä ±20%, jota on pidettävä hifi-käyttöön riittämättömänä. Erikoistuneilta valmistajilta on kylläkin saatavissa 10%:n tyyppejä, mutta tämäkin on enemmän kuin yleensä muilla komponenteilla.

- Kaiutinkäyttöön tarkoitettuja kaksisuuntaisia eli bipolaarisia elkoja on yleisesti saatavana enimmillään 100 V:n jännitteelle. Suuritehoista vahvistinta käytettäessä tämä voi olla liian vähän, sillä kondensaattorin jännitteen hetkellisarvot voivat nousta paljon suuremmiksi kuin vahvistimen antama jännite. Tätä tapahtuu varsinkin kapasitanssin reagoidessa induktanssin kanssa. Sarjakytkennällä jännitekestoisuutta voidaan kuitenkin kasvattaa, sillä vaihtojännite jakautuu tasan samankokoisten kondensaattoreiden kesken. (Tasajännite sitä vastoin ei yleensä jakaudu tasan vaan vuotovirtojen määräämässä suhteessa.)

- Elkot ovat suhteellisen epäluotettavia komponentteja. Käyttöikä tosin pitenee toimintajännitteen pienentyessä, mutta vanheneminen voi ilmetä vain hiipivänä häviöiden kasvuna, joka jää helposti huomaamatta.

- Yleinen ilmiö varsinkin bipolaarielkoissa on, että muutamia minuutteja lähes tyhjänä ollutta elkoa varattaessa kapasitanssi nousee latausvaiheen aikana jopa kaksinkertaiseksi normaalista. Seurauksena on signaalin hetkellinen vääristyminen aina, kun elkon jännitteen itseisarvo saavuttaa uuden maksimin muutamiin minuutteihin.

Viimeksi mainittu ominaisuus on selitettävissä tarkastelemalla elkon rakennetta ja sijaiskytkentää, jotka on esitetty olennaisin osin kuvassa 11.4.

Jokainen alumiinielko koostuu todellisuudessa kahdesta sarjassa olevasta kondensaattorista, joiden eristeenä toimii alumiinielektrodien pintaan kasvatettu oksidikerros. Eristekerrosten väliin jäävä paperiin imeytetty johtava neste muodostaa näiden kondensaattoreiden yhteisen navan ja myös suurimman osan sarjaresistanssista (ESR).

Normaalisti anodin puoleinen oksidikerros on paljon paksumpi ja määrää koko sarjakytkennän kapasitanssin. Katodin puoleinen kapasitanssi (C_C) on edelliseen nähden hyvin suuri eikä siksi näy paljon ulos päin. Bipolaarielkot poikkeavat tästä ainoastaan siten, että niissä mo-

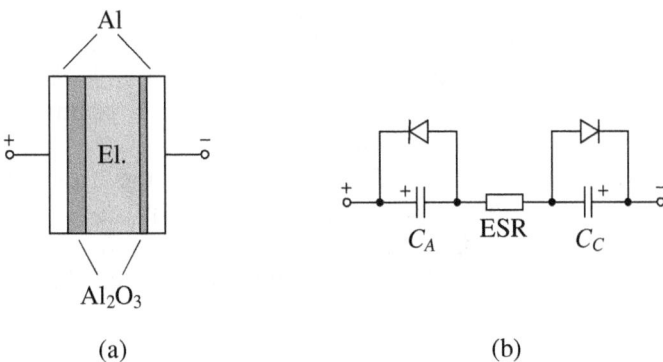

(a)   (b)

Kuva 11.4. a) Alumiinielektrolyyttikondensaattorin toiminnalliset kerrokset. Eristeen muodostavien alumiinioksidikerrosten välissä on sähköä johtava neste eli elektrolyytti. b) Kuvan a rakenteen pelkistetty sijaiskytkentä. Diodit mallittavat oksidien vuotovirtoja napaisuuden tullessa vääränmerkkiseksi. Efektiivinen sarjaresistanssi (ESR) johtuu pääasiassa elektrolyytin resistiivisyydestä.

lemmat kapasitanssit on tehty yhtä suuriksi, jolloin rakenne on symmetrinen.

Alumiinioksidi vuotaa jonkin verran, jos sen yli oleva jännite tulee vääränmerkkiseksi eli jos elektrolyytti tulee alumiiniin nähden positiiviseksi. Tätä vuotoa on kuvattu sijaiskytkennässä diodeilla, jotka eivät kuitenkaan ole mitenkään ideaalisia vaan johtavuudeltaan melko vaihtelevia.

Tavallisen polaarisen elkon katodin puoleinen oksidi on niin ohutta, että se sietää jännitettä vain n. 1,5 V:iin saakka. Tämä muodostaa samalla rajan elkon negatiivisen jännitteen kestolle, sillä anodipuolen tullessa negatiiviseksi sen vuotodiodi alkaa johtaa.

Ladattaessa alun perin varauksetonta bipolaarielkoa jännite pyrkii aluksi jakautumaan tasan molempien oksidikondensaattorien kesken, mutta koska miinusnavan puoleinen kondensaattori varautuu vääränsuuntaisesti, sen vuotodiodi tulee johtavaksi ja käytännössä oikosulkee tämän kondensaattorin. Plusnavan puoleinen kondensaattori sen sijaan latautuu normaalisti, mutta koska sen kapasitanssi on kaksinkertainen elkon nimellisarvoon nähden, myös kokonaiskapasitanssi periaatteessa tuplautuu latauksen aikana.

Lähdettäessä latausvaiheen jälkeen purkamaan elkoa ek. oikosulku poistuu, ja kapasitanssi normalisoituu, koska elektrolyytin potentiaali tulee kumpaankin terminaaliin nähden negatiiviseksi pitäen näin kondensaattorien jännitteet oikeansuuntaisina.

Ladattaessa samaa elkoa uudestaan kondensaattorien jännitteet säilyvät oikeanmerkkisinä siihen saakka, kunnes ulkoinen jännite ylittää aiemmin saavutetun maksimin, minkä jälkeen toinen diodi tulee jälleen johtavaksi ja kapasitanssi jälleen kaksinkertaistuu. Ladattaessa elkoa toiseen suuntaan vuotoraja tulee vastaan samalla jännitteen itseisarvolla, mutta aiheutuu nyt toisesta diodista.

Ajan kuluessa elektrolyytin negatiivinen potentiaali kuitenkin vähenee itsekseen, jolloin vuodon rajajännite vastaavasti pienenee. Palautumisaika saattaa vaihdella minuuteista tunteihin.

Kuvassa 11.5 on esitetty joitakin tavallisista bipolaarielkoista para-

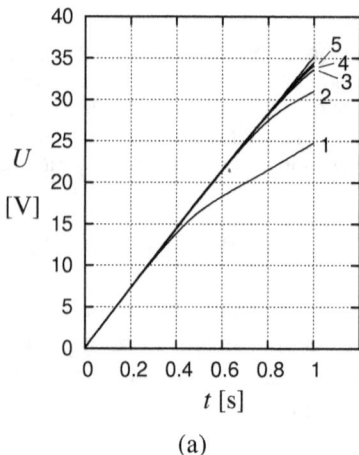

(a)

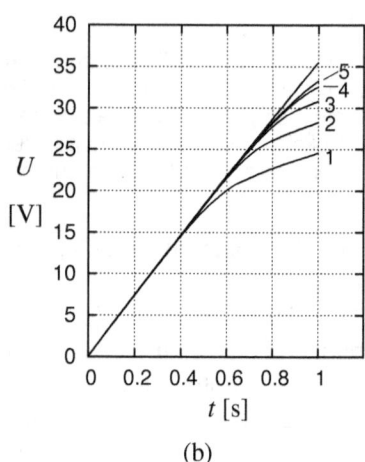

(b)

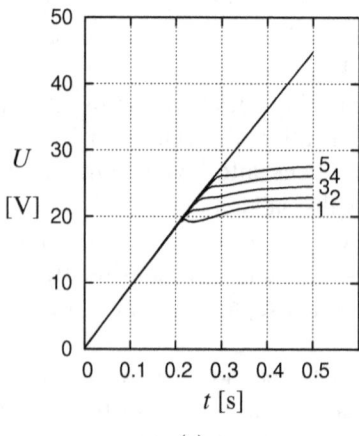

(c)

Kuva 11.5. Erään tunnetun valmistajan uusista bipolaarielkoista mitattuja jännite-aika-riippuvuuksia ladattaessa elkoa toistuvasti vakiovirralla. Numeroitujen latauskertojen välillä kondensaattori tyhjennettiin vastuksen kautta. Ylin kuvaaja on saatu varaamalla elko ennen tyhjennystä ja mittausta lähes nimellisjännitteeseensä saakka. a) Mittaus 47 µF:n ja 63 V:n elkosta 2 mA:n virralla 1 s:n ajan. b) Sama mittaus eri yksilöstä. c) Mittaus 10 µF:n ja 100 V:n elkosta 1 mA:n virralla 0,5 s:n ajan.

metrianalysaattorilla mitattuja latautumiskäyrästöjä, joista ilmenee selvästi tietyn rajajännitteen yläpuolella alkava vuotaminen. (Käytännön syistä lataus on tehty suhteellisen hitaasti, mutta tällä ei pitäisi olla ratkaisevaa merkitystä.)

Ladattaessa kondensaattoria vakiovirralla jännitteen pitäisi nousta suoraviivaisesti kulmakertoimin I/C (I = latausvirta), mutta mitatuilla elkoilla käyrät taipuvat enemmänkin, kuin edellä esitetyn yksinkertaisen mallin perusteella on odotettavissa. Tulokset eivät välttämättä ole aivan tyypillisiä, mutta eivät myöskään harvinaisia.

Tarkkaan katsomalla voidaan havaita myös, että ilman vuotoa saadut kuvaajatkaan eivät ole täysin suoria vaan hieman kaartuvia.

Kuvassa c latautuminen lakkaa lähes kokonaan vuotorajan ylittyessä. Toisen oksidikondensaattorin oikosulkeutuminen näyttää siis jotenkin haittaavan myös toisen toimintaa. Olipa kyseessä sitten yleinen piirre tai jokin laatuongelma, tämäkään oikkuilu ei lisää luottamusta elkoihin kriittisissä käyttökohteissa.

11.4 Projekti CS-12

Seuraavassa esitellään rakennusprojektiksi ja suunnitteluesimerkiksi sopiva tilavuudeltaan 12-litrainen 2-tiekaiutin (Current Speaker 12), joka nojautuu aktiivisesti toimivaan vastekompensointiin ja soveltuu siten hyvin käytettäväksi kappaleessa 10.8 esitetyn vahvistimen kanssa. Vaikkakin virtaohjaukseen hyvin soveltuvia diskanttielementtejä on ollut vaikea löytää, projektin tuloksena on kuitenkin täysin kelvollinen kokonaisuus niistä tarvikkeista, joita on yleisesti saatavilla.

Mallikappaleissa on käytetty basso-keskiääni-alueen toistoon Vifaelementtiä P17WJ-00-04, jonka kalvo on seostettua polypropyleeniä. Sittemmin tämän elementin valmistus on lopetettu, eikä saatavuus ole muutenkaan ollut kovin hyvä. Tilalla voidaan kuitenkin käyttää saman valmistajan tyyppiä PL18WO09-04*, jonka kalvo on päällystettyä paperia, ja joka vastaa sekä taajuusvasteeltaan että impedanssiltaan riittävän hyvin suunnittelun pohjana ollutta elementtiä.

Valinnassa on käytetty seuraavia perusteita:

- Riittävän matala resonanssitaajuus ja Q-arvo; PL18WO09-04:llä n. 40 Hz ja 2,6. P17WJ-00-04:n resonanssitaajuus oli samaa luokkaa, mutta Q-arvo n. 1,5.

---

* Äskettäin Tymphany on lopettanut koko laajan ja arvostetun Vifa-merkin tuotannon. Katso mahdollisia korvaavia tyyppejä: www.virtaohjaus.info/projektit.

- Impedanssin on oltava 4 Ω, jotta diskanttielementin kautta menisi tämän resonanssitaajuudella vähemmän virtaa.

- Virtaherkkyys vastaa suunnilleen diskanttielementin herkkyyttä jakotaajuuden (1500 Hz) tuntumassa, mikä on tärkeää, kun passiivisia vaimennuskytkentöjä ei käytetä.

- Virtaherkkyyden kasvu taajuuden kasvaessa (torvivaikutus) on tavanomaista vähäisempää, mikä mahdollistaa 1. asteen jaon käyttämisen.

Lisäksi on tietenkin vaadittava kuten yleensäkin, ettei taajuusvasteessa esiinny kohtuuttomia epätasaisuuksia.

Diskanttitoistimena on käytetty Scan-Speakin Revelator-perheen tyyppiä D2905/990000, jossa on 28 mm:n tekstiilikalotti, takakammio sekä loivasti kovera alumiinilaippa. Elementti on suhteellisen hintava, mutta toisaalta tarkoituksena ei ollut säästää rahaa, vaan tarjota halukkaille ensimmäistä kertaa mahdollisuus tutustua luonnonlait huomioivaan musiikinvälitykseen sähködynaamisilla kaiuttimilla.

Valintaan vaikuttivat seuraavat ominaisuudet:

- Matalin resonanssitaajuus (500 Hz) markkinoilla olevista diskanteista (tuolloin)

- Herkkyys tarkoitukseen sopiva suuntaavan laipan ansiosta

- Ei sisällä ferronestettä, joten nesteen värähtelyistä ja viskositeetin vaihtelusta syntyvät haitat jäävät pois. (Tehonkesto perustuu napakappaleiden kuparointiin ja ilmaraon kapeuteen.)

- Kalvon syvyys suhteessa asennustasoon auttaa osaltaan akustisten lähtöpisteiden tasaamisessa.

Hinnan tuntuessa liialliselta tilalla voitanee käyttää jonkin verran halvempaa tyyppiä D2905/970000, joka on rakenteeltaan muuten samanlainen mutta laipaltaan tavanomainen. Herkkyys on 2-4 kHz:llä pari desibeliä Revelatoria pienempi, mutta toisaalta PL18WO09-04:n herkkyys näyttäisi myös olevan hivenen alempi kuin mallikappaleissa käytetyn P17WJ-00-04:n, joten vaihdosta ei liene haittaa.

Kytkentäkaaviossa, joka on esitetty kuvassa 11.6, ei ole muuta erikoista kuin diskantin rinnalla käytettävä imupiiri, jonka resonanssitaajuus asetetaan lähelle elementin resonanssitaajuutta. Piirillä tasoitetaan

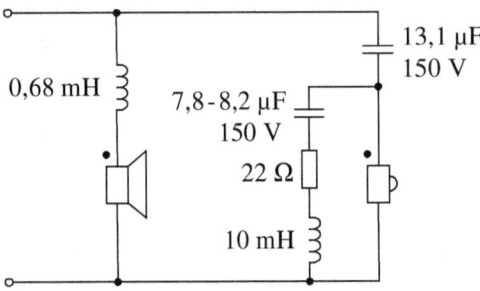

Kuva 11.6. Esimerkkikaiuttimen CS-12 kytkentä. Kapasitanssien aikaansaamiseksi tarvitaan kondensaattorien rinnankytkentää.

kaiuttimen taajuusvasteeseen syntyvää kuoppaa, joka aiheutuu siitä, että ko. resonanssialueella elementtien vaihevasteet tulevat väistämättä 180 asteen päähän toisistaan. Scan-Speakin suurehkon Q-arvon (n. 3,8) vuoksi ilman imupiiriä vastekuoppa olisi syvyydeltään n. 7 dB.

Puolet mainitusta 180 asteesta johtuu virtojen vaihe-erosta ja toinen puoli resonanssin tuomasta vaihe-edistyksestä, joka ilmenee kuvasta 2.3b (käyrä C).

Ongelma esiintyy yhtälailla myös jännitekäyttöisissä kaiuttimissa [1], vaikkakaan asiaa ei yleensä tiedosteta, vaan ylä-äänielementin ajatellaan käyttäytyvän virheettömästi jonnekin resonanssitaajuuteensa saakka.

Virtaohjausindeksiä parantavia sarjavastuksia ei ole tässä käytetty. Mikäli niitä halutaan hyödyntää, on kaikki komponenttiarvot optimoitava uudestaan.

Mittauksiin perustuvat elementtien impedanssimallit sisältävä simulointikytkentä on esitetty kuvassa 11.7.

r_2 edustaa suodatinkelasta L_1 mitattua tasavirtaresistanssia (langan paksuus 1 mm) ja r_1 kelan muita häviöitä.

r_5 kuvaa puolestaan ferriittirunkoisen imupiirikelan L_2 mitattua resistanssia. L_2 voidaan valmistaa ohuestakin langasta, koska r_5:en arvo ei ole kriittinen. R_4 on vain valittava siten, että summaksi $R_4 + r_5$ tulee 22 Ω.

r_3:n tarkoituksena on kuvata polyesterikondensaattorin C_1 häviöitä sekä johtimien resistansseja.

C_2:en tavoitearvo riippuu hieman diskanttielementin resonanssitaajuudesta, joka olisi syytä mitata. Taajuuden ollessa jonkin verran alle 500 Hz kuten tässä tapauksessa, arvoksi sopii 8,2 µF, mutta taajuuden ollessa 500 Hz tai yli, kannattaa arvoksi valita 7,8 µF. Imupiirin reso-

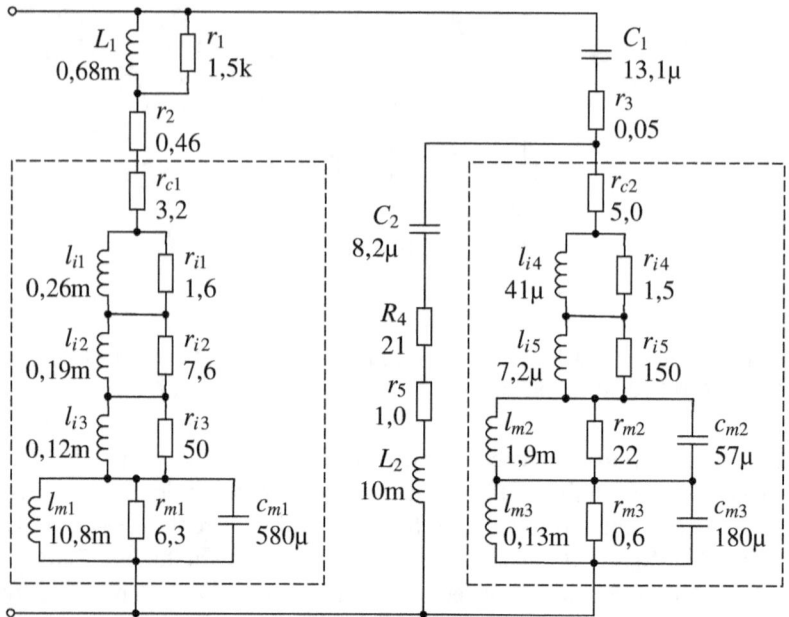

Kuva 11.7.   Kaiuttimelle käytetty simulointimalli. Fyysisiä piirikomponentteja on merkitty isolla kirjaimella ja sijaiskytkentöihin liittyviä pienellä. Elementtien sijaiskytkennät on erotettu katkoviivoin.

nanssitaajuuden olisi mieluiten oltava n. 70 Hz suurempi kuin diskantin.

Ainakin C_1 on käytännössä koottava useasta kondensaattorista, sillä arvo ei osu lähelle kaupallisia vakioarvoja.

Jakosuodatuksen pitämiseksi hyvin kontrolloituna L_1:lle ja C_1:lle suositellaan 2%:n tarkkuutta. Tähän päästään käyttämällä luvussa 13 esitettyjä mittausmenetelmiä. Tarkkuus ei ole pahitteeksi myöskään imupiirin osissa.

Basso-keskiääni-elementin impedanssi on mallitettu kolmella LR-lenkillä ja resonanssipiirillä, joka vastaa lopullista kotelointia. Saadut arvot antavat resonanssitaajuudeksi 63,6 Hz ja Q-arvoksi 1,46 (kaavat (2.19) ja (2.20)). PL18WO09-04:ää käytettäessä Q jää kuitenkin huomattavasti suuremmaksi, ja korjaimen virityksessä tarvittavat arvot on aina syytä selvittää mittaamalla ao. kaiuttimesta.

Diskantin induktanssi on mallitettu kahdella LR-lenkillä, joilla saavutetaan tässä tapauksessa hyvä vastaavuus jopa megahertsiin saakka. (Joskus voi olla tarpeen tuntea impedanssin käyttäytyminen myös ultraäänialueella.)

Elementin perusresonanssia kuvaa resonaattori l_{m2}-r_{m2}-c_{m2}. Kytkentään on lisätty toinenkin resonaattori, joka on viritetty n. 1 kHz:n taajuudelle. Piirin tarkoituksena on jäljitellä elementin impedanssissa ko. alueella havaittavaa kohoumaa. Elementtien mallitetut impedanssikäyrät on esitetty kuvassa 11.8. Käytetyn jakotaajuuden kohdalla impedanssien itseisarvot ovat lähellä toisiaan, mikä on eduksi suunnittelussa.

Scan-Speakin induktanssi ei tule audiotaajuuksilla vielä paljonkaan näkyviin johtuen magneettipiirin kuparoinneista. Elementin virtataajuusvastekaan ei siten nouse jännitetaajuusvasteeseen nähden kuin hyvin loivasti.

Elementtien saamat virrat on esitetty kuvassa 11.9. Jako on asetettu 1,5 kHz:iin siten, että virrat ovat jakotaajuuden kohdalla ykkösen suuruisia eli vaimentumattomia. Virtojen välisen vaihe-eron pitäisi tällöin olla periaatteessa 120°, mutta käytetyn imupiirin vaikutus näkyy jakotaajuudella vielä sen verran, että vaihe-eroksi tulee 124°.

Basso-keskiäänisen virta nousee enimmillään reilun desibelin syöttövirtaa suuremmaksi ja diskanttielementin virta puolestaan vajaan desibelin. Yli 90°:een virityksellä ylitykset ovat väistämättömiä, mutta pysyvät tässä vielä kohtuullisina.

Virityksestä on tehty näin kireä useasta syystä: L_1:en ja C_1:en impedanssin kasvaminen parantaa virtaohjausindeksejä, ja diskanttielementin virta basso- ja alakeskiäänialueella pysyy tarpeeksi pienenä samoin kuin basso-keskiäänisen virta ylimmillä taajuuksilla. C_1:en pie-

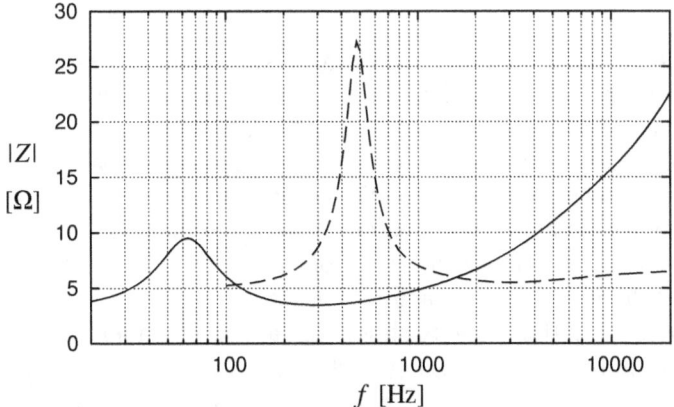

Kuva 11.8. Elementtien impedanssien itseisarvot simuloituna kuvassa 11.7 esitetyillä mittauksia vastaavilla malleilla. Ehyt viiva: basso-keskiääninen koteloituna. Katkoviiva: diskanttielementti.

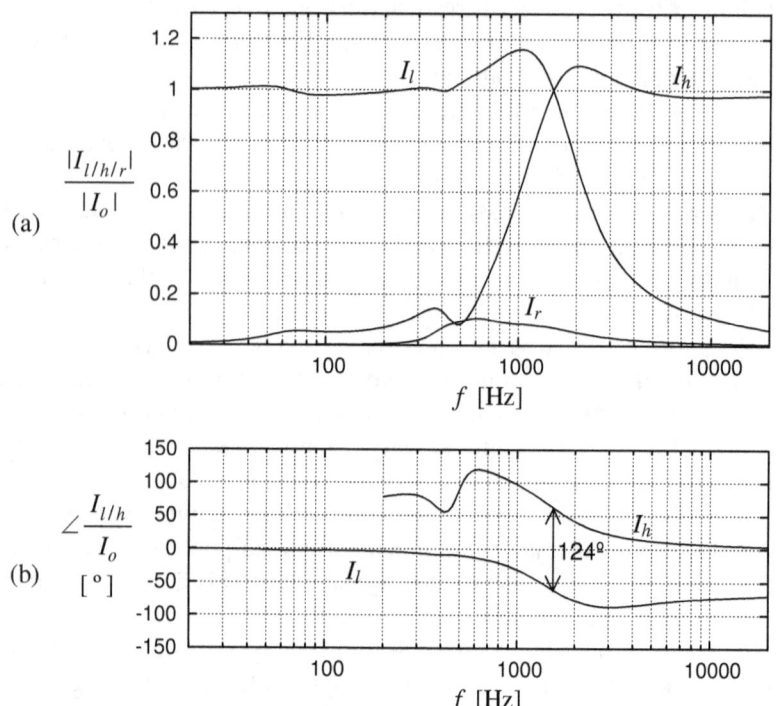

Kuva 11.9. a) Virtojen amplitudit taajuuden funktiona: I_l = basso-keskiääni-sen virta, I_h = diskanttielementin virta, I_r = imuresonaattorin virta. b) Elementti-virtojen vaihekulmat syöttövirtaan (I_o) nähden.

nentäminen auttaa myös ek. vastekuopan kurissapitämisessä.

Diskantin virrassa voidaan havaita 70 Hz:n kohdalla pieni kohou-ma, joka johtuu bassoelementin impedanssihuipusta. Napojensiirto-korjaimen käyttö kompensoi kuitenkin tämän korostuman, koska kai-uttimen kokonaisvirta tällä alueella pienenee.

Imupiirin kautta kulkeva virta jää suurimmillaankin alle 11%:iin kokonaisvirrasta, joten elementtien ohjaustila ei kokonaisuutena mer-kittävästi huonone ko. hukkavirran vuoksi.

Kuvassa 11.10 on esitetty simuloidut akustiset taajuusvasteet, jotka saadaan tutkimalla kondensaattoreiden c_{m1} ja c_{m2} virtaa, kuten kappa-leessa 7.1 on selitetty. (Suuntausporras ja kalvojen epäideaalisuudet eivät luonnollisesti tule esiin tässä.)

Bassoalueella hallitsee resonanssihuippu, jonka paikka ja korkeus vastaavat edellä saatuja parametreja.

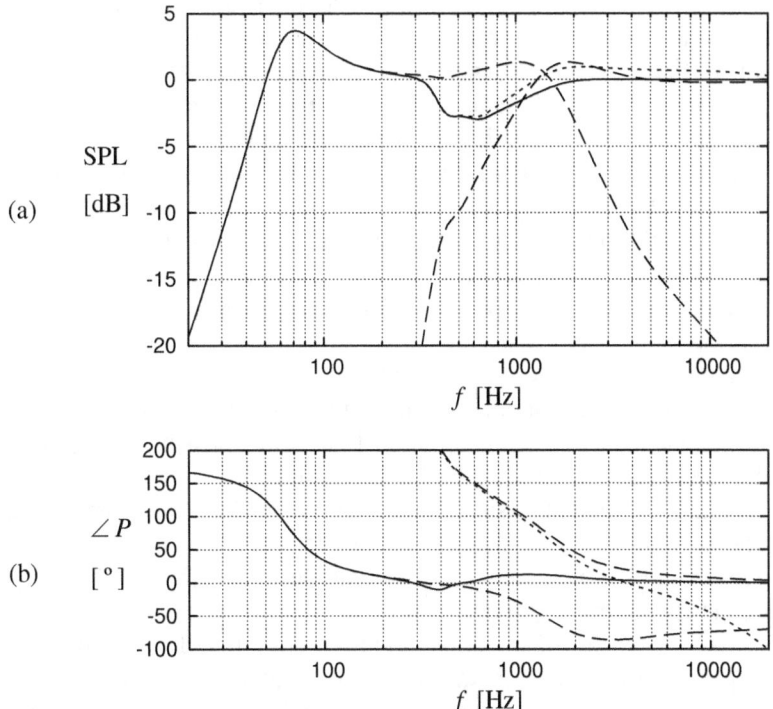

Kuva 11.10. Simuloidut taajuusvasteet olettaen elementtien virtaherkkyydet yhtäsuuriksi. a) Elementtien amplitudivasteet (katkoviivat) sekä summavaste kahdella eri sijoituksella: Ehyt viiva: akustiset lähtöpisteet samalla etäisyydellä kuulijasta. Pisteviiva: diskantin lähtöpiste 5 mm basso-keskiäänistä taaempana. b) Katkoviivat: elementtien vaihevasteet ilman viiveitä. Ehyt viiva: kokonaisvaihevaste ilman viiveitä (akustiset lähtöpisteet tasassa). Pisteviiva: diskanttielementin vaihevaste lähtöpisteen ollessa 5 mm referenssitasoa taaempana.

Imupiiristä huolimatta keskiäänialueelle jää 3 dB:n suuruinen vaimentuma elementtien akustisten vaiheiden tullessa vastakkaisiksi kuvan b mukaisesti. Vaimentuma ei kuitenkaan vaikuta tehovasteeseen, joten yleistasapainon ei pitäisi suuresti kärsiä.

Akustinen jakotaajuus on hiukan sähköistä pienempi, koska resonanssin läheisyys nostaa diskanttielementin vastetta hivenen vielä 1,5 kHz:llä.

Elementtien akustinen vaihe-ero on 1,5 kHz:llä lähtöpisteiden ollessa tasattuna 128° eli hieman virtojen eroa suurempi. Vaihe-eron pitämiseksi kohtuullisempana diskanttielementti kannattaa asettaa vielä hieman taaemmaksi kuin mitä lähtöpisteiden tasaukseen vaaditaan.

5 mm:n suuruisella siirrolla amplitudivaste muuttuu ehyen viivan mukaisesta pisteviivan mukaiseksi eli nousee enimmillään noin desibelin. Diskantin vaihe laskee tällöin kuvan b pisteviivan mukaiseksi, ja vaiheiden erotus jakotaajuudella pienenee 120 asteeseen, mikä vähentää hieman herkkyyttä kuuntelusuunnan muutoksille.

Kuvan b kokonaisvaihekäyrä edustaa minimivaiheista järjestelmää, jollaisia ovat kaikki 1. kertaluvun jakosuodatusta käyttävät toteutukset akustisten lähtöpisteiden ollessa tasattuna. Järjestelmän vaihelineaarisuus 200 Hz:n yläpuolella on myös varsin hyvä, sillä poikkeamat lineaarisuuden mukaisesta vaiheesta (tässä tapauksessa nollasta) ovat 10 asteen luokkaa.

Taajuuden pienentyessä resonanssialueen ohi vaihe nousee 180°, kuten 2. asteen ylipäästöjärjestelmän luonteeseen kuuluu. Napojensiirtokorjaimen käyttö siirtää kuitenkin tätä vaiheporrasta hieman matalammalle taajuudelle ja samalla loiventaa sitä.

Taajuuden pienentyessä vaihe-ennakko siis kasvaa, joten voidaan sanoa, että matalat taajuudet toistuvat hieman etuajassa korkeampiin nähden,* vaikkakin siniaallon jaksollisuudesta johtuen mitään yksiselitteistä viivettä eri taajuuksien välille on mahdotonta määritellä.

Bassoelementin lisäksi signaalipolulla vaikuttaa yleensä myös muita ylipäästösuodattimia, jotka kaikki edistävät lisää alimpien taajuuksien vaihetta. Mitä jyrkemmin infraääniä leikataan äänityksen ja toiston eri asteissa, sitä enemmän vaihevaste nousee myös kuultavilla taajuuksilla, vaikka tavallisesti asiaa ei paljon tiedosteta.

Kaiuttimen impedanssikäyrä on esitetty kuvassa 11.11. Simuloitu impedanssi vastaa hyvin mittausarvoja, mikä osoittaa mallituksen toimivuuden.

Jakotaajuudelle syntyy 11 Ω:iin yltävä huippu, joka johtuu käytetystä 120°:een virityksestä.

Tehollisena nimellisimpedanssina voitanee pitää kuutta ohmia.

Syöttämällä sijaiskytkentää askelmaisella virralla ja tarkastelemalla edelleen c_{m1}:en ja c_{m2}:en virtaa saadaan näkyviin järjestelmän akustinen askelvaste, joka on esitetty kuvassa 11.12. Vaste ei ole täysin virheetön johtuen keskiäänialueen vaimentumasta, mutta pysyy kuitenkin hyvin yhtenäisenä verrattuna tavanomaisista 2-tiekaiuttimista yleensä saataviin tuloksiin.

---

* Vallitsevan ajattelun mukaan matalat taajuudet jäävät aina ajallisesti jälkeen korkeammista. Tämä on kuitenkin virheellinen käsitys, joka perustuu ryhmäviive-käsitteen väärään tulkintatapaan, jossa ryhmäviive mielletään ikään kuin taajuuskohtaiseksi viiveeksi. Asiaa on selitetty kappaleessa 14.5.

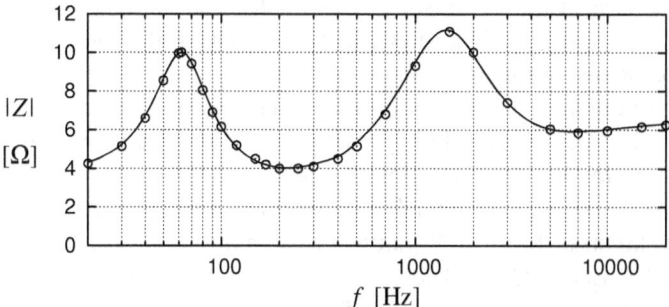

Kuva 11.11. Kokonaisimpedanssin itseisarvo simuloituna (käyrä) sekä mitattuna (pallukat).

Diskanttielementin paine saavuttaa huippunsa ensimmäisenä, minkä jälkeen basso-keskiääninen ottaa vastuulleen transientin loppuosan. Tästä *ei* pidä kuitenkaan tehdä sellaista johtopäätöstä, että basso-keskiäänisen toiminnassa olisi viivettä diskanttiin nähden, sillä vastehuippujen eriaikaisuus johtuu itse testisignaalin luonteesta eikä ole sidottu ns. ryhmäviiveeseen.

Askelfunktion voidaan nimittäin ajatella koostuvan puolen korkeuden suuruisesta tasakomponentista sekä kaikkia taajuuksia edustavista sinikomponenteista, joista suuritaajuisimmat saavuttavat luonnollisesti huippunsa ensimmäisinä 0-hetken jälkeen ja sitten muut jakson pituuden mukaisessa järjestyksessä. Vaihelineaarinen järjestelmä vaan toistaa nämä komponentit samassa järjestyksessä kuin ne esiintyvät herätesignaalissa tarvitsematta mitään viiveitä selitykseksi.

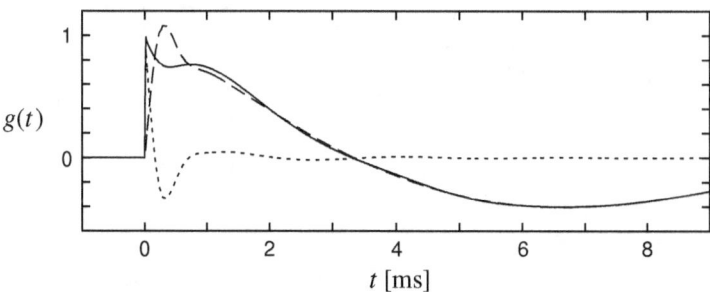

Kuva 11.12. Simuloitu askelvaste akustisten lähtöpisteiden ollessa tasattuna. Ehyt viiva: kokonaisvaste. Katkoviiva: basso-keskiäänisen osuus. Pisteviiva: diskanttielementin osuus.

Kaiuttimen ei ole tarkoitus toistaa tasavirtaa, joten ihanteelliseen askelvasteeseen kuuluu ensin jyrkkä nousu, sen jälkeen hidas ja tasainen lasku negatiiviselle puolelle ja paluu kohti nollaa. Vaimentamaton bassoresonanssi ilmenee hännän aaltoiluna.

Käyrän ja aika-akselin väliin jäävä nettopinta-ala on aina nolla, sillä vaste kuvaa kalvojen kiihtyvyyttä, ja tämän aikaintegraalin eli nopeuden on myös pakko tulla lopulta nollaksi.

Kotelon ohjeelliset mitat D2905/990000-diskanttia käytettäessä on annettu kuvassa 11.13. 19 mm:n seinämäpaksuudella sisätilavuudeksi tulee 12 l. Etäisyyden ollessa 2,5 m sopivin kuuntelukorkeus on tällä mitoituksella 15-20 cm kotelon yläpinnan tason yläpuolella.

Diskanttielementti upotetaan etulevyn tasoon, mutta basso jätetään upottamatta, sillä näin voidaan vähentää kallistuksen tarvetta. Kumitiivisteen avulla etäisyyskompensointia voidaan saada vielä hiukan lisää, mutta kovin ulos bassoelementtiä ei kannata kohottaa diffraktiohaittojen vuoksi.

D2905/970000:aa käytettäessä tarvittavan upotuksen leveys on 105 mm ja syvyys 4 mm. Kalvo on tällöin 10 mm ulompana, joten kuuntelukorkeussuositusta on vastaavasti alennettava, ellei kallistusta haluta lisätä. 1 cm:n syvyyssuuntainen siirtymä toisessa elementissä vastaa geometrian perusteella 15 cm:n korkeuseroa 2,5 m:n etäisyydellä, joten paras kuuntelukorkeus siirtynee tässä tapauksessa lähelle yläpinnan tasoa.

D2905/990000:ssa on tiiviste valmiina. Muiden elementtien tiivis-

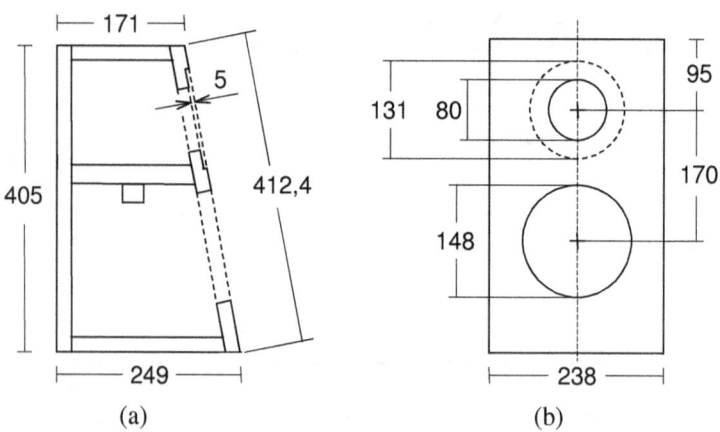

Kuva 11.13.   Kotelon rakenne. a) Sivulta. Seinämiä on tuettu kahdella ristikkäisellä tukirimalla, jotka kiinnitetään liiman lisäksi ruuveilla. b) Etulevy katsottuna kohtisuoraan pintaa vastaan.

tämiseen voidaan käyttää n. 1 mm:n paksuisesta kumiarkista sopivan kokoiseksi leikattua rengasta. Ruuvinreiät tähän saa parhaiten tavallisella paperirei'ittimellä.

Scan-Speakin hieman irtonaisia juotosliuskoja voi lisäksi tukea liimapisaralla, jotta ne eivät varmasti resonoi bassoäänien paineessa.

Keloja L_1 ja L_2 ei pidä sijoittaa lähekkäin, jotta L_2:en ferriitti ei kasvattaisi L_1:en induktanssia. Muuntajavaikutuksen eli keskinäisinduktanssin minimoimiseksi kelojen akselit kannattaa lisäksi suunnata kohtisuoraan toisiinsa nähden, kuten yleensäkin suositellaan.

On myös huomattava, että jos kaiutinta tullaan käyttämään teräksisellä jalustalla, keloja ei kannata sijoittaa aivan kotelon pohjalle, koska magnetoituvaa materiaalia oleva alusta voi kasvattaa kelojen induktanssia ja häviöitä.

Jalustaksi käy vaikka tavallinen porrasjakkara, mikäli korkeus sopii. Varsinaiset kaiutinjalustat ovat yleensä näin painavalla kuormalla liian epävakaita.

Etenkin diskanttielementeissä on yleisenä ongelmana se, että ilmarakoon on jäänyt kiinni pieniä teräshiukkasia, jotka koskettaessaan puhekelaa aiheuttavat ylimääräistä säröä. Valitettavasti edes kalleimman luokan toistimetkaan eivät ole olleet vapaita näistä jäämistä. Ferronesteillä ongelma voidaan saada näkymättömiin muttei kuulumattomiin.

Edellä sanotun vuoksi kaikki diskanttielementit on aina syytä tarkastaa ennen käyttöön ottoa.

Puhekelan liikkuvuus voidaan selvittää painamalla hammastikulla tai vastaavalla magnetoitumattomalla esineellä hyvin varovasti kalotin ympärillä olevaa vakoa eri puolilta. Kalvon pitäisi tällöin keinahtaa ainakin aavistuksen verran ilman mitään rahinaa. Kaikki yksilöt eivät läpäise tätä koetta, ja monissa halpatuotteissa puhekela voi olla joltain puolelta jopa täysin jumissa.

Nesteettömissä elementeissä ilmaraon pystyy puhdistamaan itse, mutta puhekelan kohdistaminen uudelleen siten, että mitään ei vahingoitu ja kela liikkuu vapaasti, voi vaatia tyypistä riippuen melkoista huolellisuutta ja kärsivällisyyttä.

Kotelo täytetään tiiviisti puuvillakankaalla, jota saa parhaiten lakanoista. Kangas revitään n. 20 cm:n levyisiksi suikaleiksi, jotka puristetaan mytyiksi ja sullotaan sisään kohtuullisesti voimaa käyttäen. Yksi kotelo vie yhden hengen lakanoita 4-5 kpl, joten tässä kannattaa hieman seurata tarjouksia.

Bassoelementin ympärille on kuitenkin jätettävä pari senttimetriä tyhjää huomioiden myös magneetin keskellä oleva aukko. Kangasmytyt pysyvät paikallaan toistensa varassa, mutta kaiuttimen kääntämistä etupuoli alas kannattaa silti välttää.

Etumaskin saa helpoiten tarkoitukseen myytävästä vaahtomuovista liittämällä elastisella ja huuhtelunkestävällä liimalla päällekkäin kaksi kerrosta, joista sisempi muodostaa vain raamin. Maskia voidaan haluttaessa vielä ohentaa saksilla diskanttielementin kohdalta.

Kuvassa 11.14 on valmis maalipintainen kaiutin.

Kuvassa 11.15 on esitetty mitatut virtataajuusvasteet suunnilleen ihanteellisella kuuntelukorkeudella. Tarve suuntausportaan kompensointiin ilmenee tuloksista hyvin, mutta vastekuoppa 500 Hz:n tuntumassa tulee näkyviin ennakoitua vähemmän.

2 kHz:n lähistöllä havaittava korostuma johtuu elementtien akustisen vaihe-eron lievästä epätasaisuudesta, joka liittyy todennäköisimmin diskantin kammiorakenteeseen. Tällä alueella vasteeseen voidaan kuitenkin vaikuttaa kuuntelukorkeutta säätämällä (ks. kuva 11.10a).

Sivusuunnassa havaittava vaimentuma jakotaajuuden kohdalla johtuu lähinnä basso-keskiäänisen vaihejättämän kasvamisesta minimivaiheisuuden mukaisesti amplitudivasteen laskiessa ja osittain myös akustisten lähtöpisteiden eron muuttumisesta.

Bassovasteesta voidaan päätellä, että Q-arvo on jonkin verran pienempi kuin mallituksen antama 1,46. Ero johtuu siitä, että suunnittelun ja vastemittausten välillä on joitakin vuosia aikaa, ja Q on todella jostain syystä hieman ryöminyt. UV-säteilystä ei kuitenkaan ole kyse, sillä elementti on pidetty suojattuna kaksinkertaisella mustalla vaahtomuovimaskilla.

Kuva 11.14.   CS-12 valmiina. Raidat reunoilla ovat maskinkiinnitystarroja.

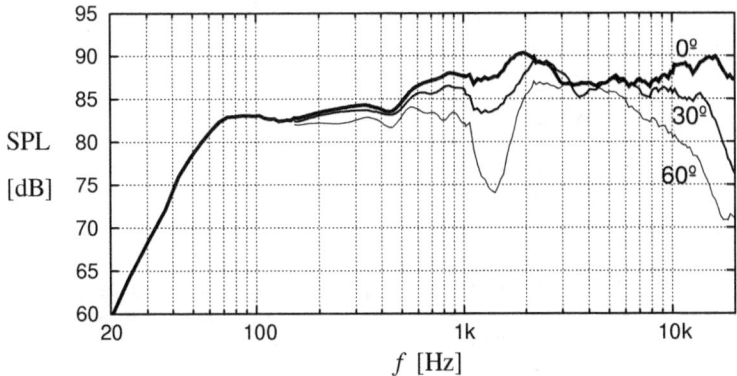

Kuva 11.15. Taajuusvasteet eteen sekä 30° ja 60° sivuille mitattuina 2,5 m:n päästä n. 15 cm kotelon yläpinnan tason yläpuolella (kiitokset Gradient oy:lle). Desibeliasteikko vastaa 0,354 A:n virralla saatavaa äänenpainetta 1 m:n etäisyydellä. Bassoalue on mitattu erikseen lähikentästä.

11.5 Projekti CS-8

Toisena rakennusprojektina esitellään kuvan 6.7 mukaisella periaatteella toimiva 1,5-tiekaiutin, joka on tilavuudeltaan 8 l ja nimetty vastaavasti CS-8:ksi. Suuntausportaan lisäksi myös bassoresonanssi on kompensoitu passiivikytkennöin, joten syöttävä vahvistin saa olla taajuusvasteeltaan suora.

Elementtinä on käytetty Vifan 4½-tuumaista ja 4-ohmista tyyppiä PL11WH09-04*, jonka toistoalue ulottuu virtaohjauksella 10 kHz:iin mahdollistaen näin diskanttielementin pois jättämisen. −6 dB:n alarajataajuudeksi saadaan 56 Hz, joka on tässä kokoluokassa varsin kilpailukykyinen tulos.

Elementin resonanssitaajuudeksi on ilmoitettu 67 Hz ja mekaaniseksi Q-arvoksi 1,8, jotka lukemat pitävät myös yllättävän hyvin paikkansa. Tehollista pinta-alaa kertyy kahdesta elementistä 116 cm², joka riittää sivistyneeseen kuunteluun vielä hyvin.

Kytkentäkaavio on kuvassa 11.16. Elementti A saa virtaa lähinnä

---

* Tymphanyn lopetettua sittemmin koko Vifa-merkin tämä esitys toimii lähinnä suunnitteluesimerkkinä, ellei parannusta saada. Valitettavasti tällä hetkellä näyttää myös siltä, että korvaavia tyyppejä on vaikea löytää. Mahdollisen korvaajan pitäisi olla 4-ohminen sekä omata suunnilleen vastaavat resonanssiarvot ja taajuusvaste.

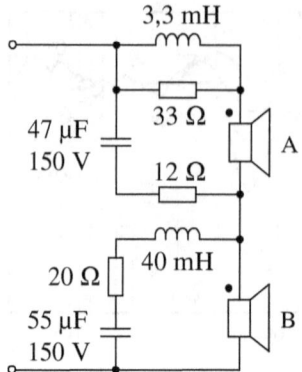

Kuva 11.16. Esimerkkikaiuttimen CS-8 kytkentä. Elementti B toistaa kaikkia taajuuksia, A lähinnä vain matalia.

vain pienillä taajuuksilla elementin B toimiessa laajakaistaisena. Taajuustasapainon säätämiseksi A saa kuitenkin hieman virtaa myös korkeilla taajuuksilla 33 Ω:n vastuksen kautta. Resonanssin kompensointi on toteutettu kappaleesta 8.1 tutulla periaatteella. Sarjaresonanssipiiri on kytketty vain B-elementin rinnalle, mikä riittää tässä tapauksessa, koska A:n resonanssikorostuma jää sellaisenaankin melko vähäiseksi.

Kaiuttimen kokonaissijaiskytkentä on esitetty kuvassa 11.17. Puhekelan induktanssi on mallitettu jo aiemmin kuvassa 7.5a esitetyllä LR-lenkkiyhdistelmällä. Ilmajousi on puolestaan mallitettu kuvan 7.8 mukaisella periaatteella paitsi, että käytännöllisyyden vuoksi induktanssit L_a on myös esitetty peilaavien virtalähteiden avulla.

l_m ja c_m kuvaavat vapaan elementin jousivakiota ja liikemassaa ollen lähes samat kuin kuvassa 7.5a. Virtariippuvat virtalähteet i_{aa} ja i_{bb} kuvaavat kunkin elementin oman liikepoikkeaman aiheuttamaa ilmajousivoimaa virtariippuvien virtalähteiden i_{ab} ja i_{ba} kuvatessa puolestaan toisen elementin liikepoikkeaman toiselle aiheuttamaa ilmajousivoimaa.

Koteloitujen elementtien resonanssitaajuudeksi saatiin mittausten mukaan n. 85 Hz. Simuloimalla päästään samaan arvoon asettamalla em. virtalähteiden kertoimeksi 0,41. (Kerroin on sama kaikille lähteille, koska elementit ovat identtisiä.) Tämä merkitsee, että ilmajousen jäykkyys on käytännössä 0,41-kertainen elementin ripustusjäykkyyteen verrattuna toisen kartion ollessa liikkumaton.

Koteloitujen elementtien Q-arvoksi saatiin 1,5, mikä mahdollistaa passiivisen korjauksen ilman merkittävää haittaa virtaohjausindeksille.

Sekä L_1 että L_2 ovat tässä ferriittirunkoisia. r_1 edustaa L_1:en käämi-

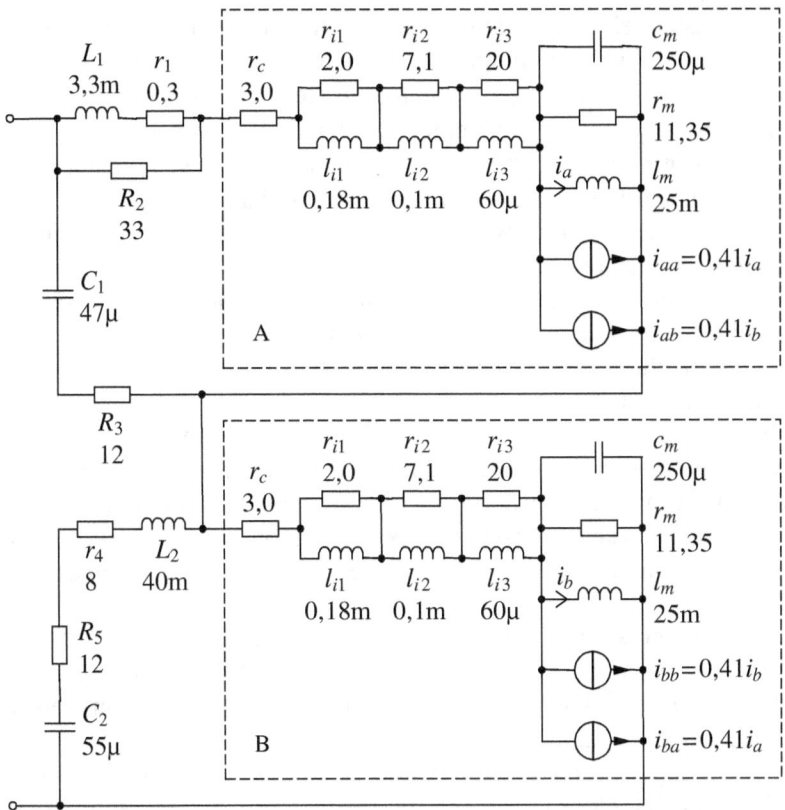

Kuva 11.17. Kaiuttimen yksityiskohtainen simulointimalli. Fyysisiä komponentteja on tässäkin merkitty isoin kirjaimin ja muita pienin. Virtariippuvilla virtalähteillä on mallitettu kotelon ilmajousen vaikutus.

resistanssia ja r_4 vastaavasti L_2:en. Näitäkään keloja ei kannata sijoittaa vierekkäin eikä mielellään samansuuntaisesti.

Induktanssi L_2 on niin suuri, että kela on käämittävä itse. Kooltaan sen ei kuitenkaan tarvitse olla suuri, ja langan halkaisijaksi käy parhaiten 0,4-0,5 mm. On vain huolehdittava siitä, että resistanssien R_5 ja r_4 summaksi tulee 20 Ω.

Kelan valmistamiseksi kannattaa ensin purkaa jokin valmis kela ja laskea siihen tarvittu kierrosmäärä. Jos puretulla kelalla oli induktanssi L_0 ja kierrosmäärä N_0, haluttu induktanssi (L_2) saadaan aikaan samalle rungolle kierrosmäärällä $N_0\sqrt{L_2/L_0}$. Lankojen paksuuserolla ei ole olennaista merkitystä, mutta kierroksia kannattaa laittaa aluksi hieman reilusti, jotta lopullinen mittaukseen perustuva säätö voidaan suorittaa kierroksia vähentämällä.

Vastusten tehonkestoksi riittää 5 W, mikäli niiden ympärillä on vapaata ilmaa. Kaikkien komponenttien toleranssin olisi oltava 5%.

Kuvassa 11.18 on esitetty koteloidun elementin impedanssisovituksen tulos (ehyt viiva) molempien elementtien ollessa toiminnassa ilman suodatinkomponentteja. Huipun paikka saadaan kohdalleen ek. kertoimen avulla ja huipun korkeus resistanssilla r_m.

Kuvassa on esitetty myös kokonaisimpedanssi, joka pysyy kuuloalueella vielä varsin kohtuullisena.

Kaiuttimen sekä kummankin elementin simuloidut taajuusvasteet on esitetty kuvassa 11.19. Tässäkin elementtien oletetaan toimivan äärettömässä etulevyssä ja ideaalisin kalvoin.

B-elementin vastetta on muokattu ainoastaan resonanssialueella, jolloin vasteet ovat matalilla taajuuksilla melko hyvin tasapainossa. A-elementin vaste taas on muotoiltu siten, että kokonaisvasteeseen saadaan tarvittava suuntausporraskorjaus. Samalla A kuitenkin osallistuu hieman myös ylätaajuuksien toistoon, mikä on havaittu tarpeelliseksi siitä huolimatta, että virtaohjaus pyrkii jo sinänsä voimistamaan tätä aluetta.

Kokonaisvaste nousee matalilla taajuuksilla hieman yli 0 dB:n tason, joka vastaa korostumatonta ja vaimentumatonta toistoa. Tästä on tiettyä etua varsinkin A-elementin ohjaustilalle vaimennustarpeen lieventyessä, kuten kappaleessa 8.1 on selitetty.

Kuvassa 11.20 on esitetty vastaava askelvastesimulointi. Tästäkin voidaan nähdä, että suuret taajuudet ovat lähinnä B-elementin vastuulla, kun taas pienillä taajuuksilla (kaukana 0-hetkestä) A ja B toimivat

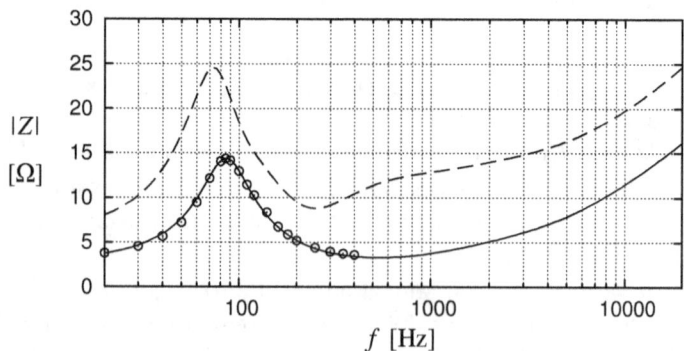

Kuva 11.18. Ehyt viiva: koteloidun elementin mallitettu impedanssi (molempien saadessa saman virran). Pallukat edustavat vastaavia mittauksia. Katkoviiva: kaiuttimen simuloitu kokonaisimpedanssi.

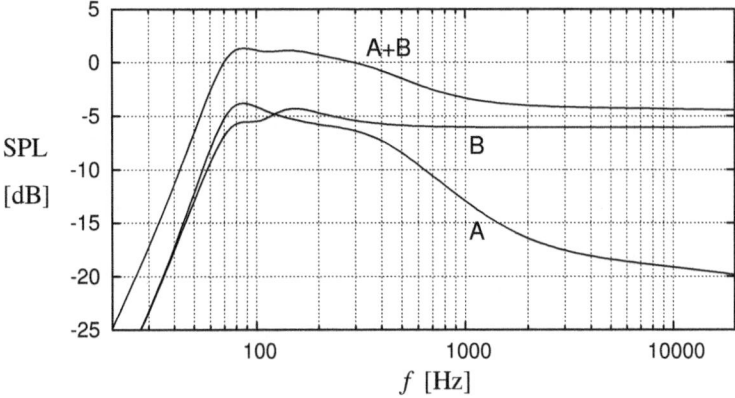

Kuva 11.19. Simuloidut taajuusvasteet elementeille A ja B sekä näiden yhteisvaste.

jokseenkin yhtenevästi. Näennäinen korkeiden taajuuksien vaimentuma kuvassa 11.19 ilmenee askelvasteessa alkuosan pyöristymisenä. Tämä pyöreys samoin kuin mainittu vaimentuma kuitenkin poistuvat käytettäessä äärettömän etulevyn sijaan todellista koteloa. Kotelon mitoituspiirros on kuvassa 11.21. Suositeltavalla 19 mm:n ainevahvuudella tilavuudeksi tulee magneettien viemä tila pois lukien reilut 8 l.

B-elementti asennetaan ylempään reikään, joka on lähempänä levyn keskustaa. Näin korkeiden taajuuksien lähtöpiste saadaan keskimäärin mahdollisimman kauas kotelon särmistä.

Elementin rungon ilma-aukot ovat sen verran kapeita, että paksuh-

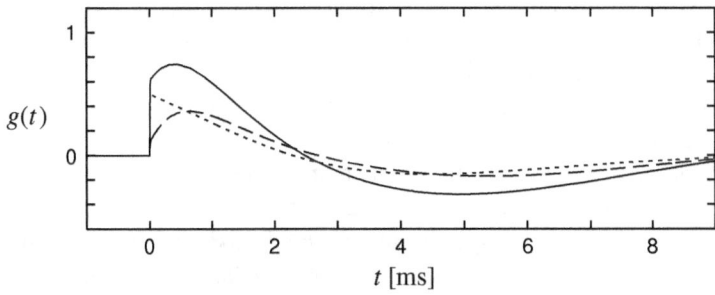

Kuva 11.20. Simuloidut askelvasteet elementille A (katkoviiva), elementille B (pisteviiva) sekä molemmille yhdessä (ehyt viiva).

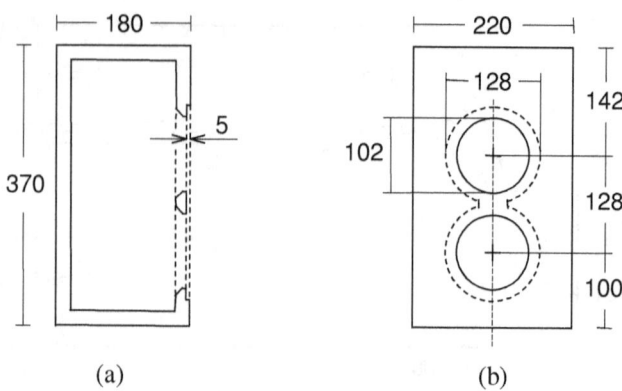

(a)   (b)

Kuva 11.21.   Kotelon rakenne. a) Sivulta. Reikiä on viistetty sisäpuolelta ilman liikkuvuuden parantamiseksi. b) Edestä. Ylempi reikä on tarkoitettu elementille B.

koa levyä käytettäessä ne saattavat peittyä liikaa. Tämän vuoksi etulevyn reikiä on syytä viistää tai pyöristää sisäpuolelta tarvittavassa määrin. Ruuvien kohdat voidaan kuitenkin jättää viistämättä, jotta niihin jää tarpeeksi paksuutta.

Elementtien upotus voidaan toteuttaa myös etulevyn päälle liimattavalla korotuslevyllä, johon on tehty laipan kokoiset reiät. Näin saadaan myös hiukan lisää jäykkyyttä.

Kotelo sullotaan täyteen suikaleiksi revittyä puuvillakangasta niin, että Q-arvo saadaan riittävän pieneksi. Elementin ympärille jätetään tyhjää sen verran, että asennettaessa se ei ota kiinni mihinkään. Tärkeää on täyttää myös elementtien välinen tila tiiviisti, sillä tällä on suuri merkitys resonanssiparametreille.

Kaiutin suositellaan suunnattavaksi suoraan kuulijaa kohti. Apuna voi käyttää esim. alle asetettavia tukia. Kaiutinta voi pitää myös ylösalaisin, mikäli tällä saavutetaan jotain etua. Asennolla voi olla merkitystä ainakin lattiaheijastuksille.

Etusuojaksi suositellaan vaahtomuovimaskia samaan tapaan kuin edellisessä projektissa.

Kuvassa 11.22 on valmis kaiutinpari. Suodatuskytkennät on sijoitettu omaan koteloonsa, jotta niitä ei tarvitse varoa vaimennusainetta sullottaessa. Ratkaisu helpottaa myös mahdollisia huoltotöitä. On kuitenkin huolehdittava, ettei tällainen kotelo pääse synnyttämään resonointeja värähdellessään muun massan mukana.

Mitatut virtataajuusvasteet on esitetty kuvassa 11.23. Edestä mitat-

Kuva 11.22. CS-8 valmiina. Suodatuskomponentit sisältävä takakotelo voisi olla pienempikin. Naparuuvit erottuvat kotelon alta.

tu vaste on yleisluonteeltaan hieman nouseva, millä kompensoidaan tehovasteen laskua elementtien suuntaavuuden kasvaessa.

Mitattu bassovaste vastaa hyvin simulointitulosta, ja vaimenemisjyrkkyydeksi näyttää tulevan kummassakin tapauksessa 14 dB oktaavilla.

Yläpäässä toisto ulottuu vielä yli 10 kHz:n taajuuksille joskin vain noin puolella amplitudilla. 9 kHz:n kohdalla näkyvälle piikille ei löydy vastinetta elementin käyrästöstä, joten kyse lienee yksilöpoikkea-

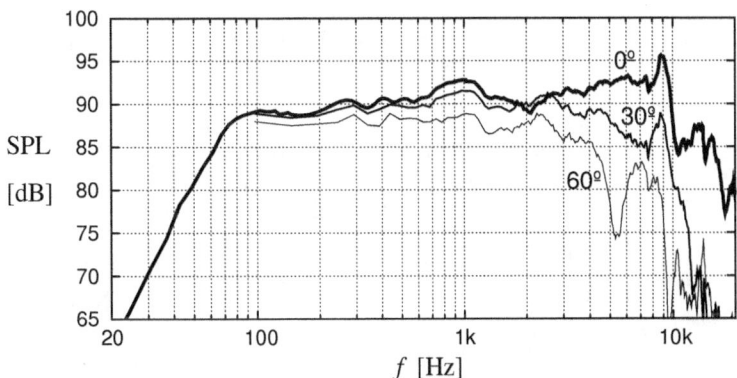

Kuva 11.23. Taajuusvasteet eteen sekä 30º ja 60º sivuille mitattuina 1 m:n päästä kotelon keskilinjan korkeudella. (Bassoalue mitattu erikseen lähikentästä.) Asteikko vastaa 0,354 A:n virralla saatavaa äänenpainetta 1 m:n etäisyydellä.

mista.

11.6 Minimivaiheinen aktiivisuodatin

CS-12-kaiuttimen kytkennässä käytettiin jo imupiiriä, jolla rajoitettiin elementin saamaa virtaa tämän estokaistalla. Koska piiri vaikuttaa vain kapeahkolla alueella, se ei varsinaisesti kasvata jakosuodatuksen astelukua, jolloin 1. asteen suodatuksen etuihin kuuluva järjestelmän minimivaiheisuus säilyy.

Vastaavaa periaatetta voidaan hyödyntää myös aktiivisessa jakosuodattimessa, jolloin estokaistalle saadaan lisää vaimennusta ilman, että minimivaiheisuutta ja siten vaihetoiston tarkkuutta menetetään.

Kuvassa 11.24 on lohkokaavio tällaisesta aktiivisuodattimesta viritettynä 1 kHz:n jakotaajuudelle. Lähtökohtana käytetään normaalia 1. kertaluvun suodatusta, jonka lisäksi alaäänikanavassa on apuna yksi kaistanvaimennin ja ylä-äänikanavassa kaksi.

Ensimmäisenä on molemmille kanaville yhteinen kaistankorostusaste, jolla signaalia voimistetaan pari desibeliä jakotaajuuden ympäristössä. Tällä korostimella kompensoidaan likimääräisesti vaimentuma, joka syntyy siitä, että em. kaistanvaimentimet kasvattavat väistämättä hieman signaalien välistä vaihe-eroa jakotaajuudella.

Kaistanvaimennusasteet sekä korostusaste ovat 2. asteen järjestelmiä, jotka voidaan määritellä ominaistaajuuden (keskitaajuus) ja kahden Q-arvon avulla kuten taulukossa 1 kappaleessa 2.2. Kaistanvai-

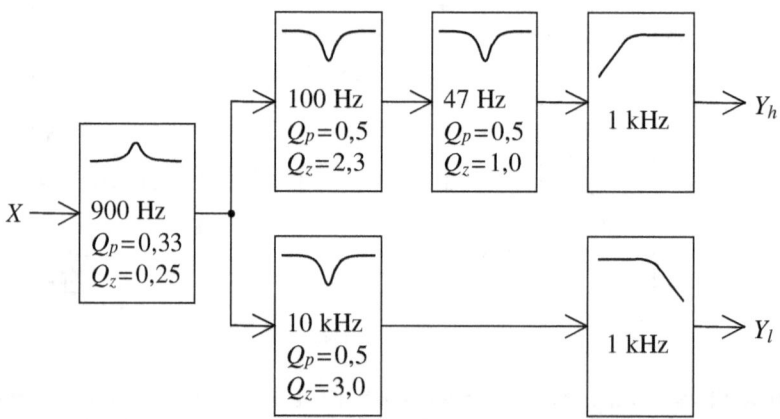

Kuva 11.24. Minimivaiheisuuden säilyttävä esimerkkijakosuodatin. Taajuuksia voidaan skaalata tarpeen mukaan.

mennus on kyseessä silloin, kun nollien Q-arvo on suurempi kuin napojen eli kun $Q_z > Q_p$, ja kaistankorostus puolestaan, kun $Q_z < Q_p$. Korostuman tai vaimentuman korkeus määräytyy Q-arvojen suhteesta ja leveys niiden suuruudesta.

Suodattimen viritys on kompromissin hakemista estokaistoille saatavan vaimennuksen ja jakotaajuudelle kertyvän vaihe-eron kesken. Kuva 11.25 esittää annetuilla parametreilla saatavaa tulosta.

Dekadin päässä jakotaajuudesta saavutetaan molemmilla puolilla 35 dB:n vaimennus, ja ylä-äänikanavan vaimennus säilyy myös matalimmilla taajuuksilla yli 35 dB:ssä. Alaäänikanavassa, jossa on vain yksi kaistanvaimennin, vaste kääntyy korkeilla taajuuksilla vielä nousuun, mutta tällä alueella asialla ei ole enää suurta käytännön merkitystä.

Kokonaisvaihesiirto säilyy hyvin lähellä nollaa, koska järjestelmä on minimivaiheinen ja amplitudivaste on lähes vakio.

Jakotaajuuden vaihe-eroksi tulee 111°, joten ylä-äänielementin re-

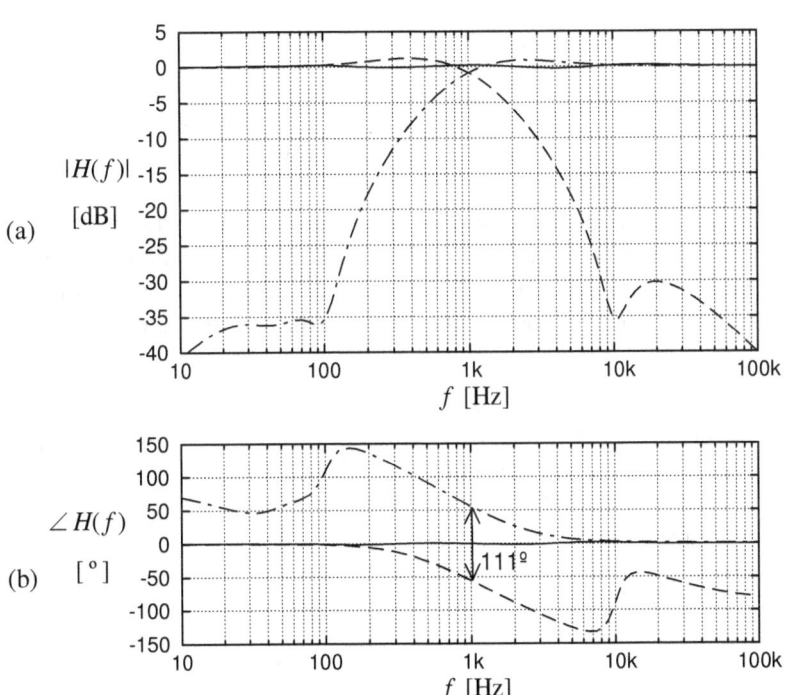

Kuva 11.25. a) Kuvan 11.24 suodattimen amplitudivasteet. Alaäänikanava (katkoviiva), ylä-äänikanava (pistekatkoviiva) sekä summa (ehyt viiva). b) Vastaavat vaihevasteet.

sonanssin aiheuttama ennakko huomioidenkin akustinen vaihe-ero jää jakotaajuudella vielä alle 120°:een. 1 kHz:n jaolla ylä-äänitoistimeksi soveltuvat lähinnä pienet parin tuuman kartioelementit, joiden resonanssitaajuus saadaan helposti alle 200 Hz:n.

Kaistanvaimennukseen soveltuva piiritopologia on esitetty kuvassa 11.26a ja kaistankorostukseen soveltuva kuvassa 11.26b. Kytkennät ovat ei-invertoivia, ja niiden vahvistus kaukana keskitaajuudesta on ykkönen. Ensin mainittua voidaan hyvin käyttää myös bassoresonanssin vaimentamiseen kuvan 8.3 suodattimen sijaan.

Kuvan a kaistanvaimentimen siirtofunktio on

$$\frac{U_o}{U_i} = \frac{s^2 + \left(\dfrac{1}{R_3 C_1} + \dfrac{1}{R_3 C_2}\right) s + \dfrac{R_1 + R_2}{R_1 R_2 R_3 C_1 C_2}}{s^2 + \left(\dfrac{1}{R_1 C_1} + \dfrac{1}{R_3 C_1} + \dfrac{1}{R_3 C_2}\right) s + \dfrac{R_1 + R_2}{R_1 R_2 R_3 C_1 C_2}} \tag{11.3}$$

Kuvan b kaistankorostimen siirtofunktio on

$$\frac{U_o}{U_i} = \frac{s^2 + \left(\dfrac{1}{R_1 C_1} + \dfrac{1}{R_3 C_1} + \dfrac{1}{R_3 C_2}\right) s + \dfrac{R_1 + R_2}{R_1 R_2 R_3 C_1 C_2}}{s^2 + \left(\dfrac{1}{R_3 C_1} + \dfrac{1}{R_3 C_2}\right) s + \dfrac{R_1 + R_2}{R_1 R_2 R_3 C_1 C_2}} \tag{11.4}$$

Lausekkeet ovat toistensa käänteislukuja, joten käyttämällä samoja arvoja molemmissa kytkennöissä vasteet kumoavat täysin toisensa.

Halutut toimintaparametrit omaava aste voidaan toteuttaa määräämällä C_1:lle ja C_2:lle ensin jotkin arvot (erilaisia suhteita kannatta ko-

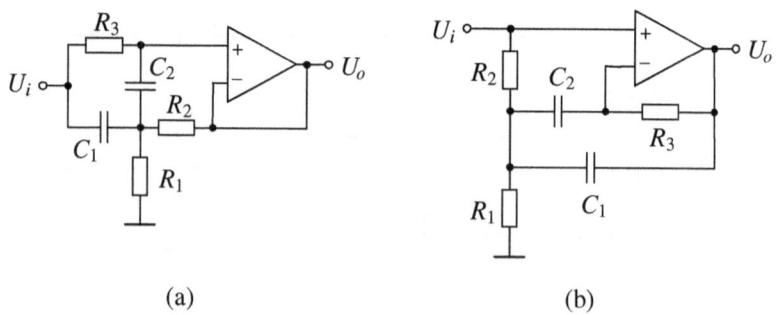

(a)   (b)

Kuva 11.26. Kaistanvaimennuskytkentä (a) sekä tähän nähden käänteisesti toimiva kaistankorostuskytkentä (b).

keilla), ratkaisemalla sitten (2.17):n avulla R_3 2-termisestä s:n kertoimesta, ratkaisemalla seuraavaksi R_1 3-termisestä s:n kertoimesta ja ratkaisemalla lopuksi R_2 vakiotermistä.

Kytkennät soveltuvat yksinkertaisuutensa ja helppokäyttöisyytensä vuoksi myös monenlaiseen taajuusvasteen korjailuun.

Valmis kuvaa 11.24 vastaava piirikaavio on esitetty kuvassa 11.27. Antopuskureita ei ole piirretty, sillä niiden tarve riippuu seuraavan asteen kuormittavuudesta.

Suodattimen käyttö ei luonnollisestikaan ole sidottu virtaohjaukseen, mutta mikäli vaihetoiston virheet ovat yleensä kuultavissa, tulevat ne varmimmin esiin juuri virtaohjauksella.

Vasteet voidaan skaalata taajuusakselilla kuten minkä tahansa RC-piirin vasteet: Kaikkien resistanssien kertominen jollain luvulla jakaa kaikki taajuudet samalla luvulla. Sama pätee myös kapasitansseihin.

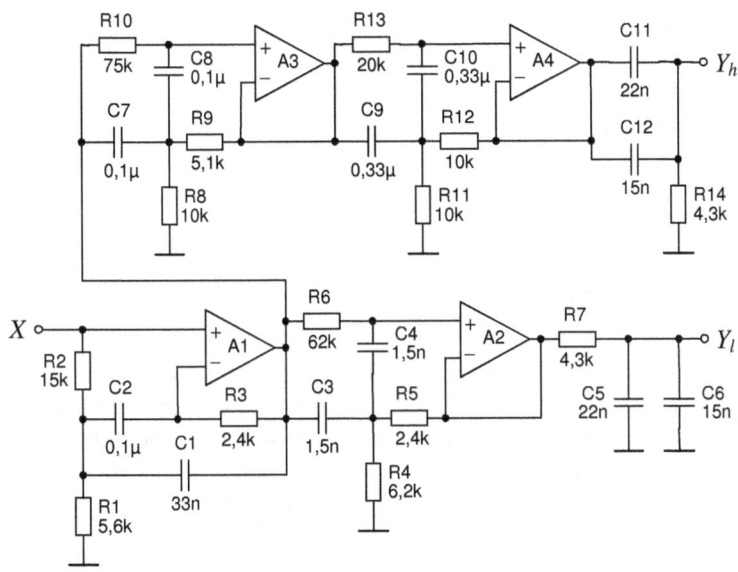

Kuva 11.27. Minimivaiheisen esimerkkijakosuodattimen piirikaavio. Vahvistinpiiriksi käy ainakin TL074.

[1] W. M. Leach, "Loudspeaker Driver Phase Response: The Neglected Factor in Crossover Network Design", *Journal of the Audio Engineering Society*, vol. 28, June 1980, s. 410-421.

12
SUOJAUKSET

Virtaohjauksen käyttö helpottaa monin tavoin laitteiden ylikuormitussuojausten suunnittelua. Yleensä ottaen vahvistimien suojaustarve vähenee, koska mahdollisuudet ylisuurten virtojen syntymiseen pienenevät. Kaiuttimien suojaukseen virtaohjaus taas luo uusia mahdollisuuksia, sillä rajoittimia voidaan kytkeä myös elementin rinnalle. Etuna on myös, että sarjamuotoisesti käytettävät suojaelimet eivät heikennä äänenlaatua siten, kuin ne tekevät jänniteohjauksella.

12.1 Vahvistimien suojaus

Transkonduktanssivahvistimen, kuten tavallisenkin vahvistimen, ylikuormitussuojauksessa on huolehdittava mm. että pääteasteen antojännite ei erikoistilanteissa nouse tai laske käyttöjännitealueen ulkopuolelle ja että antovirta ei missään oloissa ylitä päätetransistoreiden sietorajaa, jonka yläpuolella komponentin sisäiset langoitukset yleensä sulavat.

Ensin mainittu vaatimus voidaan yleensä täyttää diodiparilla kuten kuvassa 10.9. Diodien päästöjännitteen pitämiseksi pienenä voi olla tarpeen käyttää ns. Schottky-diodeja.

Virran rajoittamiseksi turvalliselle alueelle käytetään yleensä transistoreja, jotka avautuvat tietyn rajan ylittyessä ja vievät ohjausvirran päätetransistoreilta estäen näin antovirran liiallisen kasvun. Virta-antoisessa vahvistimessa ulkopuolisen vikatilanteen aiheuttaman ylivirran vaaraa ei kuitenkaan välttämättä ole.

Tarkastelemme aluksi oikosulkumahdollisuuksia kuvan 10.1b peruskytkennässä, jossa käyttäjän ulottuvilla on yleensä kolme terminaalia: kaiutinlähdön molemmat päät sekä maa.

Tavallisin tapaus on se, että lähtönavat yhdistyvät. Kytkentä muuttuu tällöin jänniteseuraaja-asteeksi, jota kuormittaa pieni resistanssi R. Mitään välitöntä vaaraa tällaisesta oikosulusta ei siten ole ottosignaalitason pysyessä ennallaan, mutta vahvistin lämpenee kuitenkin tavallista enemmän, koska johtavan päätetransistorin yli oleva jännite kasvaa. Jännitevahvistuksen pienuus voi saada vahvistimen lisäksi värähtelemään, jolloin häviöteho vielä kasvaa, joten pitkittyessään tilanne saattaa johtaa mahdollisen lämpösulun aktivoitumiseen.

Vastuksen R oikosulkeutuminen puolestaan aiheuttaa takaisinkytkennän katoamisen, jolloin pienikin signaali saa ulostulon jännitteen heilahtelemaan laidasta laitaan. Vahvistimelle tämä on kuitenkin vaaratonta vaikkakaan ei välttämättä diskanttielementille tai asianosaisten kuulolle.

Pääteasteen ulostulon yhdistyminen maahan sen sijaan mahdollistaa suurten virtojen syntymisen ja on yhtä haitallista tai haitatonta kuin jännitevahvistimessakin. Tapauksen todennäköisyys lienee käytännössä kuitenkin vähäisempi kuin kaiutinlinjojen yhdistymisen.

Kuvassa 10.6 esitettyyn 1-puolisella lähteellä toimivaan topologiaan pätevät samanlaiset johtopäätökset, joten tässäkin vaarallista on lähinnä vain ulostulopisteen yhdistyminen maahan.

Maadoitetulle kuormalle soveltuvissa topologioissa (kuvat 10.5 ja 10.8) käyttäjä pystyy oikosulkemaan vain kaiutinlähdön mutta ei pääteastetta. Kaiutinoikosulku aiheuttaa näissäkin vain lisääntynyttä lämpenemistä ja mahdollisesti epästabiilisuutta, joten tällainen vahvistin voi tulla toimeen jopa ilman ylivirtasuojausta, jolloin näiden suojapiirien mahdolliset haittavaikutukset signaaliin jäävät myös pois.

Virtaohjaus tekee mahdolliseksi myös käyttää releitä signaalin katkaisemiseen eri syistä ilman, että kärkiin kertyvästä kontaktiresistanssista olisi mitään haittaa piirien toiminnalle.

12.2 Kaiuttimien suojaus

Virtaohjatun kaiutinelementin tehosuojaus voidaan toteuttaa sekä sarjamuotoisesti katkaisemalla virtapiiri että rinnakkaismuotoisesti oikosulkemalla elementti. Keinokuorman kytkeminen elementin tilalle ei ole välttämätöntä, sillä vaikka edellisessä tapauksessa vahvistimen kuormaimpedanssi kasvaa ja jälkimmäisessä pienenee, kummastakaan ei pitäisi olla haittaa asianmukaisesti suunnitellulle vahvistimelle. Rinnakkaismuotoinen tehonrajoitus voidaan toteuttaa myös mykistämättä

elementtiä kokonaan, jolloin toisto voi jatkua keskeytyksettä.
Yksinkertaisin suojakeino lienee tavallinen sulake. Koska puhekelojen lämpenemisaikavakiot ovat luokkaa 1-10 s, kyseeseen tulevat lähinnä vain nopeimmat (FF) tyypit. Sulakkeiden etuna on, että ne reagoivat virtaan, joka kuvaa puhekelaa lämmittävää tehoa taajuudesta riippumattomasti. Ongelmana on kuitenkin, että riittävän nopean reagoinnin varmistamiseksi sulake täytyy alimitoittaa, jolloin se saattaa toisinaan laueta turhan pienellä teholla.

Äkillinen signaalin katkaisu voidaan toteuttaa myös releellä kuvan 12.1 tapaan. Elementin yli oleva jännite tasasuunnataan diodisillalla, joka syöttää tasaussuodattimen kautta releen käämiä. Jännitteen keskimääräisen tason noustessa tarpeeksi rele vetää ja kytkee elementin tilalle keinokuorman R_2, joka vastaa suunnilleen elementin impedanssia.

R_1:en olisi oltava ainakin 50-kertainen ja mieluummin 100-kertainen elementin impedanssiin nähden, jotta piirin aiheuttama harmoninen särö sekä vaikutus virtaohjausindeksiin pysyisivät vähäisinä. Koska releiden käämiresistanssit ovat nykyisillä 5-6 V:n releillä tyypillisesti kuitenkin vain 100-150 Ω, kondensaattoriin latautuu vain pieni osa huippujännitteestä, mistä syystä kytkentä ei sovellu normaalireleitä käytettäessä aivan pienitehoisille elementeille.

Latautumisaikavakio on esim. 10 000 μF:n kapasitanssia käytettäessä n. 1 s. Purkautumisaikavakio signaalin poistuttua määräytyy vain kapasitanssista ja käämiresistanssista ja on edellistä hivenen pitempi.

Keinokuorman yli oleva jännite pitää releen päällä siihen saakka, kunnes signaali on palannut sallitulle tasolle. Ongelmana on kuitenkin kuormavastukselta vaadittava tehonkesto, jonka pitäisi olla paljon suurempi kuin elementin. Satojen wattien vastuspaketin järjestäminen tarkoitukseen ei ole useinkaan käytännöllistä, mutta tarjolla on onneksi muitakin mahdollisuuksia.

Jättämällä R_2 pois vahvistimen kuormaimpedanssi katoaa ainakin ko. elementin taajuuskaistalla releen vetäessä. Vahvistimessa tapahtuu

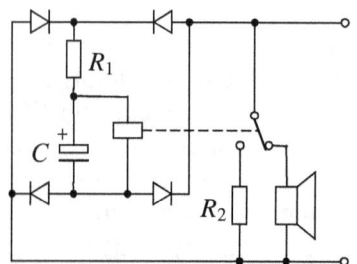

Kuva 12.1. Elementin suojaus releen avulla. Keinokuormavastus R_2 on mahdollista myös jättää pois tai korvata se oikosululla. Elementin symboliin voidaan tulkita sisältyvän myös mahdolliset vasteenkorjauspiirit.

tällöin voimakasta jännitteen leikkautumista häviötehon jäädessä kuitenkin pieneksi. Mikäli leikkautumisen tuottamat harmoniset ylä-äänet ovat vaaraksi jollekin toiselle elementille, kannattaa sekin irrottaa samalla releellä.

Jännitteen nousu releen vetäessä aiheuttaa samalla sen, että rele jää päälle ja päästää vasta signaalin ja mahdollisen tasajännitteen poistuttua.

Suojaus voidaan toteuttaa myös oikosulkemalla syöttönavat, jolloin jännite putoaa suojan toimiessa nollaan, ja rele pysyy päällä vain tietyn ajan, johon vaikuttaa aikavakion lisäksi releen veto- ja päästöjännitteen ero. Ylikuormituksen jatkuessa rele vaihtaa siten tilaansa toistuvasti päästöjakson ollessa sitä lyhyempi, mitä suurempi on sallitun tason ylitys.

Jännitteeseen sellaisenaan reagoivat suojat eivät pysty arvioimaan puhekelan lämpenemistä kovin tarkasti, sillä jännitteessä ovat mukana myös sähkömotoriset voimat, jotka eivät kuitenkaan suoraan lämmitä puhekelaa. Mitoitusta vaikeuttaa lisäksi se, että releiden kynnysjännitteiden tyypillisiä arvoja ei ilmoiteta toleransseista puhumattakaan.

Virtaohjaus tarjoaa mahdollisuuden käyttää rajoituselimenä myös transistoreita, sillä elementin ohi johdettu virta on poissa itse elementiltä. Kuva 12.2 esittää MOSFETillä toteutettua suojakytkentää, jolla voidaan välttää releisiin liittyviä ongelmia.*

R_2 ja C muodostavat tasaussuodattimen, joka tuottaa tasasuunnatusta jännitteestä likimääräisen lyhyen ajan keskiarvon. R_1, joka on arvoltaan paljon pienempi kuin R_2, tarvitaan, jotta C latautuisi kohti jännitteen keskiarvoa huippuarvon sijaan. Keskiarvottava toiminta on parempi, sillä lämpeneminen määräytyy tehollisarvosta, ja huippuarvojen suhde tehollisarvoon vaihtelee käytännön aaltomuodoilla enem-

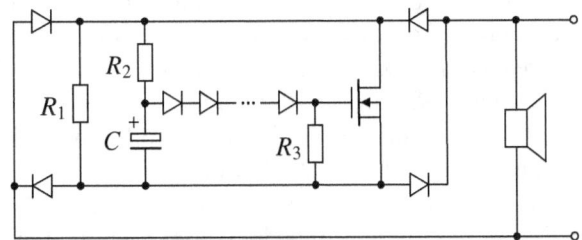

Kuva 12.2. Yksinkertainen MOSFET-tehonrajoitin. Sarjaan kytkettävien diodien määrä riippuu halutusta toimintatasosta.

---

* Patentti vireillä

män kuin tehollisarvon ja keskiarvon välinen suhde. (Tehollisarvo on aina keskiarvoa suurempi.) R_3 on suurempi kuin R_2, jotta kondensaattoria ei suotta kuormitettaisi. Suojan reagointinopeus määräytyy tällöin aikavakiosta R_2C. Diodiketjussa syntyvä jännitehäviö asetetaan vastaamaan suojan aktivoitumiseen vaadittavan latausjännitteen ja MOSFETin kynnysjännitteen erotusta.

Diodeja käyttämällä suojan kytkeytyminen saadaan terävämmäksi, ja samalla riippuvuus kynnysjännitteen hajonnasta pienenee. Pienimpien tehojen ollessa kyseessä diodeja ei kuitenkaan voida käyttää, koska em. jännite-ero jää olemattomaksi.

Transistoriksi kannattaa valita vähintään noin 10 ampeerin tyyppi, vaikka odotettavissa olevat virrat olisivat pienempiä, sillä mitä suurempi transkonduktanssi transistorilla on, sitä tarkkarajaisemmin suoja toimii. Kynnysjännitteen olisi oltava matala ja hajonnan kohtuullista. MOSFETit ovat kuitenkin melko halpoja, joten kynnysjännitteitä on mahdollista hieman valikoida.

Kokeiluissa käytettiin 12 A:n ja 60 V:n tyyppiä MTP3055VL, joka osoittautui aivan toimivaksi.

MOSFETin jäähdytystarvetta voidaan arvioida vahvistimen maksimivirran ja elementin maksimijännitteen avulla. Suojan aktivoiduttua suurin osa häviötehosta kuluu kuitenkin vahvistimessa, jonka lämpösuunnittelussa oikosulun mahdollisuus on muutenkin otettava huomioon.

Suojattavan kohteen impedanssin ollessa voimakkaasti taajuusriippuva tai mikäli impedanssi muuten kuvaa huonosti puhekelan resistanssissa häviävää jännitettä, voidaan tarkkailtavaa jännitettä suodattaa ennen tasasuuntausta ja keskiarvotusta. Esimerkki tällaisesta kytkennästä on kuvassa 12.3.

R_1, R_2, R_3 ja C_1 muodostavat symmetroidun suodattimen, jolla on mahdollista vaimentaa korkeita taajuuksia 0-6 dB esim. puhekelainduktanssin kompensoimiseksi. Toisen puoliaallon aikana ohjainpiiri saa jännitteensä tältä suodattimelta diodien D_1 ja D_5 kautta ja toisen aikana diodien D_2 ja D_6 kautta. D_1 ja D_2 voivat olla tavallisia piensignaalidiodeja kuten hilalle johtavat dioditkin.

Ohjainpiiri ei saa kuormittaa liikaa suodatinta, eikä tämä puolestaan saa muodostaa liian pientä impedanssia elementin rinnalle. R_1:en ja R_2:en ollessa vaikkapa joitakin satoja ohmeja R_4:n olisi siten oltava ainakin joitakin kilo-ohmeja ja R_5:en vastaavasti edelleen suurempi.

Suojan toimintaa on mahdollista vielä terävöittää ja kynnysjänniteriippuvuutta vähentää käyttämällä ohjaintransistoria tehotransistorin edellä.

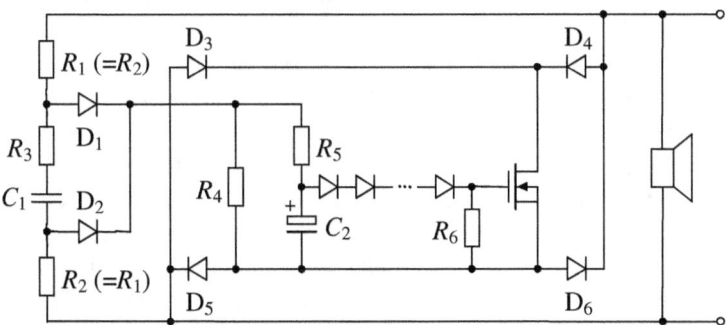

Kuva 12.3. Taajuuskorjauksella varustettu MOSFET-tehonrajoitin. Suoja voi-
daan ulottaa myös elementin oheispiirien yli.

N-tyypin MOSFETin ohjaukseen voidaan käyttää PNP-transistoria
kuten kuvassa 12.4a. Tasaussuodattimen referenssinä toimii nyt posi-
tiivinen napa, ja suoja aktivoituu PNP-transistorin kanta-emitteri-jän-
nitteen eli R_3:n yli olevan jännitteen saavuttaessa tietyn rajan (n. 0,6
V), jolloin R_4 alkaa saada virtaa ja avaa MOSFETin.

Bipolaaritransistorien kanta-emitteri-jännitteen hajonta on pientä,
joten toiminnan tarkkuus on hyvä pienilläkin tehoilla. Virtavahvistus-

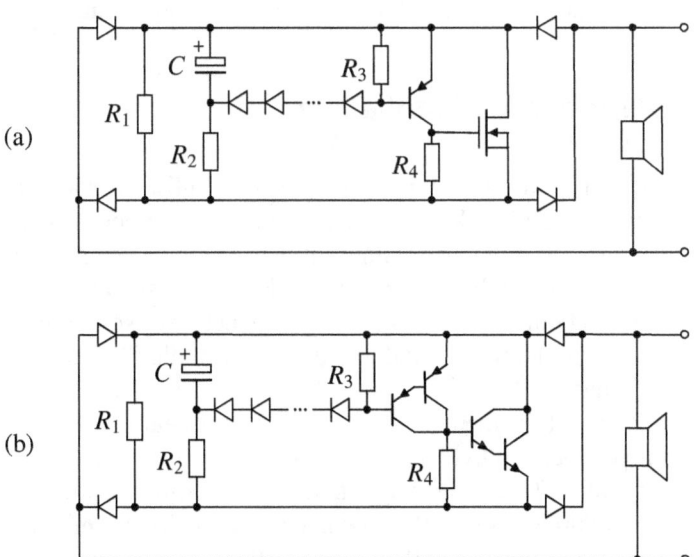

Kuva 12.4.   a) PNP-ohjainasteella varustettu MOSFET-tehonrajoitin. b) Kah-
della Darlington-transistoriparilla toteutettu rajoitin.

kertoimella ei ole tässä suurta merkitystä, koska kantaa ohjataan lähinnä jännitteellä.

Aktivoitumiseen vaadittavan kantavirran olisi kuitenkin oltava ainakin kertaluokkaa pienempi kuin R_3:n virta, jonka olisi puolestaan oltava paljon pienempi kuin kondensaattoria lataava virta, jonka taas on oltava pieni R_1:en virtaan nähden. Kantavirta voi siten olla käytännössä vain joitakin mikroampeereja, joten häiriöiden välttämiseksi suurivirtaisia johtimia ei välttämättä kannata sijoittaa aivan ohjaintransistorin läheisyyteen, vaikka kyse ei olekaan mistään tarkkuuspiiristä.

Rajoitetun jännitteen aaltomuoto on melko erilainen kuvien 12.4a ja 12.2 kytkennöillä, koska ohjaintransistorin kollektorivirta ja siihen verrannollinen MOSFETin ohjausjännite riippuvat hieman signaalin hetkellisarvosta. Ensin mainittu kytkentä toimii leikkaamalla pehmeästi tietyn rajan ylittävät signaalihuiput, kun taas jälkimmäinen pyrkii leikkaamaan aaltojen tyviosaa jättäen huippujen muodon lähes ennalleen.

Ohjainaste tekee mahdolliseksi käyttää tehotransistorina myös bipolaarista Darlington-paria kuten kuvassa 12.4b. Jotta tälle parille saataisiin riittävästi kantavirtaa, voidaan ohjainasteessakin käyttää Darlington-transistoria. Aktivoitumiseen vaadittava kantajännite on tällöin kuitenkin kaksinkertainen a-kuvaan verrattuna.

Edellä esitetty korjaussuodatin voidaan lisätä myös kuvan 12.4 kytkentöihin, kunhan eri asteiden kuormitettavuus huomioidaan.

12.3. Puhekelan lämpöhälytin

Virtaohjatun puhekelan lämpötilaa on mahdollista tarkkailla myös suoraan resistanssimittauksen avulla. Johtamalla elementin läpi pieni tasavirta (esim. 20 mA) napoihin syntyvä tasajännitekomponentti ilmaisee puhekelan todellisen lämpötilan, kunhan resistanssi huoneenlämmössä tiedetään. Passiivikaiuttimilla menetelmä soveltuu kuitenkin vain bassoelementin tarkkailuun, ellei diskantille järjestetä erillistä tasavirtajohdinta.

Kuva 12.5 esittää menetelmän mahdollista toteutustapaa. Periaate soveltuu myös maahan kytketylle kuormalle.

Tasavirtalähteeksi käy hyvin pelkkä vastus takaisinkytkentänavasta toiseen käyttöjännitteeseen. R_1 ei heikennä vahvistimen ominaisuuksia millään lailla varsinkaan käyttöjännitteen ollessa vakavoitu.

Vahvistimesta itsestään johtuva tasavirtakomponentti olisi nollattava pois, tai se voidaan mahdollisesti säätää sellaiseksi, että muuta vir-

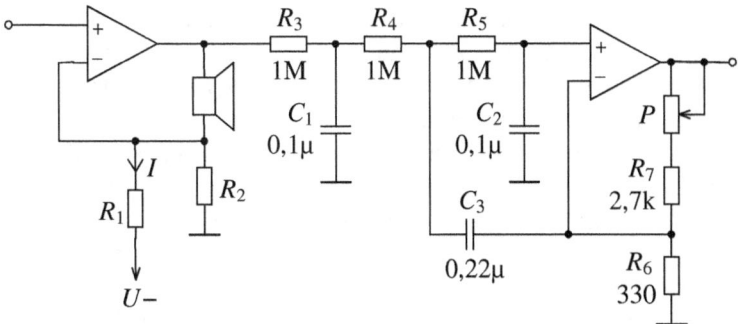

Kuva 12.5. Puhekelan lämpötilan tarkkailu resistanssin muutosta mittaamalla. Kaiuttimen läpi kulkevan tasavirran I aiheuttama jännitehäviö ilmaistaan alipäästösuodattimella, jonka vahvistus on säädettävissä potentiometrillä P.

talähdettä ei enää tarvita. Joissakin tapauksissa ongelmaksi voi kuitenkin muodostua vahvistinperäisen virran lämpötilariippuvuus, jolloin voidaan joutua käyttämään melko suurta virtaa, mikä verottaa elementin liikevaraa. Kaiuttimelta saatavasta jännitteestä poistetaan AC-sisältö 3. asteen alipäästösuodattimella, joka myös vahvistaa jäljelle jäävää tasakomponenttia tarvittavalla määrällä. Kuvaan merkityillä arvoilla 20 Hz:n taajuus vaimenee nollataajuuteen verrattuna jo 72 dB asettumisajan 5%:n rajoihin ollessa 0,8 s.

Puhekelan resistanssi ja vastaava jännite kasvavat lämpötilan funktiona lineaarisesti (0,4%/°C), joten saatavaa signaalia voidaan käyttää vaikka lämpötilaindikaattorin ohjaukseen tai hälytyksen laukaisemiseen turvallisen rajan ylittyessä.

12.4 Ylipoikkeamahälytin

Kuten kappaleessa 3.9 todettiin, matalimmilla taajuuksilla elementin liikepoikkeamaraja tulee vastaan paljon ennemmin kuin tehoraja. On siis tarpeen tarkkailla myös liikepoikkeamaa, mikäli kaiuttimen kapasiteettia halutaan hyödyntää maksimaalisesti ylittämättä kuitenkaan säröytymisrajaa.

Yhtälön (3.4) mukaan liikepoikkeama saadaan virtasignaalista toisen asteen alipäästöfunktiolla. Ylipoikkeamien havaitsemiseksi tarvitaan siis vain sopiva alipäästösuodatin ja tähän liitetty huippuarvonilmaisin. Signaali otetaan luonnollisesti voimakkuussäätimen ja mahdollisten muokkausasteiden jäljestä.

Tällainen lähinnä aktiivikaiuttimille soveltuva kytkentä on esitetty kuvassa 12.6. Suodattimena toimii tunnettu Sallen-Key-piiri, jollainen voidaan erottaa myös kuvassa 12.5. Perään lisätty invertteri mahdollistaa kummankinmerkkisten huippujen tarkkailun.

Suodattimen ominaistaajuuden ja Q-arvon vastatessa käytettävän elementin parametreja saatava jännite seuraa kalvon poikkeamaa edellyttäen, ettei särö ole vielä kohtuutonta. C_3:een varastoituvaa jännitteen huippuarvoa voidaan näin käyttää vaikka varoitusvalon sytyttämiseen elementin lineaarisen varan ylittyessä.

Rajan ylittymistä ei kuitenkaan voida välttämättä estää, vaikka ohjelmasignaali katkaistaisiin samalla hetkellä, jolla raja saavutetaan, sillä liikepoikkeaman ja virran välinen vaihe-ero voi olla niin suuri, että signaalin poistuminen voi jopa kasvattaa poikkeamaa hetkellisesti.

Käytetyn Sallen-Key-piirin siirtofunktio on

$$\frac{U_o}{U_i} = \frac{\dfrac{1}{R_1 R_2 C_1 C_2}}{s^2 + \left(\dfrac{1}{R_1 C_1} + \dfrac{1}{R_2 C_1}\right)s + \dfrac{1}{R_1 R_2 C_1 C_2}} \tag{12.1}$$

Viritys voidaan tehdä siten, että valitaan ensin resistansseille R_1 ja R_2 jotkin käytännölliset arvot ja ratkaistaan sitten C_1 ja C_2 seuraavasti:

$$C_1 = \frac{(R_1 + R_2)Q}{R_1 R_2 \omega_0} \tag{12.2}$$

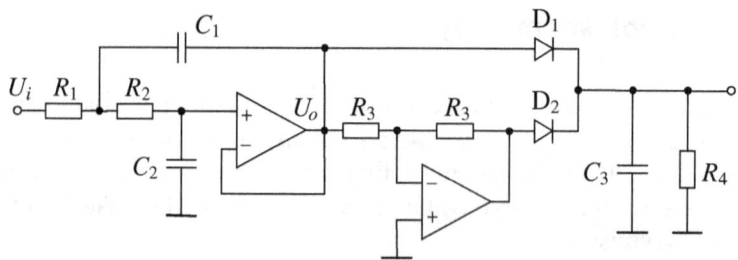

Kuva 12.6. Kytkentä liikepoikkeaman tarkkailemiseksi. Alipäästösuodatin viritetään käytettävän elementin mukaan. Huippuarvon pitoaika määräytyy aikavakiosta $R_4 C_3$.

$$C_2 = \frac{1}{R_1 R_2 C_1 \omega_0^2} \tag{12.3}$$

missä ω_0 $(=2\pi f_0)$ ja Q ovat halutut resonanssiparametrit.

Kokeilemalla erilaisia resistanssiarvoja voidaan lopulta löytää sellaiset kapasitanssit, jotka osuvat lähelle kaupallisia vakioarvoja.

13
MITTAUSMENETELMIÄ

13.1 Resonanssiparametrien määritys

Elementin resonanssitaajuus ja mekaaninen Q-arvo voidaan määrittää resonanssihuipun sisältävästä impedanssikäyrästä olettaen, että puhekelan induktanssia voidaan pitää ko. taajuuksilla mitättömänä. Resonanssitaajuuden f_0 selvittämiseksi riittää periaatteessa vain hakea kohta, jossa impedanssin itseisarvo saavuttaa maksiminsa. Varsinkin Q-arvon ollessa pieni maksimikohta ei kuitenkaan aina erotu kovin selvästi. Tällöin voidaan käyttää kahden pisteen menetelmää, jossa resonanssikohdan kummaltakin puolelta haetaan taajuudet, joilla $|Z|$ on esim. 80% maksimiarvostaan. Logaritmisen symmetrisyyden perusteella f_0 on näiden taajuuksien keskiverto eli tulon neliöjuuri.

Q_m voidaan määrittää yhteyden (2.15) avulla, koska elementin liikeimpedanssi muodostaa 2. asteen kaistanpäästöfunktion. On siis vain löydettävä liikeimpedanssin 3 dB:n rajataajuudet f_1 ja f_2.

Kuva 13.1 esittää kuvasta 3.7 tuttua impedanssidiagrammia kyseisillä taajuuksilla, joilla Z_m:n suuntakulma on ±45°.

Pythagoraan lausetta soveltamalla voidaan nyt kirjoittaa:

$$|Z(f_1)|^2 = |Z(f_2)|^2 = [R_c + \tfrac{1}{2}(Z(f_0) - R_c)]^2 + [\tfrac{1}{2}(Z(f_0) - R_c)]^2$$

josta sieventämällä:

$$|Z(f_1)| = |Z(f_2)| = \sqrt{\frac{Z(f_0)^2 + R_c^2}{2}} \qquad (13.1)$$

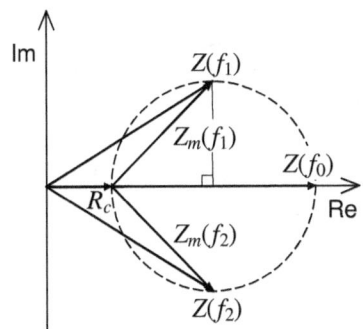

Kuva 13.1. Liikeimpedanssin kaistan-
leveyden määritystä havainnollistava
vektoridiagrammi. Z_m =liikeimpedanssi,
Z =kokonaisimpedanssi.

Hakemalla tämän impedanssiehdon täyttävät taajuudet saadaan Q_m kaavasta

$$Q_m = \frac{f_0}{f_2 - f_1} \qquad (13.2)$$

On olemassa muitakin menetelmiä Q_m:n ratkaisemiseksi, mutta ei tätä yksinkertaisempia.

Virtaohjattavan kaiuttimen ollessa kyseessä on loogista, että impedanssi mitataan vakiovirralla vakiojännitteen sijaan. Kuva 13.2 esittää sopivia mittauskytkentöjä käytettäessä normaalia jänniteantoista signaaligeneraattoria.

Tyydyttäessä alle 10 mA:n mittausvirtoihin voidaan käyttää yksinkertaista sarjavastusmenetelmää (kuva a), jossa generaattorin antotaso pidetään vakiona.

Resistanssin R_s olisi syytä olla ainakin 100-kertainen elementin nimellisimpedanssiin nähden. Piirin kokonaisimpedanssiin summautuu myös generaattorin antoresistanssi, joka on yleensä 50 Ω.

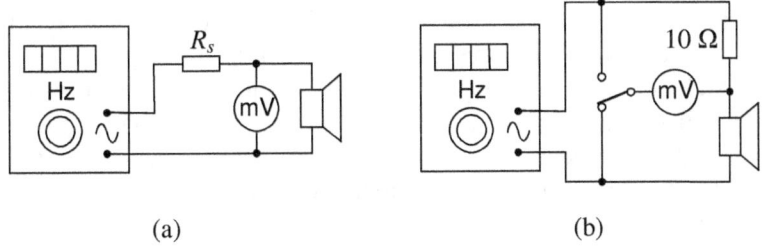

(a)   (b)

Kuva 13.2. Impedanssin itseisarvon mittauskytkentä pienille virroille (a) ja suuremmille virroille (b). Pienillä taajuuksilla volttimittariksi käy tavallinen yleismittari.

Kytkentä kalibroidaan sijoittamalla tutkittavan kohteen tilalle samaa luokkaa oleva tunnettu resistanssi ja säätämällä tämän saama jännite haluttua virtaa vastaavaksi. Kalibroinnin jälkeen impedanssin itseisarvo saadaan helposti jännitteen ja virran suhteesta.

Käyttämällä vain pientä sarjaresistanssia ja säätämällä virta jokaisella taajuudella erikseen päästään hieman suurempiin virtoihin. Kalibroitaessa jännitemittari voidaan kytkeä vastuksen yli ja impedanssia mitattaessa taas kaiuttimen yli kuten kuvassa b.

13.2. SMV-erotin

Seuraavassa esiteltävä sähkömotorisen voiman ekstraktointilaite on hyödyllinen silloin, kun resonanssia joudutaan mittaamaan usein ja suurehkoilla virroilla. Laite sisältää transkonduktoriasteen lisäksi piiristön, jolla impedanssin sähkömotorinen komponentti voidaan erottaa resistanssista. Näin varsinkin Q-arvon määritys helpottuu.

Laite toimii verkkojännitteellä, joka tulee lisäksi piirilevylle saakka, joten projekti sopii vain kokeneelle rakentajalle, joka hallitsee sähköturvallisuuden. Piirilevyn käsittelyä on vältettävä aina verkkojohdon ollessa kytkettynä.

Piirikaavio on esitetty kuvassa 13.3 ja vastaava osaluettelo taulukossa 5. Sisäänmeno kytketään siniaaltogeneraattoriin, jolla ohjataan tutkittavaa elementtiä syöttävää transkonduktanssivahvistinta. Sähkömotorisen voiman suhteellinen suuruus nähdään DC-virtamittarista, joksi käy tavallinen yleismittari*, mikäli siitä löytyvät 2 mA:n ja 200 μA:n alueet.

Tulosignaalia vaimennetaan aluksi, ja siitä poistetaan tasakomponentti sekä suuret taajuudet. Herkkyys on asetettu siten, että 5 V:n ottojännitteellä saadaan aikaan 50 mA:n testivirta. Suurempaa herkkyyttä kaivattaessa voidaan kasvattaa R_2:ta pienentäen samalla C_2:ta.

Tehovahvistimena (A_1) toimii OPA547, joka kevyesti jäähdytettynä pystyy toimittamaan satojen milliampeerien virran.

Vastuksilla R_6 ja R_7 saadaan aikaan 20 mA:n tasavirta elementin läpi. Tämän virran aiheuttama jännitekomponentti ilmaistaan ja vahvistetaan alipäästösuodattimella, joka on samantyyppinen kuin kuvassa 12.5. A_2:en ulostulosta saatava tasajännite on siten suoraan verrannollinen puhekelan resistanssiin.

---

* Monet kannettavat mittarit vaativat käyttäjää vaihtamaan alueta esim. 10 minuutin välein, jotta ne eivät sammuttaisi itseään. Jatkuvaluonteiseen käyttöön kannattaa mahdollisuuksien mukaan valita mittari, jossa tätä lapsellista ominaisuutta ei ole.

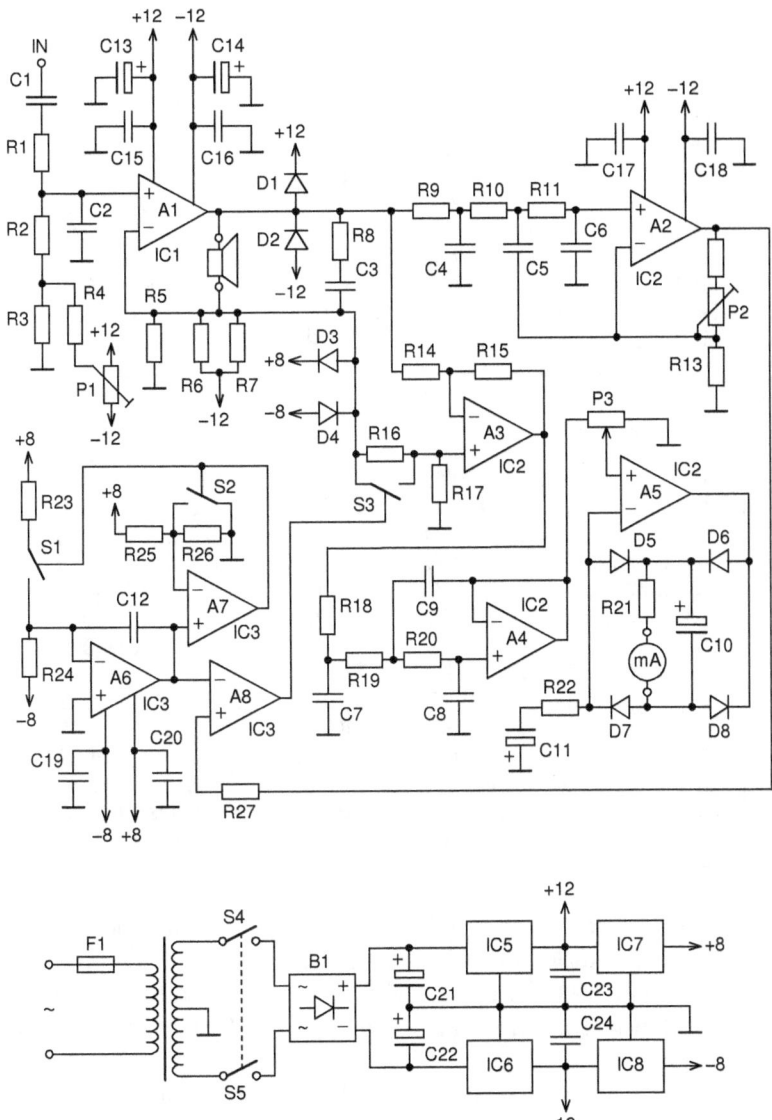

Kuva 13.3. Sähkömotorisen voiman ilmaisevan laitteen piirikaavio. Integroidut piirit IC_1 ja IC_2 toimivat ± 12 V:n jännitteellä ja piiri IC_3 sekä kytkimet S_1, S_2 ja S_3 sisältävä piiri (IC_4) ± 8 V:lla. Käyttökytkin (S_4-S_5) on sijoitettu muuntajan toisiopiiriin.

Taulukko 5. Osaluettelo kuvan 13.3 piirikaavioon. Vastusarvot ovat E24-sarjasta ja toleranssiltaan 1%.

R1 .... 24kΩ	C1 ...... 33µF; 50V; bipolaari
R2 .... 2,4kΩ	C2 .... 33nF
R3 .... 220Ω	C3 .... 0,15µF
R4 ....220kΩ	C4 .... 0,47µF
R5 .... 10Ω; 0,25W	C5 .... 1µF
R6 .... 1,2kΩ	C6 .... 0,47µF
R7 .... 1,2kΩ	C7 .... 33nF; 5%
R8 .... 10Ω; 0,25W	C8 .... 4,7nF; 5%
R9 .... 1MΩ	C9 .... 68nF; 5%
R10 .... 1MΩ	C10 .... 100µF; 50V
R11 .... 1MΩ	C11 .... 2200µF; 50V
R12 .... 2,4kΩ	C12 .... 10nF; 5%
R13 .... 150Ω	C13, C14 .... 10µF; 50V
R14 .... 10kΩ	C15, C16 .... 0,1µF
R15 .... 10kΩ	C17, C18, C19, C20 0,1µF
R16 .... 100kΩ	C21, C22 .... 470µF; 50V
R17 .... 100kΩ	C23, C24 .... 1µF
R18 .... 8,2kΩ	D1, D2 .... 1N5818
R19 .... 10kΩ	D3, D4 .... 1N5818
R20 .... 10kΩ	D5, D6, D7, D8 ...... 1N4148
R21 .... 1kΩ	IC1 .... OPA547T
R22 .... 180Ω	IC2, IC3 .... TL074
R23 .... 10kΩ	IC4 .... CD4066
R24 .... 20kΩ	IC5 7812
R25 .... 10kΩ	IC6 7912
R26 .... 10kΩ	IC7 .... 78L08
R27 .... 100kΩ	IC8 .... 79L08
P1 .... 20kΩ; lin	F1 .... 50mA
P2 .... 1kΩ; lin	B1 .... tasas.silta; 1A
P3 .... 10kΩ; lin; monikierros	Muuntaja .... 2x12V; ≈5VA

A_6, A_7, C_{12}, R_{23}-R_{26} ja CMOS-kytkimet S_1 ja S_2 muodostavat kolmioaaltogeneraattorin, jonka toiminta perustuu C_{12}:en vuorottaiseen lataamiseen ja purkamiseen vakiovirralla. A_6:en ulostulosta saadaan likimain nollan ja +4 V:n välillä vaihtelevaa tasakylkistä kolmioaaltoa, jonka taajuus on 4-5 kHz.

Komparaattorina toimiva A_8 vertailee kolmioaallon jännitettä em. tasajännitteeseen ja muodostaa näin pulssisignaalin, jonka pulssinleveys on suoraan verrannollinen puhekelan resistanssiin.

Elementin smv:n selville saamiseksi A_1:en ulostulojännitteestä on vähennettävä R_5:en yli oleva jännite sekä puhekelaresistanssin jännitehäviö. Viimemainittu voidaan huomioida kertomalla R_5:en jännite tekijällä $1+R_C/R_5$, missä R_C jo tunnetaan. Vähennys suoritetaan erotusvahvistimella, jonka muodostavat A_3 ja R_{14}-R_{17}.

Vahvistus A_1:en annosta A_3:n antoon on aina -1. Vahvistus R_5:en ja kaiuttimen yhteisestä navasta A_3:n antoon on puolestaan $+1$ kytkimen S_3 ollessa auki ja $+2$ kytkimen ollessa kiinni.

Kytkintä ohjaavan 4-5 kHz:n pulssisignaalin pulssisuhteesta (päälläoloajan osuus kokonaisajasta) riippuen R_5:en jännitettä vahvistetaan siten aikakeskiarvoltaan välillä 1-2 olevalla kertoimella. Asettamalla pulssisuhde vastaamaan suhdetta R_c/R_5 saadaan A_3:n annosta sähkömotorista voimaa vastaava signaali, joka tosin sisältää vielä kytkintoiminnasta johtuvia pulssitaajuuksia sekä resistanssin mittausvirrasta aiheutuvan tasakomponentin.

R_c voi olla korkeintaan R_5:en suuruinen eli tässä 10 Ω.

Mainitut pulssitaajuudet suodatetaan pois 3. asteen alipäästösuodattimella (A_4 oheiskomponentteineen), joka on Butterworth-viritetty eikä vaikuta tutkittavien taajuuksien amplitudiin.

Tasonsäätimen P_3 jälkeen smv-signaali muunnetaan mitattavaksi tasavirraksi tasasuuntaavalla transkonduktorikytkennällä. Näin laitetta voidaan käyttää vielä alle 10 Hz:n taajuuksilla, joilla yleismittarit eivät enää toimi kunnolla. Kaikki matkan varrella kertynyt tasajännite varastoituu elkoon C_{11}, jolloin mittarin näyttämä on suoraan verrannollinen sähkömotoriseen voimaan.

Näyttämä on tarkoitettu pidettäväksi alle 2 mA:ssa. Suuremmilla virroilla A_5 voi kyllästyä, jolloin tulos ei enää pidä paikkaansa.

Diodit D_3 ja D_4 on lisätty varmistamaan, että kytkimen S_3 potentiaali ei ylitä ko. piirin käyttöjännitettä jännitteitä päälle kytkettäessä.

Ottokondensaattorin C_1 on oltava bipolaarinen, koska generaattorin ulostulossa voi esiintyä tuntematon tasajännite. Vastaavissa paikoissa näkee usein käytettävän kahta tavallista vastakkain sarjaan kytkettyä elkoa. Tällainen kytkentä ei kuitenkaan estä toista elkoa latautumasta vääränmerkkiseen jännitteeseen.

Kuvassa 13.4 on esitetty osasijoittelu kuvan 13.3 piireille käyttäen levyä, joka on esitetty liitteessä H. Levylle on varattu tila myös muuntajalle. Joillekin kondensaattoreille on useita rasterivaihtoehtoja. Ulkoisiin kytkentöihin voidaan käyttää 3-osaisia riviliittimiä.

Viritys suoritetaan asettamalla elementin paikalle tunnettuja tarkkoja enintään 10 Ω:n vastuksia ja säätämällä A_8:n annosta havaittava pulssisuhde vastaamaan kytkettyä resistanssia. Parhaiten asian näkee oskilloskoopilla, mutta yleismittariakin voidaan käyttää. Pienillä resistansseilla säädetään trimmeriä P_1 ja suurilla trimmeriä P_2. Tarkkuuden saavuttaminen vaatii muutaman iterointikierroksen.

Mittarilla viritettäessä sisäänmenoon kytketään sopivan tasoinen muutaman kymmenen hertsin signaali (ei kuitenkaan tasan 50 Hz) ja tarkkaillaan saatavaa tasavirtaa kokeiltaessa elementin paikalle erilai-

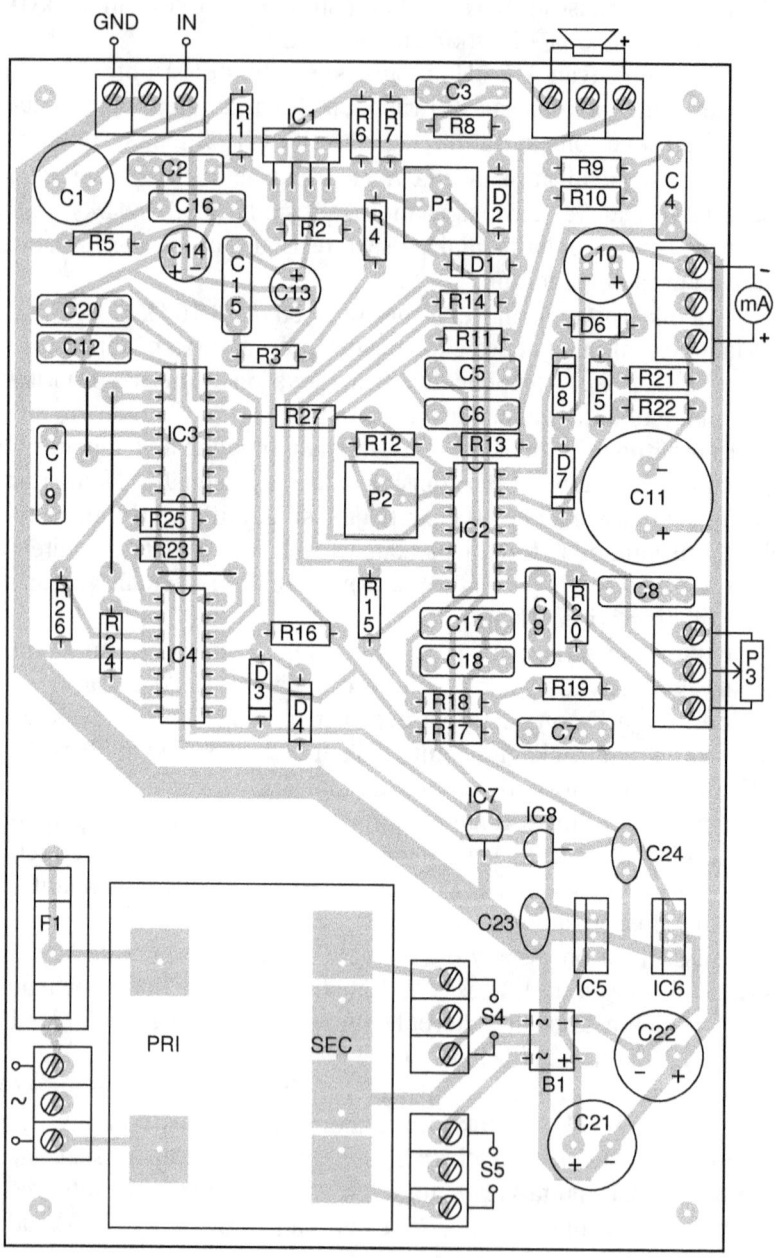

Kuva 13.4. Osasijoittelukaavio. IC_1 tarvitsee pienen jäähdytysrivan.

sia alle 10 Ω:n resistansseja. Koska puhdas resistanssi ei synnytä mitään sähkömotorista voimaa, mittarin pitäisi näyttää aina lähes nollaa. Näyttämä säädetään minimiinsä pienillä resistansseilla P_1:ellä ja suurilla P_2:ella. Paras tarkkuus kannattaa keskittää alueelle 3-7 Ω.

Puhekelaresistanssin eliminoituminen impedanssia kuvaavasta signaalista helpottaa hiukan resonanssikohdan hakemista, mutta varsinainen hyöty saavutetaan Q:n määrityksessä. Resistanssia ei tarvitse erikseen mitata, ja (13.1) yksinkertaistuu muotoon:

$$|Z(f_1)| = |Z(f_2)| = Z(f_0)/\sqrt{2}$$ (13.3)

kaavan (13.2) säilyessä ennallaan. Näin siis asettamalla näyttämä resonanssitaajuudella esim. ykköseksi f_1 ja f_2 löytyvät arvolla 0,707.

Smv:n ekstraktointi mahdollistaa vieläkin suoremman tavan Q-arvon selvittämiseen. Menetelmä perustuu 2. asteen kaistanpäästöfunktion asymptootteihin (katkoviivat kuvassa 2.3a) ja sisältää siten pienen likimääräistyksen, mutta antaa hyvin yhteneviä tuloksia ek. kaistanleveysmenetelmän kanssa.

Aluksi etsitään normaaliin tapaan f_0. Tämän jälkeen signaalitaajuus asetetaan täsmälleen arvoon $f_0/5$ ja mittarin näyttämä säädetään täsmälleen arvoon 20 tai 200 µA. Lopuksi taajuus palautetaan f_0:aan, jolloin Q-arvoa vastaavat numerot voidaan lukea suoraan näytöltä.

CMOS-piirit ovat suojarakenteistaan huolimatta arkoja vioittumaan staattisen sähkön purkauksista (ESD), joten IC$_4$:n nastoja ei kannata kosketella ilman suojausta. Tällaisten piirien hankinnassa tulisi myös käyttää liikkeitä, joissa ESD-asioihin suhtaudutaan vakavasti. Muuten on suuri riski saada toimimatonta tavaraa.

Kuvassa 13.5 on valmis laite avattuna. Muovinen kotelo riittää, sillä kovin heikkoja signaaleja ei käsitellä.

13.3. Kapasitanssin mittaus

Monilla perustason yleismittareillakin on nykyisin mahdollista mitata kapasitanssia. Tarkkuutena on kuitenkin usein 5% ja muutama numeroväli päälle, ja tämäkin koskee yleensä vain uutta mittaria. Monissa kriittisissä kohteissa tällainen mittausepävarmuus ei ole enää hyväksyttävissä, joten tarvitaan parempi keino selvittää käyttöön otettavien kondensaattoreiden todelliset arvot.

Seuraavassa esitettävä menetelmä perustuu jännitemittarin virheiden kumoutumiseen kaksivaiheisessa mittauksessa. Saavutettava tarkkuus määräytyy lähinnä vain käytetyn referenssivastuksen tarkkuudes-

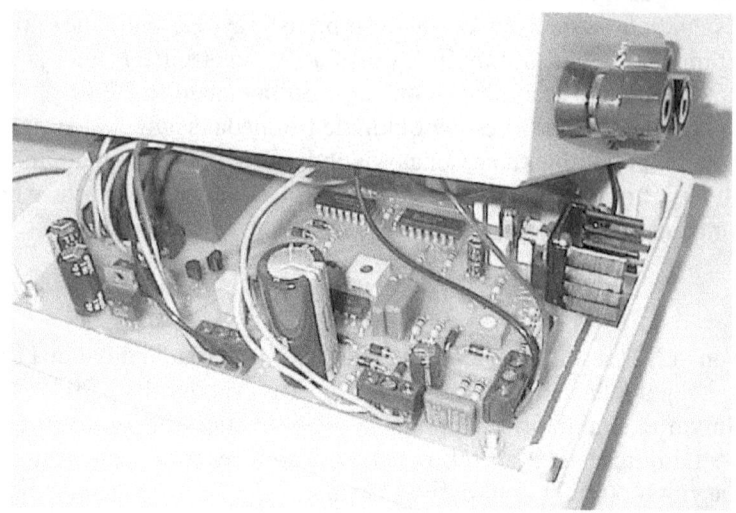

Kuva 13.5. Smv-erotin valmiina. Tuuletusaukot saadaan helposti käyttämällä välissä korotusrenkaita siten, että pohja ja kansi jäävät hieman erilleen.

ta ja jännitemittauksen erotuskyvystä ja voi olla helposti alle 0,5%.

Mittauskytkentä ja siihen liittyvät osoitinkaaviot on esitetty kuvassa 13.6. Taajuudeltaan tarkan sinigeneraattorin ja yleismittarin lisäksi tarvitaan vain sarjavastus (R_a) sekä referenssivastus (R_r), jonka arvo vastaa suunnilleen kohteena olevan kondensaattorin (C) impedanssia

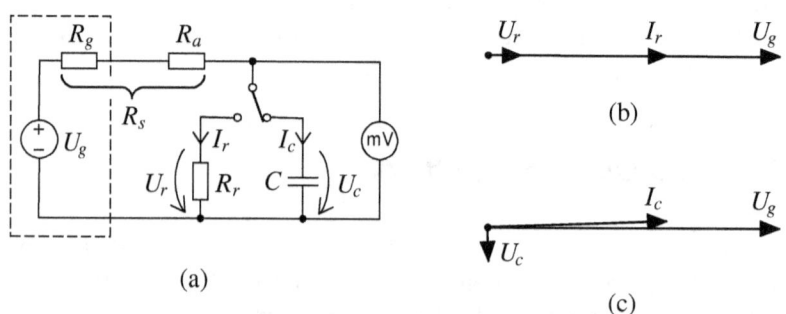

Kuva 13.6. a) Kytkentä tarkkaan kapasitanssin mittaukseen. U_g ja R_g ovat generaattorin tyhjäkäyntijännite ja antoresistanssi. Mittari on kytkettävä suoraan R_r:n tai C:n napoihin, jotta johtoresistanssit eivät vaikuttaisi tulokseen. (Vaihtokytkin on mukana vain piirtoteknisistä syistä.) b) Osoitinkaavio referenssivastuksen R_r ollessa kytkettynä. c) Osoitinkaavio kondensaattorin ollessa kytkettynä.

käytettävällä mittaustaajuudella.

Parhaan tarkkuuden saavuttamiseksi vastus R_a valitaan siten, että $|U_r|$ ja $|U_c|$ ovat suurin piirtein $1/50$ $|U_g|$:stä. U_g:n ollessa 5-10 V mittari voidaan näin pitää 200 mV:n alueella. Taajuuden on luonnollisesti oltava alueella, jolla mittari pystyy ainakin tyydyttävästi toimimaan. R_r:n ollessa kytkettynä saadaan kuvasta a: $U_g = U_r + R_s I_r$, missä R_s on kokonaissarjaresistanssi. Koska $I_r = U_r/R_r$, saadaan edelleen:

$$U_g = U_r(1+R_s/R_r) \tag{13.4}$$

Kondensaattorin ollessa kytkettynä voidaan puolestaan kirjoittaa: $I_c = (U_g - U_c)/R_s$. Lisäksi kondensaattorille pätee aina: $j\omega C = I_c/U_c$, joten

$$C = \frac{I_c}{j\omega U_c} = \frac{U_g - U_c}{j\omega U_c R_s} \tag{13.5}$$

$|U_c|$ on kuitenkin hyvin pieni verrattuna $|U_g|$:hen, ja ko. osoittimet ovat miltei kohtisuorassa toisiinsa nähden (kuva c), joten $U_g - U_c$ voidaan korvata pelkällä U_g:llä ilman mainittavaa itseisarvovirhettä.

Tämä sekä tulos (13.4) huomioiden saadaan nyt:

ja ottamalla itseisarvot

$$C \approx \frac{U_r\left(1+\dfrac{R_s}{R_r}\right)}{j\omega U_c R_s} \tag{13.6}$$

$$C \approx \frac{|U_r|\left(1+\dfrac{R_s}{R_r}\right)}{2\pi f |U_c| R_s} \tag{13.7}$$

Käytännössä itseisarvot voidaan korvata mitatuilla tehollisarvoilla.

U_r:n ja U_c:n ollessa lähes yhtä suuria niiden suhteelliset mittausvirheet ovat myös käytännöllisesti katsoen yhtä suuria ja kumoavat siten toisensa. Vastaavasti R_s:n määrityksessä syntynyt virhe kumoutuu lähes täysin, koska $R_s/R_r \gg 1$. Käyttämällä vaikkapa 0,1%:n tarkkuusvastusta referenssinä lausekkeeseen ei siten jää enää merkittäviä virhelähteitä.

Generaattorin säröllä ei tässä ole juurikaan merkitystä, sillä harmonisten kerrannaisten vaikutus tulokseen jää käytännössä mitättömäksi. Mikäli taajuuslaskurilla varustettua funktiogeneraattoria ei ole käytettävissä, voidaan tarkkoja taajuuksia saada myös joiltakin testilevyiltä tai tietokoneen äänikortilta. Paremman puutteessa taajuuden asettamisessa on mahdollista käyttää apuna myös äänirautaa ja kaiutinta. Sarjaresistanssi R_s voidaan tarvittaessa määrittää helposti. Mittaamalla tyhjäkäyntijännite U_g sekä U_r saadaan R_s kaavasta

$$R_s = R_r \left(\frac{U_g}{U_r} - 1 \right)$$ (13.8)

joka seuraa suoraan yhtälöstä (13.4).

13.4. Induktanssin mittaus

Edellä kuvattua mittausperiaatetta voidaan soveltaa myös induktansseille, vaikkakaan aivan samanlaiseen tarkkuuteen ei käytännössä välttämättä päästä johtuen kelojen huomattavasta resistanssista.

R_a kannattaa tässä valita siten, että mitattavat jännitteet ovat noin $1/100$ generaattorijännitteestä. Tällöin approksimointivirhe pysyy pienenä mittarin erotuskyvyn jäädessä kuitenkin vielä kohtuulliseksi.

Kelan DC-resistanssi (merk. R_l) olisi syytä tuntea ainakin kahden numeron tarkkuudella. Tähän päästään helposti paristoa ja noin kiloohmin sarjavastusta käyttäen tehtävällä jännitejakomittauksella.

Mittaustaajuuden on oltava niin suuri, että kelan reaktanssi ωL on monikertainen resistanssiin nähden.

Yhtälö (13.4) pätee tässäkin sellaisenaan.

Kelan ollessa kytkettynä kondensaattorin paikalle voidaan kirjoittaa: $I_l = (U_g - U_l)/R_s$, missä I_l ja U_l ovat kelan virta ja jännite. Kelan impedanssiksi saadaan näin

$$Z = \frac{U_l}{I_l} = \frac{U_l R_s}{U_g - U_l}$$ (13.9)

Kuvassa 13.7a olevasta osoitinkaaviosta voidaan kuitenkin päätellä vastaavin perustein kuin yhtälön (13.5) yhteydessä, että $(U_g - U_l)$:n tilalle käy pelkkä U_g. Näin ollen

$$|Z| \approx \left| \frac{U_l R_s}{U_g} \right| = \frac{|U_l| R_s}{|U_r| \left(1 + \frac{R_s}{R_r} \right)}$$ (13.10)

missä jännitteiden itseisarvot voidaan jälleen korvata tehollisarvoilla.

Jännitteiden suhteelliset virheet kuten myös R_s:n virhe kumoutuvat

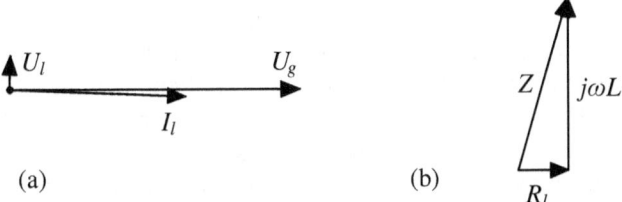

(a)   (b)

Kuva 13.7. a) Osoitinkaavio käytettäessä kelaa kondensaattorin sijalla kuvan 13.6a kytkennässä. b) Kelan impedanssin jakautuminen resistanssiin R_l ja reaktanssiin ωL.

tässäkin, joten $|Z|$:n tarkkuus saadaan hyväksi.
Induktanssi L ratkaistaan soveltamalla Pythagoraan lausetta kuvassa 13.7b esitettyyn impedanssikaavioon. Saadaan:

$$R_l^2 + (\omega L)^2 = |Z|^2$$

josta seuraa:

$$L = \frac{\sqrt{|Z|^2 - R_l^2}}{2\pi f} \qquad (13.11)$$

Myös R_l:n epätarkkuuden vaikutus jää minimaaliseksi, mikäli $|Z|$ $\gg R_l$.

Induktanssin ja resistanssin R_s muodostama derivaattori korostaa harmonisia kerrannaistaajuuksia, joten särö voi tässä tulla merkitykselliseksi. Mikäli generaattorin särö lähentelee yhtä prosenttia ja sisältää suhteellisen suuria taajuuksia, kannattaa mitattavaa signaalia hieman suodattaa särökomponenttien vaimentamiseksi. Tähän käy yksinkertainen alipäästöpiiri (kuva 13.8), jonka rajataajuus asetetaan hieman mittaustaajuutta suuremmaksi. On kuitenkin tärkeää, että samaa suodatinta käytetään sekä U_r:n että U_l:n mittauksessa.

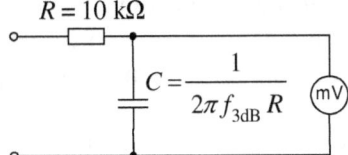

Kuva 13.8. Särökomponenttien suodattaminen mitattavasta jännitteestä. C määrätään halutun 3 dB:n rajataajuuden perusteella.

13.5 Jännitehäviötön virtamittari

Joskus voi olla tarpeen päästä mittaamaan kaiuttimessa kulkevia virtoja vaikkapa sen varmistamiseksi, että kytkentä toimii suunnitellulla tavalla. Kaikissa yleismittareissa hintatasosta riippumatta on kuitenkin virtaa mitattaessa niin suuri kuormaresistanssi, että ne sopivat tarkoitukseen huonosti. Esim. 200 mA:n alueella resistanssi on usein yli 1 Ω, mikä vääristää tulosta jo merkittävästi piiri-impedanssien ollessa 10 Ω:n luokkaa. Lisäksi vain harvojen mittareiden taajuuskaista kattaa koko audioalueen.

Virtaa voidaan kuitenkin mitata myös piiriä kuormittamatta käyttämällä hyväksi operaatiovahvistintekniikasta tuttua virtuaalimaan periaatetta, jossa negatiivisen takaisinkytkennän ansiosta molemmat vahvistimen tulonavat pysyvät samassa potentiaalissa. Itse asiassa onkin ihmeellistä, miksi tätä keinoa ei käytetä, vaan kaikki mittarit perustuvat yhä pelkkään sarjavastusmenetelmään. Näytössä voi olla paljon numeroita, joista merkitseviä on kuitenkin tuskin ainuttakaan, ellei mitattavan kohteen Thévenin-impedanssi ole hyvin suuri verrattuna mittarin resistanssiin. (Virtaan liittyvät asiat näyttävät täten olevan maailmassa jotenkin yleisemminkin retuperällä, ei vain kaiuttimien ohjaus.)

Kuvassa 13.9 on esitetty käytännön kytkentä, jolla voidaan mitata AC-virtoja kohdetta kuormittamatta 12 mA:iin saakka kaikilla audiotaajuuksilla.

A_1 muodostaa virta/jännite-muuntimen, joka huolehtii samalla siitä, että mittausnavat pysyvät käytännöllisesti katsoen samassa potentiaalissa. Takaisinkytkentäresistanssin R_1 on oltava suhteellisen pieni, jotta ottonapojen erojännite, joka on verrannollinen vahvistimen antojännitteeseen, pysyisi riittävän pienenä myös suurimmilla käyttötaajuuksilla. A_1:en siirtymäjännitteellä, joka näkyy ottonavoissa, ei ole merkitystä vaihtovirtaa mitattaessa. C_1:en tarkoituksena on varmistaa asteen stabiilisuus mitattavan kohteen Thévenin-impedanssin ollessa kapasitiivinen.

A_2 liityntäpiireineen muodostaa AC/DC-muuntimen, jollaista käytettiin jo kuvan 13.3 smv-erottimessa. Näyttölaitteeksi sopii 20 mA:n tasavirta-alueelle asetettu yleismittari.

Schottky-diodit D_1 ja D_2 suojelevat ylisuurilta virroilta (johonkin rajaan saakka) ja johtavat virran lävitseen laitteen ollessa poissa päältä. Diodit parantavat myös stabiilisuutta estämällä suurten jänniteamplitudien esiintymisen.

Mittari teholähteineen muodostaa oman suljetun järjestelmänsä, joka ei kerää sähkövarausta. Mittauskohteesta tuleva ja siihen takaisin

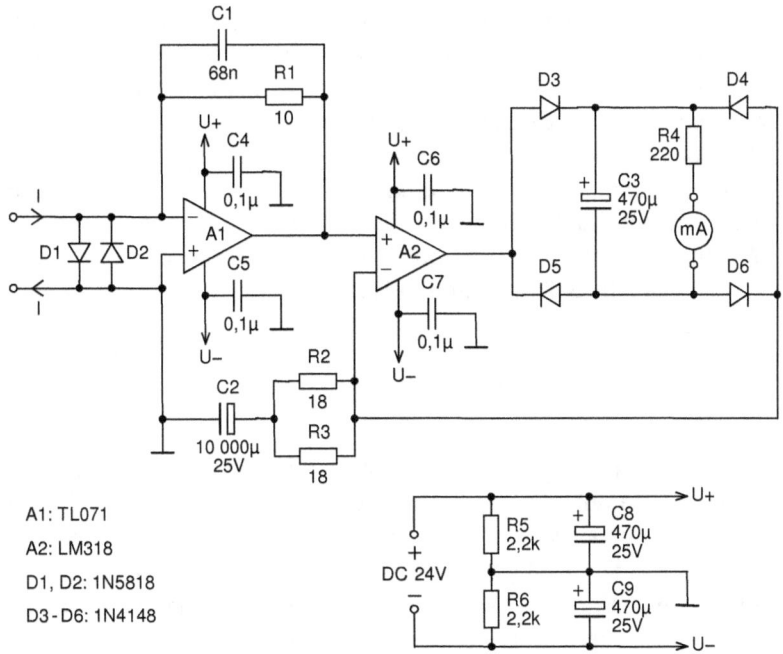

A1: TL071

A2: LM318

D1, D2: 1N5818

D3-D6: 1N4148

Kuva 13.9. Piiriä kuormittamaton AC-virtamittari sekä tälle sopiva jakokytkentä, jolla 1-puolisesta jännitelähteestä saadaan tarvittava 2-puolinen käyttöjännite. Kondensaattorit C_4-C_7 on sijoitettava lähelle ao. vahvistimia. C_2:en napaisuudella ei ole väliä.

palaava virta (I) ovat siten joka hetki automaattisesti yhtäsuuria ilman, että asiasta tarvitsee mitenkään huolehtia. Näin mittarin ja mitattavan piirin maat voivat vapaasti olla erilliset.

Käyttöjännitteet saadaan helpoiten valmiista vakavoidusta verkkolaitteesta. Näitä ei kuitenkaan ole saatavissa kaksipuolisille jännitteille, joten tarvittava keskipotentiaali on järjestettävä itse. Virrankulutuksen ollessa suhteellisen vähäinen voidaan maataso luoda passiivisella jännitteenjaolla kuvassa esitetyn mukaisesti. Verkkolaitteeksi soveltuu 24 V ja 100 mA antava malli.

Mittari ei välttämättä tarvitse kalibrointia, sillä tarkkuus määräytyy vastusten R_1, R_2 ja R_3 tarkkuudesta. Näyttönä toimivan mittarin läpi kulkee tasavirta, joka on suuruudeltaan 1,11 kertaa mitattavan virran tasasuuntauskeskiarvo. Saatu lukema ilmaisee näin sinimuotoisen virran tehollisarvon.

Taajuusalue ulottuu 20 kHz:iin virran ollessa vähintään 1 mA. Pienemmillä virroilla raja alenee ollen 0,1 mA:lla noin 2 kHz. Syynä tähän on, että A_2:en nousunopeus diodien kynnysjännitteitä ylitettäessä ei enää riitä ohjausjännitteen tullessa hyvin pieneksi. Mikäli asiaan halutaan parannusta, voidaan A_2:en eteen lisätä vahvistusaste. Tällöin R_2 ja R_3 on kerrottava ja C_2 jaettava ko. asteen vahvistuksella.

Paristokäyttöisissä mittalaitteissa virtuaalimaamenetelmän käyttöä rajoittaa virrankulutus, joka on aina hieman mitattavaa virtaa suurempi. Muutaman milliampeerin virrat eivät kuitenkaan ole vielä ongelma, ja juuri pienillä mitta-alueilla, joilla muuten tarvitaan suuria sarjaresistansseja, menetelmästä on eniten hyötyä.

13.6 Kelan häviöiden mittaus

Joskus voi olla tarpeen tuntea kelan häviökerroin tai -kulma myös suurehkoilla taajuuksilla, missä häviöt johtuvat usein muustakin kuin käämiresistanssista. Kuvassa 13.10 on tarkoitukseen sopiva mittausjärjestely, jossa käytetään XY-tilassa toimivaa oskilloskooppia.

Särön pienentämiseksi siniaaltogeneraattorin signaalia suodatetaan ensin C_f:n ja generaattorin oman resistanssin R_g muodostamalla alipäästöpiirillä, jonka rajataajuus $(1/(2\pi R_g C_f))$ asetetaan mieluiten hieman mittaustaajuutta pienemmäksi.

Kondensaattorin C_s ja tutkittavan kelan L läpi johdetaan sama virta, ja niiden jännitteet kytketään oskilloskoopin vaaka- ja pystypoikkeutukseen. Kelan ja kondensaattorin toimiessa ideaalisesti U_c ja U_l ovat täsmälleen vastakkaisvaiheiset, ja ruudulle muodostuu vain suora kalteva viiva. Kelan ollessa häviöllinen U_l jää jälkeen U_c:hen nähden, ja ruudulla näkyy piirretyn kaltainen ellipsi, joka on sitä leveämpi, mi-

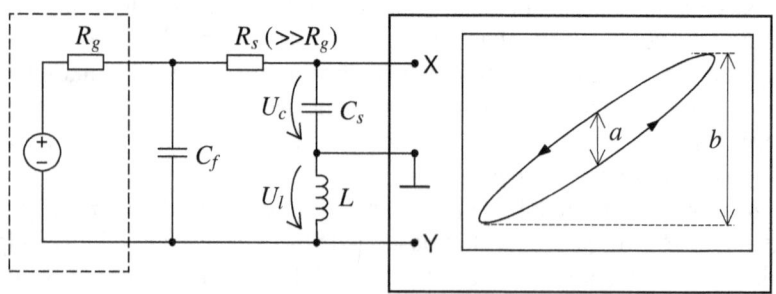

Kuva 13.10.   Kelan häviökertoimen mittaus oskilloskooppia käyttäen. Suhde a/b ilmaisee häviökulman sinin C_s:n ollessa ideaalinen.

tä suurempi on häviökerroin.

Mainittu vaihejättämä eli häviökulma aiheuttaa sen, että X-signaalin ohittaessa nollan Y-signaali ei olekaan nolla vaan sini häviökulmasta amplitudilla kerrottuna. Häviökerroin, joka määritellään häviökulman δ tangentiksi, on siten tangentti kulmasta, jonka sini on a/b, eli

$$\tan\delta = \tan(\arcsin\frac{a}{b}) \qquad (13.12)$$

δ:n ollessa pieni voidaan lisäksi approksimoida:

$$\tan\delta \approx \sin\delta = \frac{a}{b} \qquad (13.13)$$

C_s:n häviökertoimen olisi oltava hyvin pieni, koska sekin vaikuttaa tulokseen. Tarkoitukseen soveltuvat siten vain polypropyleenikondensaattorit.

Laitteita verkkoon kytkettäessä on huolehdittava siitä, että generaattorin ja oskilloskoopin suojamaat eivät ole yhteydessä toisiinsa.

14
MYYTTEJÄ JA ASENTEITA

14.1 Sähköisen vaimennuksen koko kuva

Yleisessä hifi-kielenkäytössä puhutaan paljon sähköisestä vaimennuksesta ja vaimennuskertoimesta, joilla ikään kuin pyritään kuvaamaan vahvistimen kykyä hallita puhekelan liikkumista. Näennäistieteellisissä tulkinnoissa sähköistä vaimennusta (josta edellä on käytetty myös nimitystä "sähköinen hidastus") pidetään usein jopa välttämättömänä elementin aikakäyttäytymisen kontrolloimiseksi ymmärtämättä, että lineaarisen järjestelmän transienttitoisto ja taajuustoisto ovat vain yksi ja sama asia eri suunnilta katsottuna.

Sähköiseen vaimennukseen viitattaessa ei lisäksi useinkaan kerrota asian koskevan vain resonanssialuetta, jolloin luodaan helposti käsitys, että kontrolli on kokonaan hukassa, ellei vahvistimen ulostuloresistanssi ole pieni. Tällaisten myyttien hälventämiseksi on syytä tarkastella ensin hieman sähköisen vaimennuksen käytännön merkitystä eri taajuuksilla.

Otamme esimerkiksi pienehkön umpikoteloidun bassoelementin, jolla $Bl = 6$ Tm, $m = 0,008$ kg, $k = 2000$ N/m, $b = 1,5$ Ns/m ja $R_c = 6$ Ω. Sähköisen vaimennuksen suuruutta voidaan simuloida kuvan 7.2b mallilla, jota on sovellettu kuvassa 14.1a.

Virtalähde I_x edustaa kalvoon syystä tai toisesta kohdistuvaa ei-toivottua voimaa, joka pitäisi kumota sähköisen vaimennuksen avulla. I_d puolestaan edustaa puhekelan liikkeen synnyttämän fyysisen virran I_0 aiheuttamaa vaimennusvoimaa, joka pyrkii vastustamaan liikettä resonanssitaajuuden lähistöllä. Kytkimen ollessa auki toiminta vastaa virtaohjaustilaa ja kytkimen ollessa kiinni jänniteohjaustilaa.

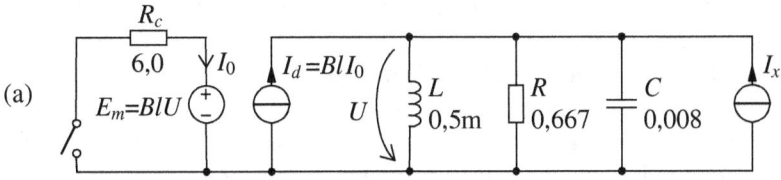

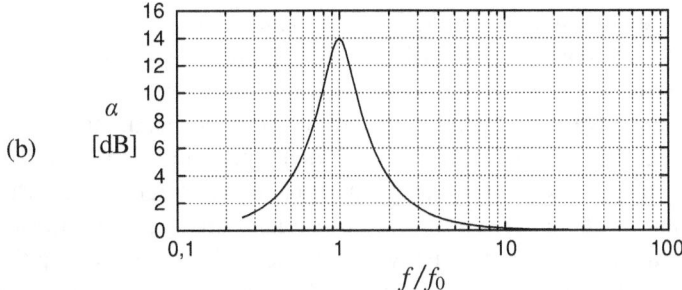

Kuva 14.1. a) Esimerkkielementin sähköisen vaimennuksen simuloinnissa käytetty malli. I_x kuvaa häiriövoimaa, jonka aiheuttama liike vaimentuu osittain kytkimen ollessa kiinni eli elementin ollessa oikosuljettuna. b) Saatavissa oleva sähköinen vaimennus (α) normalisoidun taajuuden funktiona (f_0 =resonanssitaajuus).

Tarkastelun yleisyyttä mitenkään rajoittamatta I_x voidaan tulkita sinimuotoiseksi, sillä kaikki muut aaltomuodot voidaan aina koota harmonisista sinikomponenteista. Vertaamalla vaikkapa kalvon liikenopeuden ilmaisevaa jännitettä U molemmissa tiloissa saadaan jänniteohjaustilassa b-kuvan mukainen vaimennus.

Resonanssitaajuudella sähköinen vaimennus on yleensä toistakymmentä desibeliä, mutta jo oktaavin päässä resonanssitaajuudesta vaimennus on pudonnut esimerkissä alle 4 dB:iin. Kahden oktaavin päässä vaimennus on jo alle desibelin eli käytännössä mitätöntä. Elementin toistama alue voi kuitenkin ulottua noin kahden dekadin päähän resonanssitaajuudesta.

Perusresonanssin Q-arvon säätöön sähköinen vaimennus tietenkin soveltuu, mutta mitään muuta oleellista vaikutusta sillä ei ole. Esimerkiksi kotelomelun vuotamiseen kartion läpi tästä ominaisuudesta ei ole apua.

Sähköisen vaimennuksen vaikutusta sanotaan voitavan havainnollistaa elementin kalvoa näpyttämällä, jolloin vahvistimen ollessa päällä tai napojen ollessa oikosuljettuna liikkeen pitäisi olla vähäisempää kuin muuten. Pieni ero käyttäytymisessä onkin todella havaittavissa, koska syntyvät liiketaajuudet ovat matalia. Mikäli kalvon liikuttaminen kuitenkin pystyttäisiin tekemään vaikkapa yli 200 Hz:n taajuudella, ei elementin kytkemisellä saataisi enää aikaan eroa.

Vahvistimen vaimennuskertoimella tarkoitetaan nimellisen kuormaimpedanssin suhdetta ulostuloresistanssiin, johon summautuu myös kaapelointiresistanssi. Kyseessä on siis edellä määritellyn virtaohjausindeksin käänteisluku, joka on nimeltään kuitenkin hieman harhaanjohtava, sillä todellisuudessa mikään ei vaimene tähän kertoimeen verrannollisesti varsinkaan tyypillisillä arvoilla, jotka ovat transistorivahvistimilla useita kymmeniä.

Vaimennuskertoimesta puhuttaessa ei voi olla törmäämättä jatkuvasti mystiseen tarinaan kaiutinkalvosta, joka signaalin jotenkin äkillisesti lakatessa ei saakaan itseään pysähtymään, vaan jatkaa holtittomasti matkaansa alkaen sitten toimia puhekelan kanssa generaattorina ja tuottaen vastajännitteen ja vastavirran ja ties mitä energioita, jotka sitten saavat vahvistimen jotenkin pois tolaltaan ja tuottamaan säröä, jos vaimennuskerrointa ei ole riittävästi. Ja mikä onnettominta, tähän taruun ja sen erilaisiin muunnelmiin pohjautuen vaimennuskerrointa pyritään vain kasvattamaan, kun suunnan pitäisi olla täysin päinvastainen.

On ylipäätään hyödytöntä pyrkiä selvittämään elementin tuottamien sähkömotoristen voimien vaikutuksia aikatasossa, sillä järjestelmän ollessa lineaarinen ei ole olemassa mitään mahdollisuutta sille, että jokin järjestelmän komponenteista pystyisi käyttäytymään ajan funktiona jotenkin hallitsemattomasti ja aiheuttamaan säröä missään tilanteessa. Liike-smv on vain yksi lineaarinen komponentti muiden komponenttien joukossa ja voidaan *täydellisesti* mallittaa kuvassa 7.1 näkyvällä rinnakkais-RCL-piirillä yhtä hyvin sekä aika- että taajuustason tarkastelua varten. Mikäli taas *Bl*-vaihtelusta tai muusta syystä johtuen liike-smv ei enää käyttäydy lineaarisesti, särö on varsinkin jänniteohjauksella väistämätöntä, eikä suuresta vaimennuskertoimesta ole tällöinkään apua. Kun lisäksi pidetään mielessä, että ääni syntyy kalvon kiihtyvyydestä eikä poikkeamasta, voidaan kaikki "kalvo jatkaa matkaansa" -tyyppiset pohdiskelut jättää omaan arvoonsa ja keskittyä kuvitellun kontrolloimisen sijaan puhtaan kiihdytysvoiman aikaansaamiseen.

Toisinaan sanotaan säröä syntyvän siitä, että elementin vastajännitteestä aiheutuva virtakomponentti saa aikaan jännitehäviön vahvistimen ulostuloresistanssissa, ja tätä muutosta ulostulojännitteessä pidetään sitten ikään kuin signaalin vääristymänä. Vaikka unohdettaisiin sekin, että elementti reagoi todellisuudessa virtaan jännitteen sijasta, mitään säröä ulostuloresistanssin toiminnasta ei tällä tavoin voi syntyä, sillä (smv:n ollessa lineaarinen) mitään todellista särömekanismia asiaan ei liity. Kytkemällä kuvan 7.1 sijaiskytkentä ideaaliseen jännitelähteeseen jonkin ulostuloresistanssin kautta saadaan tätä resistanssia varioimalla aikaan vain erilaisia Q-arvoja ja vastaavia taajuus- ja impulssivasteita, mutta särön kanssa asialla on yhtä vähän tekemistä kuin millä tahansa kaiuttimen taajuusvasteen muutoksella.

Paljon on nähty vaivaa ulostulojännitteen varjelemiseksi sekä lineaarisilta että epälineaarisilta smv-vaikutuksilta ummistaen aina kuitenkin silmät tärkeimmältä: siinä vaiheessa, kun epälineaarisen smv:n aiheuttama virtakomponentti kulkee puhekelassa ja kaiutin päästää ilmoille vastaavan parahduksen, *vahinko on jo tapahtunut*, ja on totaalisen hyödytöntä enää yrittää korjata asiaa ulostulojännitettä vakauttamalla, sillä näin ainoastaan maksimoidaan aiheutuva haitta.

Keskustelupalstoilla näkee suuren vaimennuskertoimen tarvetta perusteltavan myös erilaisten energioiden ja tehohäviöiden avulla. Puhutaan kartion kineettisestä energiasta tai inertiasta ja siitä, kuinka elementti syöttää tehoa tai energiaa vahvistimen ulostulopiiriin ja siitä, missä nämä energiat kuluvat ja kuinka ne vääristävät transientteja.

Tehoasiat ovat kyllä keskeisiä vahvistimen lämpösuunnittelussa ja päätetransistoreiden turvallisen toiminta-alueen määrittämisessä, mutta elementin saaman ohjauksen oikeellisuuteen energioiden ja tehojen hetkittäisillä virtauksilla ei ole merkitystä.

14.2 Nousunopeussärö

Eräs keskeinen väittelyaihe varsinkin high end -yhteisössä on ollut vahvistimien ns. dynaaminen eli jyrkkiin signaalimuutoksiin liittyvä särö ja sen merkitys kuultavassa äänessä. Aikatason ilmiöihin liittyy paljon myös uskomusperäisiä käsityksiä, ja koska vahvistinsäröjen potentiaalinen havaittavuus ei virtaohjauksen myötä ainakaan vähene, on syytä hieman selvittää, missä määrin huolet ovat aiheellisia.

Vahvistimen nousunopeuden (slew rate) rajallisuudesta johtuva särö, jota kutsutaan tavallisesti TIM-säröksi, syntyy vahvistimen tuloasteessa eli differentiaaliasteessa ottonapojen välisen jännitteen eli erojännitteen (U_d kuvassa 10.1) tullessa niin suureksi, että tuloaste ei kykene sitä enää käsittelemään vaan kyllästyy. Tämän tapahtuessa ulostulojännite muuttuu vakionopeudella, eikä vahvistin pysty vastaamaan sisäänmenosignaaliin, ennen kuin erojännite on palautunut lineaariselle alueelle, joka on yleensä alle voltin luokkaa.

Mikä sitten saa aikaan erojännitteen kasvun? Kuvasta 7.11b voidaan nähdä, että suurilla taajuuksilla differentiaalivahvistin toimii integraattorin tavoin, eli antojännite on erojännitteen lyhyen välin aikaintegraali. Koska antojännite toisaalta seuraa ottojännitettä (pätee karkeasti myös virtaohjauksella), erojännite on korkeilla taajuuksilla verrannollinen toistettavan signaalin derivaattaan eli nousunopeuteen ja kasvaa siten taajuuden mukana.

Nousunopeussäröä voidaan minimoida tuloasteen suunnittelulla ja pitämällä erojännite pienenä, mikä vaatii suurta differentiaalista vahvistusta. On kuitenkin turhaa pyrkiä kasvattamaan nopeutta enempää kuin tarve vaatii.

Kuvassa 14.2 on yksinkertainen kytkentä, jonka avulla voidaan mitata nousunopeuksia linjatasoisesta signaalista. Näytöksi käy tasajännitealueelle asetettu yleismittari, jolla on 10 MΩ:n resistanssi. Kytkentä reagoi vain positiivisiin muutoksiin, mutta negatiivisiakin voidaan tutkia kääntämällä signaalin napaisuus.

R_1 ja C_1 muodostavat derivaattorin, jonka antojännite voltteina vastaa nousunopeutta yksiköissä V/μs. Derivaattorin jäljessä on peräkkäin kaksi huippuarvonilmaisinta, koska yhdellä ei saada riittävän pitkää pitoaikaa havaintojen tekemiseksi. C_2 latautuu nopeasti derivaatan huippuarvoon, mutta purkautuu A_1:en invertoivaan ottoon millisekunneissa. C_3:ssa jännite pysyy niin kauan, että se ehditään lukea.

Mikään tarkkuuslaite tämä ei ole johtuen mitattavien huippujen lyhytkestoisuudesta sekä vahvistimien siirtymäjännitteistä (jotka tosin voidaan nollata), mutta toimii kuitenkin asianmukaisesti välillä 0,02 - 0,5 V/μs.

Suurin nousunopeus, jonka kirjoittaja löysi muutamia CD-levyjä tutkimalla, oli n. 0,17 V/μs. Huiput näyttäisivät liittyvän usein lautasten iskuihin. Lukemia 0,02-0,03 V/μs esiintyy jo melko hiljaisissakin

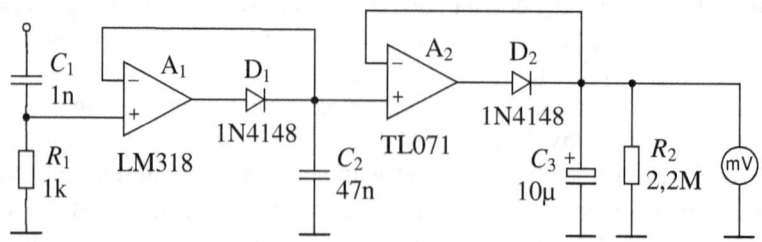

Kuva 14.2. Kytkentä nousunopeushuippujen mittaukseen. Käyttöjännitteeksi sopii ±5-±6 V.

kohdissa.

Käytetyn CD-soittimen ulostulojännitteeksi on ilmoitettu 2 V, jolloin amplitudihuiput voivat ulottua $\pm 2\sqrt{2}$ V:iin. ± 1 V:n alueelle normalisoiduksi maksiminopeudeksi saadaan näin 0,06 (V/µs)/V. 20 kHz:n siniaallolla vastaava arvo on 0,126 (V/µs)/V, ja tämä on myös suunnilleen se, mitä CD-formaatti pystyy välittämään. (Ns. katkoääniä ei siis ole olemassa ainakaan tallennetuissa signaaleissa.)

Käytännössä on siis äärimmäisen harvinaista, että nousunopeus yltää edes puoleen siitä, mitä maksimiamplitudin omaavalla 20 kHz:n siniaallolla saavutetaan, joten mikäli vahvistimen harmoninen särö ja keskinäismodulaatiosärö (IM-särö) ovat täysin mitättömiä 20 kHz:iin saakka, ei TIM-säröäkään voi tällöin käytännössä esiintyä, paitsi tietysti yliohjaamalla vahvistinta voimakkaasti, jolloin asialla tuskin on kuitenkaan enää väliä.

On huomattava, että erojännitteen olemassaolo sinänsä ei merkitse mitään virhetoimintaa tai säröä. Erojännite voi olla jopa samaa suuruusluokkaa tulojännitteen kanssa, ja järjestelmä voi silti toimia täysin lineaarisesti, mikäli vaan sen kaikki osat ovat lineaarisia. Harmonisen särön kurissa pitämiseksi erojännitteen olisi kuitenkin pysyttävä suhteellisen pienenä, mikä toteutuu kaistanleveyden ollessa suuri.

On myös turha epäillä sellaista, että takaisinkytkentäsignaali ei jotenkin pysyisi mukana nopeissa vaihteluissa tai että takaisinkytkentäsilmukassa syntyisi jotain erikoisia viiveitä, jotka sitten sumentaisivat iskuäänitoistoa. Vahvistin toimii minimivaiheisesti, eikä yleensä pysty tuottamaan mitään asiaankuulumattomia vaihevirheitä viiveistä puhumattakaan. Jos tällaista poikkeavuutta esiintyisi, olisi sen pakko tulla näkyviin vahvistimen vaihevasteessa.

14.3 Kompressoinnin vitsaus

Jänniteohjauksen ohella ja mitä ilmeisimmin myös sen myötävaikutuksella audioalalle on juurtunut toinenkin äänenlaatua vakavasti pilaava käytäntö: *kompressointi*, joka tarkoittaa vahvistuskertoimen nopeaa muuttelemista signaalin voimakkuusvaihteluiden pienentämiseksi. Kompressoinnin lisäksi käytetään paljon myös rajoittamista eli ns. limitointia, joka toimii muuten samalla tavalla mutta vielä nopeammin ja ainoastaan huippukohtien aikana.

Harvoja poikkeuksia lukuun ottamatta kaikki tuotetut äänitteet ovat tänä päivänä enemmän tai vähemmän kompressoituja, ja sama pätee myös radiokanaviin, jotka puristavat ääntä vielä lisää kasaan kuulostaakseen makealta ja mahdollisimman voimakkaalta. Tässä nykyisin jo mielettömyyksiin saakka yltyneessä levytuottajien sekä myös radiokanavien äänekkyystaistelussa (loudness war) äänenlaadusta on tullut sivuseikka, ja merkitsevää on ainoastaan äänen voimakkuus kilpailijoihin nähden, olipa tuloksena sitten millaista pörinäpuuroa tahansa. Vaikka masteroijat toisinaan epäilisivätkin koko kilpailun järkevyyttä, tuottajat vaativat suurempaa ääntä, ja surkuhupaisinta on, ettei aina edes välitetä, vaikka signaali leikkautuisi rajusti suuren osan ajasta.

Kompressoinnilla saadaan aikaan ns. dynamiikan supistuminen eli hiljaisten kohtien voimistuminen voimakkaampiin nähden. Hämmästyttävän säännöllistä tuntuu kuitenkin olevan uskomus, että voimakkuussuhteiden muutokset olisivat ainoa vaikutus, mitä kompressoinnilla on, ikään kuin mitään muuta mainittavaa ei tällaisessa käsittelyssä tapahtuisi. Ei ole lainkaan huomioitu, että vahvistuskertoimen vaihtelu on luonteeltaan epälineaarista toimintaa, ja epälineaarisen järjestelmän perusominaisuuksiin kuuluu aina särön tuottaminen.

Kompressointisärössä on kyse ennen kaikkea amplitudimodulaatiosta. Olettakaamme esimerkiksi, että musiikissa on jokin vaikkapa 5 Hz:n taajuinen syke, joka saa kompressorin vahvistuksen heilahtelemaan vaikkapa vain 1 dB:n rajoissa, ja että jokin soitin tuottaa samaan aikaan tasaista 100 Hz:n taajuutta. Olettaen vielä vahvistusvaihtelun tapahtuvan sinimuotoisesti voimme nyt soveltaa amplitudimodulaatiota kuvaavaa yhtälöä (4.3) käyttäen modulaatioindeksille arvoa 0,06, joka vastaa ±0,5 dB:n vaihtelua.

100 Hz:n signaalin ympärille syntyy näin kuvaa 4.11 vastaavasti kaksi särökomponenttia, joiden taajuudet ovat 95 ja 105 Hz. Komponentit ovat suuruudeltaan 3%, joten kokonaissäröksi tulee reilut 4%.

Se että vahvistusvaihtelu on käytännössä muuta kuin sinimuotoista, ei ainakaan auta asiaa. Vaihtelun ollessa vaikkapa rampin muotoista, kuten rytmikkäällä signaalilla on mahdollista, ko. rampin viivaspektri vaan kuvautuu em. 100 Hz:n taajuuden molemmille puolille. Kokonaissärö ei olennaisesti muutu yllä esitetystä, mutta särötuotteet jakautuvat tällöin kauemmaksi taajuuksille 95, 90, 85... Hz sekä taajuuksille 105, 110, 115... Hz. Vastaavasti esim. 500 Hz:n siniaalto leviää tässä tapauksessa taajuuksille $500 \pm n \cdot 5$ Hz.

Kompressointi on siis voimakas epäharmonisen särön tuottaja, joka hajottaa kaikkien siniaaltokomponenttien energian taajuuskaistalle, jonka leveys on kaksi kertaa vahvistuksen vaihtelun kaistanleveys. Jo yhden desibelin vahvistusvaihtelu aiheuttaa 4%:n luokkaa olevan särön. Tyypillisesti muutos voi kuitenkin olla millisekunneissa kymmenen-

kin desibeliä, joten säröarvot nousevat ajoittain todella valtaviksi.

Sellaiset väittämät, että kompressointi oikein tai kohtuudella käytettynä ei tuottaisi säröä, perustuvat siten lähinnä toiveajatteluun. Kuinka sitten voi olla mahdollista, että tällainen signaalin pahoinpitely, joka on tehnyt luonnolliselta kuulostavista äänitteistä jo uhanalaisen lajin, on hyväksytty yleiseksi käytännöksi? Syitä on useita:

- Välinpitämättömyys: Suuri yleisö ei ole oppinut vaatimaan ääneltä luonnollisuutta samaan tapaan kuin kuvalta osataan vaatia. Ääni vaan joko kuuluu tai se ei kuulu, ja tuntuu riittävän, kun sanoista saa selvää. Jos kuva on rakeinen tai sävyt vääriä, yleensä pyritään selvittämään vikaa tai valitetaan jonnekin, mutta äänen ollessa yhtä lailla pielessä vastaaviin toimiin ei helposti ryhdytä.

- Muovipurkkilaitteiden valta-asema: Äänitteet ja lähetykset prosessoidaan mielellään kuunneltaviksi toistoltaan monin tavoin rajoittuneiden halpapakettistereoiden tai nappikuulokkeiden kautta, jolloin laadukkaammilla toistimilla saatavasta lopputuloksesta ei välitetä.

- Lähellä signaalitaajuutta sijaitsevat särökomponentit eivät kuulosta yhtä häiritseviltä kuin kauempana olevat. Yli 15 Hz:n päässä olevat aistitaan kuitenkin jo karheutena, ja kompressorin reagointiajan (attack time) ollessa vaikkapa 5 ms:n luokkaa modulaatiotuotteet yltävät helposti jonnekin 100 Hz:n päähän signaalista.

- Eri särölajeista maallikoille on tuttua ainoastaan yliohjauksen aiheuttama leikkautumissärö, joka koostuu suhteellisen korkeista taajuuksista. Modulaatiotuotteet sen sijaan ilmenevät pääosin samalla alueella kuin itse signaali, jolloin niitä ei osata tulkita säröksi yhtä helposti kuin leikkautumisen tuottamia rätinöitä. Matalataajuinen särö saattaa jopa miellyttää joitakin ja kuulostaa trendikkäältä tehosteelta.

- Jänniteohjaussäröjen peittovaikutus: Jänniteohjaus aiheuttaa muiden säröilmiöiden ohella myös amplitudimodulaatiota, ja nämä yhdessä kotelomelun läpikuulumisen kanssa vähentävät kompressoinnin tuoman lisäsärön suhteellista merkitystä.

Kompressointisärö tulee selvimmin esille puheäänessä ja virtaohjauksella ja saa esim. radion kuulostamaan rikkinäiseltä ja rasittavalta, sillä meille on kehittynyt tietty käsitys siitä, miltä ihmisäänen pitää kuulostaa. Särötuotteet kuuluvat pahiten alakeskiäänillä karkeutena, möreytenä ja korahteluna. Hiljaisten kohtien korostaminen taas nostaa esiin kaikki hengenvedot, nieleskelyt ja rahinat, jotka eivät lainkaan kuulu normaaliin viestintään ja antavat vaikutelman suoraan korvaan puhumisesta. Samaisesta syystä myös ässät pyrkivät sihahtelemaan, ja niinpä sitten onkin jouduttu ottamaan käyttöön erityisiä ässänvaimennusprosessoreita (de-esser), jotka värisyttävät vahvistuskerrointa edelleen lisää tiettyjen diskanttitaajuuksien esiintyessä signaalissa.

Äärimmilleen vietyä puristusta edustavat mm. monet mainokset, joiden ääni on pelkkää raakaa sähinää.

Radiotoiminnassa käytetään varsinaisen kompressoinnin ja rajoittamisen lisäksi lukuisia muitakin huiputasoitusmenetelmiä ja muokkauksia, joten FM-lähetysten käyttö mihinkään laatua vaativaan tarkoitukseen ei ole hyvä ajatus.

Olisikohan syytä käydä myös jotain keskustelua siitä, missä määrin esim. radioasemat voivat muokata lähetettävää musiikkikappaletta ilman, että sitä luokitellaan muokatuksi versioksi? Jos signaalista keskimäärin vaikkapa neljäsosa on asiaankuulumattomia taajuuksia ja teos kuulostaa jo olennaisesti muulta kuin alun perin oli tarkoitus, tekeekö tämä oikeutta esittäjille? Musiikkia ostetaan paljon radiossa kuullun perusteella, eikä nykykäytäntö ainakaan suosi luonnonmukaisuuteen pyrkivää artistia tai äänitettä.

Akustisen musiikin kompressointi on verrattavissa vaikka siihen, että TV-kameraan lisättäisiin linssi, joka suurentaa jonkin osan kuvasta. Ei väliä sillä, että muodot ja suhteet vääristyvät, kunhan vaan saadaan näkyviin jotain niin suurta kuin mahdollista. Tiettävästi tähän ei ole vielä ryhdytty, vaikka se olisi äänen ruttaamisen jälkeen aivan johdonmukaista.

Kompressointia perustellaan toisinaan sillä, että autossa tai muussa meluisassa ympäristössä hiljaiset kohdat eivät muuten erottuisi riittävästi. Ainoa järkevä käytäntö tällaisten tapausten varalta olisi kuitenkin jättää kyseiset toimenpiteet kuuntelijan tehtäväksi, jolloin jokainen voisi säätää dynamiikkansa ja särönsä tasan mieleisekseen siinä missä taajuusvasteenkin. Elektroniikka on halpaa, ja ominaisuuksia laitteisiin kyllä saadaan, jos niille on kysyntää.

Kompressointia sekä dynamiikan laajentamista eli ekspandointia käytetään muodossa tai toisessa myös kaikissa kohinanvaimennusjärjestelmissä. Toiston aikaisella ekspandoinnilla saadaan kylläkin palautettua tallennusvaiheessa supistettu dynamiikka lähes entiselleen, mutta särökomponenttien kumoutuminen vaatisi, että ekspanderin pitäisi kyetä tuottamaan kompressorin tuottamiin sivukaistoihin nähden tasan yhtäsuuret mutta vastakkaiset sivukaistat. Vaihevirheistä ja jäljityksen epätarkkuuksista johtuen tämä on kuitenkin hyvin vaikeaa ja tuskin toteutuu käytännössä. Kohinanvaimennusta on käytetty paljon analoginauhureilla tehdyissä äänityksissä, joten tällaiset yleensä vanhat levytykset eivät myöskään ole parasta materiaalia virtaohjausjärjestelmien arviointiin.

14.4 Mikä RMS-teho?

Sekä vahvistimien että kaiuttimien yhteydessä puhutaan yleisesti RMS-tehosta, ja myös useat valmistajat liittävät mielellään ilmoittamiinsa tehomäärityksiin merkinnän RMS. Monikaan ei kuitenkaan ehkä tule ajatelleeksi, mitä tämä lyhenne varsinaisesti tarkoittaa. Asia ei suoranaisesti liity virtaohjausaiheeseen, mutta välillisesti kylläkin, sillä tässäkin näemme, kuinka tavallisia epätasmälliset käytännöt ja käsitykset audiotekniikan alalla ovat.

RMS tulee sanoista *Root Mean Square* ja tarkoittaa neliökeskiarvon neliöjuurta, joka määrittelee jännitteen tai virran ns. tehollisarvon, jonka suuruinen tasajännite tai -virta syöttää kuormaan saman tehon kuin ko. jännite tai virta. Suureen x RMS-arvo määritellään siis:

$$X_{RMS} = \sqrt{\frac{1}{T}\int_0^T x^2 \, dt} \qquad (14.1)$$

missä integrointi ajan T yli ja T:llä jakaminen merkitsee keskiarvottamista.

Vaihtojännitteelle ja -virralle tehollisarvo on siis hyvin hyödyllinen käsite, mutta tehon tehollisarvo ei ilmaise mitään järkevää. Otamme mahdollisimman yksinkertaisen esimerkin:

Syötämme 1 Ω:n vastusta tehollisarvoltaan 1 V olevalla sinimuotoisella jännitteellä, jolloin virran tehollisarvo on 1 A. Muitta mutkitta tiedämme tällöin, että vastuksessa kuluva keskimääräinen teho on 1 W. Entäpä RMS-teho?

Merkitsemällä $u = i = \sqrt{2}\,\sin(\alpha)$ saadaan hetkelliseksi tehoksi $p = u \cdot i$ $= 2\sin^2(\alpha)$. Integroimalla puolen jakson yli voidaan tehon neliökeskiarvoksi kirjoittaa $(1/\pi)\int_0^\pi p^2 d\alpha = (1/\pi)\int_0^\pi (2\sin^2(\alpha))^2 d\alpha$. Trigonometrian kaavoja käyttämällä integroitava palautuu yksinkertaisiksi kosinifunktioiksi, ja ratkaisuksi saadaan lopulta 3/2. RMS-kaavan mukainen teho on esimerkissämme siten $\sqrt{3/2}$ W $\approx 1{,}22$ W!

Tämä tuskin lienee kuitenkaan se, mitä RMS-tehosta puhuvat oikeasti tarkoittavat. Todennäköisempää on, että tarkoitetaan jonkin kestoista siniaaltotehoa, vaikka merkintä RMS ei tosiasiassa millään tavalla määrittele sitä, millaisesta aaltomuodosta tai olosuhteista on kysymys.

Kaiutinmittauksia käsittelevässä kansainvälisessä standardissa IEC 60268-5 ei myöskään tunneta RMS-tehoa. Jossain on vaan keksitty liittää mukaan tämä tyylikkäältä kuulostava akronyymi, ja niin pallo on lähtenyt vierimään. Helpompaa kuitenkin olisi, että kerrottaisiin jotenkin, millaisesta signaalista on kyse.

14.5 Ryhmäviiveen oikea merkitys

Ryhmäviive on myös käsite, johon liittyy illuusioita. Ryhmäviive määritellään järjestelmän vaihekäyrän derivaatan vastalukuna liitekappaleen B8 yhtälön (B30) mukaisesti, ja suureella on järjestelmän aikakäyttäytymisen kuvaamisessa vain tiettyä rajallista merkitystä. Hifikulttuurissa ryhmäviivettä on kuitenkin tapana tulkita perin vapaamielisesti.

Ryhmäviive käsitetään usein ikään kuin taajuuskohtaiseksi yleisviiveeksi, mitä se ei kuitenkaan ole. Taajuuskohtaista viivettä on itse asiassa mahdotonta edes määritellä yksikäsitteisesti siniaallon jaksollisuudesta johtuen. Ei ole olemassa mitään keinoa erottaa, mikä siniaallon huippu ulostulossa vastaa mitäkin huippua sisäänmenossa, ja sen vuoksi yksittäisten taajuuskomponenttien kokemasta viiveestä puhuminen ei ole välttämättä edes kovin mielekästä.

Vakiona pysyvän ryhmäviiveen on yleensä ajateltu merkitsevän, että eri taajuuskomponenttien väliset vaihesuhteet säilyisivät alkuperäisinä. Käsitys on kuitenkin väärä, kuten kuvan 14.3 perusteella voidaan todeta.

Kuvassa vaihekäyrän derivaatta (ja siten ryhmäviive) on sama taa-

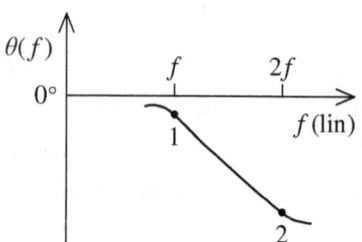

Kuva 14.3. Esimerkki vaihevasteesta, joka tuottaa välillä f-$2f$ vakioryhmäviiveen, mutta vääristää silti taajuuksien f ja $2f$ keskinäistä vaihetta.

juuksilla f ja $2f$ sekä näiden välilläkin. Pisteet 1 ja 2 eivät kuitenkaan sijaitse samalla origon kautta kulkevalla suoralla, joten taajuuksia f ja $2f$ sisältävä signaali ei säilytä aaltomuotoaan.

Edelleen, vaikka taajuudet f ja $2f$ toistuisivat keskinäiseltä vaiheeltaan virheettömästi, ryhmäviive voi olla ko. taajuuksilla erisuuri.

Ryhmäviive ei siis kerro mitään siitä, kuinka yksittäiset taajuuskomponentit viivästyvät järjestelmän läpi kulkiessaan. Eri taajuuksien kokema vaihesiirto ja keskinäisten vaihesuhteiden muutokset ilmenevät sen sijaan itse vaihevastekäyrästä.

Siten myöskään ryhmäviiveestä johdettu käsitys, jonka mukaan bassotaajuudet jäisivät kaiuttimessa aina ajallisesti jälkeen muista taajuuksista, ei sellaisenaan pidä paikkaansa.

Ryhmäviive voi lisäksi saada joillakin taajuuksilla myös negatiivisia arvoja, eikä senkään vuoksi olisi kovin järkevä taajuuskohtaisena viiveenä.

Mitä virkaa ryhmäviiveellä sitten on? Merkitys liittyy lähinnä signaalin sisältämän informaation siirtymiseen esimerkiksi useita jaksoja sisältävien aaltopakettien tai -purskeiden verhokäyrässä (aallonharjojen kautta kulkeva käyrä), joka voi viivästyä eri määrällä kuin yksittäiset aallot [1].

Ryhmäviive on nimensä mukaisesti *ryhmä*viive, joka ilmaisee jollakin taajuuskaistalla esiintyvän aaltoryhmän verhokäyrän viiveen *siinä erikoistapauksessa*, että amplitudivaste ja ryhmäviive ovat ko. taajuuskaistalla vakioita. Mikäli sen sijaan toinen tai molemmat ehdoista eivät ole voimassa, eli mikäli amplitudivaste tai ryhmäviive ei ole vakio ko. kaistalla, verhokäyrän muoto muuttuu, eikä ryhmäviiveellä ole tällöin enää selvää fysikaalista tulkintaa.

Mahdollisimman tasainen ryhmäviive lienee kyllä tavoittelemisen arvoinen ominaisuus ajallisen kokonaistarkkuuden kannalta, mutta ei ole mikään todiste vaihevirheettömyydestä.

Viiveistä puhuttaessa ongelmallista on myös niiden suhteuttaminen. 1 ms:n muutos ryhmäviiveessä diskanttialueella on varmasti merkityksellisempi kuin samansuuruinen muutos bassotaajuuksilla.

Ryhmäviiveen sijaan tai lisäksi voitaisiin käyttää suuretta, jota voidaan kutsua vaikka *vaiheprojektioksi*, ja joka määritellään:

$$\theta_p(\omega) = \theta(\omega) - \frac{d\theta}{d\omega} \, \omega \qquad (14.2)$$

Graafisesti θ_p tarkoittaa vaihekäyrän tangentin ja vaiheakselin leikkauskohtaa kuvan 14.4 mukaisesti.

Esittämällä θ_p taajuuden funktiona saadaan havainnollinen käsitys siitä, kuinka hyvin taajuuskomponenttien vaihesuhteet todella säilyvät. Mitä pienempi $|\theta_p|$ on jollakin taajuusvälillä, sitä paremmin vaiheet täsmäävät ko. välillä, ja kahden taajuuden välistä sovitusta voidaan arvioida väliin jäävän nettopinta-alan avulla. $|\theta_p|$:n lähestyessä 360 astetta saavutetaan jälleen hyvä sovitus.

14.6 Musiikilla on väliä

Tietäen nykyisen kaiutinohjauskäytännön sekä myös kompressoinnin monella tapaa äänenlaatua turmeleva vaikutus on aiheellista myös kysyä, mitä merkitystä tällä kaikella on voinut olla kuluttajien musiikkivalintoihin ja musiikillisen kulttuurin kehitykseen yleismaailmallisesti. Säröytyminen ei varmastikaan tee hyvää millekään musiikinlajille, mutta on perusteltua uskoa, että näiden säröjen kuultavuus ja haitallisuus ovat paljolti riippuvaisia musiikin perusluonteesta, ja siksi jotkut lajit voivat kärsiä ratkaisevasti enemmän kuin toiset, joiden vetovoimalle toistoketjun laadulla ei ole sanottavaa merkitystä.

Suurimpana häviäjänä lienee akustisin instrumentein tuotettu perinteinen musiikki, joka sisältää luonnollisia soitinsävyjä ja aineksia, jotka vääristyessään verottavat toiston miellyttävyyttä ja uskottavuutta. Sen sijaan esimerkiksi sähkökitaran äänestä on vaikeampi päätellä, mitkä säröt ovat soittajan itsensä tarkoituksella tuottamia ja mitkä taas jälkikäteen syntynyttä ylimäärää. Jänniteohjauksen tuoma vaikutelma

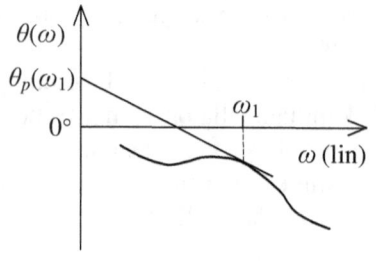

Kuva 14.4. Vaiheprojektio θ_p ilmaisee, kuinka kaukana origosta vaihekäyrän tangentti leikkaa θ-akselin. Mitä lähempänä θ_p on nollaa tai $\pm n \cdot 360$ astetta, sitä parempi.

ääneen on juuri eräänlainen sähköisyys, sähisevyys ja keinotekoisuus, joten on melko ilmeistä, että musiikki, joka on alun perin sähköisesti ja synteettisesti tai peräti koneellisesti tuotettua, sietää paremmin toistoketjun tuomaa lisäsähköisyyttä kuin vaikkapa salissa äänitetty konserttimusiikki.

Äänen puuroutuminen ja erottelevuuden puute kaiuttimessa ei taas suosi monimuotoista melodisuuteen ja vivahteisiin perustuvaa musiikkia, vaan pyrkii suuntaamaan tottumuksia pelkistetympään, iskevämpään ja samaa kaavaa toistavaan suuntaan. Kun mitkään taiteellisesti tasokkaat musikaaliset ainekset eivät toimi oikein kunnolla, mitä jää jäljelle? Lähinnä vain rytmi. Hallitsevimmaksi elementiksi aikamme massatuotemusiikissa onkin muodostunut rytmi ja rummutus, jonka taustalla tarjotaan erilaisia sähköisiä ja synteettisiä ääniä. Yleensä tämä rytmi on myös tietokoneistettu ja synkopoitu junttaavaksi tai pieksäväksi. Jopa lastenlaulut on nykyisin tapana varustaa tällä hakkauksella.

Aikamme absurdi kaiuttimien käyttötapa ei tietenkään yksinään selitä mitään kulttuurin muutoksia, mutta on kuitenkin hyvin aiheellista epäillä, että tämä tekninen suurharhautuma on ollut ainakin vahvasti taustalla vaikuttamassa siihen, millainen käsitys ihmisille on sähköisen viestinnän aikakaudella erityyppisistä orkestereista ja eri musiikkilajeista muodostunut.

Niin merkittäviä ja kauaskantoisia kuin jänniteohjauksen seuraukset saattavatkin olla, kulttuuriimme liittyy kuitenkin eräs yhteiskunnallisilta vaikutuksiltaan kenties vielä merkittävämpi erehdys: se on uskomus tai asenne, jonka mukaan ei ole väliä sillä, millaista musiikkia ihminen kuuntelee, kunhan vaan pitää tai uskoo pitävänsä kuulemastaan. Tämä käsitys on otettu käyttöön ilman sen kummempia perusteluja vasta viime vuosisadalla ja on täysin ristiriidassa sen kanssa, mitä kaikkina menneinä aikoina jokseenkin kaikissa kehittyneissä kulttuureissa on tiedetty ja ymmärretty musiikin voimasta ihmisten luonteen ja arvomaailman muokkaajana ja siten koko valtakunnan koossapitäjänä.

Kyseisen niin ikiaikaista viisautta, normaalia havaintokykyä kuin myös tutkittua tietoa vastaan sotivan opin mukaan musiikilla on vain *subjektiivinen* ja lyhytaikainen kuulijan mausta riippuva vähäpätöinen tunnevaikutus eikä mitään muuta. Kuitenkin lukuisissa tutkimuksissa on todettu musiikilla olevan myös suoria tahdosta riippumattomia vaikutuksia ja jopa kasvien olevan herkkiä sille. Tietynlainen ääni tai musiikki sopivan kestoisena on edistänyt kasvua ja saanut varret kääntymään kaiutinta kohti, kun taas tietynlainen ääni tai musiikki on saanut kasvit kärsimään ja kääntymään kaiuttimesta pois päin sekä lopulta kuolemaan.

Kasvella ja eläimillä havaitut reaktiot ovat kenties suorin osoitus siitä, että musiikilla on eläviin organismeihin myös *objektiivinen* eli suhtautumisesta riippumaton vaikutus, joka on luonteeltaan positiivinen tai negatiivinen, elämää edistävä tai sitä vastustava ja tuhoava.

Musiikilla on ja on aina ollut objektiivinen vaikutus myös ihmisiin, rakentava tai hajottava, harmoniaa tai epäharmoniaa edistävä, henkisesti ylös päin johtava tai henkisesti alas päin johtava tai sitten jonkinlainen sekoitus molempia, eikä ole erityisen vaikeaa erottaa, minne tällä akselilla mikäkin laji suunnilleen sijoittuu. Määräävää on musiikillisten tekijöiden käyttö; eivät niinkään sanoitukset, vaikka niilläkin on oma suggestiovaikutuksensa.

Viime vuosikymmeninä alas päin johtavaa musiikkia on tehty ja käytetty paljon enemmän kuin ylös päin johtavaa. Virtaohjaustekniikalla saattaisi kuitenkin olla potentiaalia muuttaa tätä suhdetta hiukan positiivisemmaksi.

Vallalla olevan musiikin mitättömyysoletuksen mukaisesti on totuttu myös ajattelemaan, että kukin kulttuuri- tai elämäntapasuuntaus ikään kuin luo oman musiikkinsa. Kuitenkin jo muinaisissa antiikin sivilisaatioissa, kuten Kiinassa, Intiassa, Egyptissä ja Kreikassa on tiedetty, että asia on juuri päinvastoin, eli musiikki määrää koko kehityksen suunnan, ja valtakunnan hyvinvoinnin ja vakauden turvaamisessa musiikin puhtautta on pidetty jopa keskeisimpänä tekijänä.

Esimerkiksi Kreikan kulttuuri eli huippukauttaan 400-luvulla eKr, mutta vuosisadan lopulla musiikki alkoi vähitellen muuttua perinteisestä ja klassisesta rajoja rikkovaksi ja radikaaliksi aivan, kuten jälleen kerran on tapahtunut meidän aikanamme. Niinpä Kreikan kulttuurillinen ja sotilaallinen mahti alkoi heikentyä 300-luvulle eKr. tultaessa lukuisten sisällissotien saattelemana, ja Makedonian oli helppo vallata alue 338 eKr.

Myös lähihistorian tarkastelu osoittaa selvästi asian olevan niin, että uusi musiikillinen innovaatio tuo aina mukanaan uuden käyttäytymis- ja arvomaailmainnovaation, eikä niin, että ensin muodostuisi jokin uusi elämäntyyli, jonka kannattajat sitten vähitellen kehittäisivät itselleen sopivan musiikkilinjan.

Musiikin voimaa ihmisten hallitsemisessa kuvaa hyvin skotlantilaisen parlamentaarikon Andrew Fletcherin lause vuodelta 1704: "Tunsin hyvin viisaan miehen, joka uskoi, että jos jonkun ihmisen annetaan tehdä kaikki balladit, hänen ei tarvitse välittää, kuka laatii kansakunnan lait." Sopiva sanonta olisi myös: Niin kuin musiikissa, niin myös elämässä. Valitettavasti meidän ei kuitenkaan usein sallita edes päättää siitä, mitä kuuntelemme ja milloin, tai millaisen kulttuurin tai aatteen levittäjille rahamme menevät erilaisten tallennusvälinemaksujen ja muiden kollektiivisten Teosto-rahastusautomaattien kautta.

Yleinen hällä väliä -asenne ääntä kohtaan on tehnyt mahdolliseksi myös yleisissä tiloissa soitettavan pakkomusiikin, joka on säännöllistä myymälöissä ja marketeissa ja jopa sairaaloissa, urheilutilaisuuksissa ja lentokoneissa. Pakkomusiikin syöttö merkitsee itse asiassa päätöstä, että sinulla ei ole oikeutta ajatella omia ajatuksia ao. paikassa ollessasi, vaan sinun on alistuttava niihin ajatusmalleihin, joita ko. musiikin tuottajat edustavat ja joita he pyrkivät tajuntaasi ohjelmoimaan. Samoin on päätetty, että sinulla ei ole oikeutta pitää yllä omaa mielentilaa kyseisessä paikassa, vaan sinua vaaditaan mukauttamaan oma mielentilasi siihen mielentilaan, missä ko. musiikin tekijät ovat tuotoksensa tehneet, ja mitä he haluavat sen avulla ilmentää. Paitsi että julkisten tilojen toistojärjestelmät ovat yleensä kelvottomia ylipäätään mihinkään musiikkikäyttöön, soitettava materiaali on myös useimmiten sieltä negatiivisesta päästä.

Monin paikoin liikkeet suuntaavat pakkomusiikkiaan myös julkisessa omistuksessa oleville jalankulkuväylille. Millä oikeudella?

Pakkomusiikkiin olisi syytä suhtautua vähintään samalla vakavuudella, kuin meillä osataan jo suhtautua passiiviseen tupakointiin, joka on saanut lainsäätäjältäkin paljon huomiota. Kummankin terveyshaitat ovat kyllä tiedossa, mutta vain jälkimmäiseen kiinnitetään huomiota, kun taas edellisestä ei puhuta, eikä sille tehdä mitään, koska muuten jouduttaisiin sietämättömään tilanteeseen: kulttuurimme perustuksiin omaksuttu musiikin mitättömyysoletus jouduttaisiin asettamaan osin kyseenalaiseksi!

Kaikilla meillä lienee jotain kokemusta siitä, millaista ääntä styroksia hankaamalla voidaan saada aikaan, tai millaisia väreitä esim. junan jarrujen kirskunta saattaa joskus aiheuttaa. Millaiseksi me tulisimme, jos meidät pantaisiin kuuntelemaan styroksin vinkumista monta tuntia päivittäin? Nykyopin mukaanhan ääni on vain akustista värähtelyä ja aaltoliikettä, jolla ei voi olla mitään suoranaista vaikutusta ihmiseen, elleivät desibelit yllä kuulovaurion rajoille. Ja kuitenkin voimme kokea selkäpiitä karmivasti, että tällaista vaikutusta *on*.

Paradoksaalisesti koskaan ennen musiikkia ei ole ollut niin helposti saatavissa eri lajeissaan, ja koskaan ennen sitä ei ole pumpattu meihin niin laajamittaisesti kaikkien kanavien kautta, ja silti koskaan ei yleinen tuntemus ja tutkiskelu musiikin todellisesta luonteesta ja käytännön vaikutuksista ole ollut olemattomampaa kuin nykyään.

Musiikin avulla sivilisaatio on mahdollista kohottaa kultaisen aikakauden kukoistukseen. Musiikin avulla sivilisaatio on myös mahdollista pommittaa anarkismiin ja itsetuhoon. Kumpaan suuntaan kehitys tulee johtamaan, siihen kukin voi valinnoillaan vaikuttaa, vastuunsa tietäen.

---

[1]   A. Bruce Carlson, "Communication Systems", McGraw-Hill, 1981, s. 177-178.

LIITE A

Johdatus kompleksilukuihin

Kompleksilukujen käyttö on välttämätöntä ja hyvin kätevää vaihtovirtatekniikan ja signaalinkäsittelyn ymmärrettäväksi tekemisessä, ja ilman kompleksilukuja on vaikeaa muodostaa kokonaiskäsitystä edes alkeellisten suodattimien toiminnasta. Seuraavassa esitetään kompleksiaritmetiikan perusteet niitä varten, joille asia ei ole tuttua tai joilta se on päässyt unohtumaan.

Kompleksiluvut ovat kaksiulotteisia lukuja, joilla on tavanomaisen reaalisen ulottuvuuden lisäksi myös toinen, imaginaarinen ulottuvuus, joka on kohtisuorassa edellistä vastaan. Reaaliakselin ykköstä vastaa imaginaariakselilla *imaginaariyksikkö j*, jolla on perusominaisuus:

$$j^2 = -1 \qquad \text{(a1)}$$

Reaaliakseli ja imaginaariakseli määrittelevät *kompleksitason*, jonka pisteet kuvaavat kompleksilukuja. Summamuotoisessa esitystavassa kompleksiluku z on

$$z = a + jb \qquad \text{(a2)}$$

missä a on z:n *reaaliosa* ja b *imaginaariosa*. Kompleksilukuja kuvataan usein kompleksitason vektoreina kuten kuvassa A1.

b:n ollessa nolla z on reaalinen, eli kompleksilukujen joukko sisältää reaalilukujen joukon. a:n ollessa nolla z:n sanotaan olevan puhtaasti imaginaarinen.

Kompleksiluvut lasketaan yhteen vektoreiden tapaan summaamalla erikseen reaaliosat ja imaginaariosat:

$$z_1 + z_2 = (a_1 + jb_1) + (a_2 + jb_2) = a_1 + a_2 + j(b_1 + b_2) \qquad \text{(a3)}$$

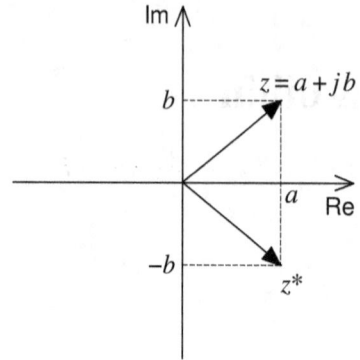

Kuva A1. Kompleksiluvun z sekä tämän liittoluvun z^* graafinen tulkinta.

Vastaavasti toimii myös vähennyslasku.
Kompleksilukujen tuloksi saadaan puolestaan

$$z_1 z_2 = (a_1 + jb_1)(a_2 + jb_2) = a_1 a_2 - b_1 b_2 + j(a_1 b_2 + a_2 b_1) \qquad \text{(a4)}$$

missä on käytetty ominaisuutta (a1).

Normaalit reaaliaritmetiikan vaihdantalait, liitäntälait ja osittelulaki pätevät sellaisenaan myös kompleksiluvuille.

z:n *liittoluvuksi* (merk. z^*) sanotaan kompleksilukua, jolla on sama reaaliosa mutta vastakkainen imaginaariosa kuin z:lla. Siis z:n ollessa $a + jb$

$$z^* = a - jb \qquad \text{(a5)}$$

z^* ja z ovat siten aina toistensa peilikuvia reaaliakselin suhteen, kuten kuvassa A1 on esitetty.

Liittoluvuille voidaan helposti todistaa relaatiot

$$z + z^* = 2a \qquad \text{(a6)}$$

ja

$$zz^* = a^2 + b^2 \qquad \text{(a7)}$$

joten liittolukujen summa ja tulo ovat aina reaalisia. Myös seuraavat säännöt ovat voimassa:

$$(z_1 + z_2)^* = z_1^* + z_2^* \quad ; \quad (z_1 - z_2)^* = z_1^* - z_2^* \qquad \text{(a8)}$$

$$(z_1 z_2)^* = z_1^* z_2^* \quad ; \quad (z_1 / z_2)^* = z_1^* / z_2^* \qquad \text{(a9)}$$

Ominaisuus (a7) on hyödyllinen kompleksilukujen jakolaskussa, koska nimittäjä saadaan reaaliseksi laventamalla osamäärä nimittäjän liittoluvulla:

$$\frac{z_1}{z_2} = \frac{z_1 z_2^*}{z_2 z_2^*} = \frac{z_1 z_2^*}{a_2^2 + b_2^2} \qquad (a10)$$

Kompleksiluku voidaan esittää napakoordinaattimuodossa seuraavasti (kuva A2):

$$z = r[\cos(\alpha) + j\sin(\alpha)] , \qquad z \neq 0 \qquad (a11)$$

missä r on z:n *itseisarvo* eli etäisyys origosta ja α on z:n kulma positiiviseen reaaliakseliin nähden ja pääarvoltaan välillä $(-\pi, \pi]$. Itseisarvolle voidaan kirjoittaa Pythagoraan lauseen sekä (a7):n nojalla:

$$r = |z| = \sqrt{a^2 + b^2} = \sqrt{zz^*} \qquad (a12)$$

Kulma α, jota kutsutaan myös z:n argumentiksi, toteuttaa relaatiot

$$\tan(\alpha) = \frac{b}{a} ; \quad \sin(\alpha) = \frac{b}{r} ; \quad \cos(\alpha) = \frac{a}{r} \qquad (a13)$$

Kulmaa määritettäessä on kuitenkin huomioitava, missä neljänneksessä se on.

Kerto- ja jakolasku tulevat erityisen yksinkertaisiksi napakoordinaateissa. Jos $z_1 = r_1[\cos(\alpha_1) + j\sin(\alpha_1)]$ ja $z_2 = r_2[\cos(\alpha_2) + j\sin(\alpha_2)]$, voidaan yleisiä trigonometrian kaavoja käyttäen osoittaa, että

$$z_1 z_2 = r_1 r_2[\cos(\alpha_1 + \alpha_2) + j\sin(\alpha_1 + \alpha_2)] \qquad (a14)$$

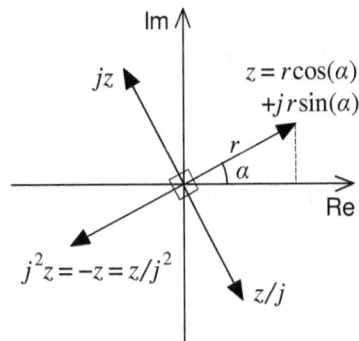

Kuva A2. Kompleksiluku z napakoordinaateissa sekä j:llä kertomisen ja jakamisen vaikutus.

Nähdään siis, että

$$|z_1 z_2| = |z_1| |z_2| \qquad \text{(a15)}$$

ja

$$\angle(z_1 z_2) = \angle z_1 + \angle z_2 \qquad \text{(a16)}$$

missä symboli $\angle$ tarkoittaa argumenttikulmaa. Kompleksilukujen kertolaskussa tarvitsee siis vain kertoa itseisarvot ja laskea yhteen kulmat. Jakolaskulle pätee puolestaan:

$$|z_1 / z_2| = |z_1| / |z_2| \qquad \text{(a17)}$$

ja

$$\angle(z_1 / z_2) = \angle z_1 - \angle z_2 \qquad \text{(a18)}$$

Jakolaskussa tarvitsee siis vain jakaa itseisarvot ja vähentää osoittajan kulmasta nimittäjän kulma.

Imaginaariyksikölle pätee aina $|j| = 1$ ja $\angle j = \pi/2$ (90°), joten ylläolevan perusteella luvun kertominen j:llä säilyttää aina itseisarvon ennallaan, mutta kasvattaa kulmaa 90°, kun taas j:llä jakaminen vähentää kulmaa 90° kuvan A2 mukaisesti.

Kompleksiluvuille on määritelty eksponenttifunktio seuraavasti:

$$e^z = e^{a+jb} = e^a [\cos(b) + j\sin(b)] \qquad \text{(a19)}$$

Voidaan osoittaa, että tällä määrittelyllä eksponenttifunktio toteuttaa samat laskusäännöt kuin vastaava reaalinen funktio. Siten esim.

$$\frac{de^z}{dz} = e^z \qquad \text{(a20)}$$

ja

$$e^{z_1 + z_2} = e^{z_1} e^{z_2} \qquad \text{(a21)}$$

Merkitsemällä $z_1 = a$ ja $z_2 = jb$ saadaan yhtälöistä (a21) ja (a19) ns. *Eulerin kaava*:

$$e^{jb} = \cos(b) + j\sin(b) \qquad \text{(a22)}$$

joka yhdessä (a11):en kanssa antaa tärkeän tuloksen:

$$z = r[\cos(\alpha) + j\sin(\alpha)] = re^{j\alpha} \qquad \text{(a23)}$$

Kompleksiluku voidaan siis esittää myös eksponenttifunktiona.
Samalla nähdään myös, että

$$|e^{j\alpha}| = 1 \tag{a24}$$

$$\angle\, e^{j\alpha} = \alpha \tag{a25}$$

ja

$$|e^{z}| = e^{a} \tag{a26}$$

LIITE B
Lineaaristen järjestelmien ominaisuuksia

Voidaksemme ymmärtää kaiuttimien ja erilaisten suodattimien käyttäytymistä kvantitatiivisesti sekä taajuus- että aikatasossa ja kyetäksemme aikaansaamaan laitteille halutunlaisia taajuusominaisuuksia tarvitsemme näkemystä signaalinkäsittelyä hallitsevista lainalaisuuksista ja yhtenäisen ilmaisutavan analogisten suodatintoimintojen matemaattiseen kuvauksen. Tavallisissa elektroniikkaa tai kaiutinrakentelua käsittelevissä kirjoissa tätä taustaa ei yleensä opeteta, ja niinpä turhan monesti alan harrastajien laskennallinen tietämys jää irralliseksi tai lukujen sijoittamiseen valmiiseen kaavaan. Kompleksilukujen algebran ja siirtofunktioiden käytön perusteet ovat kuitenkin niin oleellisia ja välttämättömiä työkaluja käsiteltäessä signaalien kulkua, että kenenkään ei kannattaisi karttaa sitä pientä vaivannäköä, jota näiden menetelmien omaksumisesta saattaa koitua.

Tässä ei ole tarkoitus käsitellä aihetta laajasti ja teoreettisesti, vaan ainoastaan niiltä osin kuin on tarpeen pohjatiedoksi äänentoistojärjestelmien ymmärtämiselle. Niille lukijoille, joille osoitinlaskenta ei ole lainkaan tuttua, tarjotaan liitteessä A johdatusta kompleksilukuihin ja niiden hyväksikäyttöön.

Myös digitaaliset suodattimet kuuluvat ns. lineaarisiin järjestelmiin siinä missä analogisetkin. Digitaalitekniikalla on mahdollista toteuttaa joitakin ominaisuuksia, kuten viiveitä ja vaihelineaarisuutta, jotka analogiatekniikalla tuottavat hankaluuksia. Virtaohjausaiheeseen liittyen digitalisoinnilla ei kuitenkaan ole mitään erityistä annettavaa, joten tätä puolta ei käsitellä.

B1 Määritelmiä

Laitteistosta, jonka sisäänmenosignaalin $x(t)$ ja ulostulosignaalin $y(t)$ välillä vallitsee jokin lineaarinen riippuvuussuhde, käytetään nimitystä *lineaarinen järjestelmä*. Lineaarisuus toteutuu, mikäli seuraavat kaksi ominaisuutta ovat voimassa:

- Sisäänmenosignaalin kertominen (vahvistaminen) jollain kertoimella k aiheuttaa myös ulostulosignaalin vahvistumisen samalla kertoimella.

- Jos sisään syötetään kahden signaalin summa, ulostulo on summa kummankin sisäänmenosignaalin erikseen aiheuttamista ulostulosignaaleista.

Symbolimuodossa voidaan siis kirjoittaa: jos

$$x(t) \rightarrow y(t)$$

niin

$$kx(t) \rightarrow ky(t) \tag{b1}$$

missä nuoli kuvastaa syy-seuraus-suhdetta. Edelleen, jos

$$\begin{cases} x_1(t) \rightarrow y_1(t) \\ x_2(t) \rightarrow y_2(t) \end{cases}$$

niin

$$x_1(t) + x_2(t) \rightarrow y_1(t) + y_2(t) \tag{b2}$$

Jälkimmäisestä ominaisuudesta käytetään nimitystä *kerrostamisperiaate* tai *superpositioperiaate*, ja sillä on hyvin keskeinen merkitys lineaaristen järjestelmien analysoinnissa, koska kunkin sisäänmenokomponentin vaikutusta voidaan tarkastella erikseen toisista riippumatta.

Kuva B1 esittää lineaarista järjestelmää lohkokaaviomerkintöjä käyttäen. *H* kuvaa sitä lakia, jonka mukaan ulostulo riippuu sisäänmenosta. Ajan funktiona (aikatasossa) kuvattuja suureita on tapana merkitä pienillä kirjaimilla ja taajuuden funktiona (taajuustasossa) kuvattavia suureita vastaavin suurin kirjaimin. Aikatason muuttujasymbolina käytetään yleensä t:tä (joskus myös τ), mutta taajuusmuuttujan merkitsemiskäytäntö vaihtelee kirjallisuudessa. Kuvassa B1 on esitetty eri tapoja. Puhuttaessa signaalien spektristä eli taajuusjakaumasta

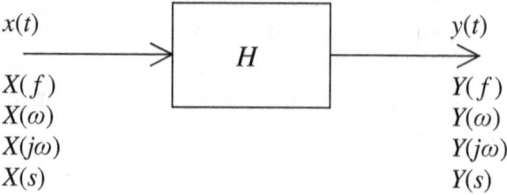

Kuva B1. Lineaarisen järjestelmän lohkokaavioesitys ja siihen liittyvien signaalien merkitsemiskäytäntöjä.

voidaan käyttää varsinaista taajuutta f tai kulmataajuutta ω, joiden välillä vallitsee aina seuraava yhteys:

$$\omega = 2\pi f \qquad\qquad (b3)$$

Myös imaginaariyksikkö j ($j = \sqrt{-1}$) tulkitaan toisinaan muuttujaan kuuluvaksi, koska lausekkeissa esiintyy usein tekijä $j\omega$. Puhuttaessa yleisesti järjestelmän siirtofunktiosta käytetään yleistä kompleksimuuttujaa s, joka sinimuotoisten signaalien ollessa kyseessä on sama kuin $j\omega$.

Lineaarisen järjestelmän sisäänmenona ja ulostulona voi olla periaatteessa mitä tahansa suureita. Usein kysymys on jännitteistä tai virroista tai mekaanisesta liikkeestä, äänentoistotekniikassa myös akustisesta paineesta. Monenlaiset teollisuuden säätöjärjestelmät (esim. lämpötilan, paineen tai pinnankorkeuden säätö) ovat myös luonteeltaan lineaarisia. Välttämättä kyseessä ei tarvitse olla edes tekninen systeemi. Esimerkiksi vaikkapa talouselämässä jonkin tuotteen kysynnän ja tarjonnan välillä saattaa vallita lineaarista järjestelmää muistuttava riippuvuus.

Sisäänmenosignaalista käytetään myös nimitystä *heräte* ja ulostulosignaalista nimitystä *vaste*. *Taajuusvaste* tarkoittaa sitä kompleksiarvoista funktiota, joka kuvaa ulostulon ja sisäänmenon välisen suhteen taajuusriippuvuuden.

Ominaisuuksien (b1) ja (b2) ohella lineaarisilta järjestelmiltä on käytännössä edellytettävä myös ns. *aikainvarianttisuutta*, joka tarkoittaa, että mitkään järjestelmän ominaisuudet eivät muutu ajan mukana. Jos järjestelmän jokin toimintaparametri ei ole vakio koko tarkasteluaikaa, eivät mitkään lineaarisille järjestelmille johdetut lait ole päteviä. Erityisesti tapauksissa, joissa järjestelmän parametrit ovat riippuvaisia sisäänmenosignaalista, eivät lineaarisuusehdotkaan enää täyty, eikä tällaisia laitteita pitäisi käyttää missään äänentallennus- tai -toistoketjun osassa, mutta valitettavasti niitä kuitenkin käytetään ja vieläpä hyvin yleisesti.

Jos edellä kuvattuja lineaarisuusehtoja sovelletaan tiukasti, ei ulostulossa saisi esiintyä minkäänlaisia sisäänmenosta riippumattomia signaaleja, eli järjestelmän pitäisi olla kohinaton (Tämä pätee myös offset-siirtymään, joka on kohinaa taajuudella 0.) Lisäksi sen pitäisi kyetä käsittelemään kuinka suuria signaaleja tahansa. Mikään fysikaalinen järjestelmä ei tietenkään ole näin ideaalinen, ja käytännössä onkin täysin riittävää, että lineaarisuus toteutuu riittävän tarkasti niillä signaalitasoilla ja niillä taajuuksilla, joita järjestelmän on tarkoitus käsitellä.

Käytännössä lineaarisuutta ei yleensä testata ehtojen (b1) ja (b2) mukaisesti, sillä asiaa voidaan tutkia pelkän siniaallon avulla nojautuen seuraavaan hyvin tärkeään ominaisuuteen:

Jos lineaariseen aikainvarianttiin järjestelmään syötetään siniaaltoa, saadaan ulostulosta myös siniaaltoa, jonka taajuus on sama kuin sisäänmenossa.

Mikä tahansa poikkeama sinimuotoisuudesta vasteessa merkitsee siis, että järjestelmä poikkeaa lineaarisesta tai ei ole aikainvariantti ja tuottaa siten säröä. On kuitenkin hyvä tietää, että sääntö ei päde toiseen suuntaan. Toisin sanoen siis:

Vaikka järjestelmän vaste siniaallolla olisi miltei puhtaasti sinimuotoista, tämä ei takaa, että järjestelmä olisi sekä lineaarinen että aikainvariantti ja siten kelvollinen laadukkaaseen äänisignaalin käsittelyyn.

Esimerkkejä tästä ovat mm. moninaiset kohinanvaimennusmenetelmät. Jos kuitenkin järjestelmä voidaan olettaa aikainvariantiksi (kuten yleensä), on siniaaltotesti usealla eri taajuudella ja amplitudilla toteutettuna hyvä lineaarisuuden mittari.

Kuinka hyvin lineaarisuus ja aikainvarianttisuus sitten on mahdollista toteuttaa käytännössä? Ainakin elektronisissa piireissä ja suodattimissa voidaan päästä hyvin lähelle ideaalisuutta, ja takaisinkytkennän avulla on mahdollista linearisoida vahvistimia, jotka voivat sisältää myös melko epälineaarisia asteita. Jos signaalipolulla käytetään pelkästään lineaarisesti toimivia komponentteja, on lopputuloskin väistämättä lineaarinen. Siis jos esim. kytkennässä käytetään vain lineaarisia vastuksia ja kondensaattoreita ja normaaliin tapaan kytkettyjä operaatiovahvistimia, on jopa mahdotonta saada aikaan merkittävästi epälineaarista käyttäytymistä (olettaen, että kytkentä on stabiili).

Sen sijaan kaiutinelementeissä ja -järjestelmissä säröttömyyden ja myös taajuustasapainon tavoitteet ovat huomattavasti vaikeammin saavutettavissa, minkä vuoksi kaiuttimien ja niiden käyttötavan vaikutus äänenlaatuun on yleensä muita tekijöitä merkittävämpi. Elementin peruskäyttäytymistä sekä taajuus- että aikatasossa voidaan kuvata melko yksinkertaisillakin lineaarisilla järjestelmillä, mikä onkin perusedellytys vasteiden simuloinnille ja korjainpiirien suunnittelulle. Sen sijaan taajuusvasteen pienten yksityiskohtien ja mikroresonanssien huomioiminen järjestelmän mallinnuksessa ei yleensä ole vaivan arvoista. Kuten luvussa 4 on tuotu esille, kaiutinelementtien mahdollisuudet lineaariseen ja aikainvarianttiin toimintaan ovat ratkaisevasti paremmat silloin, kun niitä ohjataan suoraan nykyisen epäsuoran tavan sijaan.

B2 Derivaattorit ja integraattorit

Kaikkein yksinkertaisimpia lineaarisia järjestelmiä, jotka vielä muokkaavat signaalia jotenkin, ovat derivaattorit ja integraattorit. Nimensä mukaisesti derivaattorin ulostulo on aina sisäänmenon aikaderivaatta eli muuttumisnopeus (jollain reaaliluvulla kerrottuna) ja integraattorin ulostulo vastaavasti sisäänmenon aikaintegraali. Derivaattoreita ja integraattoreita käytetään paljon elektronisten suodattimien rakennelohkoina, mutta joidenkin kaiutinfysiikkaan liittyvien suureiden välillä vallitsee myös vastaava riippuvuus. Esimerkiksi kappaleen kiihtyvyys on määritelmän mukaan nopeuden derivaatta, ja nopeus puolestaan on kuljetun matkan derivaatta. Derivointi ja integrointi ovat aina toistensa käänteisoperaatioita, joten matka saadaan integroimalla nopeus ja nopeus puolestaan integroimalla kiihtyvyys. Näitä yhteyksiä, jotka koskevat myös kaiutinkalvon liikettä, havainnollistaa kuva B2.

Jos derivaattorin sisäänmenoon syötetään siniaaltoa, jonka taajuus on ω ja amplitudi 1, eli jos:

$$x(t) = \sin(\omega t)$$

saadaan ulostuloksi

$$y_D(t) = \frac{dx}{dt} = \omega \cos(\omega t) = \omega \sin(\omega t + \frac{\pi}{2})$$ (b4)

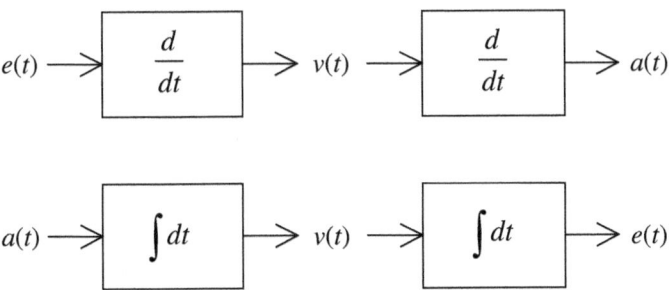

Kuva B2. Kiihtyvyyden a, nopeuden v ja kuljetun matkan e väliset riippuvuussuhteet esitettynä derivointi- ja integrointilohkoja käyttäen. Integroinnissa on tietenkin huomioitava koko se aika, jonka integroitava suure on nollasta poikkeava.

joka on siniaaltoa, jonka amplitudi on suoraan verrannollinen taajuuteen ja jonka vaihe on $\pi/2$ radiaania eli 90° edellä sisäänmenoa. Jos taas sama heräte $x(t)$ syötetään integraattoriin, saadaan:

$$y_I(t) = \int x\, dt = -\frac{1}{\omega}\cos(\omega t) = \frac{1}{\omega}\sin(\omega t - \frac{\pi}{2}) \qquad \text{(b5)}$$

joka on siniaaltoa, jonka amplitudi on kääntäen verrannollinen taajuuteen ja jonka vaihe on 90° sisäänmenosta jäljessä (integraattorin alkutila oletettu nollaksi).

Näillä tiedoilla voidaan piirtää molemmille järjestelmille taajuusvastetta kuvaavat ns. *Bode-diagrammit*. Kuva B3a esittää derivaattorin vahvistusta eli taajuusvasteen $H(\omega)$ itseisarvoa sekä syntyvää vaihesiirtoa θ taajuuden ω funktiona. Kuvassa B3b on esitetty vastaavat kuvaajat integraattorille.

ω-akselilla on logaritminen asteikko, eli vakiopituinen siirtymä akselia pitkin merkitsee taajuuden kertoutumista vakiokertoimella. Vahvistus ilmaistaan Bode-käyrissä desibeleinä (dB), eli siitä otetaan 10-kantainen logaritmi, joka vielä kerrotaan 20:llä. 0 dB vastaa siten aina vahvistuskerrointa 1, ja jokainen 20 dB:n nousu vastaa vahvistuksen 10-kertaistumista. Molempien akseleiden ollessa näin luonteeltaan logaritmisia (vaikkakin dB-asteikkojen jaotus on lineaarinen) ovat vahvistuksen kuvaajat (derivaattorille $|H(\omega)| = \omega$, integraattorille $|H(\omega)| = 1/\omega$) suoria, joiden jyrkkyys on 20 dB taajuusdekadia kohti.

Derivaattorin vaihesiirto on kaikilla taajuuksilla +90°, eli järjestelmä edistää vaihetta neljännesaallon verran. Vastaavasti integraattori

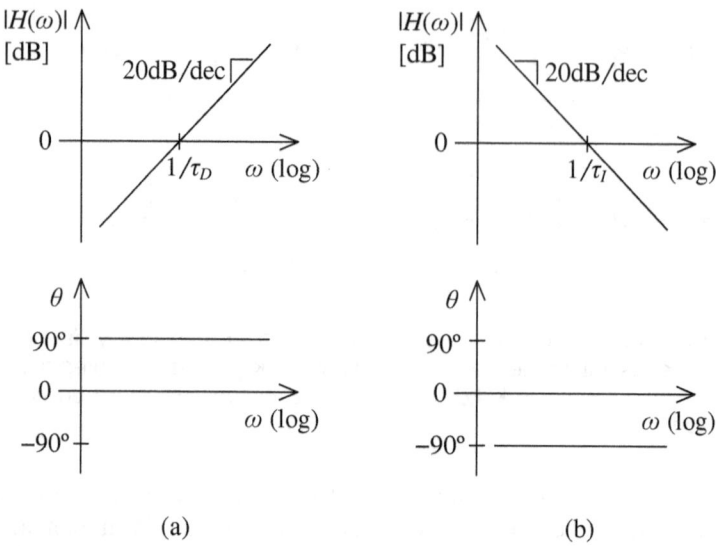

(a)   (b)

Kuva B3. Ideaalisen derivaattorin (a) ja ideaalisen integraattorin (b) taajuus-vastediagrammit.

aiheuttaa kaikilla taajuuksilla neljännesaallon jättämän ($\theta = -90°$).

Edellä olevan perusteella on selvää, että ideaalisen derivaattorin ja integraattorin määrittelemiseen riittää yksi parametri, joka kertoo missä kohdassa suora leikkaa 0 dB:n tason. Tämä rajataajuus voidaan ilmaista myös käyttämällä ω:n sijaan tämän käänteisarvoa τ, josta käytetään nimitystä *aikavakio*. Tässä tapauksessa nämä aikavakiot (τ_D ja τ_I) ovat ykkösiä.

Yhtälöissä (b4) ja (b5) käytettiin sisäänmenofunktiona reaalista siniaaltoa, jonka avulla voitiin tässä yksinkertaisessa erikoistapauksessa helposti ratkaista ulostulo suoraan järjestelmää kuvaavasta differentiaaliyhtälöstä. Yleensä lineaaristen järjestelmien tarkastelu tapahtuu kuitenkin kompleksilukuja ja osoitinlaskentaa hyväksi käyttäen, jolloin sekä amplitudi- että vaiheinformaatiota voidaan käsitellä samalla kertaa yhtenäisessä ja helposti visualisoitavassa muodossa.

Erityisen hyödyllinen käsite tätä varten on kompleksinen siniaalto, joka voidaan esittää kompleksitasossa pyörivänä osoittimena. Kompleksifunktioiden laskuopista tutun Eulerin kaavan perusteella voidaan näet mikä hyvänsä kompleksiluku esittää polaarisessa muodossa $r \exp(j\alpha)$, missä r on luvun itseisarvo (osoittimen pituus), j on imaginaariyksikkö, ja α on kulma positiivisesta reaaliakselista lähtien. Jos nyt määritellään sisäänmenofunktioksi

$$x(t) = e^{j\omega t} \quad (b6)$$

saadaan tästä kuvassa B4 näkyvä osoitin, jonka pituus on aina 1 ja joka pyörii ajan t kasvaessa nuolen osoittamaan suuntaan kulmataajuudella ω.

Kompleksinen eksponenttifunktio voidaan derivoida ja integroida vastaavalla tavalla kuin reaalinenkin, joten derivaattorin ulostuloksi saadaan nyt

$$y_D(t) = \frac{dx}{dt} = j\omega\, e^{j\omega t} = j\omega x(t) \quad (b7)$$

joka on sama kuin sisäänmeno kerrottuna imaginaarisella taajuudella $j\omega$. Vastaavasti integraattorille saadaan:

$$y_I(t) = \int x\, dt = \frac{1}{j\omega} e^{j\omega t} = \frac{1}{j\omega} x(t) \quad (b8)$$

joka on sama kuin sisäänmeno jaettuna $j\omega$:lla.

Ulostuloa kuvaava osoitin saadaan siis kertomalla sisäänmenoa kuvaava osoitin taajuudesta riippuvalla kompleksiluvulla. Tämä kerroin on järjestelmän taajuusvaste $H(\omega)$. Derivaattorille pätee siis $H(\omega) = j\omega$ ja integraattorille $H(\omega) = 1/j\omega$. Koska j:llä kertominen merkitsee pelkästään vaihekulman kasvamista $\pi/2$:lla, ja j:llä jakaminen puolestaan vaihekulman pienenemistä $\pi/2$:lla, ovat em. ulostuloja kuvaavat osoittimet kuvan B4 mukaisesti kohtisuorassa $x(t)$:tä vastaan, mikä on yhtäpitävää tulosten (b4) ja (b5) kanssa.

Todelliset fysikaaliset signaalit eivät tietenkään ole kompleksiluku-

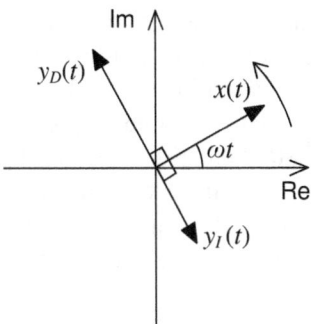

Kuva B4. Derivaattorin ja integraattorin osoitinkaaviot kompleksitasossa. Derivaattorin ulostulo $y_D(t)$ on 90º edellä sisäänmenoa $x(t)$, ja integraattorin ulostulo $y_I(t)$ seuraa 90º $x(t)$:n jäljessä.

ja vaan aina reaaliarvoisia. Pyörivät osoittimet ovat kuitenkin helposti tulkittavissa käytännön siniaalloiksi tarkastelemalla pelkästään osoittimien reaaliosaa tai imaginaariosaa.

Kaikkien analogisten suodatuspiirien toiminta perustuu kondensaattoreissa ja keloissa jännitteen ja virran välillä vallitsevaan derivaattori-integraattori-riippuvuuteen. Kondensaattoriin menevä virta (i) on aina jännitteen (u) derivaatta kerrottuna kapasitanssilla C, eli:

$$i = C\frac{du}{dt} \tag{b9}$$

Syöttämällä kondensaattoriin kompleksista siniaaltoa ja merkitsemällä virran ja jännitteen osoittimia I:llä ja U:lla saadaan yhtälön (b7) perusteella:

$$I = j\omega CU = \frac{U}{Z} \tag{b10}$$

missä taajuudesta riippuva kompleksiluku $Z = 1/j\omega C$ on kondensaattorin impedanssi. (b10) on siis Ohmin lakia vastaava yhtälö kondensaattorille.

Kelassa taas jännite on aina virran derivaatta induktanssilla L kerrottuna, eli:

$$u = L\frac{di}{dt} \tag{b11}$$

Vastaavien osoitinsuureiden välinen riippuvuus on siten:

$$U = j\omega LI = ZI \tag{b12}$$

missä $Z = j\omega L$ on kelan impedanssi. (b12) on siis Ohmin lain vastine kelalle.

On huomattava, että integraattorin taajuusvastetta ei ole olemassa taajuudella 0, mikä tarkoittaa, että ideaalinen integraattori ei ole stabiili vakiosisäänmenolla. Käytännön integraattoreissa myöskään vahvistus ei voi kasvaa miten suureksi tahansa, vaan tasaantuu tai lähtee pienenemään taajuuden aletessa riittävästi. Tekniset integraattorit ovat siten aina häviöllisiä, eli ne eivät muista kaukaisen menneisyyden tapahtumia, vaan pyrkivät aina vähitellen palaamaan kohti nollaa.

Vastaavasti käytännön derivaattorit pystyvät toimimaan vain johonkin ylärajataajuuteen saakka, jonka usein määrää stabiilisuusvaatimus.

B3 Esitys aikatasossa

Lineaarinen järjestelmä voidaan kuvata matemaattisesti usealla eri tavalla. Aikatason tarkastelua on mahdollista suorittaa lineaarisen differentiaaliyhtälön tai ns. impulssivasteen avulla. Myös askelvasteella voidaan kuvata sama informaatio.

Otamme esimerkiksi kuvan B5 passiivisen kytkennän, jonka sisäänmenona on virta i ja ulostulona jännite u. Virta i jakautuu kolmeen eri haaraan, ja lausumalla kunkin haaran virta u:n avulla saadaan lakien (b9) ja (b11) perusteella:

$$C\frac{du}{dt} + \frac{1}{R}u + \frac{1}{L}\int u\, dt = i$$

Derivoimalla yhtälön molemmat puolet ajan suhteen saadaan:

$$C\frac{d^2 u}{dt^2} + \frac{1}{R}\frac{du}{dt} + \frac{1}{L}u = \frac{di}{dt} \qquad (b13)$$

Tämä on lineaarinen vakiokertoiminen 2. asteen differentiaaliyhtälö, joka sisältää kaiken tiedon kuvan B5 järjestelmästä. Ulostulosuuretta sisältävät termit kootaan yleensä yhtälön vasemmalle puolelle ja sisäänmenosuuretta sisältävät oikealle.

Asteluvuksi (= korkeimman derivaatan kertaluku) tulee aina sama kuin järjestelmässä vaikuttavien reaktiivisten (vaihesiirtoa aiheuttavien) komponenttien lukumäärä. Impedanssi on reaktiivinen eli reaktanssia sisältävä, jos se on induktiivinen tai kapasitiivinen, eli sen imaginaariosa on nollasta poikkeava. Fysikaalisesti toteutettavissa olevissa järjestelmissä yhtälön oikean puolen asteluku voi olla korkeintaan sama kuin vasemman puolen.

Järjestelmän differentiaaliyhtälöstä on periaatteessa mahdollista ratkaista ulostulo mille tahansa sisäänmenofunktiolle, mutta käytän-

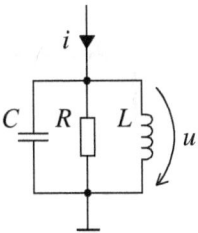

Kuva B5. Esimerkkinä käytetty sähköinen lineaarinen järjestelmä. Sisäänmenoksi on määritelty virta i ja ulostuloksi jännite u.

nössä tämä ei ole kovin suoraviivaista eikä helppoa, joten yleensä käytetään muita lähestymistapoja. Impulssivasteen löytäminen differentiaaliyhtälön perusteella on kuitenkin selväpiirteistä. Impulssivaste (merk. $h(t)$) tarkoittaa ulostuloa kuvassa B6a esitetyllä herätteellä eli ns. *yksikköimpulssilla*, josta käytetään merkintää $\delta(t)$. Yksikköimpulssi on teoreettinen testisignaali, joka on 0 kaikkialla muualla paitsi kohdassa 0, jossa sitä ei ole varsinaisesti määritelty, mutta sen muodostama pinta-ala on kuitenkin 1, kuten kuvassa B6a ε:n lähestyessä nollaa.

$h(t)$ saadaan selville differentiaaliyhtälöstä (DY) seuraavalla menettelyllä [1]:

1. DY:n oikea puoli merkitään nollaksi, ja tälle ns. homogeeniselle DY:lle haetaan ratkaisufunktiot normaaliin tapaan. (Homogeenisen vakiokertoimisen DY:n ratkaiseminen on kerrottu liitteessä D.)

2. Saatujen ratkaisufunktioiden kertoimet saadaan selville käyttämällä yleispäteviä alkuehtoja. Olkoon DY:n asteluku N ja vasemman puolen korkeimman derivaatan kerroin a, sekä homogeenisen yhtälön ratkaisu $h_0(t)$. Tällöin $h_0(t)$:n $(N-1)$:s derivaatta hetkellä 0 saa arvon $1/a$ ja kaikki alemmat derivaatat puolestaan arvon 0. Esimerkkitapauksessamme (b13) $N = 2$ ja $a = C$, joten alkuehdoiksi saadaan $h_0'(0) = 1/C$ ja $h_0(0) = 0$.

3. Impulssivaste saadaan nyt $h_0(t)$:sta suorittamalla tälle samat operaatiot, jotka alkuperäisen DY:n oikealla puolella tehdään sisäänmenosuureelle. Esimerkissämme suoritetaan siis pelkkä derivointi, joten $h(t) = h_0'(t)$.

Mikäli kuvan B5 esimerkissä on $R > \sqrt{L/4C}$ (järjestelmän navat

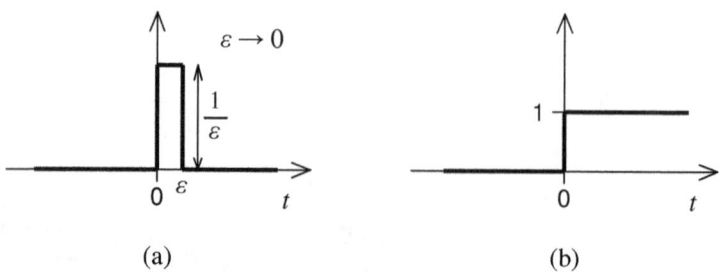

(a)   (b)

Kuva B6. Yksikköimpulssifunktio (a) ja yksikköaskelfunktio (b).

kompleksiset), saadaan impulssivasteen lausekkeeksi eo. vaiheiden kautta:

$$h(t) = \frac{e^{-t/2RC}}{C}\left[\cos(\omega_d t) - \frac{1}{2RC\omega_d}\sin(\omega_d t)\right], \, t > 0 \quad (b14)$$

jossa on merkitty

$$\omega_d = \sqrt{\frac{1}{LC} - \frac{1}{4R^2C^2}} \quad (b15)$$

$h(t)$ koostuu siis ajan mukana eksponentiaalisesti vaimenevista siniaaltokomponenteista, joiden kulmataajuus on ω_d.

Kuvassa B7 on esitetty $h(t)$:n kuvaaja, jossa on käytetty arvoja R =10, $C = 0,0005$ ja $L = 0,01$. Kuvassa on myös piirisimulaattoriohjelmalla kyseiselle kytkennälle saatu impulssivaste, joka varmistaa $h(t)$:n lausekkeen oikeellisuuden. Pieni eroavuus simuloidun ja lasketun vasteen välillä johtuu siitä, että simuloinnissa ei voida käyttää herätteenä ideaalista yksikköimpulssia, vaan on käytettävä kuvan B6a mukaista pulssiapproksimaatiota. Tässä tapauksessa pulssin korkeus oli 2000 A ja kesto 0,5 ms.

Kuvassa B7 värähtelyt vaimenevat ajan myötä kohti nollaa, joten järjestelmä on stabiili (kuten passiiviset piirit aina). Vaihtoehtona on, että värähtelyn amplitudi lähtee kasvamaan eksponentiaalisesti, jolloin kyseessä on epästabiili järjestelmä. Mikäli tässä tapauksessa värähtelyn laajuus rajoitetaan (jollain epälineaarisella keinolla) vakioksi, saa-

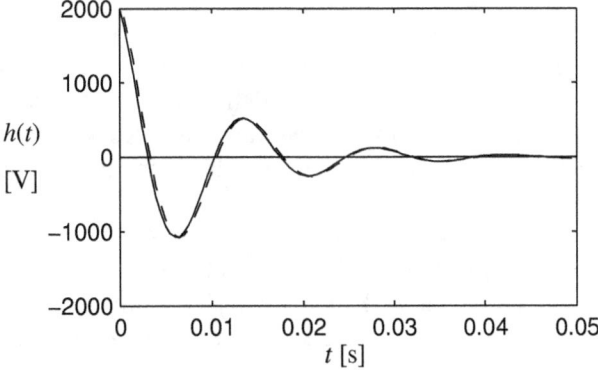

Kuva B7. Esimerkkijärjestelmän impulssivaste arvoilla R=10, C=0,0005 ja L=0,01 yhtälön (b14) mukaan (ehyt viiva) ja piirisimulaattorin mukaan (katkoviiva).

daan aikaan oskillaattori.

Mikäli $R < \sqrt{L/4C}$ (navat reaaliset), saadaan $h(t)$:lle lauseke, joka koostuu pelkästään eksponenttifunktioista. Tällöin impulssivasteessa ei esiinny mitään värähtelyä. Impulssivaste sisältääkin asteluvusta riippumatta yleensä vain eksponentti-, sini- ja kosinifunktioita, koska homogeenisen yhtälön ratkaisu koostuu näistä.

Integroimalla yksikköimpulssi (jonka pinta-ala siis on 1) saadaan kuvassa B6b esitetty porrassignaali eli *yksikköaskel*. Käytännössä on usein helpompaa käyttää koesignaalina askelta kuin impulssia, koska korkeudeltaan rajoitetun ja lyhytkestoisen pulssin energia jää pieneksi.

Integroimalla järjestelmän DY:n (kuten esim. (b13)) molemmat puolet voidaan nähdä, että jos sisäänmenosuure korvataan tämän integraalifunktiolla, myös ulostulosuure on korvattava integraalifunktiollansa. Järjestelmän askelvaste (merk. $g(t)$) saadaan siis integroimalla impulssivaste, eli:

$$g(t) = \int_0^t h(\tau)\,d\tau \qquad (b16)$$

$h(t)$:ssa yleisesti esiintyvät muotoa $\exp(\alpha t)\sin(\beta t)$ ja $\exp(\alpha t)\cos(\beta t)$ (α ja β vakioita) olevat termit ovat integroitavissa soveltamalla ns. osittaisintegrointimenetelmää kahdesti.

Esimerkkitapauksessamme päästään kuitenkin helpommalla, koska $h(t)$:n integraalifunktio on jo tiedossa edellä olevan vaiheen 3 perusteella. Peruuttamalla vaiheessa 3 suoritettu derivointi saadaan tapauksessa $R > \sqrt{L/4C}$:

$$g(t) = h_0(t) = \frac{e^{-t/2RC}}{C\omega_d}\sin(\omega_d t) , \quad t \ge 0 \qquad (b17)$$

missä ω_d on sama kuin edellä. Kuvassa B8 on esitetty $g(t)$:n kuvaaja käyttäen samoja elementtiarvoja kuin edellä. Askelvasteessa voidaan nähdä vastaava värähtely kuin impulssivasteessa. Koska kyseessä on kaistanpäästöjärjestelmä, myös askelvaste lähestyy nollaa ajan kasvaessa.

Määritettäessä impulssivastetta edellä selostetun menettelyn mukaisesti käytetään hyväksi kaikki se informaatio, joka DY:stä on saatavissa. Koska DY:hyn sisältyy kaikki tieto järjestelmän kaikista ominaisuuksista, sama pätee myös impulssivasteeseen ja askelvasteeseen.

Impulssivaste ei ole vain eräs yksityiskohta lineaarisen järjestelmän aikakäyttäytymisessä, vaan koko järjestelmän yksiselitteisesti määrittelevä käsite. Jos siis impulssivaste tun-

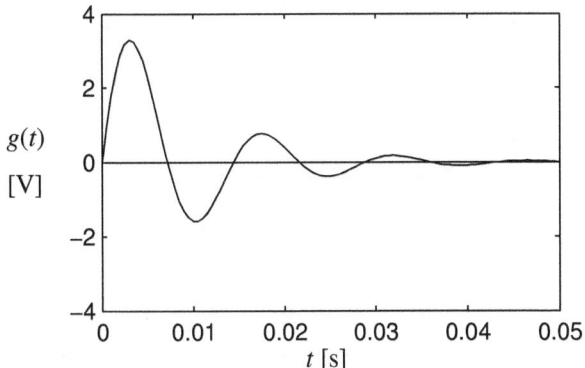

Kuva B8. Esimerkkijärjestelmän askelvaste arvoilla $R=10$, $C=0,0005$ ja $L=0,01$ yhtälön (b17) mukaisesti.

netaan, periaatteessa järjestelmän koko käyttäytyminen sekä aika- että taajuustasossa on tällöin tunnettu.

Näin ollen pitäisi olla mahdollista ratkaista ulostulo $y(t)$ mille tahansa sisäänmenosignaalille $x(t)$ käyttäen hyväksi vain impulssivastetta $h(t)$. Tämä voidaan tehdä ns. *konvoluutio*-operaatiolla, jota kuvaa kaava:

$$y(t) = \int_{-\infty}^{+\infty} x(\tau)h(t-\tau)d\tau \qquad (b18)$$

Ulostulon arvo ajanhetkellä t saadaan siis integroimalla kaiken ajan yli sisäänmenon ja aika-akselilla käännetyn sekä t:n verran siirretyn impulssivasteen tuloa. Tämä toimitus on selitetty graafisesti kuvassa B9. Kuva a esittää alkuperäistä impulssivastetta ja kuva b tämän peilikuvaa $h(-\tau)$. Kuvassa c on esitetty $h(t-\tau)$, joka saadaan $h(-\tau)$:sta siirtämällä tätä ajassa t:n verran. (t ajatellaan vakioksi.) Hetkeä 0 vastaava kohta alkuperäisessä impulssivasteessa on nyt siirtynyt hetkeen t, koska $t-\tau$ tulee nollaksi hetkellä $\tau = t$. Kuvaan d on piirretty $h(t-\tau)$:n lisäksi myös sisäänmenosignaali sekä näiden kahden tuloa esittävä käyrä. Tämän käyrän alle jäävä pinta-ala on yhtälön (b18) mukaan $y(t)$. Käytännössä integroinnin ylärajaksi riittää t, koska $h(t-\tau)$ on aina nolla, kun $\tau > t$.

Konvoluutiointegraalin avulla voidaan siis laskea ulostulon arvo yhdellä ajanhetkellä kerrallaan. Askeltamalla t:tä saadaan $y(t)$:n muoto pisteittäin selville. Integraalin ratkaiseminen analyyttisesti ei yleensä

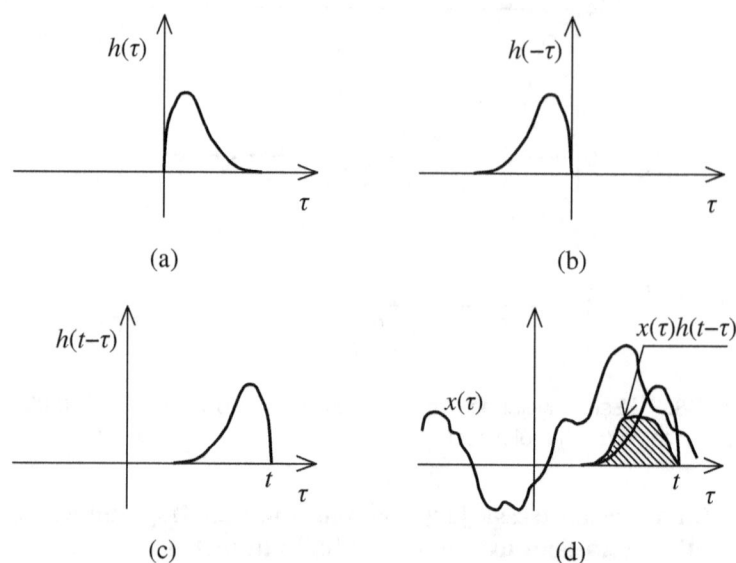

Kuva B9.   Kahden signaalin ($x(\tau)$ ja $h(\tau)$) välisen konvoluution muodostaminen. Kuvassa d varjostettu pinta-ala antaa konvoluution arvon kohdassa t.

ole mahdollista kuin kaikkein yksinkertaisimmissa tapauksissa, mutta numeerisesti käytettynä (b18) antaa mahdollisuuden suorittaa transienttianalyysiä mille tahansa järjestelmälle, jonka impulssivaste tunnetaan joko analyysiin tai mittaukseen perustuen.

B4   Taajuusvaste

Edellä derivaattorien ja integraattorien yhteydessä käytettiin sisäänmenosignaalina kompleksista siniaaltoa (yhtälö (b6)), ja näin saatiin selville järjestelmän taajuusvastefunktio $H(\omega)$. Sovellamme nyt samaa kuvan B5 esimerkkijärjestelmään, jota kuvaa DY (b13).

Sisäänmenosignaalin i derivaatta on nyt yhtälön (b7) mukaan sama kuin signaali itse kerrottuna $j\omega$:lla. Koska ulostulosignaali u on myös kompleksista siniaaltoa ($u(t) = H(\omega)i(t) = H(\omega)\exp(j\omega t)$), voidaan sekin derivoida samalla lailla. Yhtälö (b13) voidaan siis tässä tapauksessa kirjoittaa seuraavasti:

$$C(j\omega)^2 u(t) + \frac{1}{R} j\omega u(t) + \frac{1}{L} u(t) = j\omega i(t)$$

josta saadaan edelleen (ottaen huomioon että $i(t) = \exp(j\omega t)$):

$$u(t) = \frac{j\omega}{C(j\omega)^2 + \frac{1}{R} j\omega + \frac{1}{L}} i(t) = H(\omega)e^{j\omega t} \qquad \text{(b19)}$$

Tulos voidaan yleistää:

Ulostulo-osoittimen ja sisäänmeno-osoittimen keskinäisen suhteen määräävä kerroin $H(\omega)$ eli taajuusvaste saadaan suoraan järjestelmän differentiaaliyhtälöstä korvaamalla kaikki derivointioperaatiot kertoimella $j\omega$.

Myös $H(\omega)$ riittää määrittelemään lineaarisen järjestelmän täydellisesti, samoin kuin DY ja impulssivaste $h(t)$.

$H(\omega)$ on siis taajuudesta riippuva kompleksiluku, jonka itseisarvo $|H(\omega)|$ kertoo järjestelmän vahvistuksen ja jonka kulma (merk. $\theta(\omega)$) kertoo järjestelmän tuottaman vaihesiirron. Esittämällä $H(\omega)$ polaarisessa muodossa voidaan osoitinyhtälöksi kirjoittaa yleisesti:

$$\begin{aligned}
y(t) &= H(\omega)e^{j\omega t} \\
&= |H(\omega)|e^{j\theta(\omega)}e^{j\omega t} \\
&= |H(\omega)|e^{j(\omega t + \theta(\omega))}
\end{aligned} \qquad \text{(b20)}$$

Ulostulo-osoitin $y(t)$ saadaan siis sisäänmeno-osoittimesta kertomalla tämän pituus $|H(\omega)|$:lla ja siirtämällä vaihekulmaa $\theta(\omega)$:n verran. Näitä suhteita havainnollistaa kuva B10. $x(t)$ ja $y(t)$ pyörivät kompleksitasossa vastapäivään kulmataajuudella ω keskinäisen kulmaeron ollessa θ, joka kuvassa on negatiivinen. $H(\omega)$ on kiinteä osoitin, joka riippuu ainoastaan taajuudesta.

Järjestelmän vaikutus reaaliseen siniaaltoon nähdään tarkastelemalla reaaliosaa sekä sisäänmeno- että ulostulo-osoittimesta. Sisäänmenon ollessa $x(t) = \text{Re}[\exp(j\omega t)] = \cos(\omega t)$ saadaan ulostuloksi

$$\begin{aligned}
y(t) &= \text{Re}[H(\omega)e^{j\omega t}] \\
&= \text{Re}[|H(\omega)|e^{j(\omega t + \theta(\omega))}] \\
&= |H(\omega)|\cos(\omega t + \theta(\omega))
\end{aligned} \qquad \text{(b21)}$$

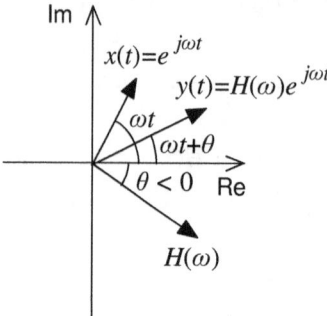

Kuva B10. Lineaarisen järjestelmän toimintaa yhdellä taajuudella kuvaava osoitinkaavio. Ulostulo $y(t)$ saadaan kertomalla sisäänmeno $x(t)$ taajuusvasteosoittimella $H(\omega)$. $H(\omega)$:n kulma θ voi periaatteessa saada mitä arvoja tahansa, mutta käytännössä kulmien tulkitaan yleensä olevan välillä $\pm180^\circ$.

Tulos vain vahvistaa sen, että järjestelmä muuttaa käytännön siniaallon (tässä $\cos(\omega t)$) amplitudia ja vaihetta taajuusvasteen mukaisesti.

$H(\omega)$:n lauseke on aina helposti muunnettavissa muotoon, josta vahvistus ja vaihesiirto voidaan ratkaista. Sekä osoittajassa että nimittäjässä olevat termit ovat aina joko reaalisia tai puhtaasti imaginaarisia ($j^2 = -1$), ja esimerkkijärjestelmälle voidaan nyt kirjoittaa:

$$H(\omega) = \frac{j\omega}{C(j\omega)^2 + \frac{1}{R}j\omega + \frac{1}{L}} = \frac{j\omega}{\frac{1}{L} - C\omega^2 + j\frac{\omega}{R}} \qquad (b22)$$

Pythagoraan lauseen nojalla saadaan nyt (koska $|j| = 1$):

$$|H(\omega)| = \frac{\omega}{\sqrt{\left(\frac{1}{L} - C\omega^2\right)^2 + \left(\frac{\omega}{R}\right)^2}} \qquad (b23)$$

$\theta(\omega)$ saadaan vähentämällä $H(\omega)$:n osoittajan kulmasta nimittäjän kulma:

$$\theta(\omega) = 90^\circ - \arctan\left(\frac{\omega}{R} \bigg/ \left(\frac{1}{L} - C\omega^2\right)\right) \qquad (b24)$$

Käyttämällä piirielementeille samoja esimerkkiarvoja kuin edellä ($R = 10$, $C = 0,0005$, $L = 0,01$) saadaan yhtälöistä (b23) ja (b24) järjestelmälle kuvan B11 mukainen Bode-diagrammi.

Taajuusvasteen käyttäytyminen pienillä ja suurilla taajuuksilla voidaan päätellä myös suoraan lausekkeesta. ω:n ollessa riittävän pieni nimittäjässä hallitsee reaalinen vakiotermi, tässä tapauksessa $1/L$.

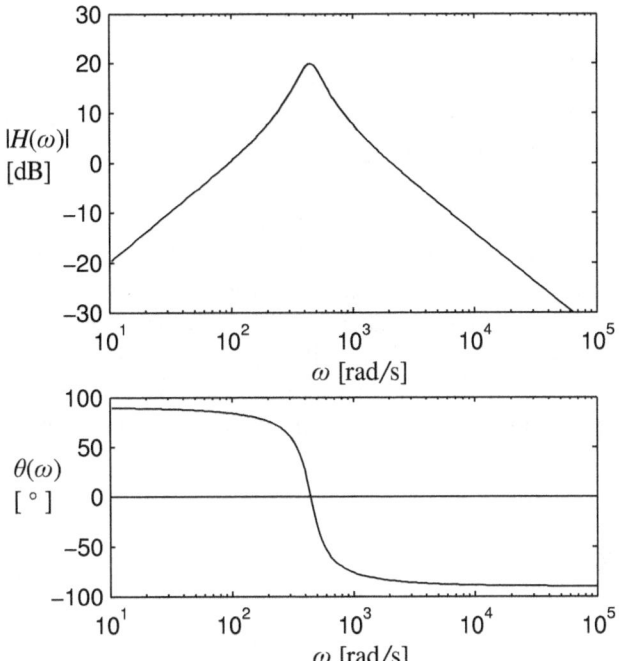

Kuva B11. Esimerkkijärjestelmän vahvistus ja vaihesiirto (Bode-diagrammi) käyttäen arvoja $R=10$, $C=0,0005$ ja $L=0,01$.

Osoittaja puolestaan on tässä suoraan verrannollinen taajuuteen, joten pienillä taajuuksilla piiri toimii derivaattorina. ω:n ollessa riittävän suuri nimittäjässä hallitsee asteluvultaan korkein termi, tässä tapauksessa $C(j\omega)^2$. Suurilla taajuuksilla (b22) pelkistyy siten muotoon $1/(Cj\omega)$, joten piiri toimii tällä alueella integraattorina.

Saatu $H(\omega)$ ((b22)) on itse asiassa sama kuin kondensaattorin C, vastuksen R ja kelan L rinnankytkennän impedanssi, kuten kuvan B5 merkinnöistä johtuu. Pienillä taajuuksilla määräävänä tekijänä on kela, maksimivahvistuksen kohdalla vastus ja suurilla taajuuksilla puolestaan kondensaattori.

Kuvasta B11 voidaan nähdä myös se yleinen yhteys, joka vallitsee vahvistus- ja vaihekäyrän välillä. Vahvistuskäyrässä tapahtuva jyrkkyyden muutos ilmenee vaihekäyrässä vastaavan suuruisena tason muutoksena. Jyrkkyysasteen muuttuessa yhdellä (eli 20 dB dekadilla) tapahtuu vaiheessa 90 asteen hyppäys. Kuvassa B11 $|H(\omega)|$:n jyrkkyys muuttuu 1. asteen noususta 1. asteen laskuksi, joten $\theta(\omega)$:n muutos on vastaavasti $-180°$.

Bode-diagrammin ohella voidaan taajuusvastetta havainnollistaa myös ns. *Nyquist-diagrammilla*. Siinä $H(\omega)$ piirretään kompleksitasoon ω:n funktiona, jolloin sekä itseisarvo että vaihe näkyvät samassa kuvassa, vaikkakin taajuusinformaation kustannuksella. Esimerkkijärjestelmän Nyquist-diagrammi on esitetty kuvassa B12. Taajuuden kasvaessa nollasta äärettömyyteen $H(\omega)$ piirtää täyden ympyrän lähtien origosta, kiertäen nuolten osoittamaan suuntaan ja lähestyen lopulta taas origoa. Ympyrän halkaisijaksi tulee resistanssi R. Se, että kuvio todella on ympyrä, voidaan todistaa vaikkapa lähtemällä lausekkeesta $|H(\omega)-R/2|$, joka kuvaa $H(\omega)$:n etäisyyttä reaaliakselilla sijaitsevasta pisteestä $R/2$. Tämän etäisyyden (= säde) voidaan todeta olevan vakio $(R/2)$ kaikilla taajuuksilla. Tässä tapauksessa L:n ja C:n arvoilla ei ole mitään vaikutusta itse diagrammiin. Ne vaikuttavat ainoastaan siihen, millä taajuudella mikäkin ympyrän piste saavutetaan.

B5 Siirtofunktiot

Edellä on tarkasteltu järjestelmän taajuusvastetta olettamalla sisäänmenon olevan jatkuvuustilan saavuttanutta siniaaltoa. Järjestelmän käyttäytymistä voidaan kuitenkin analysoida yleisemminkin ns. *siirtofunktion* avulla. Käytännössä siirtofunktio saadaan suoraan taajuusvastefunktiosta korvaamalla $j\omega$ kompleksimuuttujalla s, joka voi sisältää myös reaaliosan. Siirtofunktioiden tehokkaan käytön perustana on ns. Laplace-muunnos sekä tämän käänteismuunnos, joita ei tässä yhteydessä käsitellä muuten kuin toteamalla, että siirtofunktio on impulssivasteen Laplace-muunnos. Taajuusvastefunktio $H(\omega)$ voidaan ymmärtää siirtofunktion (merk. $H(s)$) erikoistapaukseksi, joka kattaa

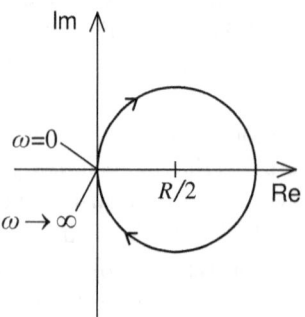

Kuva B12.   Esimerkkijärjestelmän Nyquist-diagrammi. Nuolet käyrällä kuvaavat $H(\omega)$:n suuntaa taajuuden kasvaessa. $H(\omega)$ piirtää ympyrän, jonka keskipisteenä on $R/2$.

taajuusanalyysin.
Siirtofunktiot on tapana kirjoittaa muotoon, jossa s:n korkeimman potenssin kerroin nimittäjässä on 1. Esimerkkijärjestelmän siirtofunktio on näin ollen:

$$H(s) = \frac{\dfrac{1}{C}s}{s^2 + \dfrac{1}{RC}s + \dfrac{1}{LC}} \qquad (b25)$$

Myös yleisesti ottaen analogiset siirtofunktiot ovat aina s:n reaalikertoimisia rationaalilausekkeita. Poikkeuksena tähän ovat ns. vaihelineaariset järjestelmät, kuten esim. järjestelmä, joka aiheuttaa signaalille pelkästään jonkin viiveen. Tällaista järjestelmää ei voida kuvata tarkasti millään rationaalimuotoisella siirtofunktiolla. Käytännössä tämä ei muodosta suurta ongelmaa, koska analogiaviiveitä on hankala myös toteuttaa.

Sähköisten järjestelmien tarkastelussa ei yleensä ole tarpeen kirjoittaa näkyviin differentiaaliyhtälöä, sillä siirtofunktio voidaan selvittää osoitinlaskentaa soveltaen suoraan piirikaaviosta. Tällöin pyritään siis ratkaisemaan ulostulo- ja sisäänmeno-osoittimen suhde käyttäen hyväksi kaikki kytkennästä saatava tieto. Vaikka jännitteiden ja virtojen osoittimet ovatkin periaatteessa ajan funktioita, ovat näiden keskinäiset suhteet riippuvaisia ainoastaan taajuudesta. Osoitinsuureisiin voidaan soveltaa yleistettyä Ohmin lakia sekä Kirchhoffin lakeja aivan vastaavasti kuin tasavirtapiireissä. Kondensaattoreiden ja kelojen impedanssit voidaan merkitä muotoon $1/(sC)$ ja sL. Joissakin tapauksissa on helpompaa käyttää impedanssien sijaan näiden käänteisarvoja eli admittansseja.

Kuvan B5 kytkennälle voidaan kirjoittaa admittanssien avulla:

$$H(s) = \frac{U}{I}(s) = \frac{1}{sC + \dfrac{1}{R} + \dfrac{1}{sL}}$$

josta päästään yhdellä lavennuksella muotoon (b25). Ratkaisu oli tässä tapauksessa lyhyt, koska kytkentä sisältää vain kaksi solmua. Yleensä joudutaan kirjoittamaan yhtälöryhmä, jonka avulla tuntemattomat jännitteet ja virrat voidaan eliminoida.

Siirtofunktioiden käytännöllisyys perustuu paljolti siihen, että järjestelmälohkoja peräkkäin kytkettäessä niiden siirtofunktiot voidaan kertoa keskenään. Aikatason tarkastelussa vastaavaa etua ei ole. Yhtälön (b20) perusteella (1. rivi) voidaan heti nähdä, että kukin peräkkäinen järjestelmä aiheuttaa vain uuden kertolaskun ulostulo-osoittimeen. Kuva B13a esittää kahden lohkon sarjaankytkentää siirtofunktioiden H_1 ja H_2 muodostaessa tulon H_1H_2. Kokonaissiirtofunktion asteluvuksi tulee yleisessä tapauksessa osien astelukujen summa. Signaalit X ja Y ovat tässä esitystavassa joko pyöriviä osoitinsuureita tai taajuuden funktiona ilmaistavia spektrejä, joista puhutaan liitteessä C.

Lohkojen rinnankytkennän siirtofunktioksi tulee kuvan B13b mukaisesti yksittäisten siirtofunktioiden summa. Astelukuun pätee sama kuin sarjaankytkennässäkin.

Kuva B14a esittää järjestelmää, joka sisältää takaisinkytkennän lohkon H_2 kautta. Takaisinkytkentää voidaan sanoa positiiviseksi, mikäli H_2Y on samanvaiheinen X:n kanssa ja negatiiviseksi, jos H_2Y ja X ovat vastakkaisvaiheisia. Yleisessä tapauksessa tämä vaihe-ero voi tietysti olla mitä tahansa. H_2 on usein pelkkä vakio.

Kytkennän siirtofunktio H voidaan selvittää tarkastelemalla signaalien kulkua silmukassa ja ratkaisemalla Y/X:

$$Y = H_1 (X + H_2 Y)$$

$$\Leftrightarrow \ Y(1 - H_1 H_2) = H_1 X$$

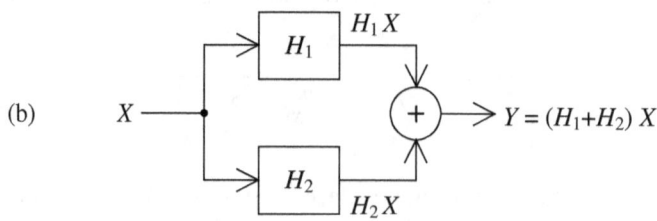

Kuva B13. Järjestelmälohkojen sarjaan- ja rinnankytkentä. Sarjaankytkennän (a) siirtofunktio on yksittäisten siirtofunktioiden H_1 ja H_2 tulo. Rinnankytkennän (b) siirtofunktio on yksittäisten siirtofunktioiden summa. Ympyrä kuvaa summauselintä. Signaalit X ja Y ovat joko pyöriviä osoittimia tai taajuuden funktiona kuvattavia spektrejä.

(a)

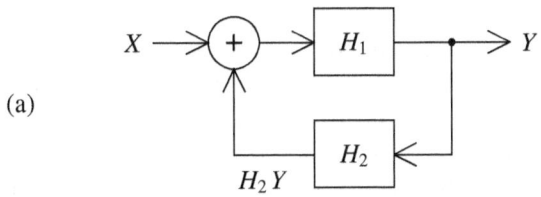

(b)

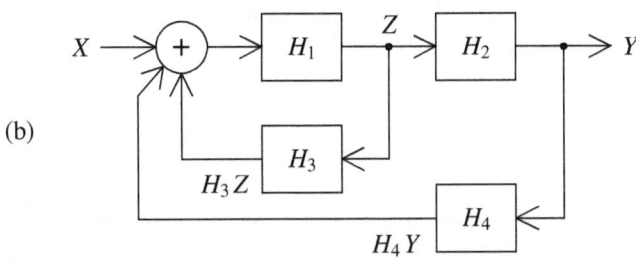

Kuva B14. a) Yhden takaisinkytkennän sisältävä järjestelmä. b) Kaksi takaisinkytkentää sisältävä järjestelmä. Signaaleihin pätee sama huomautus kuin kuvassa B13.

$$\Leftrightarrow H = \frac{Y}{X} = \frac{H_1}{1 - H_1 H_2} \tag{b26}$$

Summauselimen sijaan käytetään kaaviossa usein erotuksen muodostavaa elintä. Siirtofunktiossa (b26) on tällöin H_2 korvattava $-H_2$:lla, eli nimittäjässä oleva miinusmerkki muuttuu plussaksi.

Kuvan B14b järjestelmä sisältää kaksi takaisinkytkentähaaraa, jotka johtavat samaan summauspisteeseen. Kaaviota lukemalla voidaan signaalit Z ja Y lausua nyt seuraavasti:

$$\begin{cases} Z = H_1 (X + H_3 Z + H_4 Y) \\ Y = H_2 Z \Leftrightarrow Z = \dfrac{Y}{H_2} \end{cases}$$

Sijoittamalla alemmasta yhtälöstä saatu Z ylempään yhtälöön ja järjestämällä termejä saadaan tämän rakenteen siirtofunktioksi:

$$H = \frac{Y}{X} = \frac{H_1 H_2}{1 - H_1 H_3 - H_1 H_2 H_4} \tag{b27}$$

B6 Navat ja nollat

Järjestelmän taajuusvasteen muoto määräytyy täysin siirtofunktion osoittajan ja nimittäjän nollakohtien perusteella. Osoittaja ja nimittäjä ovat aina s:n polynomeja, joten ne voidaan jakaa tekijöihin hakemalla nollakohdat eli juuret, joita on aina polynomin asteluvun osoittama määrä. Niitä s:n arvoja, joilla nimittäjä tulee nollaksi, sanotaan järjestelmän *navoiksi*, ja niitä s:n arvoja, joilla osoittaja tulee nollaksi, sanotaan järjestelmän *nolliksi*.

Esimerkkisiirtofunktio (b25) voidaan kirjoittaa napojen (merk. p_1 ja p_2) ja nollan (merk. z_1) avulla tekijämuotoon:

$$H(s) = \frac{1}{C} \frac{(s - z_1)}{(s - p_1)(s - p_2)} \tag{b28}$$

Välittömästi voidaan nähdä, että $z_1 = 0$, joten järjestelmän ainoa nolla sijaitsee origossa. 2. asteen yhtälön ratkaisukaavan avulla saadaan navoiksi:

$$p_1, p_2 = \frac{-\dfrac{1}{RC} \pm \sqrt{\dfrac{1}{(RC)^2} - \dfrac{4}{LC}}}{2} = -\frac{1}{2RC} \pm \sqrt{\frac{1}{4R^2C^2} - \frac{1}{LC}}$$

Navat ovat reaaliset, jos $[1/(4R^2C^2) - 1/(LC)] \geq 0$, mikä toteutuu, jos $R^2 \leq L/(4C)$. Muussa tapauksessa navat muodostavat kompleksisen liittolukuparin, jolla on sama reaaliosa ($-1/(2RC)$) mutta vastakkaismerkkiset imaginaariosat.

Yleisestikin riippumatta polynomin asteluvusta kompleksiset nollakohdat voivat esiintyä vain liittolukupareina. Tästä seuraa, että paritonta astetta olevilla polynomeilla ainakin yksi nollakohta on reaalinen.

Navat merkitään yleensä kompleksitasoon (s-taso) pienillä rasteilla ja nollat pienillä ympyröillä. Kuvassa B15 on esitetty esimerkkijärjestelmän napakaavio kahdessa eri tapauksessa. Kuvassa a $R^2 < L/(4C)$, jolloin navat sijaitsevat negatiivisella reaaliakselilla. Kuvassa b $R^2 > L/(4C)$, jolloin navat muodostavat symmetrisen parin. Kirjallisuudessa s:n reaaliosaa merkitään usein symbolilla σ ja imaginaariosaa ω:lla, jolloin akseleiden merkinnät ovat vastaavasti σ ja $j\omega$.

Myös napakaavio on eräs tapa määritellä lineaarinen järjestelmä. Jos järjestelmän navat ja nollat tunnetaan, tunnetaan samalla myös siirtofunktio lukuun ottamatta vahvistusvakiota, joka esimerkkitapauksessamme (b28) on $1/C$.

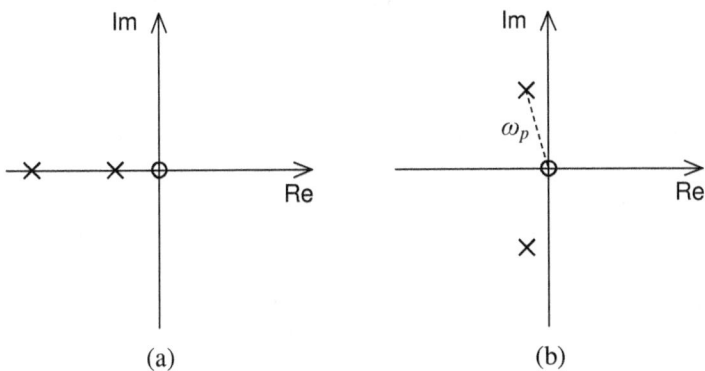

(a)   (b)

Kuva B15. Siirtofunktion (b25) kuvaaman esimerkkijärjestelmän napakaavio kahdella eri R:n arvolla C:n ollessa 0,0005 ja L:n ollessa 0,01. Kuvassa a R = 2, jolloin järjestelmän navat sijaitsevat reaaliakselilla kohdissa −500 ± 224. Kuvassa b R =10, jolloin navat sijaitsevat reaaliakselin suhteen symmetrisesti kohdissa −100 ± j436. Järjestelmän nolla sijaitsee origossa. b-kuvaan on lisäksi piirretty katkoviivalla napaparin etäisyys origosta eli ominaistaajuus ω_p.

Taajuustarkastelussa $s = j\omega$. Napa p tuottaa siten taajuusvastefunktion nimittäjään tekijän $(j\omega - p)$, josta p:n ollessa reaalinen voidaan nähdä seuraavaa: Kun $\omega \ll |p|$, tekijästä jää jäljelle vakio $-p$, ja kun $\omega \gg |p|$, tekijässä hallitsee $j\omega$, joka on suoraan verrannollinen taajuuteen. Raja saavutetaan taajuudella $\omega = |p|$, jota voidaan kutsua navan ominaistaajuudeksi tai napataajuudeksi (merk. ω_p). Tekijä $(j\omega - p)$ aiheuttaa siis taajuusvasteeseen taitekohdan $|p|$:n osoittamalle kulmataajuudelle.

Kompleksinen napapari tuottaa nimittäjään tekijän $(j\omega - p)(j\omega - p^*)$. Kun $\omega \ll |p|$, tekijästä jää jäljelle vakio $pp^* = |p|^2$, ja kun $\omega \gg |p|$, jää hallitsevaksi $(j\omega)^2 = -\omega^2$, joka on verrannollinen taajuuden neliöön. Näitä kahta kuvaavat asymptootit leikkaavat toisensa, kun $\omega^2 = |p|^2$, eli kun $\omega = |p|$. Kompleksisen napaparin aiheuttama taajuusvasteen taitekohta syntyy siis taajuudelle $\omega_p = |p|$, kuten reaalinavan tapauksessakin. Täysin vastaava tarkastelu pätee luonnollisesti myös nolliin, jotka määräävät osoittajan taajuuskäyttäytymisen.

Napataajuus ω_p, joka graafisesti tarkoittaa navan etäisyyttä origosta, on esitetty katkoviivalla kuvassa B15b. Mikäli järjestelmä sisältää taajuudeltaan suhteellisen kaukana toisistaan olevia napoja tai nollia, voi näiden esittäminen samassa napakaaviossa olla hankalaa.

Taajuusvasteen periaatteellinen käyttäytyminen voidaan määrittää suoraan tekijämuotoisesta siirtofunktiosta (kuten (b28)) lähtien piirtämällä napakaavioon kutakin tekijää vastaava vektori. Termi $j\omega$ on tällöin positiivisella imaginaariakselilla sijaitseva piste, jonka korkeus on suoraan verrannollinen taajuuteen. (Matemaattisissa esityksissä myös negatiiviset taajuudet ovat mahdollisia, mutta käytännössä taajuus mielletään yleensä positiiviseksi suureeksi.)

Kuva B16 esittää taajuusvasteen muodostumista kuvan B15b esimerkkitapauksessa, jonka Bode-diagrammi on esitetty aiemmin kuvassa B11. Jokaisesta navasta ja nollasta piirretään vektori pisteeseen $j\omega$. Vahvistuksen käyttäytymistä voidaan arvioida tutkimalla vektoreiden itseisarvoja eli pituuksia, jolloin yhtälön (b28) perusteella:

$$|H(\omega)| = \frac{1}{C} \frac{|j\omega - z_1|}{|j\omega - p_1||j\omega - p_2|}$$

Kuvasta B16 voidaan päätellä, että pienillä taajuuksilla $|H(\omega)|$:n nimittäjä pysyy likimain vakiona, kun taas osoittaja kasvaa taajuuteen suoraan verrannollisesti, kuten todettiin jo yhtälön (b23) yhteydessä.

Taajuuden lähestyessä napataajuutta pienenee $|j\omega-p_1|$ melko nopeasti, mikä aiheuttaa kuvassa B11 nähtävän huipun napataajuuden kohdalle. Kompleksisten napojen ja nollien ominaistaajuutta voidaan kutsua myös *resonanssitaajuudeksi*. Tässä tapauksessa on kyse kelan ja kondensaattorin rinnakkaisresonanssista.

Taajuuden edelleen kasvaessa kaikki vektorit pitenevät kääntyen lopulta samaan suuntaan, jolloin $|H(\omega)|$:n jyrkkyys riippuu vain nollien ja napojen lukumäärien erosta.

Yleistäen voidaan todeta:

Taajuuden kasvaessa jokainen nolla aiheuttaa ominaistaa-

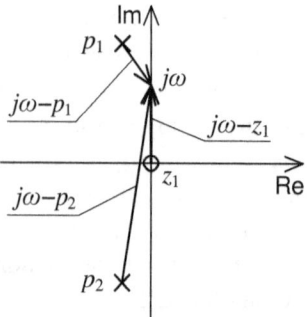

Kuva B16. Taajuusvasteen visuaalinen määritys napakaaviosta kuvan B15b esimerkkitapauksessa. Tekijät, joista $H(\omega)$ koostuu, voidaan kuvata vektoreina, joiden kärki on pisteessä $j\omega$. Taajuuden kasvaessa piste $j\omega$ liikkuu ylöspäin positiivisella imaginaariakselilla, jolloin vektoreiden pituudet ja suuntakulmat muuttuvat vastaavasti.

juutensa kohdalla |$H(\omega)$|:n jyrkkyyteen yhden yksikön (20 dB dekadilla) nousun, ja jokainen napa aiheuttaa ominais- taajuutensa kohdalla |$H(\omega)$|:n jyrkkyyteen yhden yksikön laskun.

Vaihesiirto saadaan laskemalla yhteen osoittajan tekijöiden suunta- kulmat ja vähentämällä summasta nimittäjän tekijöiden suuntakulmat. Mahdollinen miinusmerkki vahvistusvakiossa tuo lisäksi 180 asteen siirtymän. Tässä tapauksessa saadaan siis:

$$\theta(\omega) = \angle(\,j\omega{-}z_1) - \angle(\,j\omega{-}p_1) - \angle(\,j\omega{-}p_2)$$

missä "$\angle$" tarkoittaa suuntakulmaa eli argumenttia, joka määritellään positiiviseen reaaliakseliin nähden. Kuvasta B16 havaitaan, että pienil- lä taajuuksilla $\angle(\,j\omega{-}p_1)$ ja $\angle(\,j\omega{-}p_2)$ kumoavat toisensa, ja jäljelle jää $\angle(\,j\omega{-}z_1)$, joka on vakio 90°. Napataajuuden kohdalla $\angle(\,j\omega{-}p_1)$ + $\angle(\,j\omega{-}p_2)$ saavuttaa arvon 90°, jolloin $\theta(\omega)$ vaihtaa merkkiä kuvan B11 mukaisesti. Suurilla taajuuksilla kaikki vektorit kääntyvät ylös päin, jolloin vaihesiirroksi tulee osoittajan ja nimittäjän astelukujen eron määräämä 90 asteen monikerta, tässä −90°.

Navoilla on ratkaiseva merkitys järjestelmän stabiilisuuden mää- räytymisessä. Stabiilisuus merkitsee, että impulssivasteen on vaimen- nuttava kohti nollaa ajan kasvaessa äärettömyyteen. Impulssivaste koostuu aina termeistä, jotka sisältävät tekijänä eksponenttifunktion (kuten kappaleessa B3), jonka eksponenttina on navan reaaliosan ja ajan tulo. Tämän eksponentin on oltava negatiivinen, jotta funktio olisi vaimeneva. Näin ollen järjestelmä on stabiili silloin ja vain silloin, kun sen kaikkien napojen reaaliosat ovat negatiiviset. Toisin sanoen kaik- kien napojen on sijaittava imaginaariakselin vasemmalla puolella. Sen sijaan nollat voivat sijaita missä tahansa, mutta yleensä nekin ovat reaaliosaltaan negatiivisia.

Polynomimuodossa olevasta siirtofunktiosta stabiilisuutta ei voida suoraan nähdä, mutta järjestelmä on epästabiili ainakin silloin, jos jo- kin nimittäjäpolynomin kertoimista on negatiivinen tai nolla.

B7 Minimivaiheisuus

Järjestelmän napojen on siis stabiilisuuden vuoksi oltava komplek- sitason vasemmassa puoliskossa. Edellisen kappaleen perusteella jo- kainen reaalinapa aiheuttaa näin ollen järjestelmän vaihevasteeseen

$\theta(\omega)$ 90 asteen laskun napataajuuden alueella. Jokainen kompleksinen napapari aiheuttaa puolestaan $\theta(\omega)$:aan 180 asteen laskun ominaistaajuuden alueella.

Mikäli myös nollat sijaitsevat kompleksitason vasemmassa puoliskossa, ne aiheuttavat vaihevasteeseen täysin vastaavanlaisia mutta positiivisia siirtymiä. Tällöin järjestelmän amplitudi- ja vaihevasteen välillä vallitsee säännöllinen yhteys, jonka perusteella vaihevaste voitaisiin ratkaista amplitudivasteesta ja päinvastoin (ns. Hilbert-muunnos). Tällaista järjestelmää, joka ei tuota mitään ylimääräistä vaihejättämää, sanotaan *minimivaiheiseksi*.

Mikäli järjestelmällä on nollia myös oikeassa puolitasossa, nämä nollat tuottavat vaihevasteeseen laskevia termejä samaan tapaan kuin navat vasemmassa puolitasossa. Taajuuden kasvaessa vaihevaste laskee tällöin enemmän kuin amplitudivasteen muoto edellyttäisi, joten järjestelmä on ei-minimivaiheinen. Tätä ikään kuin ylimääräistä vaihesiirtoa sanotaan lisävaiheeksi (engl. excess phase).

Äänentoistossa käytettävät vahvistinasteet ja yksittäiset suodattimet ovat yleensä minimivaiheisia, ellei niitä ole erityisesti tarkoitettu vaiheominaisuuksien muokkaukseen. Järjestelmien sarjaankytkennässä (kuva B13a) minimivaiheisuus säilyy, koska napojen ja nollien paikat eivät muutu. Minimivaiheisten järjestelmien rinnankytkentä (kuva B13b) ei kuitenkaan ole välttämättä minimivaiheinen, sillä siirtofunktioiden yhteenlaskussa nollat eivät säily. Tämän vuoksi monitiekaiuttimien akustinen taajuusvaste on tavallisesti ei-minimivaiheinen, vaikka yksittäisten elementtien toisto olisi minimivaiheista.

Mikäli järjestelmällä on nollia imaginaariakselilla, nämä aiheuttavat vaihevasteeseen epäjatkuvuuskohtia, eikä minimivaiheisuutta yleisessä tapauksessa voida päätellä. Jos nämä nollat sijaitsevat origossa, eli taajuudella 0, kuten ylipäästö- ja kaistanpäästösuodattimilla, voidaan järjestelmää kuitenkin käytännössä pitää minimivaiheisena, koska nollaa lähestyvillä taajuuksilla ei tällöin ole käytännön merkitystä.

Poikkeamaa minimivaiheisuudesta syntyy myös siitä, että eri taajuusalueita toistavien kaiutinelementtien akustiset lähtöpisteet ovat eri etäisyydellä kuulijasta. Tällaista viiveiden synnyttämää vaihesiirtymää eri taajuusalueiden kesken ei voida mallittaa napojen ja nollien avulla, mutta kyseessä on kuitenkin säännönmukaisen vaihevasteen rikkova ilmiö.

Puhtaita viiveitä voidaan kuvata taajuusvasteella:

$$H(\omega) = e^{-j\omega T} \tag{b29}$$

missä T on viiveen pituus. $|H(\omega)| = 1$, ja $\theta(\omega) = -\omega T$, eli vaihejättämä on suoraan verrannollinen taajuuteen, kuten viiveelle on luonnollista. (b29) poikkeaa siis täysin tavanomaisista rationaalimuotoisista siirtofunktioista, joilla voidaan vain approksimoida lineaarista vaihetta.

Tärkeä ei-minimivaiheisten järjestelmien sovellutus ovat ns. tasapäästö- eli allpass-suodattimet, joiden amplitudivaste on vakio vaihevasteen ollessa kuitenkin taajuusriippuva. Kuva B17 esittää 1. ja 2. asteen tasapäästöjärjestelmien napakaavioita. Tasapäästösiirtofunktiolla on nollia yhtä paljon kuin napoja, ja nollat muodostavat napojen peilikuvan imaginaariakselin suhteen. Tästä symmetriasta seuraa, että taajuusvastefunktiossa jokaista nimittäjäpolynomin tekijää vastaa itseisarvoltaan yhtä suuri tekijä osoittajassa, ja siten amplitudivaste pysyy vakiona kaikilla taajuuksilla.

Kuten edellä todettiin, jokainen vasemman puolitason napa ja jokainen oikean puolitason nolla tuottaa vaihevasteeseen 90 asteen laskun taajuuden kasvaessa ominaistaajuuden yli. Vaiheen kokonaismuutos pieniltä suurille taajuuksille mentäessä on siten $N\cdot(-180°)$, missä N on asteluku. Tasapäästösuodattimilla pystytään siis toteuttamaan ainoastaan laskevia vaihevasteita, ei koskaan nousevia, sillä napoja ei voida tuoda oikeaan puolitasoon menettämättä stabiilisuutta. Muuten olisi kiehtovaa nollata tasapäästökorjaimilla koko äänentoistoketjun vaihevaste, mutta valitettavasti tämä on mahdollista toteuttaa vain yksittäisillä taajuuksilla.

Minimivaiheisuus itsessään ei liene kuultavissa oleva ominaisuus, mutta ylimääräiset vaihevirheet signaalin sisältämien taajuuskompo-

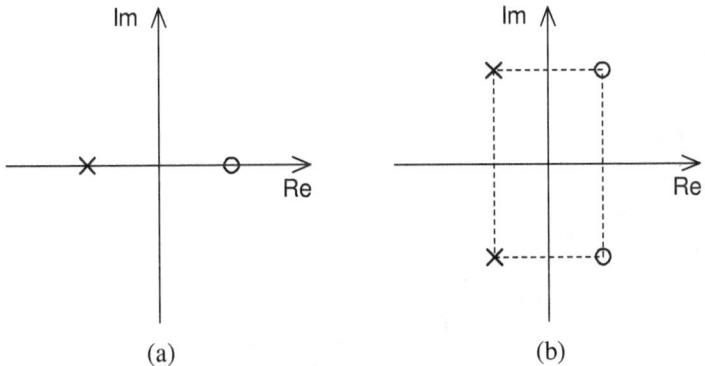

(a)   (b)

Kuva B17. Tasapäästösuodattimien napakaavioita. a) 1. asteen tasapäästö. b) 2. asteen tasapäästö. Jokaista napaa vastaa symmetrisesti imaginaariakselin oikealla puolella oleva nolla.

nenttien välillä on syytä minimoida. Piirisuunnittelussa ja kaiuttimien mallittamisessa minimivaiheisuudesta on hyötyä, sillä ainoastaan itseisarvokäyrä tarvitsee laittaa kohdalleen, ja vaihekäyrä asettuu paikalleen automaattisesti.

B8 Vaihelineaarisuus

Pyrittäessä välittämään signaalien aaltomuoto mahdollisimman alkuperäisenä on kiinnitettävä huomiota eri taajuuksien välisten vaihesuhteiden säilymiseen. Ideaalisinta olisi, että järjestelmän vaihesiirto olisi mitättömän pientä koko toistettavalla taajuuskaistalla. Lähestyttäessä järjestelmän päästökaistan reunoja (napoja) on minimivaiheisuuden sanelema vaihesiirto kuitenkin väistämätöntä.

Aaltomuodon muutokset minimoituvat silloin, kun vaihejättämä on suoraan verrannollinen taajuuteen, sillä vain siten eri taajuuskomponenttien keskinäinen asema aika-akselilla säilyy ennallaan. Tällaista tapausta esittää vaihevaste a kuvassa B18. Toisin kuin Bode-diagrammeissa, ω-akseli on tässä lineaarijakoinen, sillä logaritmisella taajuusasteikolla lineaarinen vaihevaste tuottaisi alaspäin kääntyvän käyrän. Vaste b on käytännössä täysin sama kuin a. Vaste b on vain piirretty alkamaan 360 asteesta, joka muodostaa vastaavan referenssitason kuin vaihe 0. Vaste c on myös lineaarinen mutta ei kuitenkaan suoraan verrannollinen taajuuteen, joten taajuuskomponenttien välille syntyy aikaeroja.

Vaihesiirron ollessa kaikilla taajuuksilla 180° syntyy erikoistapaus,

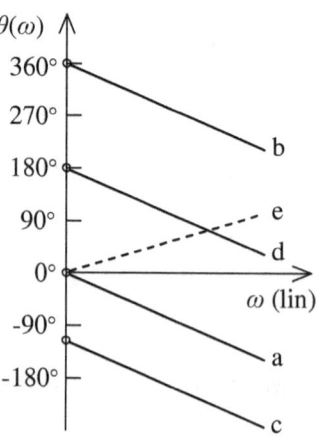

Kuva B18. Lineaarisia vaihevasteita. Vasteet a ja b (jotka ovat käytännössä identtiset) eivät muokkaa signaalin aaltomuotoa. Vasteet c ja d ovat lineaarisia, mutta muokkaavat aaltomuotoa. Nouseva vaste (e) ei ole mahdollinen.

jossa signaalien aaltomuoto säilyy muuten alkuperäisenä, mutta napaisuudeltaan kääntyneenä (invertoituminen). Vaste d edustaa tapausta, jossa vaihejättämä on tästä 180 asteen referenssitasosta mitattuna suoraan verrannollinen taajuuteen, joten vaste d säilyttää alkuperäisen aaltomuodon invertoituneena. Riippuu tapauksesta, onko tämä polariteetin muuttuminen hyväksyttävää vai ei.

Vaihevasteet ovat yleensä taajuuden kasvaessa alenevia käyriä, ja nousevia vaihevasteita voi esiintyä vain rajallisella taajuuskaistalla. Katkoviivalla merkitty vaste e, joka nousee tasaisesti kaikilla taajuuksilla, ei siten ole käytännössä realisoituva.

Origoa kohti suuntautuva lineaarinen vaihevaste on siis tavoittelemisen arvoinen aaltomuodon kannalta, mutta lineaarisuudella on merkitystä myös ns. *ryhmäviiveen* tasaisuuteen. Ryhmäviive (merk. d_g) kuvaa tietyllä tavalla aaltoryhmän tai -purskeen kokemaa viivästymistä järjestelmässä, ja määritellään seuraavasti:

$$d_g = -\frac{d\theta}{d\omega} \qquad \text{(b30)}$$

eli kyseessä on vaiheen derivaatan vastaluku. Mikäli tämä derivaatta on vakio (kuten kuvassa B18) ja amplitudivaste on tasainen, d_g antaa signaalin verhokäyrän viiveen. Muussa tapauksessa ryhmäviive ei kerro mitään erityistä.

Ihmisen kyvystä kuulla vaihevirheitä vallitsee erilaisia näkemyksiä. Kun tavallisesta aaltogeneraattorista saatavaa kolmio- tai neliöaaltoa johdetaan kaiuttimeen muuteltavan tasapäästösuodattimen kautta, on vaikea havaita äänessä mitään eroa eri vaiheasetusten välillä. Toisaalta näyttä siltä, että ainakin matalilla perustaajuuksilla ja korkeahuippuisten transienttien ollessa kyseessä voidaan vaiheistusta muuttelemalla saada aikaan erisävyisiä ääniä ("vaiheurku") [2]. Nykyisin tiedetään joka tapauksessa, että kuulokekuuntelussa perustaajuuden ja 2. kerrannaisen välinen vaihe on kuultavissa alle 1000 Hz:n taajuuksilla.

Vaihelineaarisuutta ei pidä sekoittaa samanvaiheisuuteen. Esim. jakosuodatin voidaan toteuttaa siten, että alaääni- ja ylä-äänielementin vaiheet ovat keskenään yhteneviä, mutta tämä on aivan eri asia kuin vaihelineaarisuus.

---

[1] Robert A. Gabel & Richard A. Roberts, "Signals and Linear Systems", Wiley, 1987, s. 147-155.

[2]   John Borwick, "Loudspeaker and Headphone Handbook", Focal Press, 2001, s. 381.

LIITE C

Signaalien taajuussisältö

C1 Jaksolliset signaalit

Yleisessä keskustelussa tuodaan usein esiin, että laitteiden testaaminen siniaallolla ei anna riittävästi tietoa äänellisistä ominaisuuksista, koska todelliset musiikkisignaalit ovat aivan muuta kuin siniaaltoa. Helposti jää kuitenkin huomaamatta se tosiseikka, että kaikki käytännössä esiintyvät jaksolliset signaalit tai mikä tahansa pätkä jaksotontakin signaalia voidaan koota mielivaltaisen tarkasti siniaaltokomponenteista, joiden taajuus, amplitudi ja vaihe ovat sopivasti valitut. Mikäli järjestelmä on täysin lineaarinen ja aikainvariantti, ja toimii siniaallolla tarkoituksenmukaisesti (sekä amplitudi että vaihe), kerrostamisperiaatteen nojalla se ei tällöin voi toimia väärin myöskään millään siniaaltojen yhdistelmällä. Epälineaarisuutta sisältävä järjestelmä taas synnyttää aina harmonista säröä ja keskinäismodulaatiosäröä, joiden määrittely perustuu jaksollisen signaalin jakautumiseen erillisiin taajuuskomponentteihin.

Signaali $x(t)$ on jaksollinen eli periodinen, mikäli se toistaa itseään säännöllisesti siten että $x(t+T) = x(t)$, missä T on perusjakson pituus. Signaalin perustaajuus ω_0 saadaan tällöin suoraan perusjaksosta, eli $\omega_0 = 2\pi/T$, ja $x(t)$ voidaan esittää sini- ja kosinifunktioiden summana seuraavasti:

$$x(t) = \frac{a_0}{2} + \sum_{n=1}^{\infty} \left(a_n \cos(n\omega_0 t) + b_n \sin(n\omega_0 t) \right) \qquad \text{(c1)}$$

missä

$$a_n = \frac{2}{T}\int_0^T x(t)\cos(n\omega_0 t)\,dt \ , \quad n = 0, 1, 2, \dots \qquad (c2)$$

ja

$$b_n = \frac{2}{T}\int_0^T x(t)\sin(n\omega_0 t)\,dt \ , \quad n = 1, 2, 3, \dots \qquad (c3)$$

$a_0/2$ on signaalin tasakomponentti, johon lisätään perustaajuutta sekä tämän monikertoja eli harmonisia kerrannaisia kertoimilla a_n ja b_n painotettuna. Esitystä nimitetään signaalin _Fourier-sarjaksi_. Kertoimet a_n ja b_n kuvaavat sitä, kuinka signaali $x(t)$ korreloi taajuuden $n\omega_0$ kanssa. Fourier-sarja voidaan kirjoittaa myös kompleksisten siniaaltojen avulla [1], jolloin esitys on yhteensopivampi taajuusvastefunktioiden kanssa, mutta asiaa ei käsitellä tässä.

Otamme esimerkiksi kuvan C1a esittämän puoliaaltotasasuunnatun

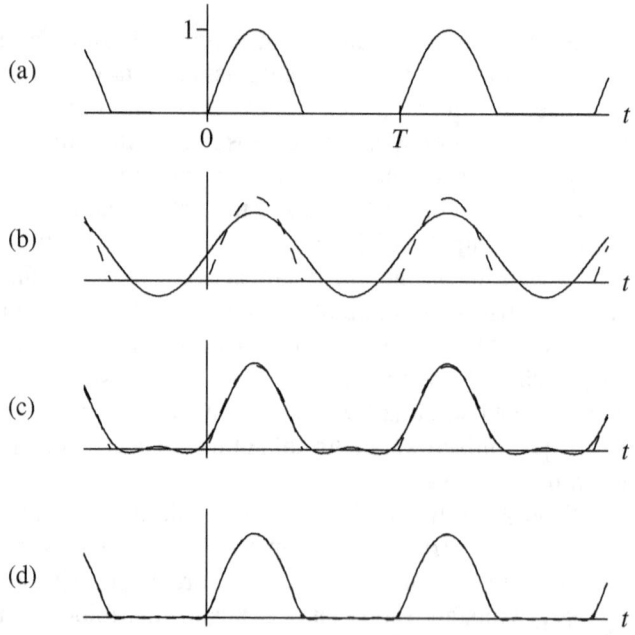

Kuva C1. Jaksollisen signaalin muodostuminen Fourier-komponenteista. Kuvassa a on alkuperäinen puoliaaltotasasuunnattu siniaalto, joka on merkitty katkoviivalla myös muihin kuviin. Kuvassa b signaalia approksimoidaan tasakomponentin ja perustaajuuden avulla. Kuvassa c on mukaan otettu myös 2. harmoninen kerrannainen, ja kuvassa d ovat mukana kerrannaiset 6. kertalukuun saakka.

siniaallon, jonka jaksonaika on T ja amplitudi 1. Nyt siis:

$$x(t) = \begin{cases} \sin(\omega_0 t), & 0 \le t \le T/2, \quad \omega_0 = 2\pi/T \\ 0, & T/2 \le t \le T \end{cases}$$

Integraalit (c2) ja (c3), joissa ylärajaksi tulee nyt $T/2$, ratkeavat tässä tapauksessa käyttämällä hyväksi funktioiden sin ja cos yhteenlasku- ja vähennyslaskukaavoista saatavia yhteyksiä:

$$\sin(\alpha)\cos(\beta) = [\sin(\alpha+\beta) + \sin(\alpha-\beta)] / 2 \qquad (c4)$$

$$\sin(\alpha)\sin(\beta) = [\cos(\alpha-\beta) - \cos(\alpha+\beta)] / 2 \qquad (c5)$$

(Arvolla $n = 1$ on lisäksi huomattava, että $\alpha = \beta$, jolloin $\sin(\alpha-\beta) = 0$ ja $\cos(\alpha-\beta) = 1$.) Rutiininomaisten laskutoimitusten jälkeen saadaan tulokseksi:

$$a_0 = \frac{2}{\pi}; \quad a_1 = 0; \quad a_2 = -\frac{2}{3\pi}; \quad a_3 = 0; \quad a_4 = -\frac{2}{15\pi}; \quad a_5 = 0;$$

$$a_6 = -\frac{2}{35\pi}; \quad \dots \quad b_1 = \frac{1}{2}; \quad b_n = 0, \quad n \ge 2.$$

Nähdään, että sinitermien amplitudit ovat nollia perustaajuutta lukuun ottamatta, ja kosinitermit ovat myös nollia parittomilla taajuuksilla.
Fourier-sarjaksi saadaan nyt

$$x(t) = \frac{1}{\pi} + \frac{1}{2}\sin(\omega_0 t) - \frac{2}{3\pi}\cos(2\omega_0 t) - \frac{2}{15\pi}\cos(4\omega_0 t) - \frac{2}{35\pi}\cos(6\omega_0 t)\dots$$

Kuvassa C1b on Fourier-sarjasta otettu vain tasakomponentti sekä perustaajuus. Mitä enemmän harmonisia kerrannaisia otetaan mukaan, sitä tarkemmin aaltomuoto muistuttaa alkuperäistä signaalia. Kuvassa d, 6. harmonisen jälkeen, poikkeamat ovat enää viivanleveyden luokkaa.
Kuvan C1 perusteella näyttää siltä, että aaltomuoto suppenee hyvin jo melko pienillä n:n arvoilla. Täydelliseen vastaavuuteen ei kuitenkaan yleensä päästä millään äärellisillä kertaluvuilla, sillä esim. signaalin sisältämien kulmakohtien (kuten tässä kohdat 0, $T/2$, T jne.) tarkka kuvaus vaatisi äärettömän suuria taajuuksia. Tämä merkitsee samalla myös, että mikään todellinen signaali ei voi koskaan sisältää tarkkoja kulmia, sillä äärettömän leveää taajuuskaistaa ei voi olla.
Kuvan C1a kaltaisia aaltomuotoja esiintyy käytännössä yleisesti mm. päätetransistoreiden virroissa B- ja AB-luokan vahvistinasteissa.

Suunnittelussa olisikin huomioitava, että näiden transistoreiden pitäisi käytännössä pystyä tuottamaan ainakin kymmenkertaisia taajuuksia suurimpaan säröttömästi toistettavaan taajuuteen verrattuna.

Yleisessä tapauksessa sekä a_n että b_n ($n \geq 1$) ovat nollasta poikkeavia. Koska $\sin(n\omega_0 t)$ ja $\cos(n\omega_0 t)$ ovat aina toisiinsa nähden 90 asteen vaihesiirrossa, saadaan kokonaisamplitudi (A_n) taajuudella $n\omega_0$ Pythagoraan lauseesta: $A_n{}^2 = a_n{}^2 + b_n{}^2$. Kuva C2 esittää esimerkkisignaalin amplitudeja taajuuden funktiona eli amplitudispektriä. Kuvassa voitaisiin käyttää myös tehollisarvoja (RMS), kuten spektrianalysaattoreissa on tapana.

Kerrannaisten parillisuudella tai parittomuudella on tiettyä merkitystä signaalin symmetriaominaisuuksiin. Jos siniaaltoon lisätään parillisia harmonisia, positiivinen ja negatiivinen puoliaalto tulevat keskenään erilaisiksi. Pelkkien parittomien harmonisten lisääminen sen sijaan säilyttää puoliaallot keskenään samanlaisina.

C2 Kertaluonteiset signaalit

Jaksolliselle tai sellaiseksi tulkitulle signaalille saatava spektri sisältää energiaa vain erillisillä tasavälein olevilla taajuuksilla. Signaalin ollessa kertaluonteinen tai muuten jaksottomia komponentteja sisältävä sen taajuusjakaumaa kuvaa jatkuva funktio, joka on löydettävissä ns. *Fourier-muunnoksen* avulla. Tavallinen musiikkisignaali sisältää yleensä sekä jaksollisia komponentteja eli säveliä että kertaluonteisia iskuääniä eli ns. transientteja.

Fourier-muunnoksessa tietyt vaatimukset täyttävä ajan funktio $x(t)$ muunnetaan vastaavaksi taajuustason funktioksi $X(\omega)$ seuraavalla tavalla:

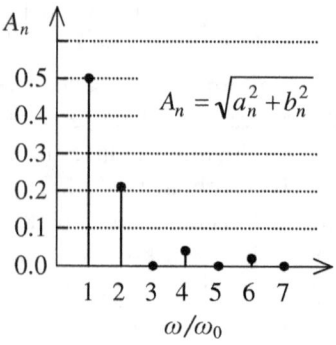

Kuva C2. Kuvan C1 jaksollisen esimerkkisignaalin amplitudispektri. Viivojen pituus ilmaisee kokonaisamplitudin A_n kullakin kerrannaistaajuudella. Esitystapaa nimitetään myös viivaspektriksi. (Tasakomponenttia ei ole piirretty mukaan, koska sen suhteuttaminen vaihtokomponentteihin ei ole yksikäsitteistä.)

$$X(\omega) = \int_{-\infty}^{+\infty} x(t)e^{-j\omega t}\,dt \qquad (c6)$$

Taajuustason esityksestä päästään takaisin aikatasoon käänteisellä Fourier-muunnoksella:

$$x(t) = \frac{1}{2\pi}\int_{-\infty}^{+\infty} X(\omega)e^{j\omega t}\,d\omega \qquad (c7)$$

Tässä $x(t)$ siis lausutaan tietyllä funktiolla $X(\omega)$ painotettujen kompleksisten siniaaltojen jatkuvana summana eli integraalina. (c7) muistuttaa näin periaatteeltaan Fourier-sarjaa (c1), jossa summataan reaalisia siniaaltoja erillisillä taajuuksilla. (Jos ω:n sijalla käytetään merkintää $2\pi f$, supistuu kerroin $1/2\pi$ pois, koska tällöin $d\omega = 2\pi df$.)

Signaalin $x(t)$ on oltava ajallisesti rajoitettu niin, että

$$\int_{-\infty}^{+\infty} |x(t)|\,dt < \infty \qquad (c8)$$

jotta (c6) johtaisi äärelliseen tulokseen. Muunnosta ei siten voida suoraan soveltaa jatkuvaluonteisiin signaaleihin.

Mitä Fourier-muunnoksessa sitten tapahtuu? Kompleksista siniaaltoa $\exp(-j\omega t)$ painotetaan funktiolla $x(t)$ ja integroidaan kaiken ajan yli. Tulokseksi saadaan näin kompleksiluku $X(\omega)$, joka ilmaisee, kuinka $x(t)$ korreloi kyseessä olevan taajuuden kanssa. Jos $x(t)$:llä ei ole mitään yhteistä taajuuden ω kanssa, integroinnin lopputulokseksi jää nolla. Mitä enemmän $x(t)$ käy samaan tahtiin vertailutaajuuden kanssa, sitä suurempi nettotulos aikaintegraalista kertyy.

Kompleksinen integraali voidaan myös käsittää koostuvaksi pinta-ala-alkioista reaalisen integraalin tapaan. Kompleksisilla pinta-ala-alkioilla on suuruuden lisäksi myös tietty suunta, joka on kohtisuorassa integrointiakseliin nähden. Integraalissa (c6) tämä suuntakulma on $-\omega t$ ($x(t)$ on reaalinen), joten pinta-ala-alkiot ikään kuin kiertyvät aika-akselin ympäri spiraalimaisesti. Nämä alkiot lasketaan lopuksi yhteen kuten vektorit.

Muunnos (c6) yksinkertaistuu hieman, mikäli $x(t)$ on symmetrinen hetken 0 suhteen. Kirjoittamalla $\exp(-j\omega t)$ trigonometriseen muotoon ja ottamalla huomioon sinin ja kosinin symmetrisyydet, voidaan nähdä, että:

$$X(\omega) = \begin{cases} 2\int_0^\infty x(t)\cos(\omega t)\,dt, & x(-t) = x(t) \\[2mm] -j2\int_0^\infty x(t)\sin(\omega t)\,dt, & x(-t) = -x(t) \end{cases} \qquad (c9)$$

Kun $x(-t)$ = $x(t)$ (parillinen symmetria), $X(\omega)$ on reaalinen, ja kun $x(-t)$ = $-x(t)$ (pariton symmetria), $X(\omega)$ on puhtaasti imaginaarinen.

Tarkastelemme esimerkkinä kuvan C3a suorakaidepulssia, jonka korkeus on A ja leveys τ. Symmetrisyyden nojalla voimme soveltaa kaavaa (c9), joten:

$$X(\omega) = 2\int_0^{\tau/2} A\cos(\omega t)\,dt$$

$$= 2A\left.\frac{\sin(\omega t)}{\omega}\right|_0^{\tau/2}$$

$$= \frac{2A}{\omega}\sin(\frac{\tau\omega}{2}), \qquad \omega \neq 0 \qquad (c10)$$

Koska $\sin(\tau\omega/2) \to \tau\omega/2$, kun $\omega \to 0$, saadaan tulokseksi kuvan C3b mukainen amplitudispektri $|X(\omega)|$. Suurin osa pulssin taajuussisällöstä on keskittynyt alueelle $|\omega| < 2\pi/\tau$, mutta spektri jatkuu asymptoottisesti

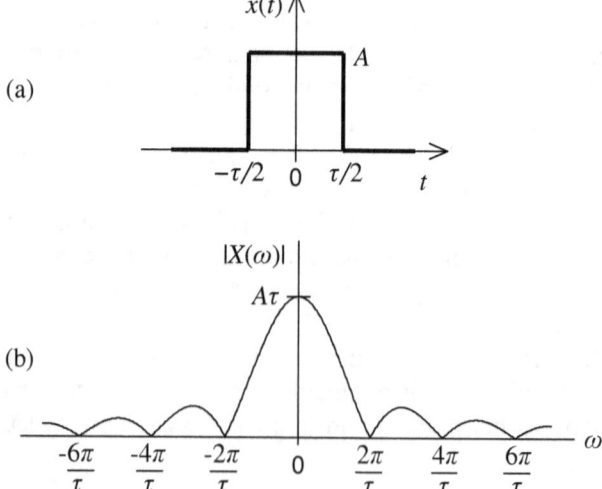

Kuva C3. Yksittäinen suorakaidepulssi (a) ja tämän amplitudispektri (b). (Tarvittaessa $X(\omega)$:n vaihe voidaan näyttää erillisellä vaihespektrillä.)

vaimenevana äärettömille taajuuksille.

Myös negatiiviset taajuudet kuuluvat mukaan Fourier-muunnokseen, mutta käytännössä $|X(\omega)|$ on sama positiivisilla ja negatiivisilla taajuuksilla, sillä $x(t)$:n ollessa reaalinen $X(\omega)$ ja $X(-\omega)$ ovat toistensa liittolukuja. Signaalin energiaa tai tehoa määritettäessä on kuitenkin huomioitava sekä positiiviset että negatiiviset taajuudet.

Lauseke (c10) ei ole määritelty taajuudella 0, mutta on suoraan nähtävissä, että $X(0) = A\tau$ (koska $\cos(0) = 1$), joten $X(\omega)$ on jatkuva myös taajuudella 0. Määritelmästä (c6) seuraa, että $X(0)$ antaa aina tulokseksi funktion $x(t)$ nettopinta-alan (koska $\exp(0) = 1$).

$x(t)$ ja tämän Fourier-muunnos $X(\omega)$ ovat kaksi vaihtoehtoista tapaa esittää sama kertaluonteinen signaali. Molemmat esitystavat sisältävät saman informaation mutta eri muodossa. Yksinkertaisille funktioille johdettuja muunnospareja voi löytää yleisistä Fourier-muunnostaulukoista.

Kuvasta C3 voidaan päätellä, että kasvattamalla pulssin kestoaikaa τ taajuusjakauma tulee kapeammaksi ja päinvastoin. Sama pätee myös yleisesti muillekin kuin pulssimaisille signaaleille. Signaalin skaalaaminen aika-akselilla aiheuttaa siis aina käänteisen skaalautumisen taajuusakselilla.

Taajuustasossa tapahtuvan analyysin perustana on yksinkertainen yhteys, joka vallitsee lineaarisen järjestelmän tulo- ja lähtösignaalin välillä:

$$Y(\omega) = H(\omega)X(\omega) \qquad (c11)$$

Ulostulon Fourier-spektri $Y(\omega)$ saadaan siis sisäänmenon spektristä $X(\omega)$ kertomalla tämä taajuusvasteella $H(\omega)$. Tämä on hyvin samankaltainen yhteys kuin (b20), jossa oli kyse pyörivistä osoittimista.

C3 Jatkuvaluonteiset signaalit

Luonteeltaan jatkuva-aikaisten signaalien spektristä voidaan varsinaisesti puhua vain silloin, kun signaalin tilastolliset ominaisuudet pysyvät riittävän vakaina sinä aikana, jona signaalia halutaan tarkastella. Toisin sanoen signaalilta edellytetään tiettyä stationaarisuutta. Epästationaarisessa tapauksessa (esim. vaihteleva musiikkisignaali) spektri kertoo vain keskimääräisen taajuuskäyttäytymisen näytteenottoajalta.

Jatkuvaluonteisia signaaleja kuvataan yleensä *tehotiheysspektrillä*, (= tehospektritiheysfunktio) joka nimensä mukaisesti ilmaisee signaalin tehon jakauman taajuustasossa. Sana "teho" ei näissä yhteyksissä tarkoita välttämättä fysikaalista wateissa mitattavaa tehoa, vaan matemaattista signaalin neliökeskiarvoa

$$P_x = \frac{1}{T}\int_0^T x^2(t)\,dt \qquad (c12)$$

missä T on tarkastelujakson pituus.
Tehotiheysspektri saadaan signaalin *autokorrelaatiofunktion* Fourier-muunnoksena. Autokorrelaatiofunktio (merk. $R_x(\tau)$) tarkoittaa tulon $x(t)x(t-\tau)$ keskimääräistä arvoa aikaeron τ funktiona:

$$R_x(\tau) = \frac{1}{T}\int_0^T x(t)x(t-\tau)\,dt \ , \quad T \gg \tau \qquad (c13)$$

Tyypillinen autokorrelaatiofunktion muoto on esitetty kuvassa C4. $R_x(\tau)$ on aina symmetrinen siten, että $R_x(-\tau) = R_x(\tau)$, ja saavuttaa maksimin kohdassa $\tau = 0$. Tämä maksimiarvo on P_x, kuten voidaan todeta vertaamalla yhtälöitä (c12) ja (c13).

$R_x(\tau)$ lähestyy nollaa $|\tau|$:n kasvaessa, mikäli $x(t)$ ei sisällä tasakomponenttia eikä jaksollisia komponentteja, joiden kesto ylittää $|\tau|$:n. Tällöin $R_x(\tau)$ täyttää ehdon (c8), ja tehotiheysspektri (merk. $G_x(f)$) saadaan Fourier-muuntamalla $R_x(\tau)$ kaavaa (c9) soveltaen seuraavasti:

$$G_x(f) = 4\int_0^\infty R_x(\tau)\cos(2\pi f\tau)\,d\tau \ , \quad f \geq 0 \qquad (c14)$$

Ylimääräinen 2:lla kertominen johtuu siitä, että taajuus on tässä tulkittu positiiviseksi suureeksi, jolloin Fourier-muunnoksen tuottamien negatiivisten taajuuksien sisältämä tehotiheys on summattava positiiviselle puolelle. (Mittauksissa ei voida erottaa negatiivista taajuutta positiivisesta, mutta esim. käänteismuunnoksessa (c7) tarvitaan molemmat.)

$G_x(f)$ on aina reaalinen, ja sen yksiköksi tulee $x(t)$:n yksikön neliö

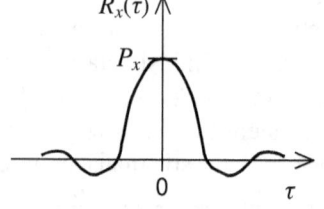

Kuva C4. Esimerkki tyypillisestä autokorrelaatiofunktiosta. Aikaeron τ ollessa 0 R_x saavuttaa suurimman arvonsa, joka on sama kuin signaalin neliökeskiarvo P_x.

taajuuden yksiköllä jaettuna. Jos $x(t)$ on esim. jännite, $G_x(f)$:n yksikkö on V^2/Hz.

Kuvan C4 autokorrelaatiota vastaava tehotiheysspektri voisi olla vaikkapa kuvan C5 mukainen. Käänteismuunnoksen avulla voidaan osoittaa, että (asteikkojen ollessa lineaarisia) $G_x(f)$-käyrän alle jäävä pinta-ala ilmaisee signaalin kokonaistehon P_x. Vastaavasti tietylle taajuusvälille Δf sisältyvä teho ΔP_x voidaan laskea Δf:n ja tätä vastaavan keskimääräisen tehotiheyden tulona, jota kuvaa varjostettu alue kuvassa C5. Tehon pinta-alatulkinta pätee suoraan vain, kun taajuusmuuttujana on f. ω:aa käytettäessä tulos on vielä jaettava 2π:llä.

Edellä olevasta seuraa, että jos $G_x(f)$ on vakio, kuten ns. valkoisen kohinan ollessa kyseessä, signaalin teho on suoraan verrannollinen taajuuskaistan absoluuttiseen leveyteen, jolloin logaritmisella taajuusasteikolla ilmaistuna teho painottuu voimakkaasti suurille taajuuksille. Tällöin esimerkiksi taajuusalueelle 2-20 kHz (diskanttialue) tulisi 10-kertainen teho 200-2000 Hz alueeseen (keskiäänialue) verrattuna ja peräti 100-kertainen teho 20-200 Hz alueeseen (bassoalue) verrattuna. Ottaen huomioon diskanttielementtien todellinen tehonkesto, joka on 5 watin luokkaa, olisi melko ongelmallista toistaa spektriltään tasaista ääntä. Yleensä musiikkisignaalien spektri muistuttaakin enemmän ns. vaaleanpunaista kohinaa, jossa $G_x(f)$ on kääntäen verrannollinen taajuuteen ja jossa teho on sama jokaisella suhteellisesti yhtä leveällä taajuusvälillä.

Tehotiheysspektriä vastaava suure kertaluonteisilla signaaleilla on energiatiheysspektri, joka saadaan suoraan signaalin Fourier-muunnoksen itseisarvon neliönä: $|X(f)|^2$ (ns. Rayleighin energiateoreema). Tämäkin on kerrottava 2:lla käytettäessä vain positiivisia taajuuksia.

Vastaavalla tavalla myös jatkuvaluonteisten signaalien tehotiheysspektriä voidaan arvioida ilman autokorrelaatiota ottamalla signaalinäytteestä energiatiheysspektri ja jakamalla se näytteen kestoajalla.

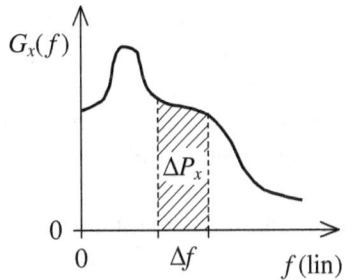

Kuva C5. Esimerkki tehotiheysspektristä. Tietyllä taajuuskaistalla Δf oleva teho ΔP_x vastaa ko. välillä käyrän alle jäävää pinta-alaa.

Vaiheen satunnaisuudesta johtuen tällä tavoin saatu $G_x(f)$-estimaatti on kuitenkin hyvin epätarkka, ja tyydyttävään tulokseen pääsemiseksi on keskiarvotettava useita tuloksia. Lisäksi näytteen katkaisemisesta aiheutuu aina spektrin leviämistä, jota voidaan vähentää käyttämällä sopivan muotoista aikaikkunaa. Käytännössä näytteiden muuntaminen suoritetaan yleensä ns. diskreetillä Fourier-muunnoksella, jonka laskennallisesti tehokasta versiota nimitetään pika-Fourier-muunnokseksi (fast Fourier transform, FFT).

Tehotiheysspektriä voidaan mitata myös analogisesti melko yksinkertaisella periaatteella: Signaali johdetaan kapeakaistaiseen ja jyrkkäreunaiseen suodattimeen, jonka kaistanleveys on Δf ja keskitaajuus f_0. Suodattimen jälkeen seuraa neliöintipiiri, josta saatava ulostulo vielä keskiarvotetaan alipäästösuodattimella. Kun näin saatu neliökeskiarvo jaetaan Δf:llä, saadaan tulokseksi tehotiheys taajuudella f_0.

Tehotiheysspektri ja energiatiheysspektri ovat luonteeltaan neliöllisiä suureita, jotka muokkautuvat lineaarisessa järjestelmässä amplitudivasteen neliön mukaisesti. Näin ollen:

$$G_y(f) = |H(f)|^2 \, G_x(f) \qquad \text{(c15)}$$

missä $G_x(f)$ ja $G_y(f)$ ovat vastaavasti joko tehotiheys- tai energiatiheysspektrejä. Vaihevaste ei vaikuta tässä mitenkään.

Edellä kuvatun tehon ja pinta-alan vastaavuuden perusteella on ilmeistä, että summattaessa yhteen signaaleja, joiden taajuuskaistat ovat täysin erilliset, tulee kokonaistehoksi yksittäisten tehojen summa. Sama pätee myös yleisemmin:

Summattaessa yhteen keskenään korreloimattomia signaaleja kokonaistehoksi tulee yksittäisten tehojen summa.

Signaalit $x_1(t)$ ja $x_2(t)$ ovat keskenään korreloimattomia silloin, kun tulo $x_1(t)x_2(t)$ on keskiarvoltaan nolla, ja yo. lause voidaan todistaa helposti määritelmää (c12) käyttäen.

Eri lähteistä peräisin olevat signaalit ovat yleensä aina korreloimattomia. Siten esim. eri kohinalähteiden aiheuttamat kohinakomponentit yhdistetään laskemalla yhteen niiden neliökeskiarvot. Eritaajuiset siniaallot ovat myös keskenään korreloimattomia. Sen sijaan esim. stereoäänitteen vasemman ja oikean kanavan signaalit korreloivat yleensä voimakkaasti varsinkin matalilla taajuuksilla.

Signaalin sisältäessä jatkuvia siniaaltokomponentteja nämä ilmenevät tehotiheysspektrikuvassa periaatteessa impulsseina, joiden korkeus on ääretön ja leveys nolla ja joiden pinta-ala vastaa sinikomponentin sisältämää tehoa (=$A^2/2$, missä A on amplitudi). Käytännössä nämä impulssit näkyvät piikkeinä, joiden muoto riippuu käytetystä erotuskyvystä.

C4 Aika- ja taajuustason vastaavuus

Edellä tuli jo ilmi, kuinka signaalin leveys taajuustasossa on kääntäen verrannollinen ajalliseen leveyteen. Fourier-muunnokseen liittyy lukuisia muitakin perustavanlaatuisia säännönmukaisuuksia, jotka kertovat, kuinka tietyt operaatiot aikatasossa vaikuttavat spektriin ja päinvastoin, mutta näitä ominaisuuksia ei luetteloida tässä.

Tarkastelemme sen sijaan lineaarisen järjestelmän taajuus- ja aikakäyttäytymisen yhteyttä. Liitteessä B näytettiin, kuinka impulssivaste on johdettavissa järjestelmän määrittelevästä differentiaaliyhtälöstä, kuten myös taajuusvastefunktio. Tämä antaa aiheen olettaa, että myös impulssivasteen ja taajuusvasteen kesken vallitsee säännönmukainen yhteys.

Konvoluutio-operaatioon (b18) pätee vaihdantalaki, jonka perusteella yhtälö voidaan kirjoittaa myös muotoon:

$$y(t) = \int_{-\infty}^{+\infty} h(\tau)x(t - \tau)d\tau$$

Käyttämällä sisäänmenona kompleksista siniaaltoa exp($j\omega t$) saadaan:

$$y(t) = \int_{-\infty}^{+\infty} h(\tau)e^{j\omega(t-\tau)}d\tau$$

$$= e^{j\omega t}\int_{-\infty}^{+\infty} h(\tau)e^{-j\omega\tau}d\tau$$

Vertaamalla tätä aiemmin saatuun yhteyteen (b20) havaitaan, että

$$H(\omega) = \int_{-\infty}^{+\infty} h(\tau)e^{-j\omega\tau}d\tau \qquad (c16)$$

Impulssivaste $h(t)$ ja taajuusvaste $H(\omega)$ muodostavat siis Fourier-muunnosparin, eli järjestelmän taajuusvaste on itse asiassa impulssivasteen spektri. Tulos osoittaa, kuinka suoralla tavalla järjestelmän aika- ja taajuuskäyttäytyminen ovat sidoksissa toisiinsa.

Siniaaltokäyttäytymisen määräävä taajuusvaste ja ns. tran-

sienttitoiston määräävä impulssivaste sisältävät molemmat saman informaation eri muodossa ilmaistuna, eikä toinen sisällä mitään sellaista, mikä ei sisältyisi myös toiseen.

Näin ollen, mikäli järjestelmä voidaan tulkita lineaariseksi, kaikki transienttitoistossa mahdollisesti esiintyvät puutteet ovat aina yhdistettävissä johonkin taajuusvasteessa havaittavaan ilmiöön. ("Taajuusvaste" sisältää myös vaihevasteen.) Esimerkiksi kuvan B7 esittämässä impulssivasteessa havaittava ominaisvärähtely liittyy kuvan B11 amplitudivasteessa näkyvään resonanssihuippuun.

Vertaamalla Fourier-muunnosta (c6) ja tämän käänteismuunnosta (c7) nähdään, että ne ovat muodoltaan hyvin samankaltaisia t:n ja ω:n vaihtuessa keskenään. Tämä dualismiominaisuus tekee mahdolliseksi muuntaa helposti funktioita, jotka ovat tulosta jostain aiemmasta Fourier-muunnoksesta. Voidaan näet osoittaa, että jos (nuolten kuvatessa Fourier-muunnosta)

niin

$$x(t) \rightarrow X(\omega)$$

$$X(t) \rightarrow 2\pi x(-\omega) \tag{c17}$$

Funktio X on reaalinen silloin, kun funktio x on parillisesti symmetrinen, ja tällöin myös miinusmerkki voidaan jättää pois.

Soveltamalla sääntöä (c17) muunnokseen (c10) voimme johtaa mielenkiintoisen yhteyden ideaalisen suodattimen taajuus- ja impulssivasteen välille. Saamme aluksi muunnosparin:

$$X(t) = \frac{2A}{t}\sin(\frac{\tau}{2}t) \rightarrow 2\pi \cdot x(\omega) = \begin{cases} 2\pi A, & |\omega| \le \tau/2 \\ 0, & |\omega| > \tau/2 \end{cases}$$

mikä tarkoittaa, että lauseketta (c10) vastaavan aikatason funktion $X(t)$ spektri on kuvaa C3a vastaava suorakaidefunktio taajuustasossa. Jakamalla puolittain $2\pi A$:lla ja merkitsemällä $\tau/2 = B$ (= kaistanleveys) voidaan kirjoittaa:

$$\frac{1}{\pi t}\sin(Bt) \rightarrow \begin{cases} 1, & |\omega| \le B \\ 0, & |\omega| > B \end{cases} \tag{c18}$$

Tulkitsemalla muunnoksen oikea puoli taajuusvasteeksi vasen puoli kuvaa tätä vastaavaa impulssivastetta. Tämä on kuitenkin nollasta poikkeava myös t:n ollessa negatiivinen, mikä tarkoittaa, että impulssivasteen pitäisi alkaa jo kauan ennen impulssin saapumista. Tämä ei tietenkään ole mahdollista, joten ko. taajuusvastetta ei voida toteuttaa millään tosiaikaisella (analogisella) järjestelmällä. Vastaava tulos pätee myös muille taajuusvasteille, jotka asettuvat nollaksi jonkin rajataajuuden yläpuolella.

Vasteen realisoituvuus paranee kuitenkin ratkaisevasti, jos järjestelmän sallitaan sisältävän riittävästi ryhmäviivettä. Lisäämällä muunnosparin (c18) kuvaamaan järjestelmään puhdasta viivettä *T*:n verran saadaan järjestelmä, jolle:

$$h(t) = \frac{\sin(B(t-T))}{\pi(t-T)} \quad \rightarrow \quad H(\omega) = \begin{cases} e^{-j\omega T}, & |\omega| \le B \\ 0, & |\omega| > B \end{cases} \quad \text{(c19)}$$

missä $H(\omega)$ saadaan yhtälön (b29) mukaisesti. (c19) kuvaa ideaalista vaihelineaarista alipäästösuodatinta, jonka taajuusvaste on esitetty kuvassa C6a. Kuva C6b esittää suodattimen impulssivastetta $h(t)$, joka on muodoltaan sama kuin aiemmin suorakaidepulssille johdettu spektri ja jonka huippu on kohdassa *T*. Osa impulssivasteesta on edelleen ennen hetkeä 0, joten suodatin ei ole toteutettavissa tarkasti. Kasvatta-

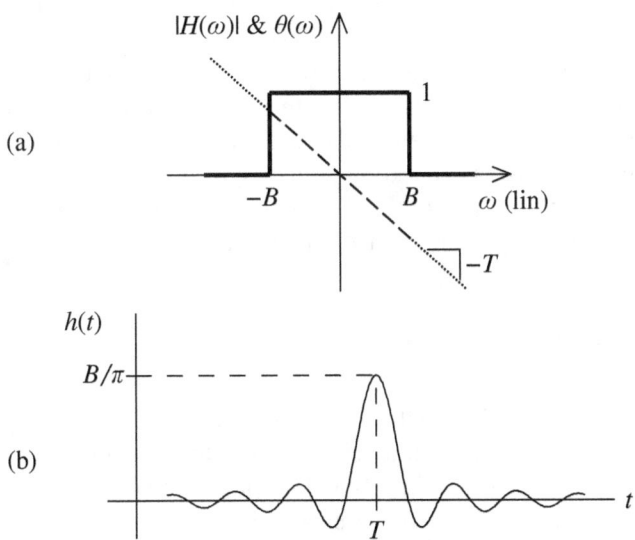

(a)

(b)

Kuva C6. a) Ideaalisen vaihelineaarisen alipäästösuodattimen amplitudi- ja vaihevaste. Vaiheen $\theta(\omega)$ kulmakerroin on $-T$. Taajuusvaste on tässä kaksipuolinen, kuten Fourier-muunnoksen tulos yleensä, mutta negatiivisia taajuuksia ei käytännössä tarvitse huomioida. b) Kuvan a taajuusvastetta vastaava impulssivaste. $h(t)$ aaltoilee myös negatiivisilla *t*:n arvoilla, mutta vain 0-hetken jälkeinen osa on toteutettavissa tosiaikaisesti.

malla viivettä T voidaan kuitenkin päästä mielivaltaisen lähelle kuvan a äkkijyrkkää mallia.

Vastaavalla menettelyllä voidaan osoittaa, että ideaalisen kaistanpäästösuodattimen impulssivaste on myös kuvan C6b kaltainen silloin, kun yläraja- ja alarajataajuuden suhde on suuri.

Digitaalitekniikan käyttö ei myöskään muuta näitä perusperiaatteita paitsi siten, että muistia hyväksikäyttäen viivettä T voidaan helposti kasvattaa vaikka loputtomiin.

Tavallisen CD-soittimen toimintaan kuuluu sekä digitaalista että analogista suodatusta. Katselemalla eri testeissä CD-soittimille mitattuja impulssivasteita voi havaita, että varsinkin laadukkaissa soittimissa ne ovat usein juuri kuvan C6b kaltaisia. Mikäli impulssivaste sen sijaan on epäsymmetrinen, on syytä suhtautua epäilevästi laitteen vaihelineaarisuuteen. Kuvassa näkyvä aaltoilu on täysin asiaankuuluva ilmiö, eikä sitä tarvitse mitenkään pyrkiä vähentämään. Se ei aiheuta päästökaistalle mitään "jälkivärähtelyjä" tai muita haittoja, jotka eivät tulisi ilmi suoraan taajuusvasteesta. Voidaan myös nähdä, että ennen huippua ja sen jälkeen olevat aallot ovat vaiheeltaan vastakkaisia, joten mistään ylimääräisestä resonoinnista ei ole kyse.

Yleisesti mitä jyrkkäreunaisempi suodatus (myös alueen alapäässä), sitä leveämpi on vastaava impulssivaste. On kuitenkin virheellistä luulla, että pitempi vaimeneminen tai väreilyt impulssivasteessa saisivat itsessään aikaan mitään epäsuotavaa käyttäytymistä, sillä emme koskaan kuuntele impulsseja sellaisenaan, vaan se mitä oikeasti kuulemme on impulssivasteen konvoluutio syötetyn signaalin kanssa yhtälön (b18) mukaisesti, ja tätä konvoluutioprosessia suoritettaessa impulssivasteen yksityiskohdat tasoittuvat pois.

C5 Testisignaaleista

Monissa yhteyksissä näkee äänentoistoon tarkoitettuja kytkentöjä tai laitteita testattavan melko erikoisillakin testisignaaleilla siten, että ihanteena pidetään signaalin täydellistä läpimenoa muodoltaan muuttumattomana tai spektrin pysymistä puhtaana ylimääräisistä komponenteista. Tällainen vaatimus on kuitenkin monesti epärealistinen, mikäli testisignaalin taajuussisältöä ei ole sovitettu yhteen tutkittavan järjestelmän käyttökelpoisen taajuusalueen kanssa. Jatkuva siniaalto on ainoa testisignaali, joka sisältää vain yhtä ainoaa taajuutta. Kaikki muut signaalit sisältävät aina useita erillisiä taajuuksia tai taajuuskaistoille jatkuvasti jakautunutta energiaa. Tarkastelemme sen vuoksi joidenkin yksinkertaisten testisignaalien taajuusjakaumia. Yksikköimpulssin $\delta(t)$ (ks. kuva B6a) spektri saadaan soveltamalla Fourier-muunnosta (c6):

$$\delta(t) \quad \rightarrow \quad \int_{-\infty}^{+\infty} \delta(t)e^{-j\omega t}\,dt \;=\; 1 \qquad (c20)$$

koska $\delta(t)$:n pinta-ala on 1, ja exp(0) = 1. Ideaalisen impulssin spektri on siis pelkkä vakio, eli äärettömän lyhytkestoisen signaalin taajuusjakauma ulottuu tasaisena äärettömille taajuuksille, kuten on odotettavissa. Tulos on yhtäpitävä sen kanssa, että järjestelmän taajuusvaste saadaan määrittämällä impulssivasteen spektri, kuten nähdään yhtälöstä (c11) sijoittamalla tähän $X(\omega) = 1$.

Tätä impulssin perusominaisuutta hyväksi käyttäen voidaan kaiuttimen taajuusvastetta mitata myös tavanomaisissa huoneoloissa tarvitsematta turvautua harvassa oleviin kaiuttomiin huoneisiin tai ulkoilmamittaukseen. Mitattavan impulssivasteen pituutta rajoittaa kuitenkin huonepinnoista ensimmäisenä mikrofoniin saapuva heijastus.

Yksikköaskelfunktio (kuva B6b) on siinä mielessä erikoinen, että sitä ei voida tulkita selvästi kertaluonteiseksi mutta ei varsinaisesti myöskään jatkuvaksi signaaliksi. Jättämällä 0-taajuus tarkastelun ulkopuolelle spektri löytyy kuitenkin helposti käyttämällä hyväksi sääntöä, jonka mukaan integraalifunktion Fourier-muunnos on sama kuin integroitavan Fourier-muunnos jaettuna tekijällä $j\omega$. Koska yksikköaskel (merk. $\zeta(t)$) on yksikköimpulssin integraalifunktio, saadaan muunnospari:

$$\xi(t) \quad \rightarrow \quad \frac{1}{j\omega}, \qquad \omega \neq 0 \qquad (c21)$$

$\zeta(t)$:n Fourier-spektri on siis kääntäen verrannollinen taajuuteen, joten kokonaisuutena ottaen askelsignaalissa painottuvat pienet taajuudet. (Tätä ei pidä sekoittaa vaaleanpunaiseen kohinaan, jossa *tehotiheys* on kääntäen verrannollinen taajuuteen.) On kuitenkin huomattava, että suuret taajuudet painottuvat tässä lähelle 0-hetkeä, jossa äkillinen signaalimuutos tapahtuu. Matalia taajuuksia taas tarvitaan pitämään signaaliarvo muuttumattomana ajan kasvaessa.

Askelvaste on impulssivasteen integraalifunktio (yhtälö (b16)), joten myös askelvasteessa voi esiintyä vastaavanlaista aaltoilua kuin esim. kuvassa C6b ilman, että järjestelmän vaihekäyttäytymisessä tarvitsee olla mitään vikaa. Laajat edestakaiset heilahtelut askelvasteessa kielivät kuitenkin yleensä vaihelineaarisuuden puutteesta.

Neliöaalto on jaksollinen testisignaali, jota usein käytetään haluttaessa tarkastella aaltomuodon muokkautumista tai järjestelmän reagointia jyrkkiin muutoksiin, mutta vain harvoin ymmärretään, kuinka paljon vaativampi tehtävä neliöaallon toistaminen on verrattuna mihinkään todellisuudessa esiintyvään äänisignaaliin.

Symmetrinen neliöaalto, jonka jakson pituus on T, voidaan määritellä seuraavasti:

$$x(t) = \begin{cases} 1, & 0 < t \le T/2 \\ -1, & T/2 < t \le T \end{cases}$$

$x(t)$ voidaan nyt ilmaista Fourier-sarjana (c1), jonka kertoimet a_n ja b_n ovat helposti ratkaistavissa, ja tulokseksi saadaan:

$$a_n = 0 \; ; \qquad b_n = \begin{cases} 4/(\pi n), & n \text{ pariton} \\ 0, & n \text{ parillinen} \end{cases}$$

Fourier-sarja koostuu siis parittomia kerrannaisia edustavista sinitermeistä, joiden amplitudi on kääntäen verrannollinen taajuuteen. Toisaalta taajuuden kasvaessa jokainen taajuusdekadi sisältää 10-kertaisen määrän harmonisia verrattuna tätä seuraavaksi alempaan dekadiin, mikä kasvattaa ylemmän dekadin painoarvoa kertoimella $\sqrt{10}$ (tehollisarvoin mitattuna). Lopputuloksena on, että kutakin taajuusdekadia vastaava tehollisarvo on peräti n. $1/3$ edellisen alemman dekadin tehollisarvosta. Siten esim. 1 kHz:n neliöaallossa alueella 100 kHz - 1 MHz sijaitsevien harmonisten kerrannaisten summan tehollisarvo on jopa n. 10% alle 10 kHz alueelle sisältyvien kerrannaisten summan tehollisarvosta, joka taas vastaa likimain koko signaalin tehollisarvoa. Ottaen lisäksi huomioon, että kaikkien vahvistinpiirien särö kasvaa jyrkästi taajuuden noustessa riittävästi, on aiheellista todeta:

Käytettäessä neliöaaltoa testisignaalina tai sen osana on otettava huomioon, että merkittävä osa signaalin taajuussällöstä voi sijaita alueella, jota laitteen ei ole tarkoituskaan toistaa kunnolla, ja että nämä yliäänet voivat eri syistä säröytyessään aiheuttaa modulaatiotuotteita myös varsinaiselle toimintakaistalle.

Tarkastelemme vielä kuvan C7a mukaista siniaaltopursketta, joka on molemmista päistään katkaistu. Signaali on parittomasti symmetrinen, ja voimme soveltaa kaavaa (c9):

$$X(\omega) = -j2 \int_0^{\tau/2} A\sin(\omega_0 t)\sin(\omega t)\,dt \qquad (\omega_0 = \frac{2\pi}{T})$$

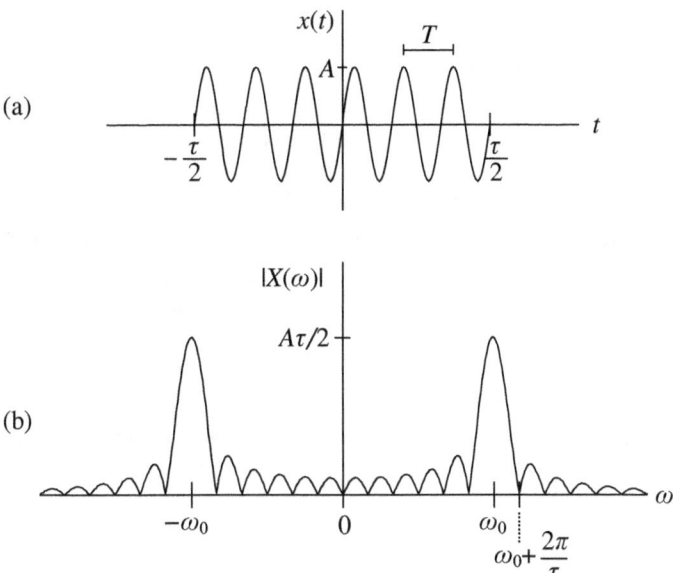

Kuva C7. a) Siniaallosta katkaistu purske, jonka kestoaika on τ, amplitudi A ja periodi T. b) a-kuvan signaalin amplitudispektri, jossa $\omega_0 = 2\pi/T$.

josta lausetta (c5) käyttäen saadaan:

$$X(\omega) = -jA\left[\int_0^{\tau/2} \cos((\omega_0 - \omega)t)\,dt - \int_0^{\tau/2} \cos((\omega_0 + \omega)t)\,dt\right]$$

$$= -jA\left[\left.\frac{\sin((\omega_0 - \omega)t)}{\omega_0 - \omega}\right|_0^{\tau/2} - \left.\frac{\sin((\omega_0 + \omega)t)}{\omega_0 + \omega}\right|_0^{\tau/2}\right]$$

$$= -jA\left[\frac{1}{\omega_0 - \omega}\sin(\frac{\tau}{2}(\omega_0 - \omega)) - \frac{1}{\omega_0 + \omega}\sin(\frac{\tau}{2}(\omega_0 + \omega))\right]$$

$$= jA\left[\frac{1}{\omega + \omega_0}\sin(\frac{\tau}{2}(\omega + \omega_0)) - \frac{1}{\omega - \omega_0}\sin(\frac{\tau}{2}(\omega - \omega_0))\right]$$

Amplitudispektri $|X(\omega)|$ on nyt kuvan C7b mukainen. Spektri koostuu kahdesta puoliskosta, jotka menevät osittain päällekkäin. Mitä pienempi on purskeen kestoaika τ, sitä leveämmälle alueelle taajuussisältö jakautuu varsinaisen siniaaltotaajuuden ω_0 molemmin puolin. Signaalin katkaiseminen aiheuttaa siis spektriin periaatteessa rajattoman suuria taajuuksia, joten ei ole mahdollista, että mikään kaistaltaan rajoitettu järjestelmä pystyisi toistamaan tällaisia katkoskohtia muuttumattomana.

Saatu spektri muistuttaa hyvin paljon suorakaidepulssin spektriä (c10). Huippu on vain siirtynyt kohtiin $\pm\omega_0$ samalla kun sen korkeus on puolittunut. Itse asiassa kyseessä on esimerkki amplitudimodulaatiosta, jossa siniaallon voimakkuutta on moduloitu kuvan C3a mukaisella suorakaidesignaalilla. Ko. signaalin amplitudispektri siirtyy tällöin taajuusakselilla kantoaaltotaajuuden ω_0 verran. Siniaallon kannalta katsoen moduloituminen merkitsee yksittäisen pistetaajuuden leviämistä taajuuskaistaksi, jonka leveys vastaa moduloivaa signaalia.

[1]   A. Bruce Carlson, "Communication Systems", McGraw-Hill, 1981, s. 27.

337

Liite D - HDY:n ratkaiseminen

(*Viitattu kappaleessa B3*)

Määritettäessä impulssivastetta järjestelmän differentiaaliyhtälöstä kappaleessa B3 esitetyllä tavalla on ratkaistava vakiokertoiminen homogeeninen differentiaaliyhtälö, joka on yleisesti muotoa:

$$a_n \frac{d^n y(t)}{dt^n} + a_{n-1} \frac{d^{n-1} y(t)}{dt^{n-1}} + \ldots + a_1 \frac{dy(t)}{dt} + y(t) = 0 \quad (d1)$$

Ratkaisu $y(t)$ sisältää n kpl lineaarisesti riippumattomia ratkaisufunktioita $y_i(t)$ ($i = 1, 2, \ldots, n$) seuraavasti:

$$y(t) = c_1 y_1(t) + c_2 y_2(t) + \ldots + c_n y_n(t) \quad (d2)$$

missä kertoimet $c_1 \ldots c_n$ määräytyvät tehtävän asettamien alkuehtojen perusteella.

Funktiot $y_i(t)$ määräytyvät yhtälöön (d1) liittyvän ns. karakteristisen yhtälön

$$f(r) = a_n r^n + a_{n-1} r^{n-1} + \ldots + a_1 r + 1 = 0 \quad (d3)$$

juurien perusteella.

Rajoitumme tässä siihen hyvin yleiseen tapaukseen, jossa kaikki nämä juuret ovat erisuuria. Tällöin:

- Jokaista reaalijuurta r vastaa ratkaisufunktio e^{rt}.

- Jokaista kompleksista juuriparia $r = a \pm jb$ vastaa kaksi ratkaisufunktioita: $e^{at}\cos(bt)$ ja $e^{at}\sin(bt)$.

Siten jos karakteristisen yhtälön juuret ovat esimerkiksi -10, -50 ja $-20 \pm j100$, tulee homogeenisen diff.yhtälön (d1) ratkaisuksi:

$$y(t) = c_1 e^{-10t} + c_2 e^{-50t} + c_3 e^{-20t}\cos(100t) + c_4 e^{-20t}\sin(100t)$$

Liite E - Desibeliasteikko

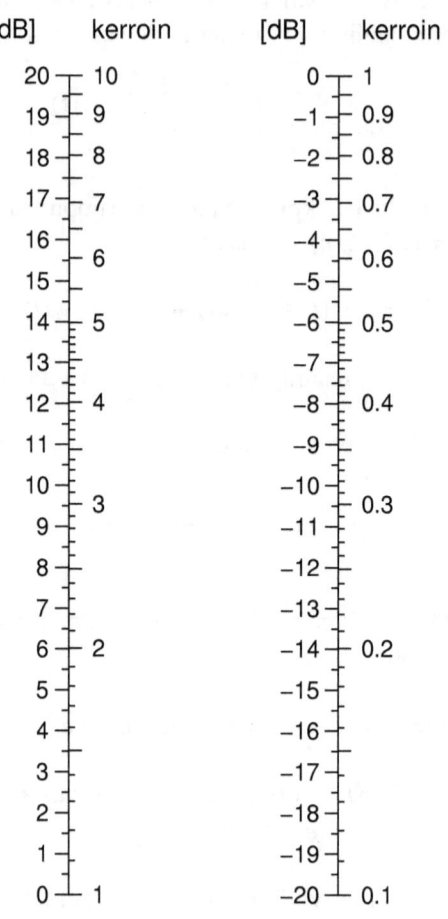

[dB]	kerroin	[dB]	kerroin
20	10	0	1
19	9	−1	0.9
18	8	−2	0.8
17	7	−3	0.7
16		−4	
	6		0.6
15		−5	
14	5	−6	0.5
13		−7	
12	4	−8	0.4
11		−9	
10		−10	
	3		0.3
9		−11	
8		−12	
7		−13	
6	2	−14	0.2
5		−15	
4		−16	
3		−17	
2		−18	
1		−19	
0	1	−20	0.1

Liite F - Vahvistimen kuviointi

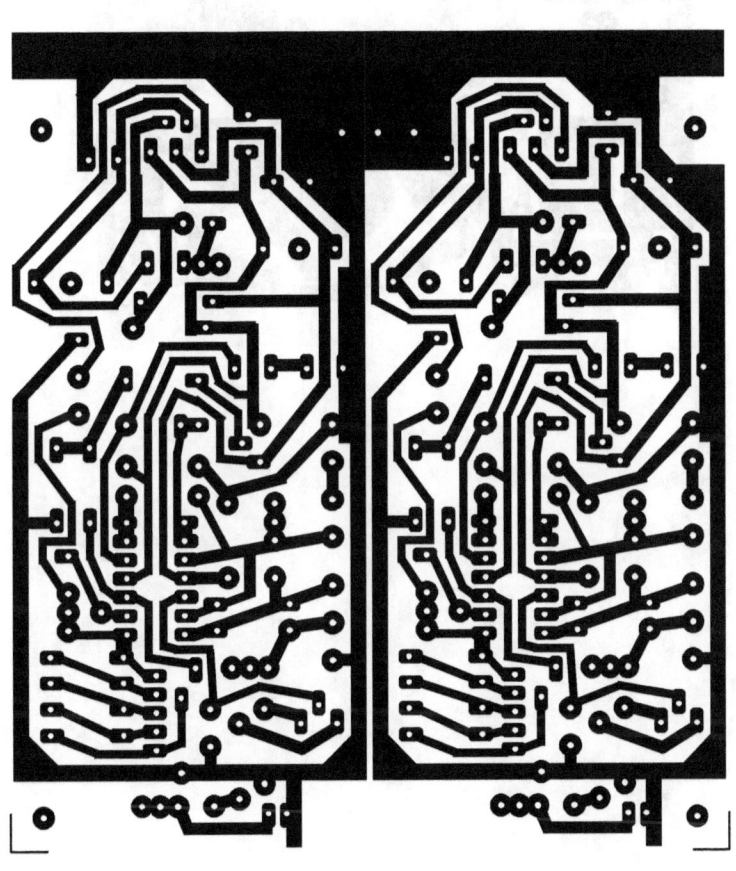

Liite G - Teholähteen kuviointi

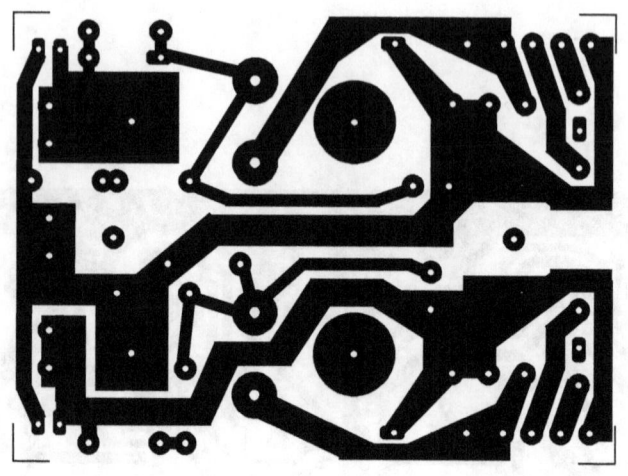

Liite H - SMV-erottimen kuviointi

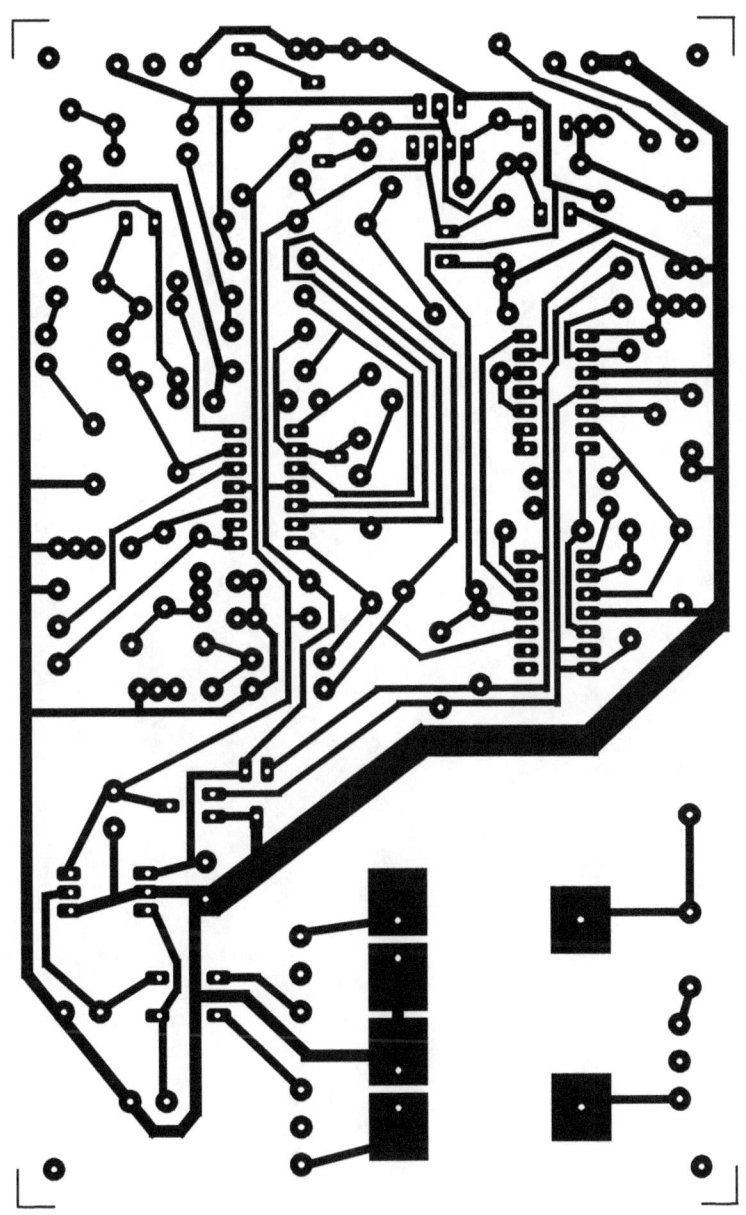

* 9 7 8 1 4 6 3 5 0 3 2 5 3 *